P.44……図3-6：ノートブックの配色

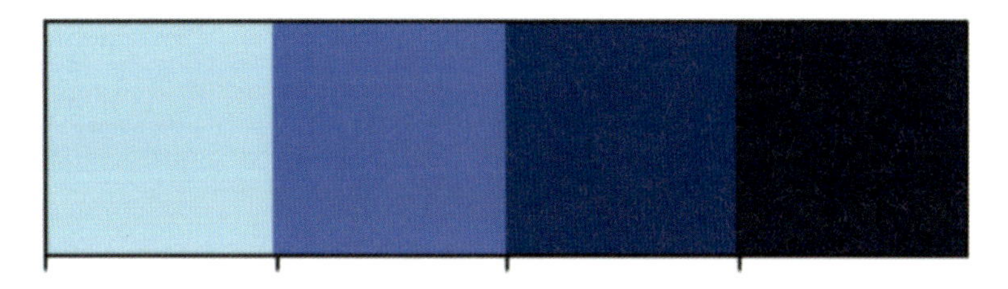

P.53……図3-17：家族の規模と旅客クラス（Pclass）を生存状況別にプロット

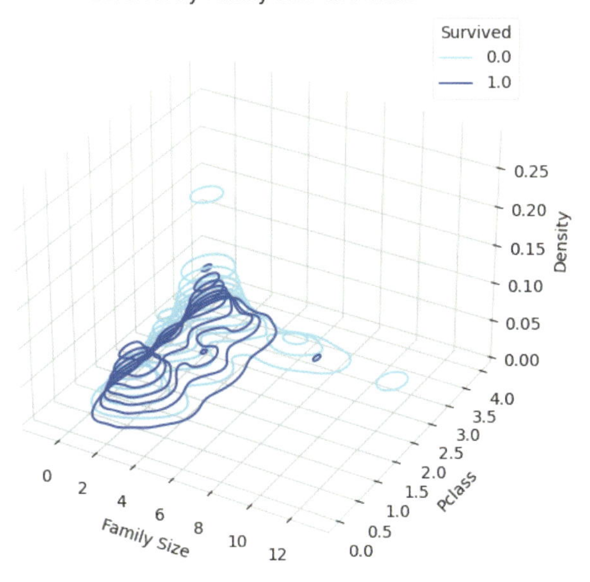

P.75 ……図4-12：パブ情報レイヤが追加されたイギリス諸島のマップ

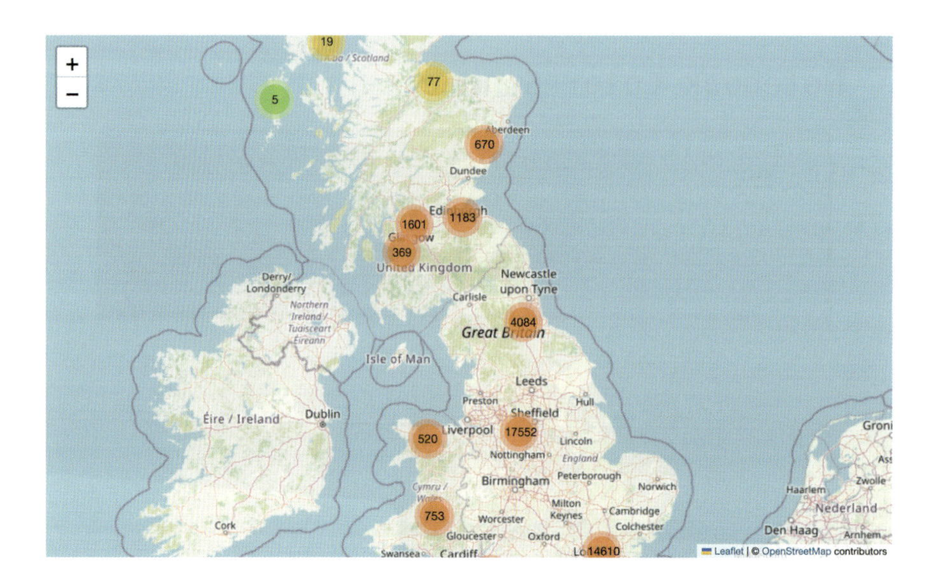

P.75 ……図4-13：パブ情報レイヤが追加されたイギリス諸島のマップでロンドン一帯を含む南部地域を拡大

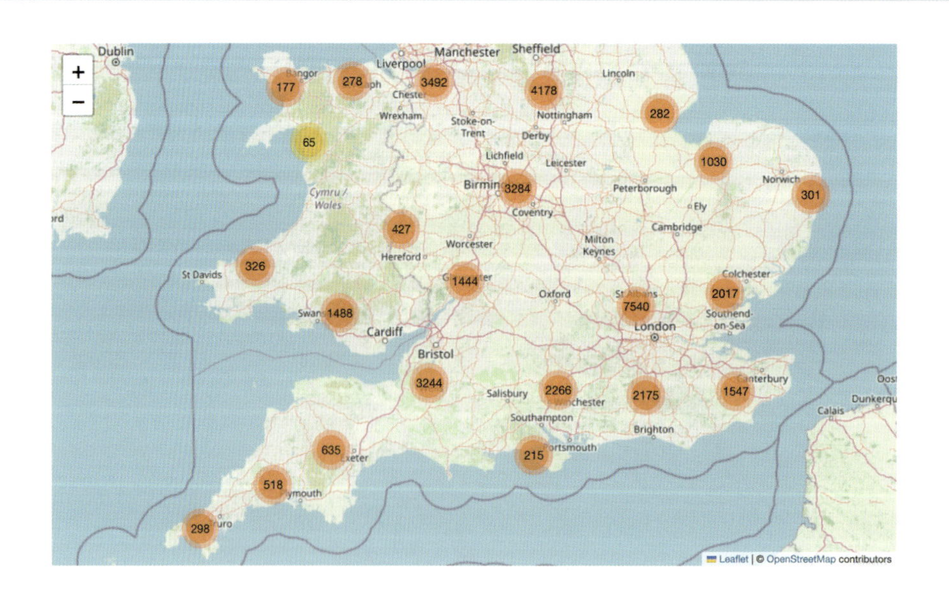

P.78……図4-17：領土外に広がる（クリップされていない）ボロノイポリゴンの2Dプロット

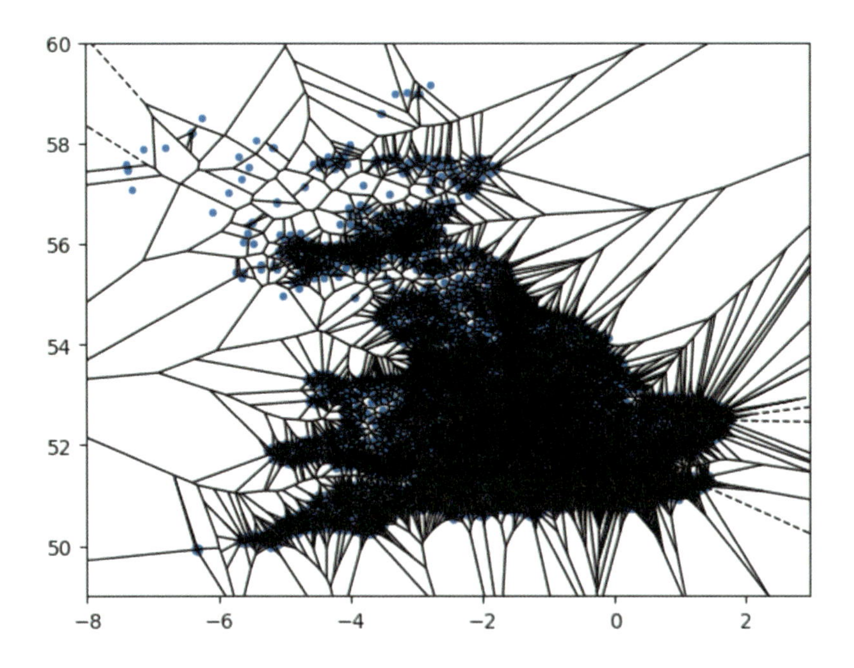

P.80……図4-18：イギリス全域（左）、国レベル（中央）、州レベル（右）のシェープファイルデータ

United Kingdom territory (all, countries and counties level)

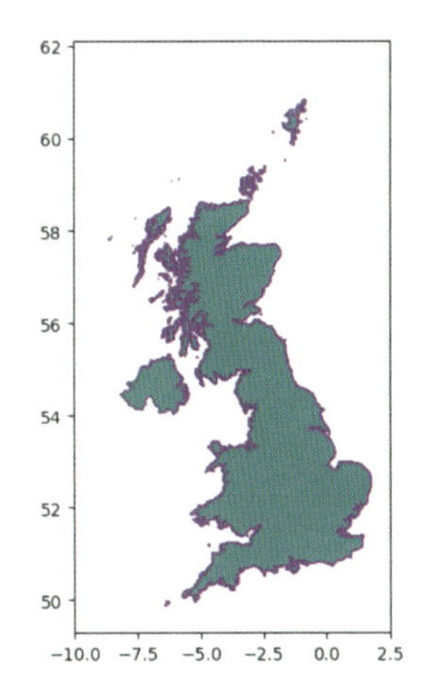

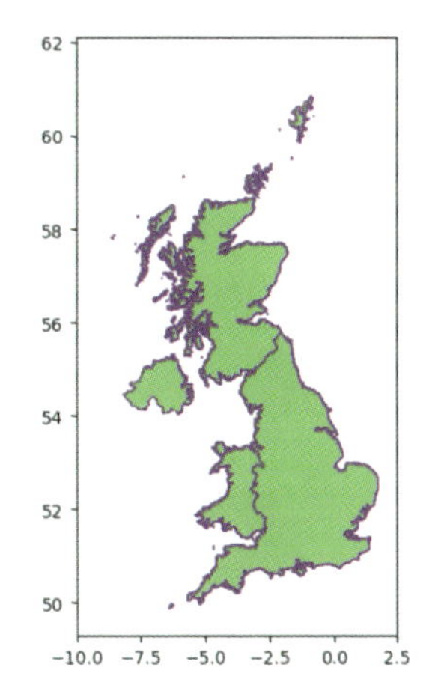

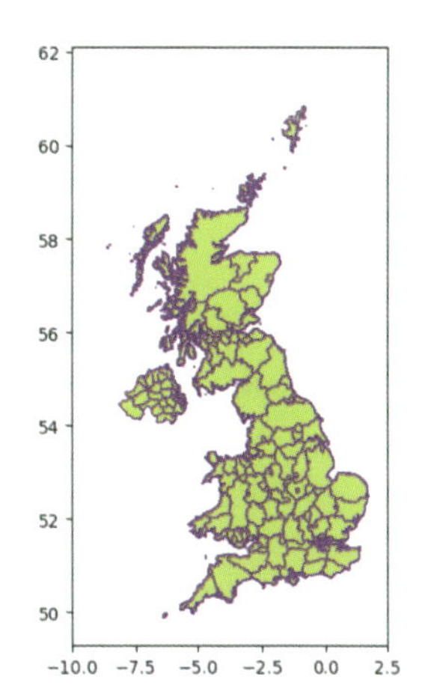

P.83……図4-20：パブの地理空間分布のボロノイポリゴン（イングランド、ウェールズ、スコットランドの国レベルのマージデータを使ってクリップされている）

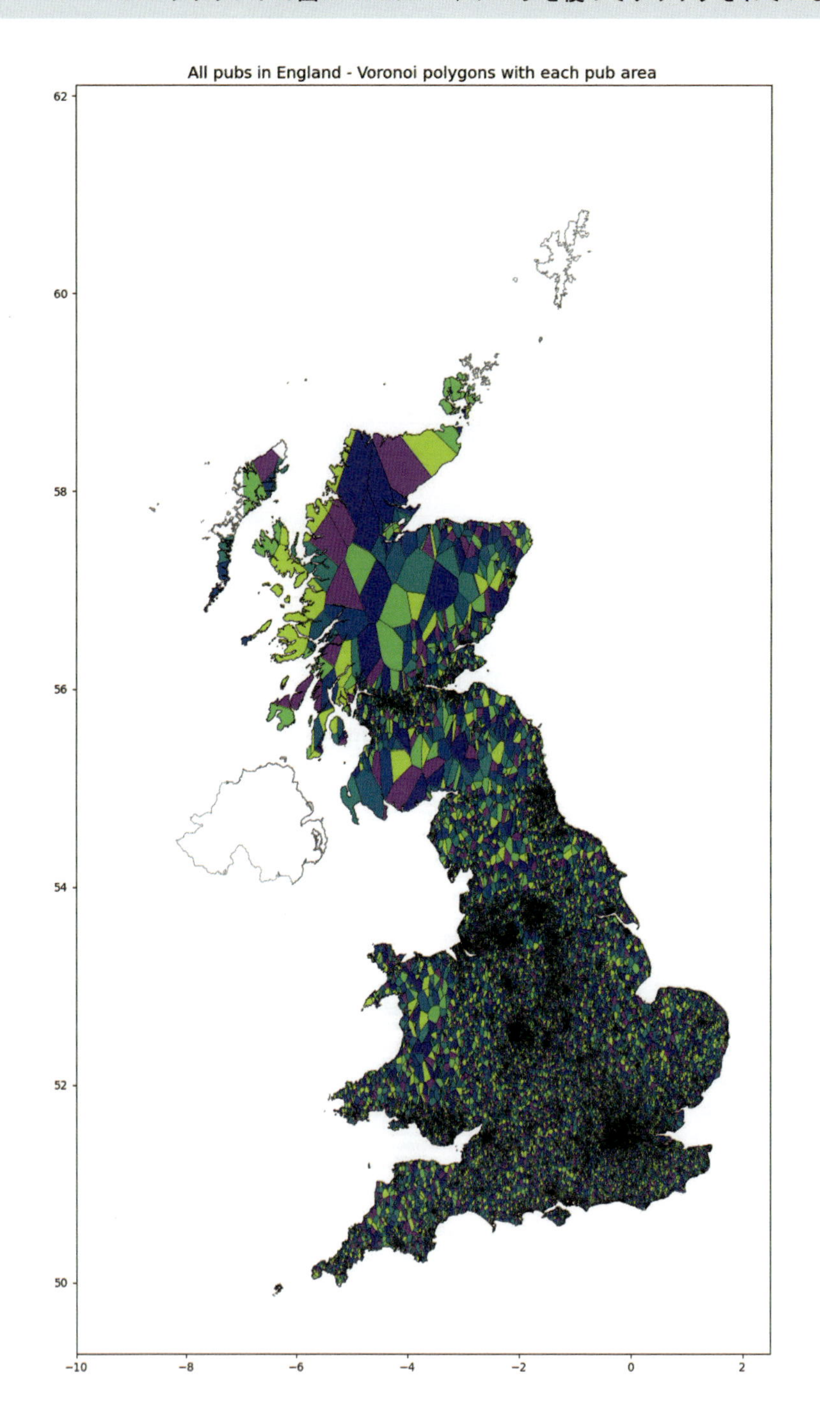

P.85……図4-21：自治体ごとのパブの密集度を緑の濃淡で表すボロノイポリゴン

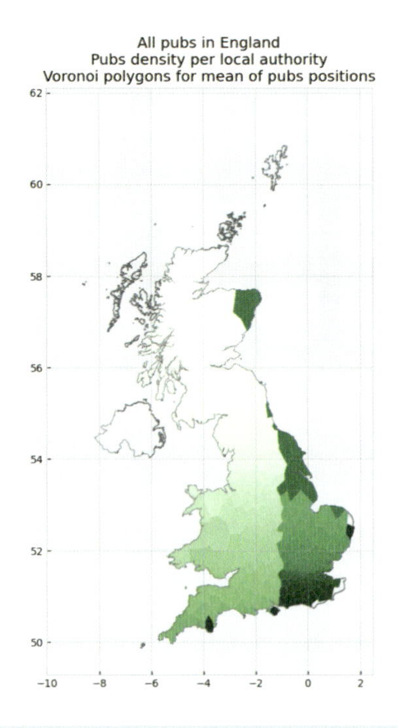

P.87……図4-24：スターバックスカラーと焙煎コーヒーの色合いをブレンドしたカラーマップ

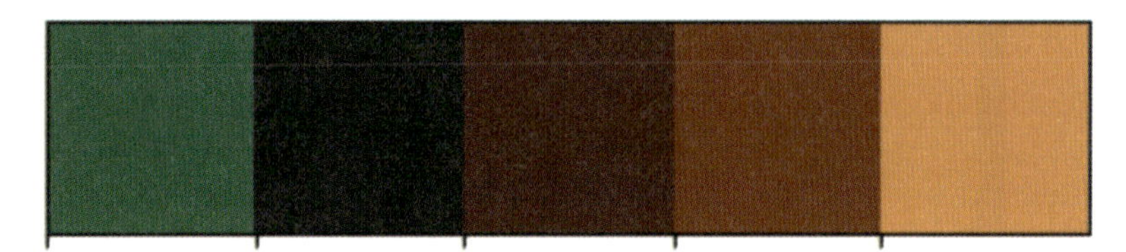

P.89 ……図4-29：国ごとの事業形態別店舗数

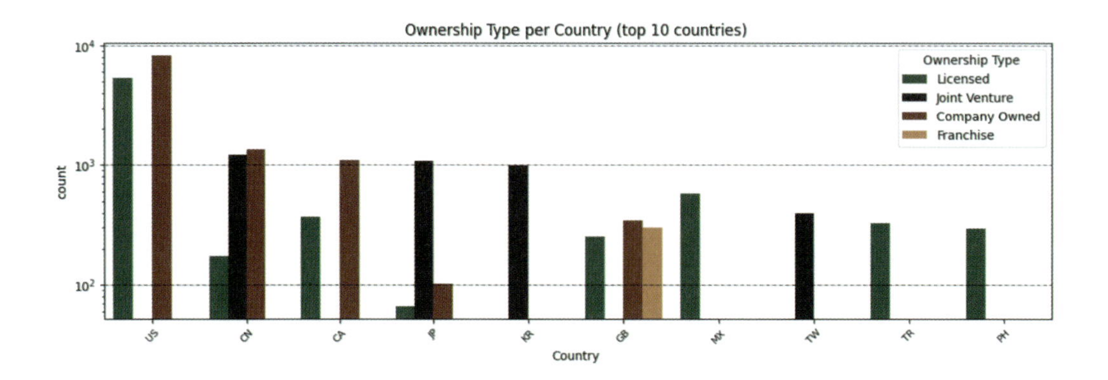

P.90 ……図4-30：都市ごとの事業形態別店舗数

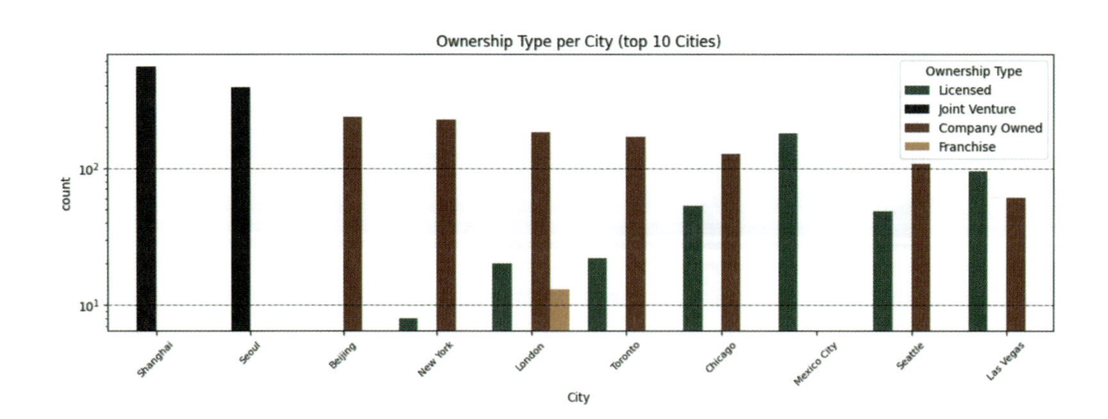

P.91 ……図4-31：folium/LeafletとMarkerClusterを使った全世界のスターバックスの店舗分布

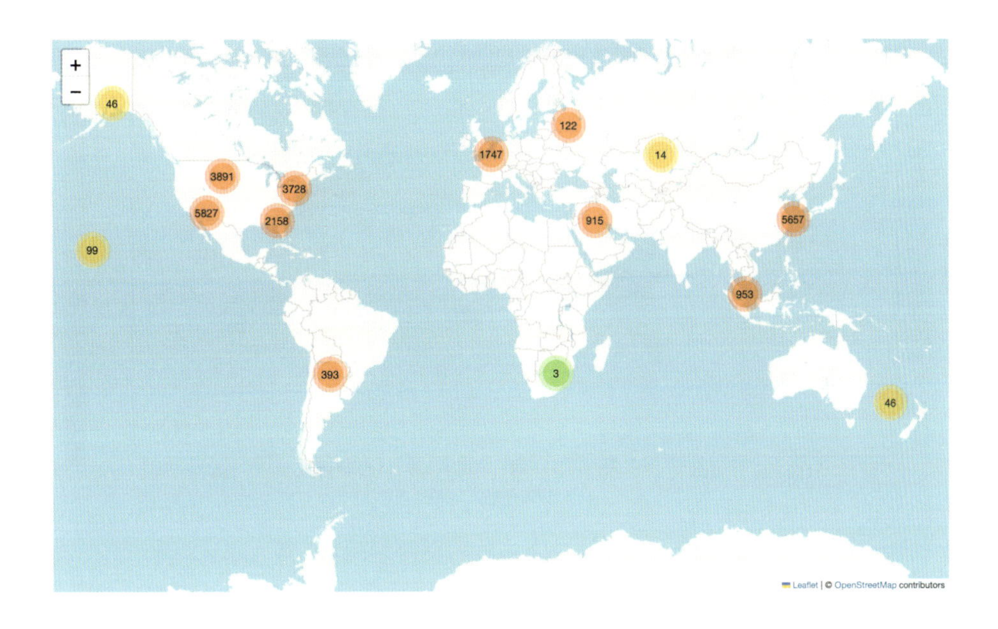

P.91 ……図4-32：アメリカでのスターバックスの店舗分布

P.93 ……図4-33：世界レベルでの店舗密度（対数スケール）を示すGeoPandasマップ

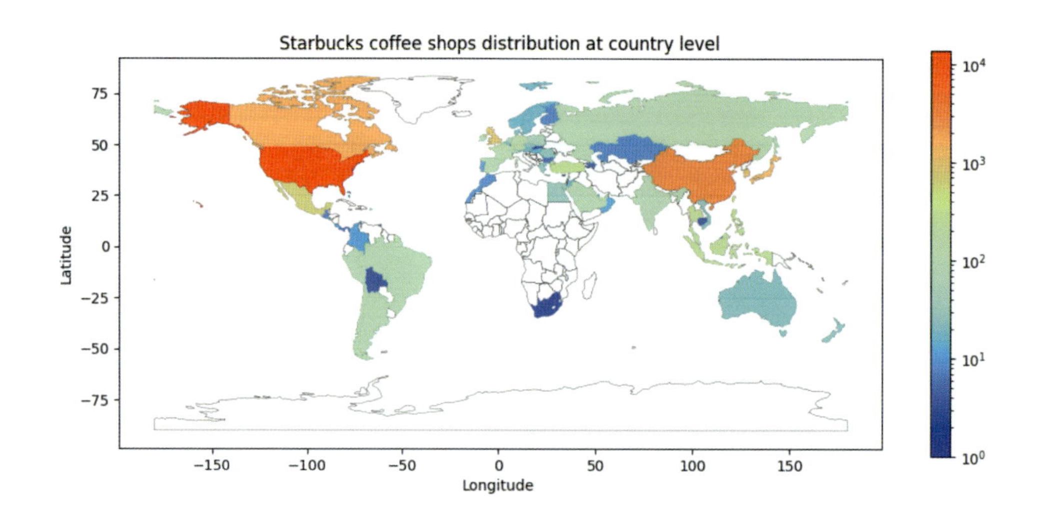

P.95 ……図4-35：人口100万人あたりのスターバックスの店舗数 - 国別の分布

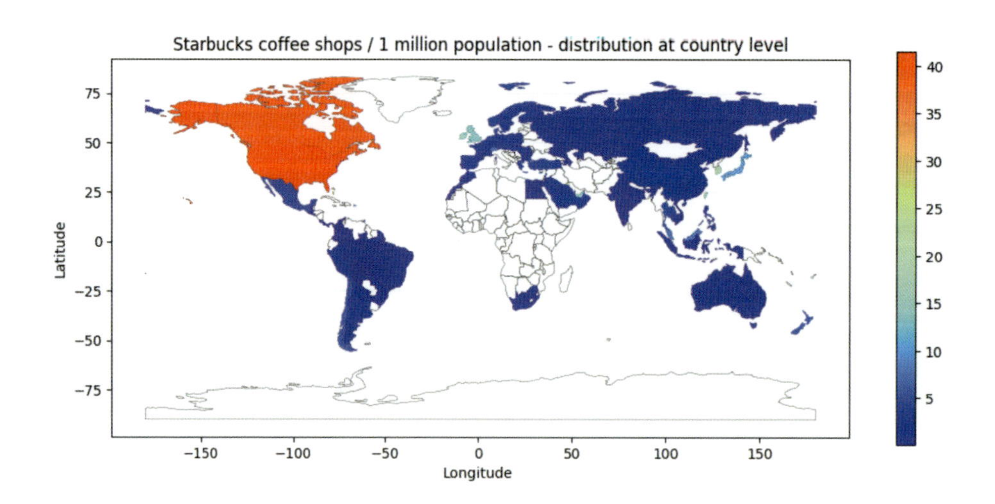

P.96……図4-36：1,000平方キロメートルあたりのスターバックスの店舗数 - 国別の分布

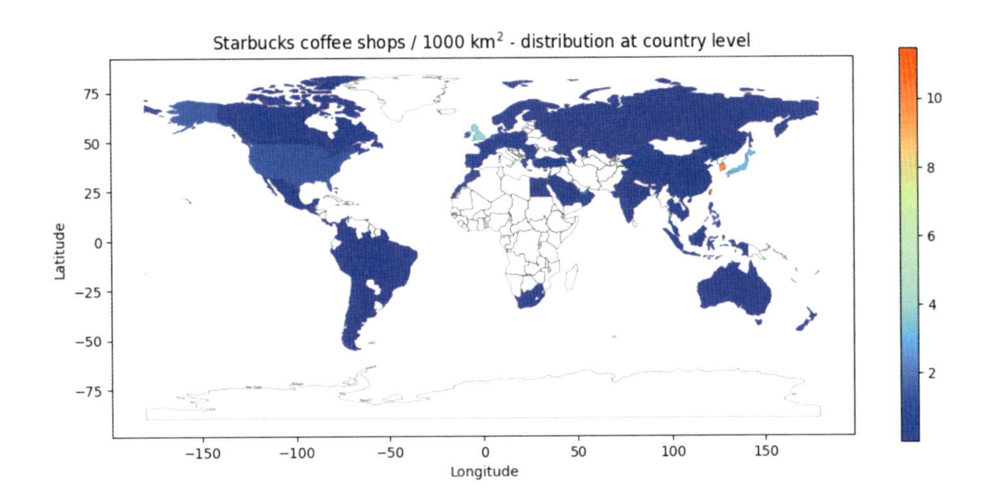

P.99……図4-38：誤帰属を修正した後のロンドン特別区とシティ・オブ・ロンドンにある パブ（＋）とスターバックス（●）

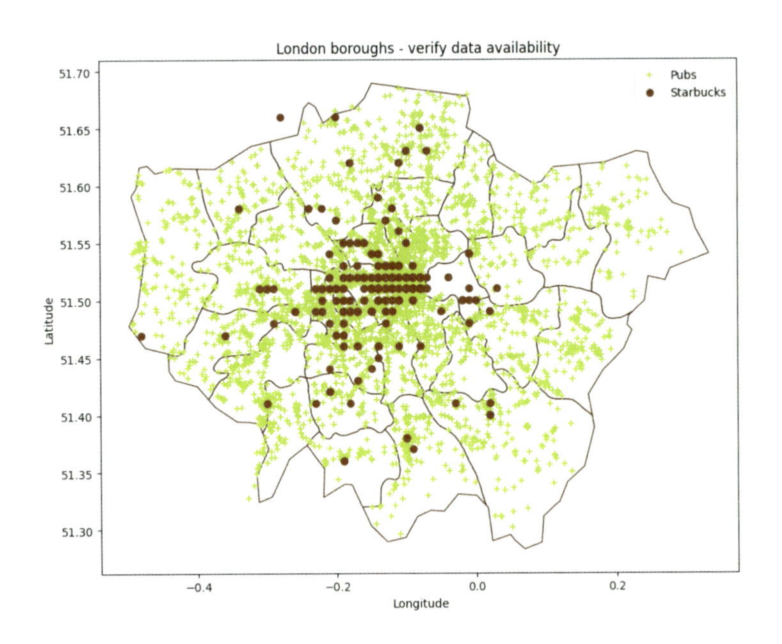

P.102…図4-39：ロンドン特別区とシティ・オブ・ロンドンのパブのボロノイポリゴン（左）とロンドン特別区の境界（右）- 境界ポリゴンを使ってボロノイポリゴンをクリップする

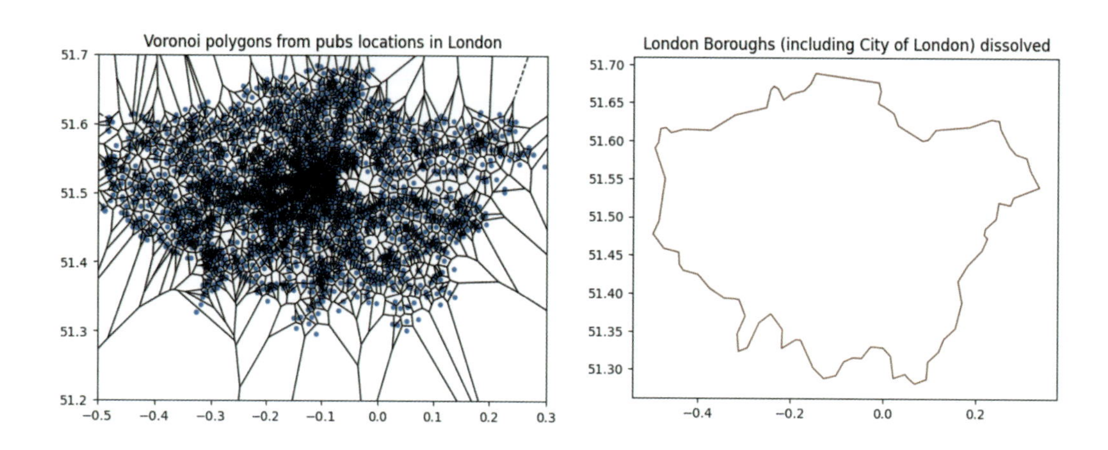

P.103…図4-40：ロンドン特別区とシティ・オブ・ロンドンにあるパブの（クリップ後の）ボロノイポリゴン - パブの位置と特別区の境界が示されている

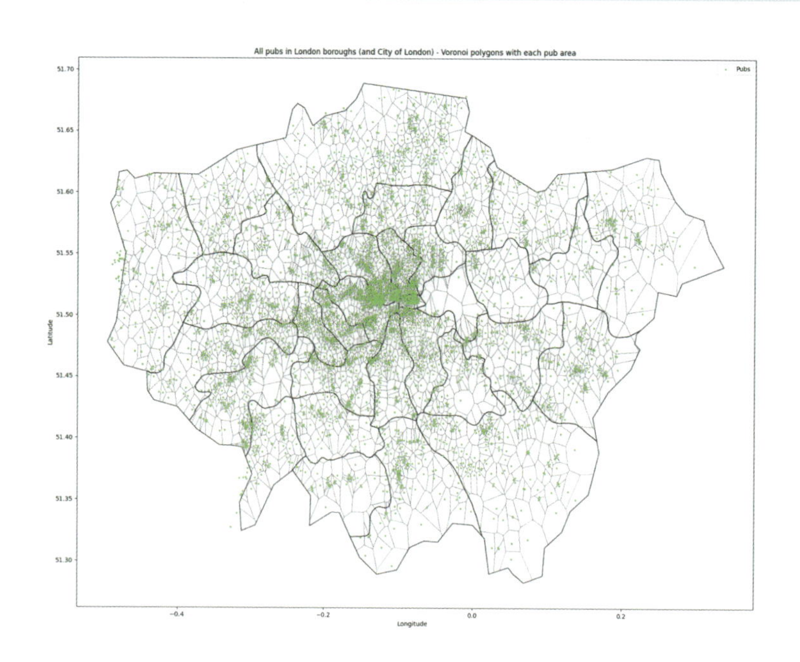

P.103…図4-41：ロンドン特別区とシティ・オブ・ロンドンにあるスターバックスの（クリップ後の）ボロノイポリゴン - 店舗の位置と特別区の境界が示されている

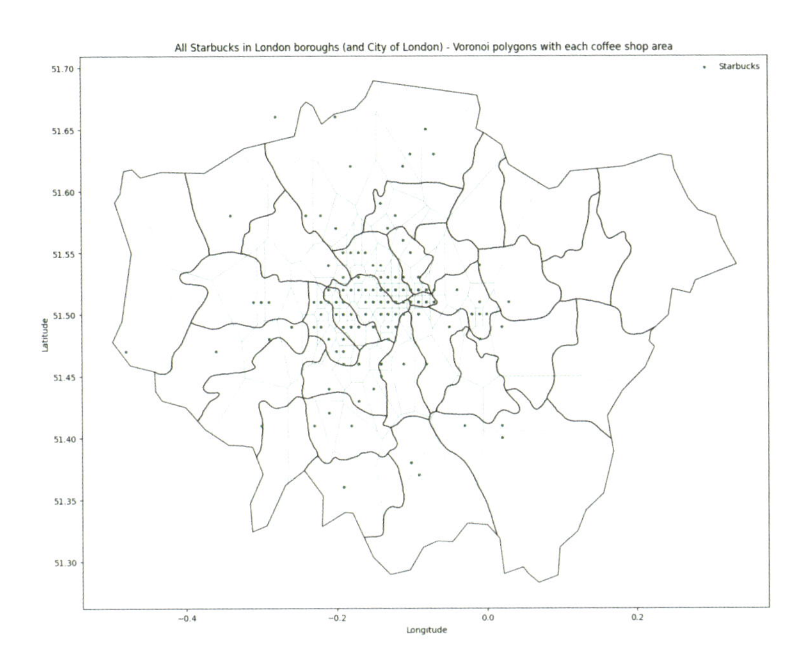

P.105…図4-42：スターバックスのボロノイポリゴンエリアの内側と外側にあるパブ

P.107…図4-43：ロンドン特別区の境界とロンドン地域のパブの位置を示すLeafletマップ

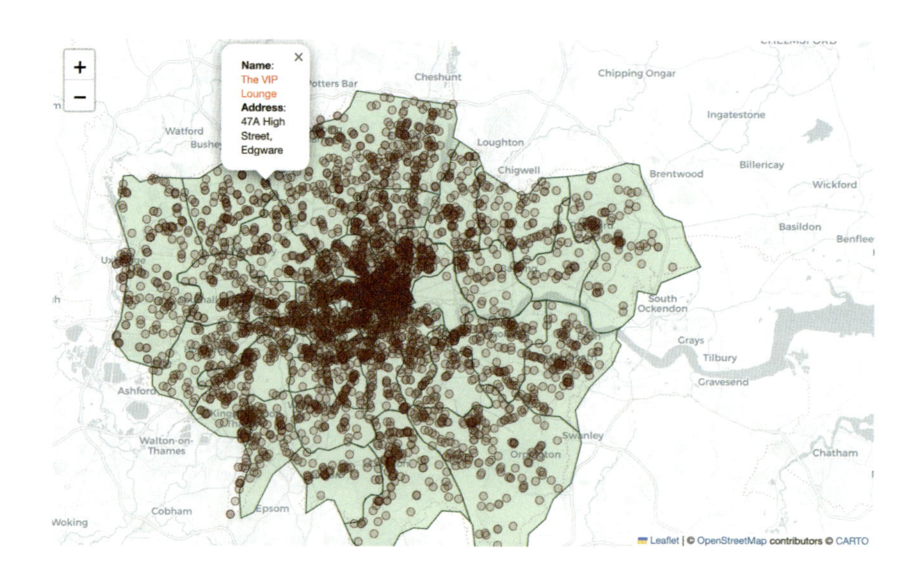

P.109…図4-44：ロンドン特別区ごとのパブの数（左）と対数スケールでのパブの密度（右）

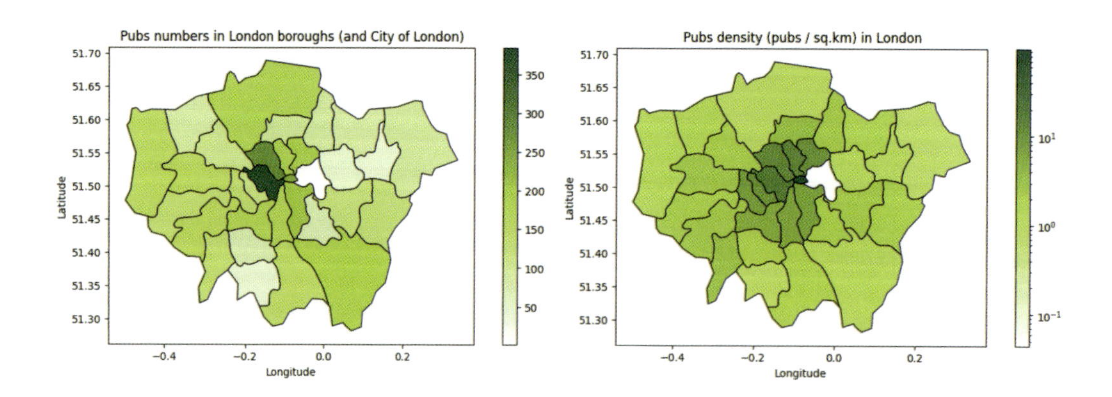

P.118…図5-4：借り手の性別ごとの返済間隔

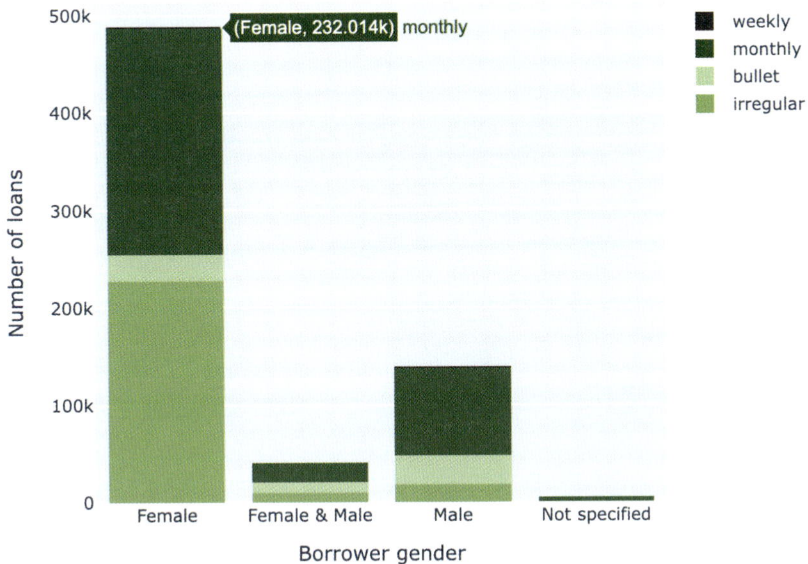

P.120…図5-5：世界の各リージョンのMPI

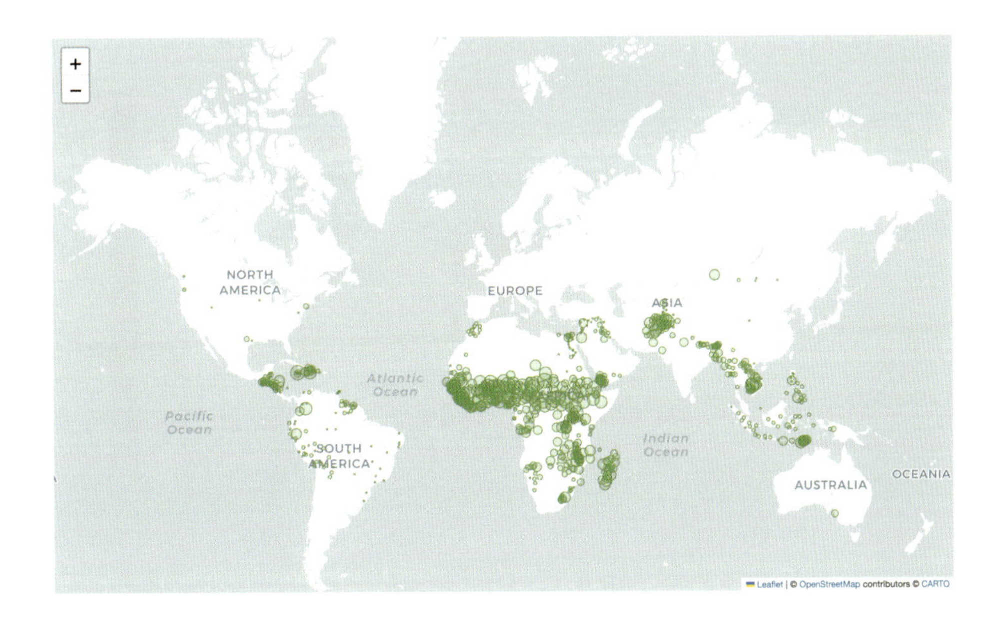

P.120 …図5-6：サハラ以南のアフリカを拡大

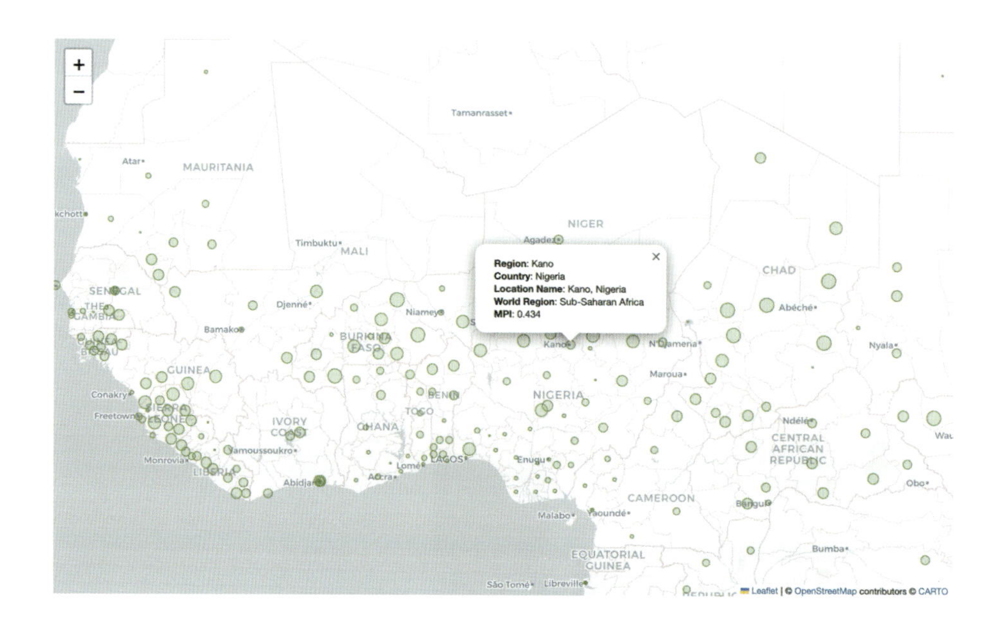

P.121 …図5-7：国別のMPIの平均値 - 平均値が最も高いのはサハラ以南の国々

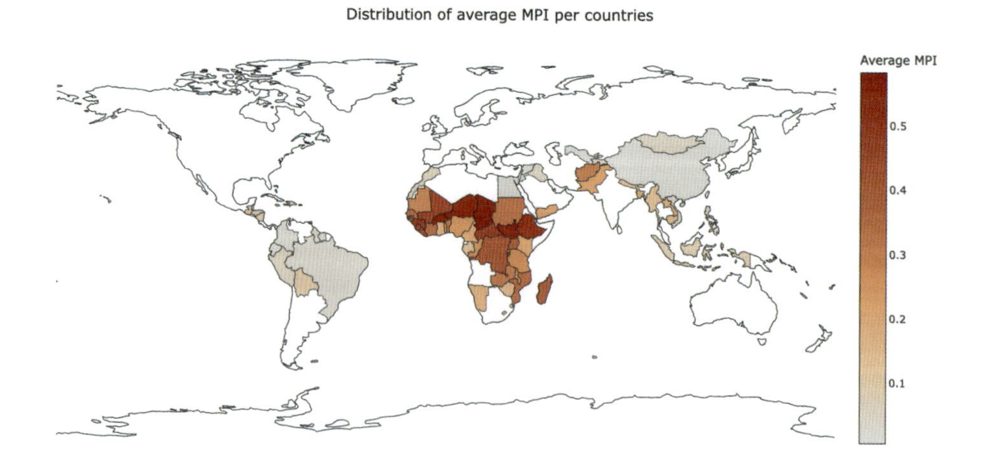

P.122…図5-10：リージョン、セクター、借り手の性別、返済期間に対する融資（融資の数）の分布

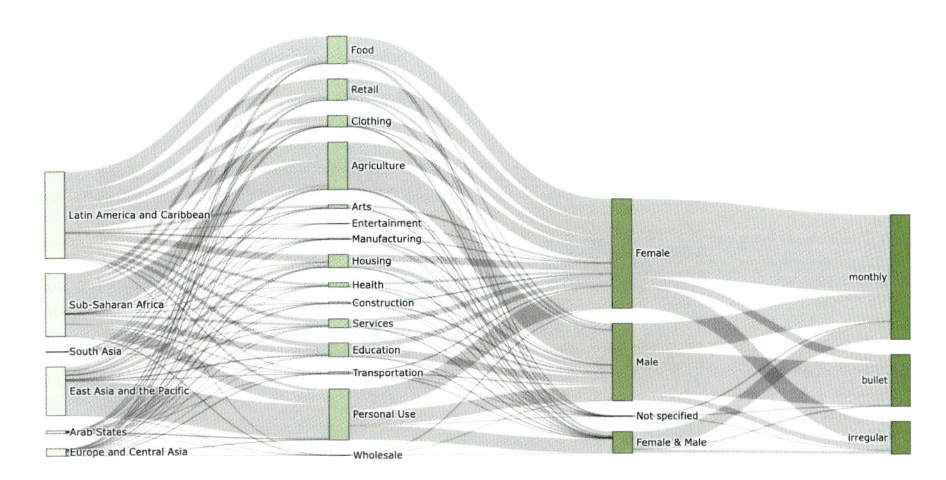

P.123…図5-11：リージョン、セクター、借り手の性別、返済期間に対する融資額（米ドル）の分布

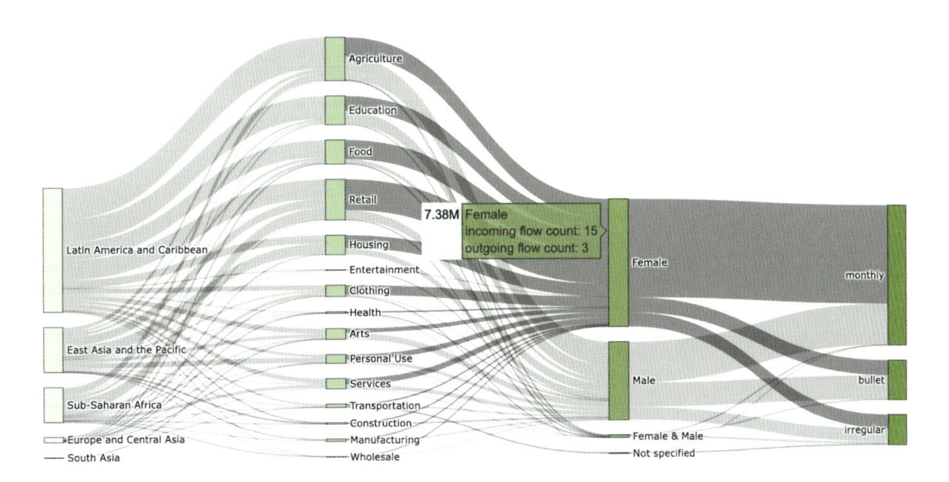

P.125 … 図5-13：融資情報の特徴量、MPI情報、UNDataで選択された特徴量の相関行列

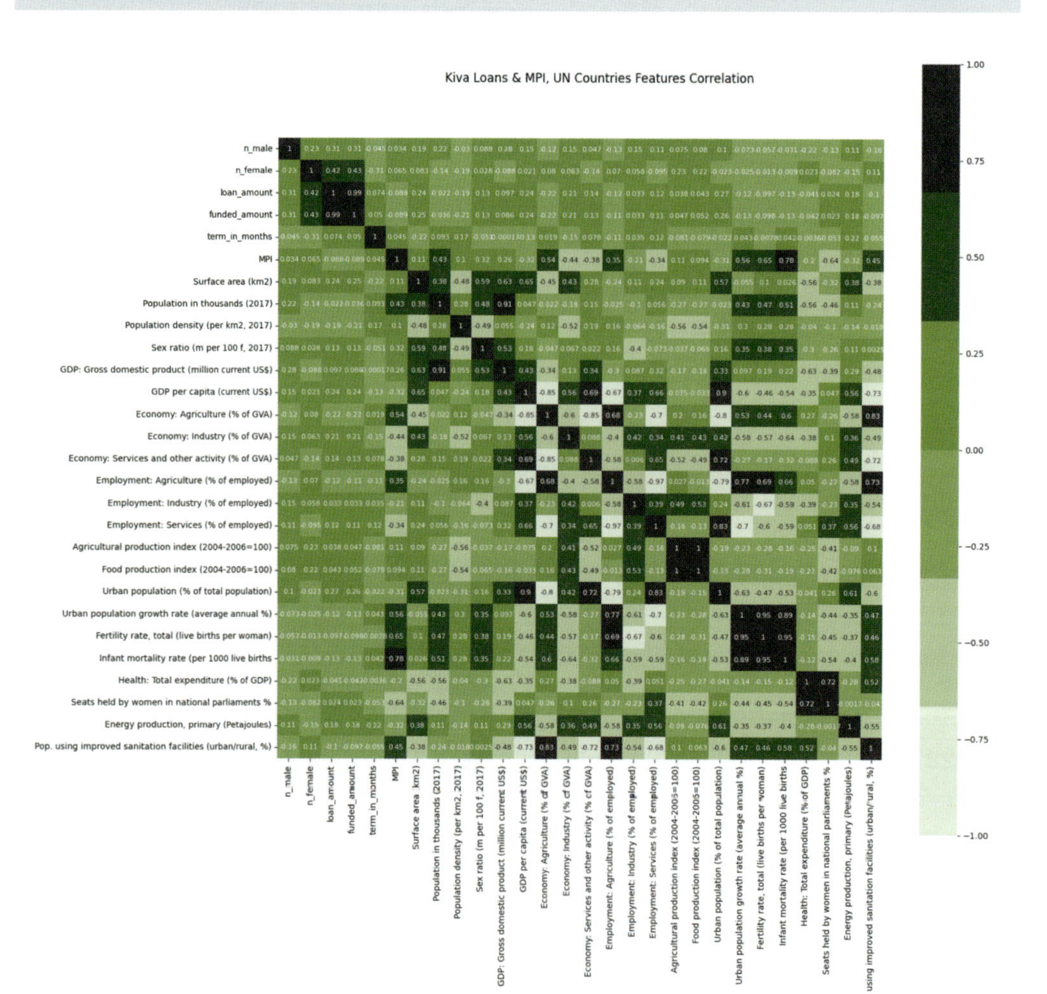

P.128…図5-14：MPIの中央値が高い10か国の貧困の次元を示すレーダーチャート

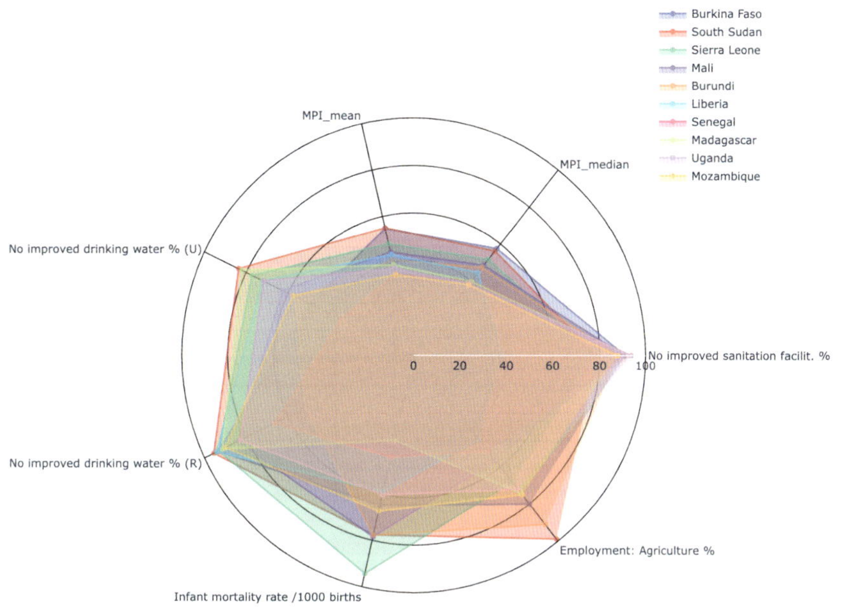

P.132…図5-17：チームの数とチームの規模をメダル（金、銀、銅）ごとに分類し、年ごとにフィルタリング

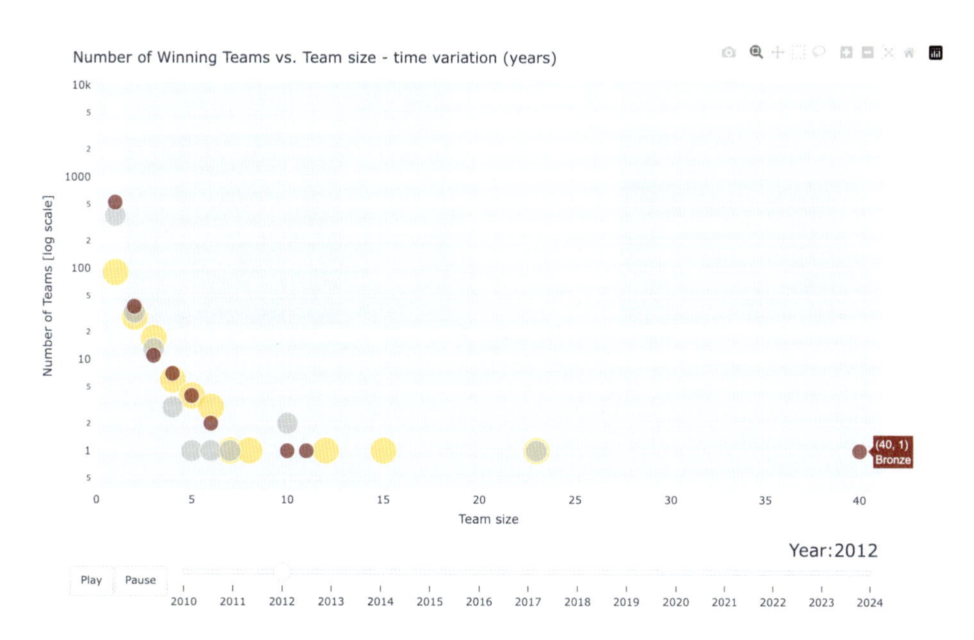

P.133…図5-18：金メダルを獲得したチームの数を年とチームの規模別に分類 - Featuredコンペティションのみ

Number of Gold winning teams grouped by year and by team size (Featured competitions)

Team size \ Year	2010	2011	2012	2013	2014	2015	2016	2017	2018	2019	2020	2021	2022	2023	2024
1	33	106	90	100	68	129	132	125	135	158	128	111	171	172	123
2	5	16	29	20	19	51	44	35	78	50	45	34	26	34	26
3		3	17	11	9	26	26	25	31	40	29	34	37	20	22
4	1		6	6	1	7	20	19	25	26	16	21	23	26	19
5			4	3	4	5	7	8	18	28	20	18	18	26	17
6		1	3	1		4	4	5	14	3	1				
7			1	3		1	3	2	8	1					
8			1	1			3	2	6	2	1				
9									1						
10				1				1	1						
11							2		1						
12		1	1						1						
13							1								
15			1												
23			1												
24				2											

P.134-P.135　図5-19：パブリック／プライベートリーダーボードのランキングとチーム規模からなる相関行列

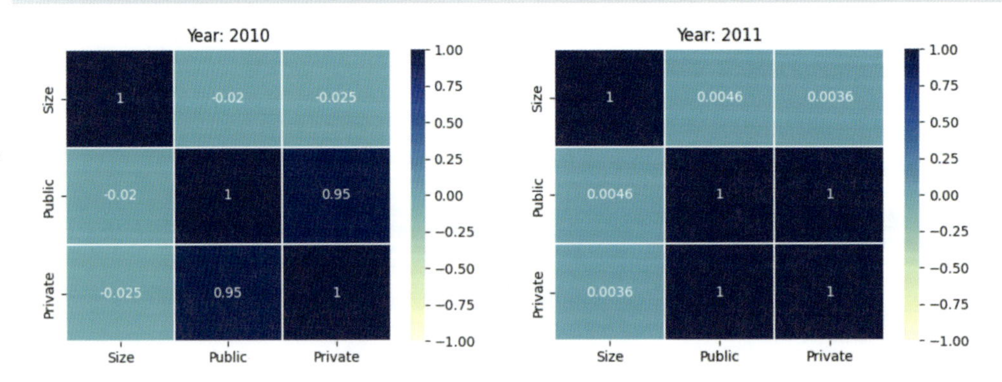

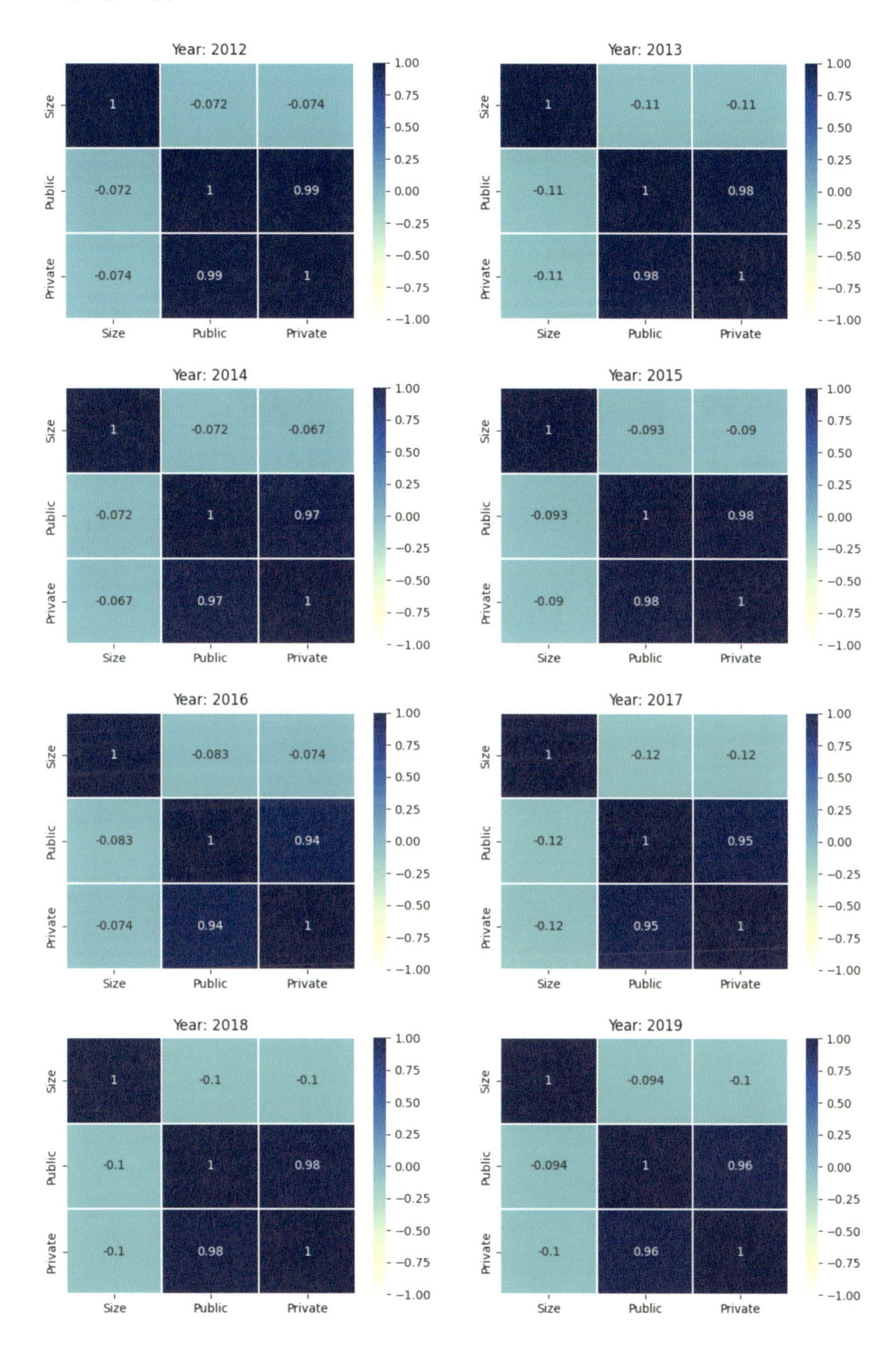
Year: 2012
Size
Public
Private
1
-0.072
-0.074
-0.072
1
0.99
-0.074
0.99
1
Size
Public
Private
1.00
0.75
0.50
0.25
0.00
−0.25
−0.50
−0.75
−1.00
Year: 2013
Size
Public
Private
1
-0.11
-0.11
-0.11
1
0.98
-0.11
0.98
1
Size
Public
Private
1.00
0.75
0.50
0.25
0.00
−0.25
−0.50
−0.75
−1.00
Year: 2014
Size
Public
Private
1
-0.072
-0.067
-0.072
1
0.97
-0.067
0.97
1
Size
Public
Private
1.00
0.75
0.50
0.25
0.00
−0.25
−0.50
−0.75
−1.00
Year: 2015
Size
Public
Private
1
-0.093
-0.09
-0.093
1
0.98
-0.09
0.98
1
Size
Public
Private
1.00
0.75
0.50
0.25
0.00
−0.25
−0.50
−0.75
−1.00
Year: 2016
Size
Public
Private
1
-0.083
-0.074
-0.083
1
0.94
-0.074
0.94
1
Size
Public
Private
1.00
0.75
0.50
0.25
0.00
−0.25
−0.50
−0.75
−1.00
Year: 2017
Size
Public
Private
1
-0.12
-0.12
-0.12
1
0.95
-0.12
0.95
1
Size
Public
Private
1.00
0.75
0.50
0.25
0.00
−0.25
−0.50
−0.75
−1.00
Year: 2018
Size
Public
Private
1
-0.1
-0.1
-0.1
1
0.98
-0.1
0.98
1
Size
Public
Private
1.00
0.75
0.50
0.25
0.00
−0.25
−0.50
−0.75
−1.00
Year: 2019
Size
Public
Private
1
-0.094
-0.1
-0.094
1
0.96
-0.1
0.96
1
Size
Public
Private
1.00
0.75
0.50
0.25
0.00
−0.25
−0.50
−0.75
−1.00

P.147…図6-8：3つの場所で撮影されたハチの写真 - コードから得られた全画像の一部

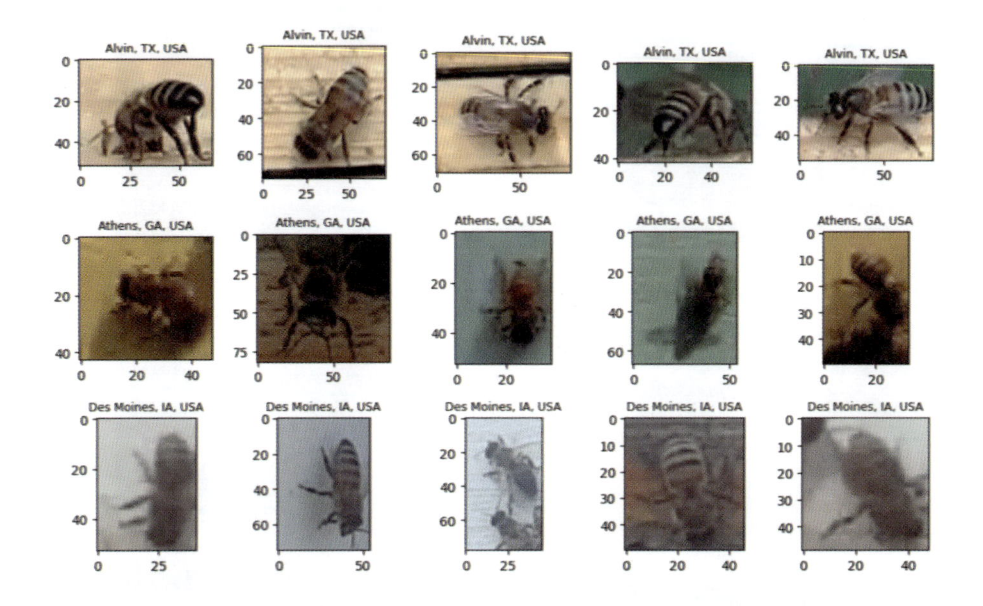

P.149…図6-9：日付、おおよその撮影時間、場所ごとのハチの画像の数

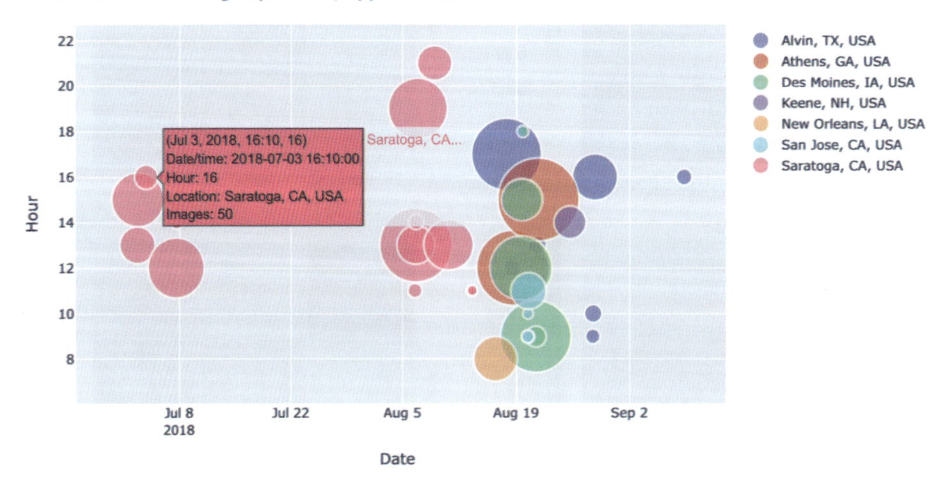

P.150 …図6-11：いくつかの亜種の画像サンプル

P.151 …図6-12：亜種と場所ごとの画像数（左）と亜種と時間ごとの画像数（右）

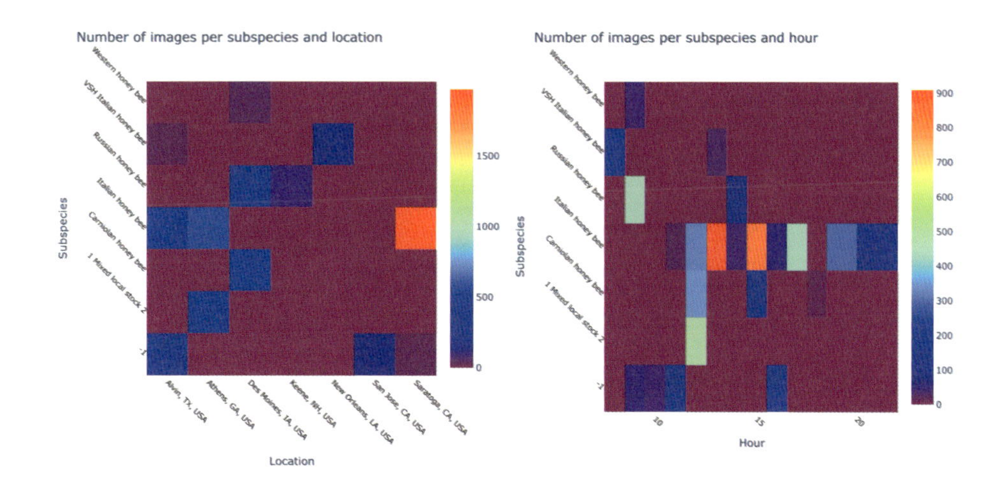

P.152…図6-14：亜種ごとの画像サイズの分布 - 散布図

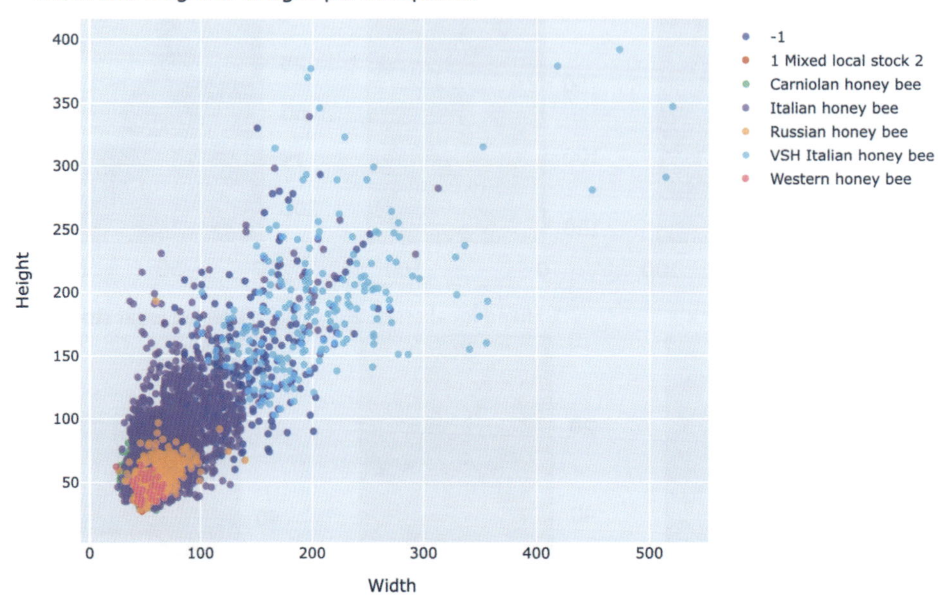

P.154…図6-16：さまざまな健康問題を抱えているハチの亜種ごとの画像の数

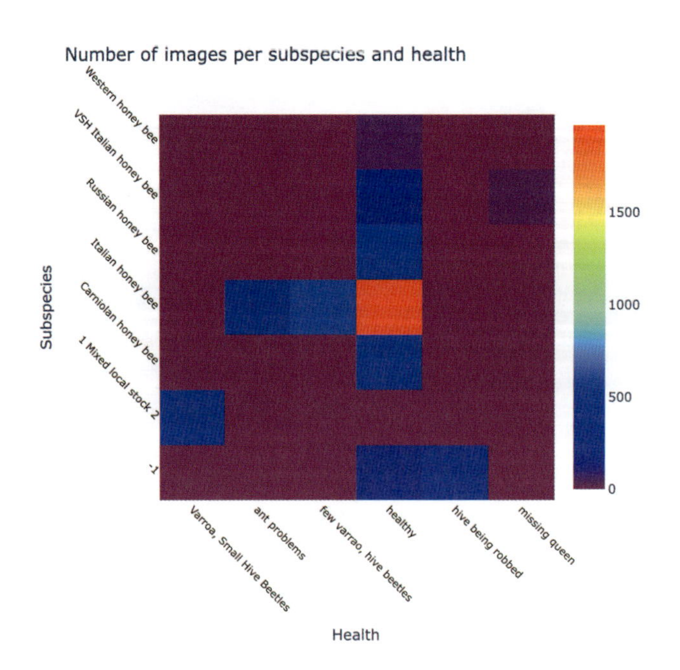

P.155 …図6-17：撮影場所、亜種、健康問題ごとの画像数

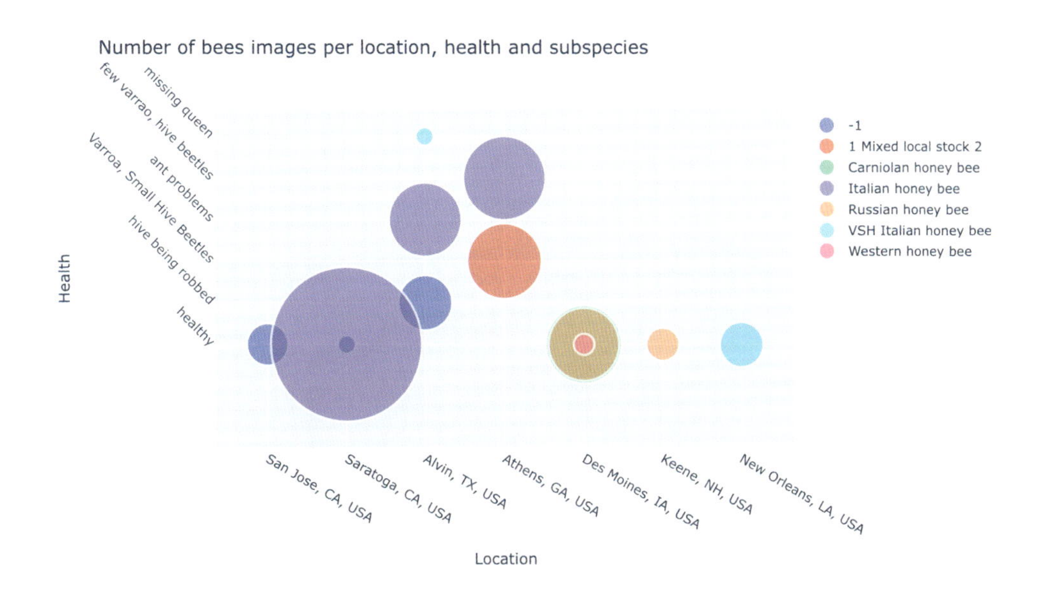

P.155 …図6-18：花粉を運んでいるハチ（True）と花粉を運んでいないハチ（False）の画像の一部

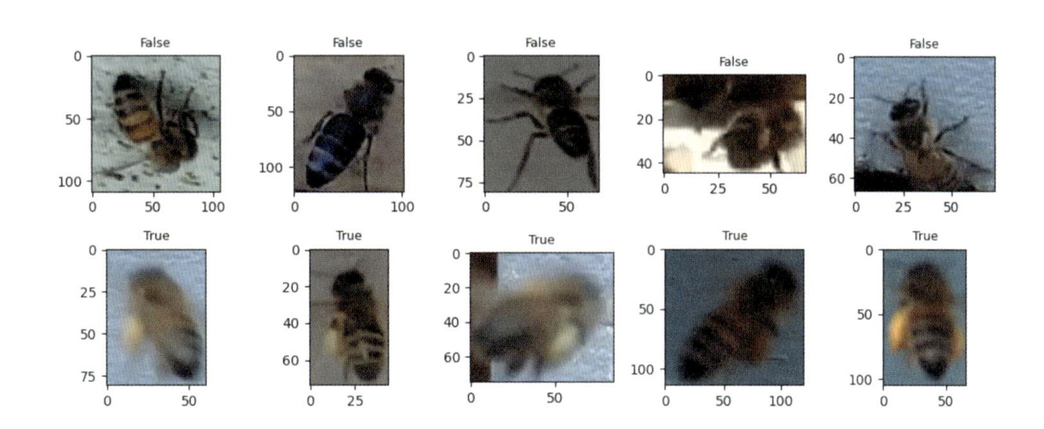

P.156 …図6-19：ハチの画像の概要

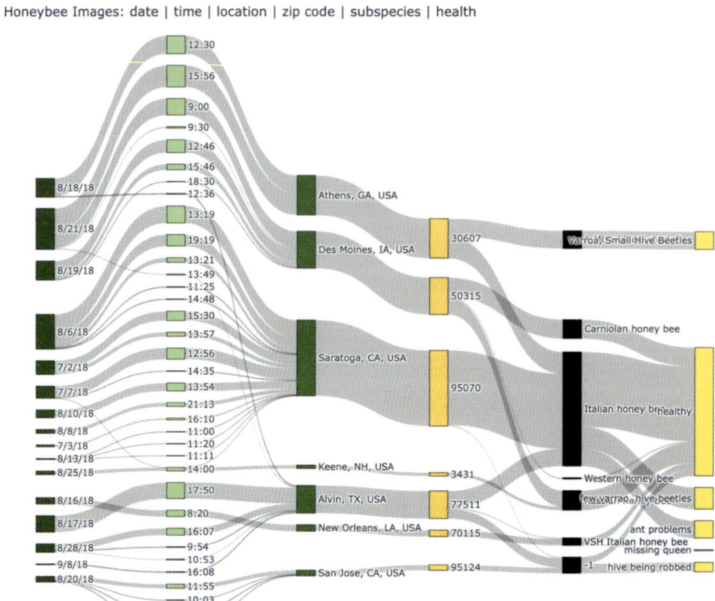

P.163 …図6-22：ベースラインモデルの訓練時と検証時の正解率（左）と誤差（右）

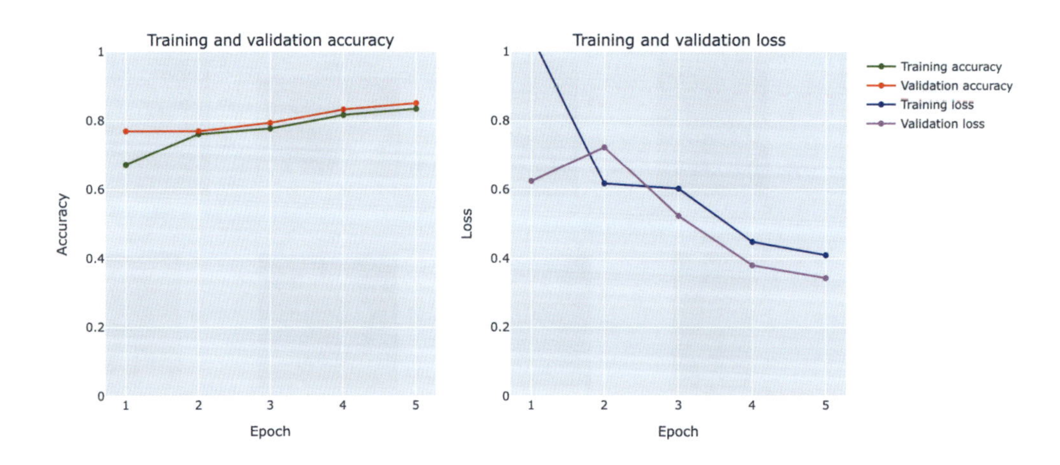

P.165…図6-25：改善後のモデル（バージョン2）の訓練時と検証時の正解率（左）と誤差（右）

P.168…図6-27：改善後のモデル（バージョン3）の訓練時と検証時の正解率（左）と誤差（右）-学習率スケジューラ、早期終了、モデルチェックポイントを追加

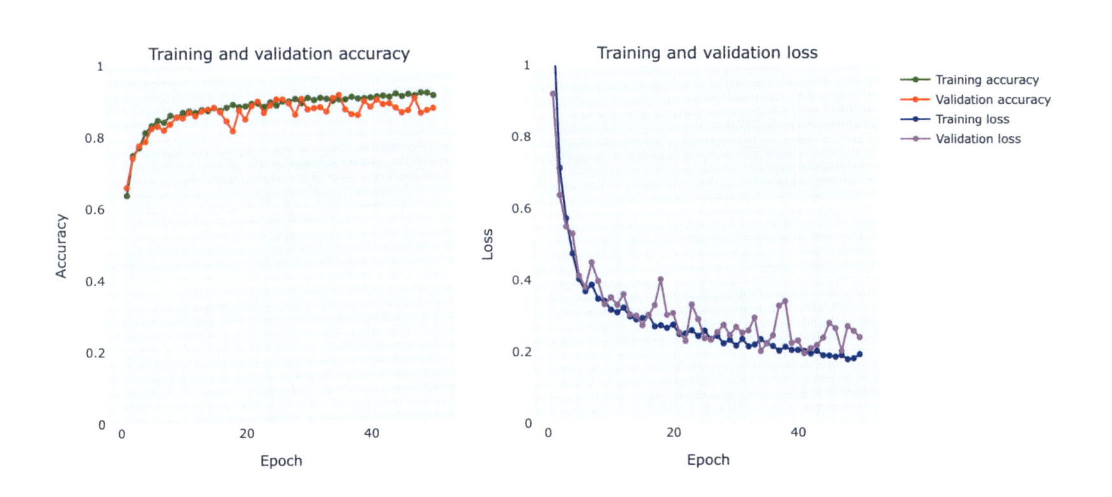

P.174…図7-2：人種と民族特徴量の値の分布

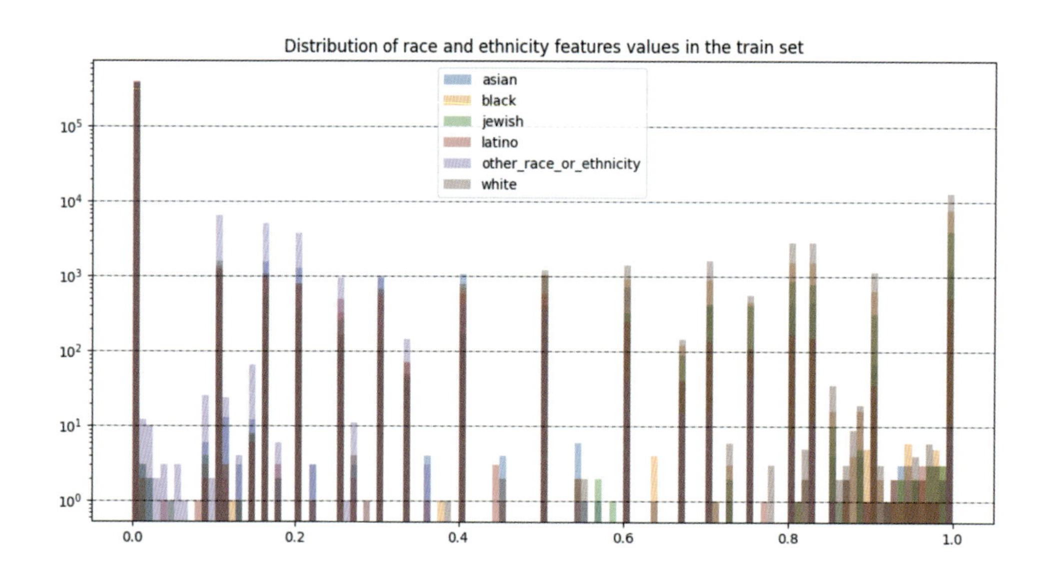

P.174…図7-3：性別特徴量の値の分布

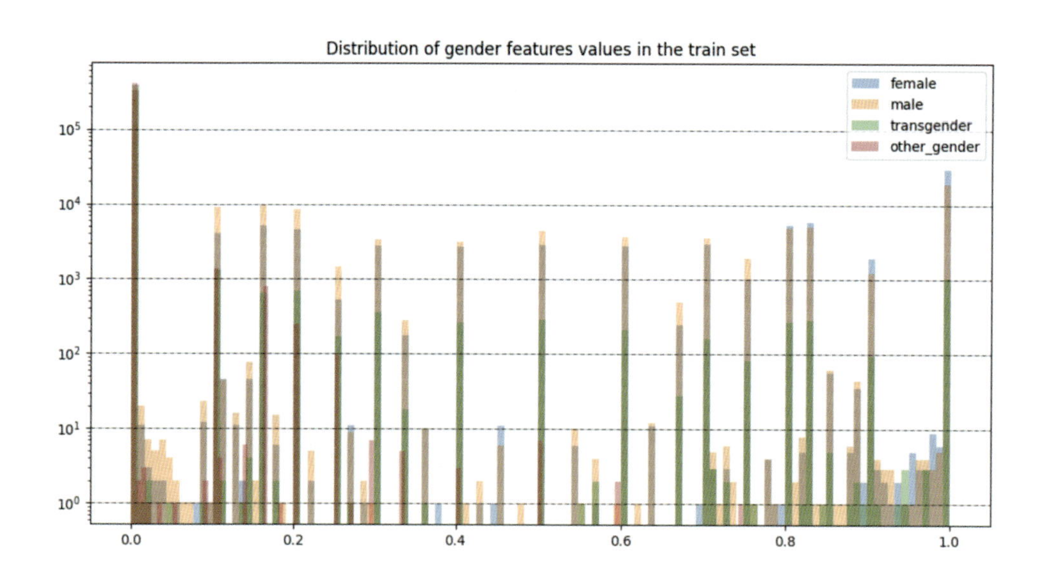

P.175…図7-4：有害性を示すその他の特徴量の値の分布

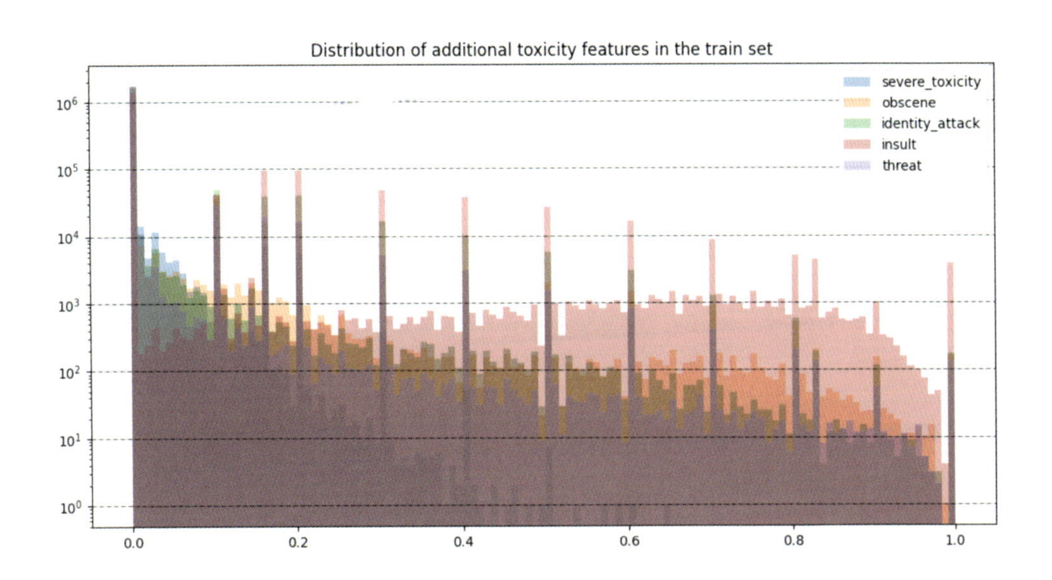

P.181…図7-11：pyLDAvisで生成したトピックモデリングダッシュボード

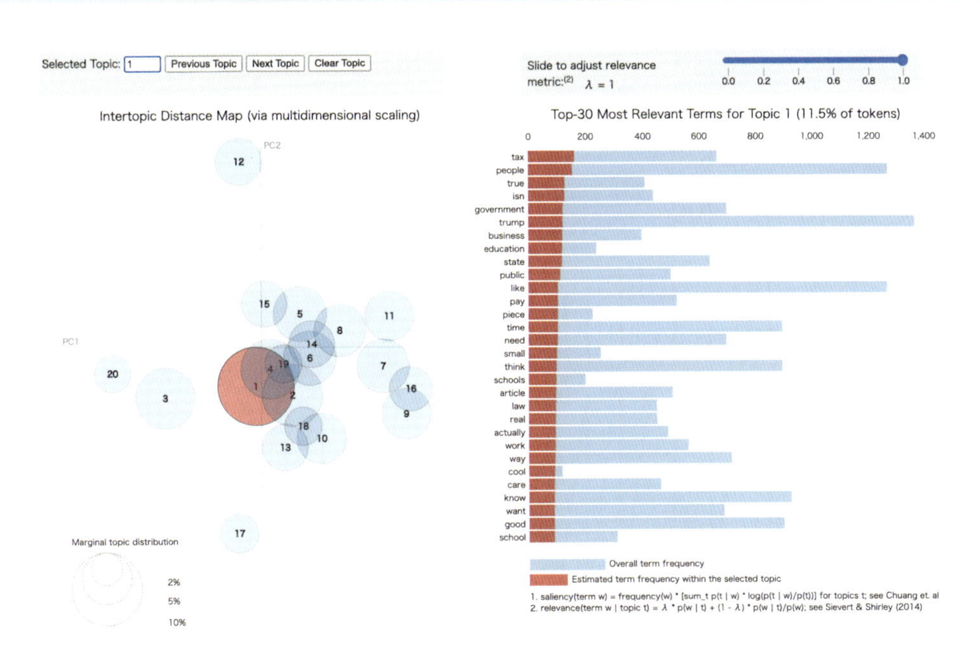

P.188……図7-16：spaCyによる品詞タグ付け - 参考資料[11]の手順を変更してテキスト内の品詞を強調表示

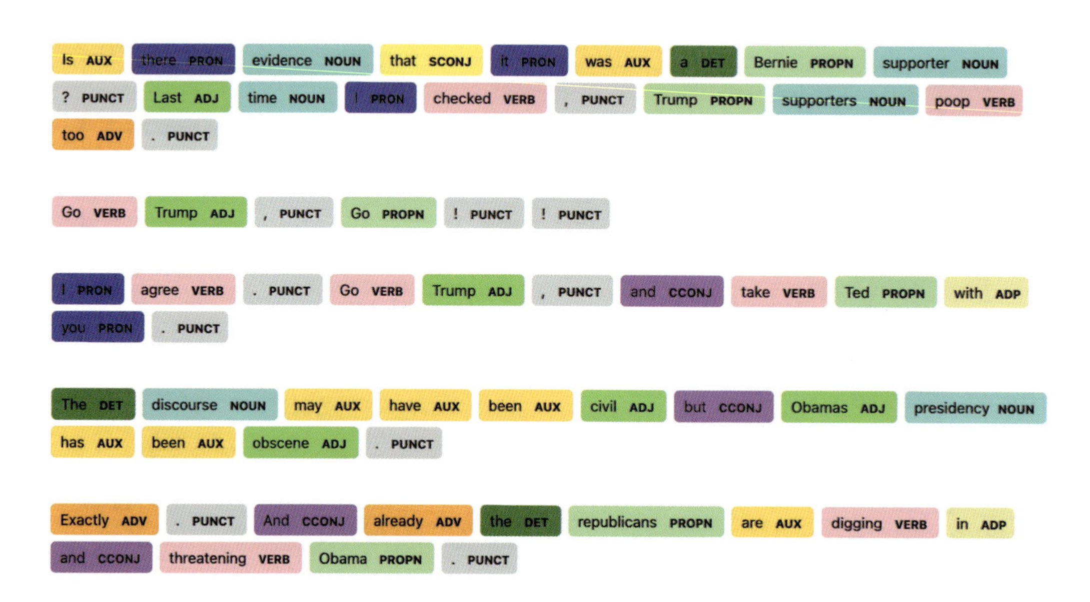

P.213……図8-2：訓練データセット全体のacoustic_dataデータと time_to_failureデータ（1/100でサブサンプリング）

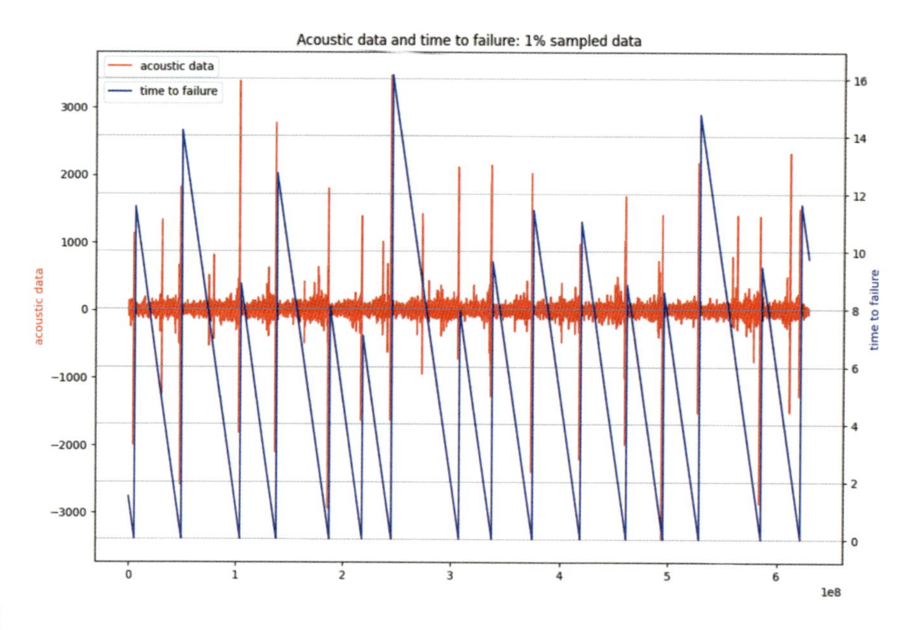

P.214…図8-3：訓練データセットの最初の1%のacoustic_dataデータとtime_to_failureデータ

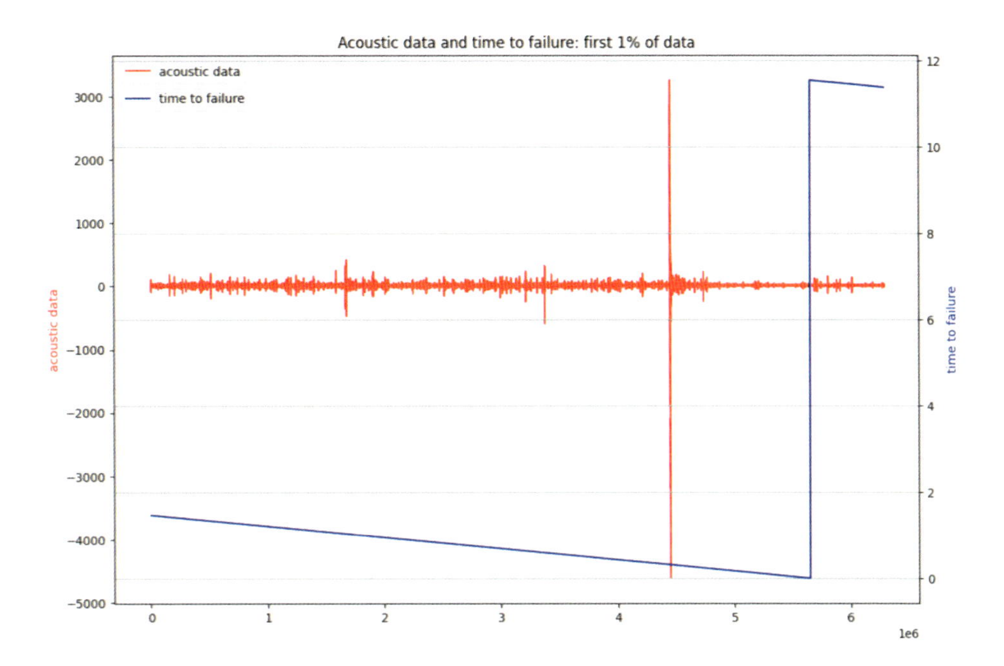

P.215…図8-4：訓練データセットの次の1%のacoustic_dataデータとtime_to_failureデータ

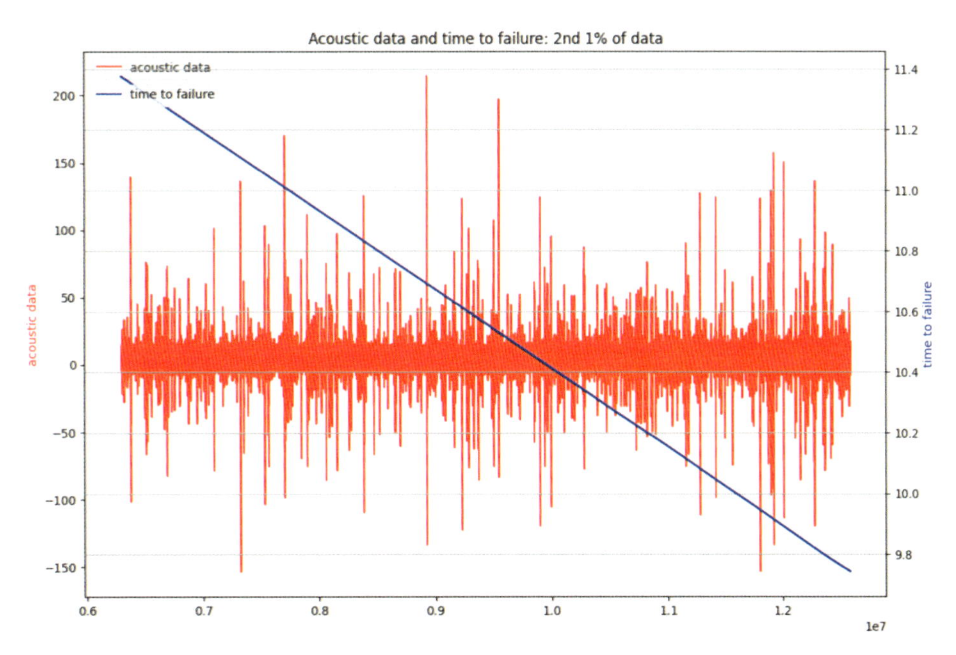

P.215…図8-5：訓練データセットの最後の5%のacoustic_dataデータとtime_to_failureデータ

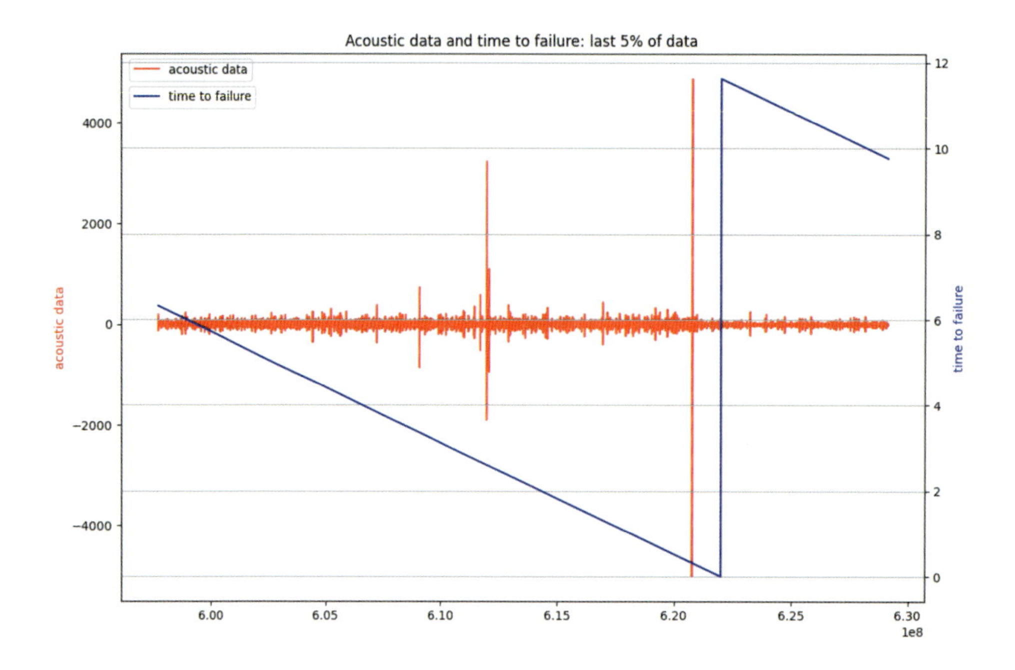

P.255…図9-9：同じオリジナルファイルから生成されたフェイク動画の画像キャプチャ

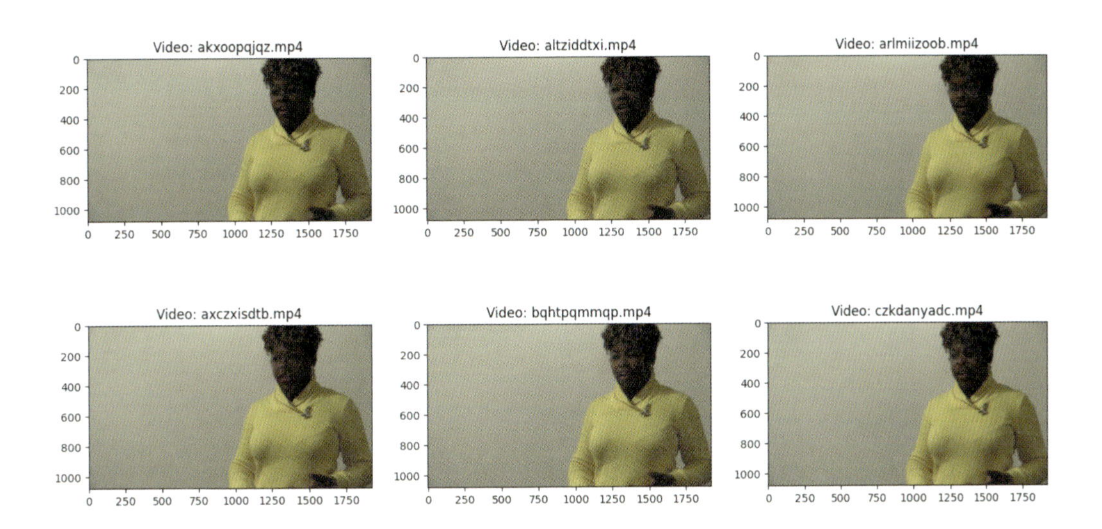

P.255…図9-10：テストデータから選択された動画の画像キャプチャ

P.286…図11-1：Kaggleプラットフォームに最後にアクセスした日からの日数によるユーザーの分布

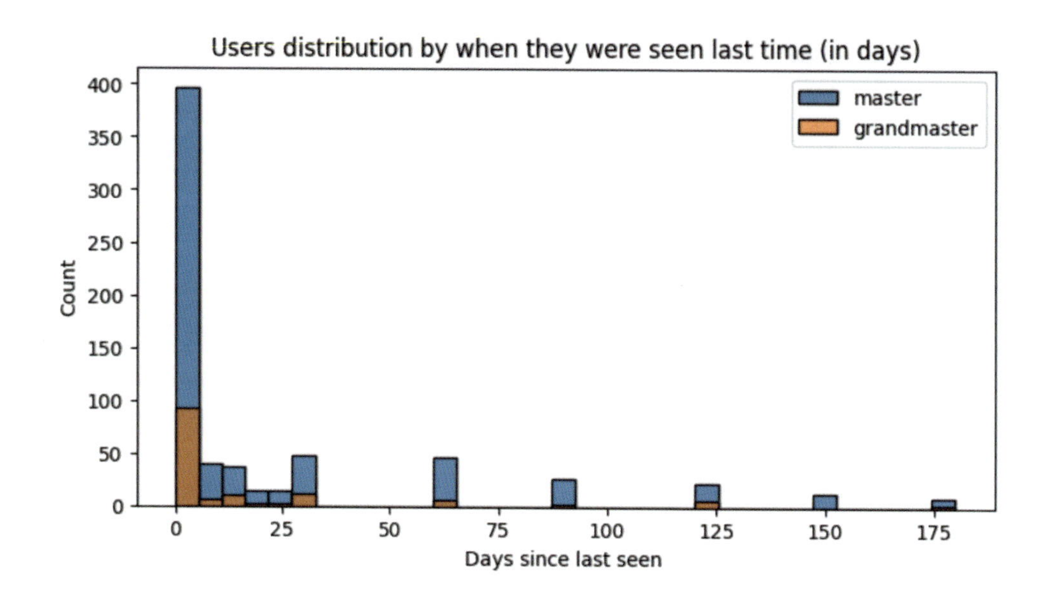

P.287…図11-2：スターバックスの店舗の位置とポップアップが表示されたロンドン特別区の境界 - これまでのデザイン

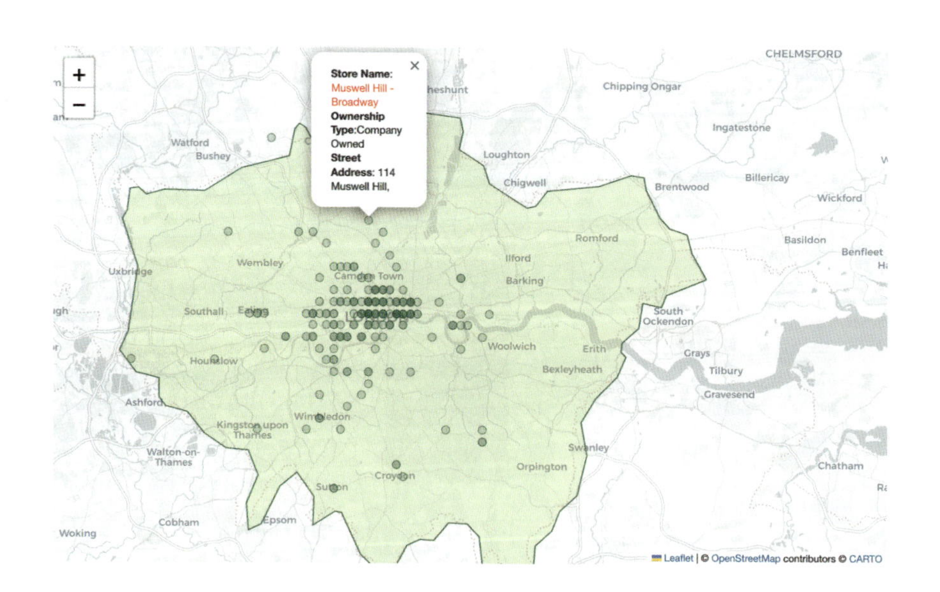

Developing Kaggle Notebooks: Pave your way to becoming a Kaggle Notebooks Grandmaster

Gabriel Preda＝著
株式会社クイープ＝訳

インプレス

■サンプルコードのサイト

原著のサンプルは、以下のGitHubサイトで公開しています。

https://github.com/PacktPublishing/Developing-Kaggle-Notebooks/

■正誤表のWebページ

正誤表を掲載した場合、以下のURLのページに表示されます。

https://book.impress.co.jp/books/1124101036

※ 本文中に登場する会社名、製品名、サービス名は、各社の登録商標または商標です。本文中では®、TM、©マークは明記しておりません。

※ 本書は、2023年12月に出版された原著の内容をもとに翻訳しています。本書で紹介したURLや製品／サービスなどの名前や内容は変更される可能性があります。

※ 本書の内容に基づく実施・運用において発生したいかなる損害も、著者、訳者、ならびに株式会社インプレスは一切の責任を負いません。

※ 出版社、著者、翻訳者は本書の記述が正確なものとなるように最大限努めましたが、本書に含まれるすべての情報が完全に正確であることを保証することはできません。

まえがき

20年以上前に私がAIと機械学習の世界に足を踏み入れた当時は、この分野がどのようなものであるかを周囲の人々に説明するのに苦労しました。**データからパターンを見つける**という発想は、まるで懐中電灯を片手に屋根裏部屋を探し回っているかのようでした。**有益な予測を行うモデルの作成**について家族に話をすると、子どものおもちゃや占いのようなものを連想させたようです。そして、何らかの形で観察できる**知性**を持った機械が**学習**したり、行動したりするという提案は、真剣に議論されるものではなく、空想科学の話として片付けられていました。

2023年の今、世界は劇的に変化しています。AIと機械学習の世界は驚くべき進歩を遂げており、少なくとも私の考えでは、現存する最も重要なテクノロジーの1つになっています。予測モデルはほぼすべての計算プラットフォーム、システム、アプリケーションと密に統合されており、ビジネスや貿易、健康、教育、輸送、ほぼすべての科学分野、そして創造的な分野（ビジュアルアートから音楽、執筆まで）にも影響を与えています。実際、AIと機械学習が重要となった結果、ガバナンス、政策、法規制といった関連分野も急速に発展しており、ほぼ毎週のように新たな動きが見られるようです。

最近では、大規模言語モデル（LLM）や関連する手法によって推進されている生成AIが多くの注目を集めています。これらのテクノロジーはすべて、過去10年間のディープラーニング手法の大規模化における進歩の上に成り立っています。これらのモデルに関しては、規模が大きいに越したことはないと感じられることがあり、この分野に貢献するには膨大なリソース（計算能力、データ、専門知識）が必要です。このため、少数の大規模な組織以外には手が届かない領域のように思えるかもしれません。個人的には、こうした見方には反対です。

この大規模な変化と発展のさなかに世界が本当に必要としているのは、できるだけ多くの人がAIや機械学習のモデルやシステムの仕組みを学ぶことであると私は考えています。できるだけ多くの人がモデルを訓練することはもちろん、モデルを調整・変更したり、評価したり、その長所と短所を理解したりできることも必要です。さらに、より信頼性が高く、効率的で、偏りがなく、有益で、世界中の誰もが利用しやすいモデルにする方法を見つけ出す手助けができることも重要です。これを世界規模の広いコミュニティの中で行うことにより、私たちがともに学ぶ内容が広く共有されるだけではなく、他の人々によってストレステストされ、再評価されるようになります。

この共有の精神こそ、Gabriel PredaがKaggleきってのGrandmasterとして、長年にわたって体現してきたものだと思います。GabrielのKaggleコミュニティに対する献身はすばらしいものであり、自分の知識を共有しようとする意欲は私たち全員の模範となっています。これが、本書がかくも重要であると私が考える理由の1つです。ノートブックを作成して共有することは、私たちが正しいと考えているものを他の人々が確認し、検証し、応用できるようにする最善の方法です。

では、まさに今、このすばらしい可能性に満ちた瞬間に、AIと機械学習の世界には何が必要でしょうか。

それはあなたです。

Kaggleへようこそ！

D. Sculley
Kaggle CEO
2023年12月

計量経済学を修めた私は、当初は予測問題を解くための別の方向からのアプローチとして、機械学習に興味を持つようになりました。新しい分野に対する私の個人的な経験は、最初はあまりかんばしいものではありませんでした。というのも、機械学習の手法や用語は知りませんでしたし、いきなり始めてどうにかなるような資格も持っていませんでした。

私のような人々が、この大きな力を持つ新たな分野にもっと簡単に参入できる機会を得られることを願って、私はKaggleというプラットフォームを立ち上げました。おそらく私が最も誇りに思っているのは、Kaggleによってデータサイエンスと機械学習が幅広い層にとって手の届きやすいものになったことでしょう。このプラットフォームでは、機械学習を始めたばかりの人がトップクラスの開発者に成長し、NVIDIA、Google、Hugging Face、OpenAIなどの名立たる企業でポジションを獲得してきました。中には、DataRobotなどのベンチャーを立ち上げた人もいます。

機械学習コンペティションプラットフォームとして始まったKaggleは、データセット、ノートブック、ディスカッションをホストするまでに進化しました。Kaggle Learnを通じて、初心者にも上級者にもわかりやすい学習モジュールが提供されています。現時点では、1,500万人のKaggleユーザーのうち30万人以上がノートブックを積極的に公開し、ランクを獲得しています。これらのノートブックは、データセットの探索と分析、機械学習モデルのプロトタイプ作成、データセットのデータ収集、コンペティション用の訓練スクリプトと推論スクリプトの準備を通じて、知識を共有するためのすばらしい手段です。

Gabrielの本は、特に詳細なデータ分析ノートブックを作成する方法、プレゼンテーションスキルを向上させる方法、データから強力なナラティブを作成する方法を習得したいと考えている人にとって、Kaggleをより身近なものにします。また、ノートブックを使ってモデルを反復的に構築しながらコンペティションの提出の準備をする例が提供されていることに加えて、Kaggleの最新の機能も紹介されています。本書には、Kaggle Modelsを通じて生成AIの能力を活用し、大規模言語モデル(LLM)を使ってコードを生成したり、タスクチェーンを作成したり、RAG(Retrieval Augmented Generation)システムを構築したりする方法を示す章も含まれています。

GabrielはKaggle Grandmasterで三冠を達成しており、Kaggle歴は7年におよびます。GabrielはDatasetsで2位、Notebooksで3位にランクインしています。Gabrielのノートブックとデータセットのいくつかは、過去に最も多くのUpvoteを獲得しています。本書にはGabrielの膨大な専門知識が詰まっています。本書を最後まで読めば、コミュニティに大きな影響を与えるすばらしいノートブックを、自信を持って作成できるようになります。そのようにして自分の知識をコミュニティと共有しながら積極的に交流できるようになるはずです。

機械学習とAIは、最近は特に、非常に急速に進化しています。Kaggleで積極的に活動すれば、膨大な量の出版物や新しいテクノロジー、ライブラリ、フレームワーク、モデルの中から、現実の問題を解決するのに役立つ応用可能なものを選別するコミュニティとつながり続けることができます。この業界で標準となっているツールの多くは、Kaggleコミュニティによって検証された後、Kaggleを通じて広まっています。

さらに、Kaggleはユーザーに「実践しながら学ぶ」方法を提供しています。特にノートブックでは、コミュニティから多数のフィードバックがあり、コントリビューターが共有しているコンテンツを継続的に改善するきっかけになります。

そのようなわけで、本書を読んでいるKaggleを始めたばかりの皆さんにとって、本書がKaggleへの――特にKaggleノートブックの作成に対する恐怖心を和らげてくれるものと期待しています。そして、すでにKaggleを利用していて、レベルアップを目指している皆さんにとって、Kaggleで最も尊敬されているメンバーの1人が執筆した本書が、このプラットフォームでより有意義な時間を過ごすのに役立つことを願っています。

Anthony Goldbloom
Founder and former CEO of Kaggle

著者紹介

Gabriel Preda

計算電磁気学の博士号を取得しており、学術研究と民間研究でキャリアをスタートした。25年ほど前に、AI技術（ニューラルネットワーク）を使った非破壊検査と評価における逆問題の解決を含めた初めての論文を執筆した。その後すぐに、学術界から民間研究に転身し、東京のハイテク企業で研究者として数年間働いた。ヨーロッパに戻った後、2つの技術系スタートアップを共同設立し、20年以上にわたって複数の製品会社やソフトウェアサービス会社でソフトウェア開発に従事し、開発職と管理職を務めてきた。現在はEndavaのプリンシパルデータサイエンティストとして、銀行や保険から通信、物流、医療まで、さまざまな業界に携わっている。競争の激しい機械学習の世界で注目されているコントリビューターであり、現在は数少ない三冠（Datasets、Notebooks、Discussions）のKaggle Grandmasterの1人である。

レビュー担当者紹介

Konrad Banachewicz

データサイエンスマネージャとして、考えるのもいやになるほど長い経験を持つ。アムステルダム自由大学で統計学の博士号を取得し、特に信用リスクの極限依存モデリングの問題に取り組んだ。従来の統計学から徐々に機械学習に移行し、ビジネスアプリケーションの世界に飛び込んだ。さまざまな金融機関でさまざまなデータ問題に取り組み、データ製品サイクルのすべての段階を経験した。これには、ビジネス要件の解釈（「本当に必要なものは何か？」）から、データの獲得（「スプレッドシートとフラットファイルで本当によいのか？」）、ラングリング、モデリング、テスト（実際に楽しい部分）、数学用語が大の苦手の人々（顧客のほとんどがそう）に結果を提示することまでが含まれていた。現在は、IKEAでプリンシパルデータサイエンティストを務めている。

Marília Prata

28年間にわたって自身の診療所で歯科医として勤務した後、ペトロブラス（ブラジル石油公社）で歯科監査業務を提供し、リオデジャネイロの警察で公務員を務めた。また、歯科補綴と産業歯科の2つの専門分野も履修している。本書の出版時点において三冠のKaggle Grandmasterであり、Notebooks部門で2位にランクされている。

Dr. Firat Gonen

AllianzのData and Analytics部門を統括し、先駆的な機械学習戦略でFortune 50企業の推進役を務めている。ヒューストン大学で博士号を取得した際に培った基礎と、その上に築かれた専門知識が、現在Allianzのデータ主導型戦略を導いている。Allianzに在籍する前は、トルコのデカコーンアプリであるGetirとVodafoneで指導的立場に就き、有能なデータチームを管理する手腕を磨いた。Gonenの幅広い学歴と学術的な努力は複数の査読付き論文に反映されており、三冠のKaggle Grandmasterがそれに花を添え、さらに数多くの国際データコンペティションでの栄冠によって彩られている。HP Global Data Science AmbassadorのZアンバサダーとして、データの変革的な力を提唱し、最先端のテクノロジーと業界をリードする洞察との共生関係を強く訴えている。最近では、LinkedInからTop Data ScienceとArtificial

Intelligence Voiceのタイトルを授与された。また、『The Kaggle Book』※1のレビューも担当している。

謝辞

Gabriel Preda

私の家族であるMidoriとCristinaに、本書を準備していた間の支援と忍耐に心から感謝しています。Kaggleの共同創設者・元CEOであるAnthony Goldbloomと、Kaggleの現CEOであるD. Sculleyに、本書の序文を書いてくれたことに感謝しています。最後に、この執筆作業をサポートしてくれたTushar Gupta、Amisha Vathare、Tanya D'cruz、Monika Sangwan、Aniket Shettyと、Packt Publishingの編集・制作スタッフ全員に感謝しています。

Konrad Banachewicz

巨人の肩の上に立った者として、私は知識を他人と共有することの正当性を信じています。データサイエンスの手法で現実的な問題に取り組む方法を知ることは非常に重要ですが、そうしない方法も知る必要があります。

Marília Prata

Kaggleプラットフォームとそのユーザー（Kaggler）に心から感謝します。というのも、Kaggleはプログラミング言語を実践的に学び始めるのに最適な場所だからです。データサイエンスという魅力的な分野において非常に重要な著書のレビューに際して、私の能力を信頼してくれたGabriel Predaに特に感謝しています。

Dr. Firat Gonen

Denizのこれまでの支援、助言、愛情、そして絶え間ないサポートに感謝しています。

※1　『The Kaggle Book：データ分析競技実践ガイド＆精鋭31人インタビュー』（インプレス、2023年）

はじめに

今から6年以上も前、まだKaggleの存在に気付いていなかった私は、新しいキャリアの道を模索していました。その数年後に新しい仕事での立ち位置を確立できたのは、Kaggleのおかげでした。このすばらしいサイトを発見する前は、さまざまなサイトを見て回っては記事を読み、データセットをダウンロードして分析し、GitHubや他のサイトのコードを試し、オンライントレーニングを受け、書籍を読んでいました。Kaggleで私が見つけたのは、単なる情報源以上のものでした。機械学習 —— そしてもっと一般的には、データサイエンスに同じように興味を持ち、学びたいと考え、知識を共有し、困難な課題を解決しようとしているコミュニティを見つけたのです。このコミュニティでは、その気になれば、学習曲線を加速できることもわかりました。なぜなら、一流の人たちから学び、時には彼らと競い合い、時には協力し合うことができるからです。また、経験の浅い人たちからも学ぶことができます。このプラットフォームで何年も過ごした後も、私はまだ両方の集団から学んでいます。

継続的なチャレンジと実りある協働の組み合わせであるKaggleは、新しいコントリビューターもベテランのコントリビューターも同じように歓迎され、学んだり共有したりできるユニークなプラットフォームです。このプラットフォームを利用するようになって最初の数か月は、私は主にデータセットとノートブックの膨大なコレクションから学ぶことで、コンペティションデータを分析し、現在または過去のコンペティションやディスカッションスレッドのソリューションを提供していました。それからすぐに（主にノートブックに対する）貢献を開始するようになり、このプラットフォームで自分の知見を共有し、他の人々からフィードバックを得るのがいかにやりがいのあることなのかに気付きました。本書は、この喜びと、私が発見したことやアイデア、ソリューションをコミュニティと共有しながら学んだことを皆さんと分かち合うためのものです。

本書の目的はデータ分析という広い世界を紹介することであり、この分野に精通するためにKaggle Notebooksのリソースをどのように活用できるかに主眼を置いています。本書では、単純な概念からより高度な概念までがカバーされています。本書は個人的な旅でもあり、データセットの分析やコンペティションの準備を実際に体験し、それらについて学びながら、筆者がたどったのと同じような道のりを歩んでもらいます。

本書の対象読者

本書は、データサイエンスと機械学習に強い関心を持っていて、Kaggle Notebooksを使ってスキルを向上させると同時に、Kaggle Notebooksのランクを上げたいと考えている幅広い読者を対象としています。正確に言うと、本書は次の読者を対象としています。

- Kaggleのまったくの初心者
- さまざまなデータの取得、準備、探索、可視化のスキルを身につけたいと考えている経験豊富なコントリビューター
- 初期のKaggle Notebooks Grandmasterの1人からKaggleのランクを駆け上がる方法を学びたいと考えているエキスパート

- すでに学習とコンペティションにKaggleを利用しており、データ分析についてさらに学びたいと考えているプロフェッショナル

本書の内容

「第1章　Kaggleとその基本機能」では、Competitions、Datasets、Code（以前はKernelsまたはNotebooksと呼ばれていました）、Discussionsと追加リソース、Models、Learningなど、Kaggleとその主な機能を駆け足で紹介します。

「第2章　Kaggleノートブック作成の準備」には、Kaggleのコード機能に関する詳細が含まれています。この章では、コンピューティング環境、オンラインエディタの使い方、既存の例をフォークして書き換える方法、Kaggleのソース管理機能を使って新しいノートブックを保存したり実行したりする方法についての情報が得られます。

「第3章　Kaggleという旅の始まり―タイタニック号事件の分析」では、本書でこれから鍛えていくスキルの基礎を固めるのに役立つシンプルなデータセットを紹介します。ほとんどのKagglerは、このプラットフォームでの旅をこのコンペティションから始めます。この章では、Pythonでのデータ分析（pandasとNumPy）とデータ可視化（matplotlib、seaborn、plotly）のためのツールを紹介し、ノートブックのビジュアルアイデンティティを確立する方法についてアドバイスを提供します。特徴量の単変量解析と二変量解析を実行し、欠損値を分析し、さまざまなテクニックを使って新しい特徴量を生成します。また、モデル構築時のデータの探索から前処理まで、データの詳細な調査と、ベースラインモデルの構築と反復的な改善を組み合わせて分析を行うことについても初体験します。

「第4章　単変量／二変量／地理空間分析の方法―パブとスターバックス」では、複数の表形式データセットとマップデータセットを組み合わせて地理データを探索します。1つ目のデータセット（**Every Pub in England**）にはイギリスのパブの空間分布が含まれており、2つ目のデータセット（**Starbucks Locations Worldwide**）には世界中のスターバックスコーヒーの分布が含まれています。まず、これらのデータセットを別々に分析して、欠損値を調査し、代替データセットを使って欠損値を補う方法を理解します。次に、これらのデータセットをまとめて分析し、ロンドンという1つの小さな地域に焦点を合わせた上で、データを重ね合わせます。また、さまざまな空間解像度に合わせてデータを調整する方法についても説明します。この章では、スタイル、プレゼンテーションの構成、ストーリーテリングに関する詳細な洞察が得られます。

「第5章　データ分析に基づくストーリーと仮説検証―発展途上国向け小口融資とMeta Kaggle」では、**Data Science for Good: Kiva Crowdfunding**というKaggle分析コンペティションのデータの分析を開始します。ここでは、複数の融資履歴、人口統計、国の発展状況、マップデータセットを組み合わせて、発展途上国での小口融資の割り当てを改善する方法についてストーリーを組み立てます。この章の焦点の1つは、配色、セクションの装飾、グラフィックススタイルを含め、統一感のあるカスタムプレゼンテーションスタイルを作成することです。もう1つの焦点は、ノートブックの論点を裏付けるデータに基づき、そうしたデータに関する一貫性のあるストーリーを組み立てることです。最後に、もう1つのデータ分析コンペティションデータセットである**Meta Kaggle**を手早く調査することで、このコミュニティで認識されている傾向に関する仮説を反証します。

「第６章　画像データ分析―ミツバチの亜種を予測」では、画像データセットの探索方法について説明します。この分析には、**The BeeImage Dataset: Annotated Honeybee Images** データセットを使います。画像分析のテクニックと、表形式データの分析と可視化のテクニックを組み合わせることで、洞察に富んだ高度な分析を実現し、多クラス画像分類用の機械学習パイプラインを構築するための準備をします。画像セットを入力として表示する方法、画像とメタデータを分析する方法、画像を拡張する方法、さまざまなサイズ変更オプションに対処する方法を学びます。また、ベースラインモデルを構築し、訓練誤差と検証誤差の分析に基づいてモデルを反復的に改善する方法も紹介します。

「第７章　テキスト分析―単語埋め込み、双方向 LSTM、Transformer」では、テキスト分類コンペティションのデータセットである **Jigsaw Unintended Bias in Toxicity Classification** を使います。このデータはオンラインの投稿から取得されたもので、このデータを使ってモデルを構築する前に、テキストデータのデータ品質を評価し、データのクリーニングを行う必要があります。続いて、データ探索を実行し、単語の出現頻度と語彙の特異性を分析し、構文的・意味的な分析に関するいくつかの洞察を得た上で、感情分析とトピックモデリングを実行し、モデルを訓練するための準備を開始します。データセット内のコーパスのトークン化や埋め込みソリューションを使って語彙のカバレッジを確認し、データ処理を適用して語彙のカバレッジを改善します。

「第８章　音響信号の分析による模擬地震の予測」では、**LANL Earthquake EDA and Prediction** コンペティションのデータセットを分析しながら、時系列データを操作する方法を調べます。特徴量を分析した後、さまざまな種類のモダリティ分析を使って信号に隠れているパターンを明らかにした後、この時系列モデルに高速フーリエ変換やヒルベルト変換などを適用して特徴量を生成する方法を学びます。続いて、さまざまな信号処理関数を使っていくつかの特徴量を生成する方法を学びます。ここでは、信号データを分析するための基礎と、さまざまな信号処理変換を使ってモデルを構築するための特徴量を生成する方法を学びます。

「第９章　ディープフェイク動画を探す」では、**Deepfake Detection Challenge** という有名な Kaggle コンペティションの大規模な動画データセットを使って、画像と動画を分析する方法について説明します。分析は訓練とデータ探索から始まり、コンピュータビジョンのテクニックか事前学習済みのモデルのどちらかを使って、`.mp4` フォーマットの操作、動画からの画像の抽出、動画のメタデータ情報の確認、抽出した画像の前処理、画像での物体検出（全身、上半身、顔、目、口）の方法を学びます。最後に、このディープフェイク検出コンペティションのソリューションを考え出すためにモデルを構築する準備をします。

「第 10 章　Kaggle モデルで生成 AI の能力を引き出す」では、**大規模言語モデル**（LLM）を LangChain やベクトルデータセットと組み合わせて生成 AI の能力を解き放ち、Kaggle プラットフォームを使って最新の AI アプリケーションのプロトタイプを作成するために、Kaggle のモデルをどのように活用できるかについて、本書ならではの専門的な洞察を提供します。

「第 11 章　旅の終わり―存在感を保ち、トップであり続けるために」では、Kaggle Notebooks の最大のコントリビューターの１人になるだけではなく、その地位を維持しながら、優れた構造と大きな影響力を持つ質の高いノートブックを作成する方法について説明します。

本書を最大限に活用するには

Python の基本的な理解と Jupyter Notebooks の知識が必要です。理想的には、pandas や NumPy などのライブラリに関する基本的な知識も必要です。

各章には、理論とコードの両方が含まれています。本書のコードを実行する最も簡単な方法は、GitHub リポジトリの `README` のリンクをたどって、ノートブックをフォークし、Kaggle で実行することです。Kaggle 環境には、必要な Python ライブラリがすべてプリインストールされています。あるいは、GitHub リポジトリからノートブックをダウンロードして Kaggle にアップロードし、本書に記載されているデータセットリソースを追加した上で実行することもできます。もう 1 つの方法は、Kaggle でデータセットをダウンロードし、ローカル環境を準備して、そこでノートブックを実行することです。ただしその場合は、`conda` 環境をローカルでセットアップし、`pip install` または `conda install` を使って Python ライブラリをインストールする必要があるため、より高度な知識が必要です。

各章の要件	バージョン番号
Python	3.9 以上

Kaggle プラットフォームで開発したノートブックはすべて、Python の最新バージョン（原書の英語版の執筆時点では 3.10）を使っています。

▶サンプルコードファイルのダウンロード

本書のサンプルコードは、GitHub リポジトリで提供されています。

https://github.com/PacktPublishing/Developing-Kaggle-Notebooks

また、Packt から出版されている書籍や Packt で提供されている動画の付属コードもダウンロードできるので、ぜひチェックしてください。

https://github.com/PacktPublishing/

▶本書の表記

本書では、さまざまな表記を使っています。

本文に登場するコードワード、データベーステーブル名、フォルダ名、ファイル名、ファイル拡張子、パス名、ダミー URL、ユーザー入力などは、「各データセットで `info()` 関数を実行します。」のように、等幅フォントで示されています。

コードブロックは次のように示されています。

```
for sentence in selected_text["comment_text"].head(5):
    print("\n")
    doc = nlp(sentence)
    for ent in doc.ents:
        print(ent.text, ent.start_char, ent.end_char, ent.label_)
    displacy.render(doc, style="ent",jupyter=True)
```

コマンドラインの入力や出力は次のように示されています。

```
!pip install kaggle
```

新しい用語や重要な用語は**太字**で示されています。

警告や重要な注意事項はこのように示されています。

目次

第1章　Kaggleとその基本機能

Kaggleは現在、競争力の高い予測モデルを構築するためのメインプラットフォームとなっています。このプラットフォームでは、ともに学び、評価を獲得し、知識を共有し、コミュニティに還元するための協力的かつ競争的な環境が、機械学習に情熱を傾けるエキスパートと初心者の両方に提供されています。Kaggleが設立されたのは2010年のことであり、当初は機械学習のコンペティションだけが提供されていました。現在では、Competitions、Datasets、Code、Discussions、Learn、そしてつい最近追加されたModelsの6つのセクションが含まれたデータプラットフォームとなっています。

2011年、Kaggleは投資ラウンドで資金調達を行い、その評価額は2,500万ドルを超えました。2017年には、Google（現Alphabet Inc.）に買収され、Google Cloudと連携するようになりました。Kaggleのキーパーソンと言えば、2022年までの長きにわたってCEOを務めていた共同創設者のAnthony Goldbloomと、CTOのBen Hammerが有名です。最近では、Anthony Goldbloomが新しいスタートアップの立ち上げに参画するために退任し、その後を引き継いでGoogleの伝説のエンジニアであるD. SculleyがKaggleの新しいCEOに就任しました。

この最初の章では、Kaggleプラットフォームがメンバーに提供している主なセクションを調べます。また、アカウントはどのように作成するか、このプラットフォームはどのような構成になっているか、その主なセクションは何かについても説明します。簡単にまとめると、本章では次の内容を取り上げます。

- Kaggleプラットフォーム
- Kaggle Competitions
- Kaggle Datasets

- Kaggle Code
- Kaggle Discussions
- Kaggle Learn
- Kaggle Models

Kaggle プラットフォームを使った経験がある場合、これらの機能はすでに知っているはずです。このプラットフォームについて学び直すためにこのまま読み続けてもよいですし、この後の節を飛ばして次章に直接進んでもかまいません。

1.1 Kaggle プラットフォーム

Kaggle を使い始めるには、アカウントを作成する必要があります。メールアドレスとパスワードで登録するか、Google アカウントを使って直接認証することができます。登録が完了したら、氏名、写真、役職、所属組織を入力してプロフィールを作成します。続いて、所在地と短い自己紹介文を追加することもできます（この部分は任意です）。また、SMS 認証を実行し、このプラットフォームに最低限のコンテンツを追加すると、Novice から Contributor に昇格します。最低限のコンテンツの追加とは、ノートブックまたはスクリプトを 1 つ実行し、1 つのコンペティションに参加し、コメントを 1 つ投稿し、Upvote（高評価）を 1 つ付けることです。図 1-1 は、Contributor に昇格するためのチェックリストです。すべての項目にチェックが入っていることがわかります。つまり、このユーザーはすでに Contributor ランクに昇格しています。

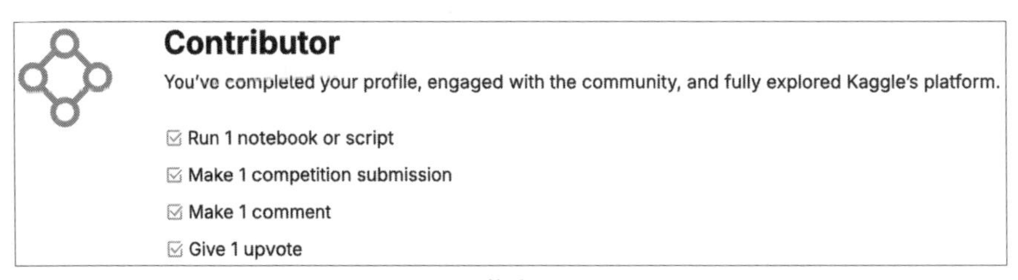

図 1-1：Contributor に昇格するためのチェックリスト

Contributor のチェックリストの項目をすべて満たすと、Kaggle の旅を始める準備が整います。

現在のプラットフォームには、さまざまな機能が含まれています。最も重要な機能は次のとおりです。

- Competitions
  Kaggler（Kaggle ユーザー）がコンペティションに参加し、メダルの獲得を目指してソリューションを提出します。

- **Datasets**
  このセクションでは、ユーザーがデータセットをアップロードできます。
- **Code**
  Kaggle の最も複雑な機能の 1 つであり、Kernel または Notebooks とも呼ばれます。ユーザーは、コード（独立したコード、またはデータセットやコンペティションに関連するコード）の追加、コードの変更、分析を行うためのコードの実行、モデルの準備、コンペティションの提出ファイルの生成を行うことができます。
- **Discussions**
  このセクションでは、Kaggle のコントリビューターがコンペティション、ノートブック、またはデータセットにトピックやコメントを追加できます。トピックは個別に追加することもできますし、「Getting Started」などのテーマにリンクすることもできます。

これらのセクションでは、Kaggle の Progression System に従ってメダルを獲得できます。これらのセクションの 1 つで貢献を開始すれば、Kaggle のセクションごとの総合ランキングシステムでランクインできます。メダルを獲得する方法は主に 2 つあります。1 つは、コンペティションで上位に入賞することです。もう 1 つは、**Datasets**、**Code**、**Discussions** のいずれかのセクションで、自分のコンテンツに対して Upvote を獲得することです。

Kaggle には、**Competitions**、**Datasets**、**Code**、**Discussions** の他にも、コンテンツを持つセクションが 2 つあります。

- **Learn**
  Kaggle の最もすばらしい機能の 1 つ。プログラミング言語の基礎から、コンピュータビジョン、モデルの解釈可能性や AI の倫理といった高度なものまで、さまざまなトピックに関するレクチャーやチュートリアルが揃っています。他の Kaggle リソース（Datasets、Competitions、Code、Discussions）はすべてレクチャーの教材として使うことができます。
- **Models**
  Kaggle に新たに導入された機能。現在データセットを追加するのと同じ方法で、コードにモデルを読み込むことができます。

Kaggle プラットフォームのさまざまな機能を簡単に紹介したところで、以降の節では、Competitions、Datasets、Code、Discussions、Learn、Models を詳しく見ていきます。それでは始めましょう。

1.2 Kaggle Competitions

すべては12年以上前のコンペティションから始まりました。最初のコンペティションの参加者は、たった数人でした。機械学習への関心が高まり、Kaggleのコミュニティが拡大するに従い、コンペティションの複雑さ、参加者の数、コンペティションへの関心も大きく変化しました。

コンペティションを開催するにあたり、コンペティションの主催者はデータセットを準備します。データセットは一般に訓練データセットとテストデータセットに分かれています。最もよく見られる形式は、訓練データセットではラベル付きのデータを提供し、テストデータセットでは特徴量データのみを提供するというものです。また、データに関する情報が追加され、コンペティションの目的も簡単に説明されます。これには、参加者に背景情報を提供するための問題の説明が含まれます。主催者は、コンペティションのソリューションを評価するための指標に関する情報も提供します。さらに、コンペティションの期間などの諸条件も指定されます。

参加者が1日に提出できるソリューションの数は制限されており、その中から最終的に、最もよいソリューションが2つ選び出されます。これらのソリューションは、パブリックスコアの計算に使われるテストデータセットの一部に基づいて評価されます。また、参加者が2つのソリューションを自分の判断に基づいて選択することもできます。そして、選択された2つのソリューションは、プライベートスコアを計算するために予約されたテストデータのサブセットを使って評価されることになります。このプライベートスコアが、参加者のランク付けに使われる最終スコアになります。

Kaggleでは、数種類のコンペティションが開催されています。

- **Featuredコンペティション**

  最も重要なのは、Featuredコンペティションです。本書の執筆時点では、数千のチームが集結し、数万から数十万のソリューションが提出されることがあります。Featuredコンペティションの主催者は一般にスポンサー企業ですが、研究機関や大学のこともあります。コンペティションを主催する通常の目的は、企業または研究テーマに関連する難しい問題を解決することです。主催者は大規模なKaggleコミュニティの知識とスキルを求めており、コンペティションの競争的な側面がソリューションの開発を加速させます。Featuredコンペティションの賞金は高額になることが多く、賞金はコンペティションのルールに従って上位入賞者に分配されます。場合によっては、主催者が賞金を用意する代わりに、上位入賞者の雇用（有名企業の場合は、賞金よりも関心が集まるかもしれません）、クラウドリソースを利用できるバウチャーの発行、上位入賞者のソリューションを名だたるカンファレンスで発表する機会の提供など、別のインセンティブを付与することもあります。Featuredコンペティションの他に、Getting Started、Research、Community、Playground、Simulations、Analyticsなどのコンペティションがあります。

- **Getting Started コンペティション**
  主に初心者を対象とするコンペティションであり、基本的なスキルを身につけるために身近な機械学習問題に取り組みます。こうしたコンペティションは定期的に再開催されており、リーダーボードはそのつどリセットされます。代表的なコンペティションとして、**Titanic - Machine Learning from Disaster**、**Digit Recognizer**、**House Prices - Advanced Regression Techniques**、**Natural Language Processing with Disaster Tweets**などがあります。
- **Research コンペティション**
  Research コンペティションのテーマは、医学、遺伝学、細胞生物学、天文学など、さまざまな分野の難しい科学問題を機械学習というアプローチで解決することに関連しています。近年最も注目を集めているコンペティションの一部は、このカテゴリに分類されます。基礎研究や応用研究のさまざまな分野で機械学習が使われるケースは増えているため、このタイプのコンペティションは今後ますます開催されるようになり、人気を集めるものと予想されます。
- **Community コンペティション**
  Kaggler が主催するコンペティション。一般に公開されるパブリックコンペティションと、招待された人だけが参加できるプライベートコンペティションがあります。たとえば、学校や大学のプロジェクトとして Community コンペティションを開催し、学生を招待して参加させ、上位入賞を目指して競わせることができます。
  Kaggle には、新しいコンペティションの定義と開催を非常に簡単に行うことができるインフラが用意されています。主催者は訓練データとテストデータを提供する必要がありますが、CSV フォーマットのファイルを 2 つ用意すればよいだけです。さらに、サンプルの提出ファイルを追加して、提出時に期待されるフォーマットを指定する必要もあります。コンペティションの参加者は、このファイルの予測値を自分の予測値に置き換えた後、ファイルを保存した上で提出しなければなりません。また、主催者は機械学習モデルの性能を評価するための指標も選択する必要があります(ただし、定義済みの指標一式が提供されているため、指標を定義する必要はありません)。さらに、主催者はソリューションファイルのアップロードも求められます。このファイルは、コンペティションの課題に対する正しいソリューションと想定されるものを含んでおり、すべての参加者の提出物を評価するための基準となります。この作業が完了した後は、コンペティションの諸条件を編集し、コンペティションの開始日と終了日を選択し、データの説明と目的を入力すれば、準備は完了です。なお、参加者がチームを組めるかどうか、コンペティションに誰でも参加できるか、それともコンペティションのリンクを受け取った人だけが参加できるかについても選択が可能です。
- **Playground コンペティション**
  コンペティションの新しいセクションとして Playground コンペティションが導入されたのは、本書の執筆時点から 3 年ほど前のことです。Getting Started コンペティションと同様に、全体的には難易度の低いコンペティションですが、開催期間はPlaygroundコンペティションのほうが短くなります（当初は1か月でしたが、現在は1～4週間です）。難易度は低～中程度で、参加者が新しいスキルを獲得するのに役立つはずです。このようなコンペティションは、初心者はもちろん、特定分野のスキルに磨きをかけたい経験豊富な参加者にも特にお勧めです。

- **Simulationコンペティション**
  ここまでのタイプのコンペティションがすべて教師あり機械学習コンペティションだとすれば、Simulationコンペティションは（全体的には）最適化コンペティションです。最もよく知られているのは、年末年始に開催されるコンペティション（Santaコンペティション）と、Lux AIチャレンジ（本書の執筆時点では3シーズン目）です。Simulationコンペティションの中には定期的に開催されるものがあり、それらはAnnualという別のカテゴリに分類されます。たとえば、SantaコンペティションはSimulationとAnnualの両方に分類されるコンペティションです。
- **Analyticsコンペティション**
  Analyticsコンペティションは、目的とソリューションの採点方法が他とは異なるコンペティションです。このコンペティションの目的は、データセットの詳細な分析を行って、データから洞察を得ることにあります。ソリューションのスコアは（一般に）主催者の判定に委ねられますが、場合によっては、競合する各ソリューションの人気度に基づいて決定されることもあります。後者の場合、主催者はKagglerのUpvoteを最も多く獲得したノートブックに賞金を分配します。第5章では、初期のAnalyticsコンペティションの1つで使われたデータを分析し、このタイプのコンペティションに対するアプローチの仕方について手がかりをつかみます。

長い間、コンペティションの参加者には、テストデータセットでの予測値を使って提出ファイルを作成することが求められていました。提出物を準備する方法に関して、他に制約はありませんでした。つまり、参加者は自分の計算リソースを使ってモデルの訓練と検証を行い、提出物を準備する、ということになっていました。当初、Kaggleプラットフォームには、提出物を準備するためのリソースはなかったのです。Kaggleが計算リソースの提供を開始し、Kaggle Kernels（後にNotebooks、さらにCodeに改名）を使ってモデルを準備できるようになった後は、このプラットフォームからソリューションを直接提出できるようになりましたが、この方法に関して制約はありませんでした。一般に、提出ファイルはリアルタイムで評価され、結果はほぼ瞬時に表示されます。結果——つまり、コンペティションの指標に基づくスコアは、テストデータセットの一部（サブセット）でのみ計算されます。サブセットの割合はコンペティションの開始時に発表され、その時点で固定となります。また、コンペティションの期間中に表示されるスコア（パブリックスコア）の計算に使われるテストデータのサブセットも固定となります。コンペティションの期間が終了した後は、残りのテストデータを使って最終スコアが計算されます。この最終スコア（プライベートスコア）が、各参加者の最終スコアになります。コンペティションの期間中にソリューションの評価とパブリックスコアの計算に使われるテストデータの割合は、数パーセントから50%以上までさまざまです。ほとんどのコンペティションでは、50%未満になることが多いようです。

Kaggleがこのアプローチを採用している理由は、ある好ましからざる現象を防ぐことにあります——参加者は、モデルを汎化させるための改善に努めるのではなく、テストデータセットを可能な限り正確に予測することを目的としたソリューションの最適化だけを目論み、訓練データでの交差検証スコアを顧みなくなるかもしれません。つまり、ソリューションをテストデータセットに過剰適合(オーバーフィッティング)させたいと考えるようになるかもしれません。主催者がテストデータを分割し、テストデータセットの一部で計算されたスコア(パブリックスコア)だけを提供することには、そうした問題を未然に防ぐという意図があります。

コンペティションがどんどん複雑になり、場合によっては非常に大きな訓練データセットとテストデータセットが使われるようになるにつれ、高度なモデルを開発する上で、計算リソースに恵まれている参加者がより有利になり、計算リソースが限られている参加者が苦労するようになるかもしれません。特にFeaturedコンペティションでは、本番環境レベルの堅牢なソリューションの作成が目標になることがよくあります。しかし、非現実的なリソースを使うソリューションが優勢になっている場合は特にそうですが、ソリューションを手に入れる方法に制限を設けない限り、この目標を達成するのは難しいかもしれません。もっとよいソリューションを貪欲に求める「軍拡競争」は、望ましくない負の影響をもたらします。そうした影響を抑えるために、Kaggleは数年前にCodeコンペティションを導入しました。このタイプのコンペティションでは、すべてのソリューションをKaggleプラットフォームで実行されているノートブックから提出することが求められます。かくして、ソリューションを実行するインフラはKaggleによって完全に制御されるようになりました。

また、こうしたコンペティションで制限されるのは計算リソースだけではなく、実行の期間やインターネットアクセスに関する追加の制約もあります(これには、外部APIや他のリモート計算リソースなど、プラットフォーム以外の計算リソースが使われるのを防ぐという狙いがあります)。

この制限がソリューションの推論部分にのみ適用されることにKagglerたちが目ざとく気付いて、さっそく適応策を講じたのは、それからすぐのことでした。参加者は、Codeコンペティションの計算能力と実行時間の制限に収まらないような大規模なモデルをオフラインで訓練し始めました。そして、オフラインで訓練された(場合によっては膨大な計算リソースを使う)モデルをデータセットとしてアップロードし、それらのモデルを推論コードで読み込んだのです。もちろん、推論コード自体はCodeコンペティションのメモリと計算時間の制限の枠内でした。

場合によっては、オフラインで訓練された複数のモデルがデータセットとして読み込まれ、それらのモデルが推論コードで組み合わされて、より精度の高いソリューションが作成されることもありました。Kaggleも手をこまねいていたわけではなく、Codeコンペティションは時間を追うごとに改良されています。一部のコンペティションでは、テストデータセットのうち公開されるのはほんの数行で、パブリックテストデータセットや未来のプライベートテストデータセットとして使われる実際のテストデータセットのサイズは明かされません。したがって、メモリや実行時間の制限を超えたためにコードが不合格になるという事態を防ぐには、プロービングテクニックを巧みに操り、最終的なプライベートテストデータセットでの実行中に引っかかるかもしれない制限を推定しなければなりません。

本書の執筆時点では、次のようなCodeコンペティションも登場しています。このコンペティションでは、コンペティションの能動的な部分（参加者がソリューションの改良を続けられる期間）が終了した後、プライベートスコアは公開されません。代わりに、主催者がいくつかの新しいテストデータでコードを再実行することで、選択されたソリューションをまだ見たことのない新しいデータセットで再評価します。そうしたコンペティションには、株式市場、暗号通貨の評価、信用度に基づくリスクの予測に関するものがあり、現実のデータが使われます。Kaggleプラットフォームでは、ユーザーに必要な計算能力を提供するために計算リソースが進化しましたが、Codeコンペティションもそれと並行する形で進化していたのです。

一部のコンペティション（特にFeaturedコンペティションとResearchコンペティション）では、参加者にランキングポイントとメダルが授与されます。ランキングポイントは、このプラットフォームの総合リーダーボードでのKagglerの順位を計算するために使われます。コンペティションでの成績に対して授与されるランキングポイントの計算式は、2015年5月以来変わっていません。

$$\left[\frac{100000}{\sqrt{N_{teammates}}}\right] * [Rank^{-0.75}] * [\log_{10}(1 + \log_{10}(N_{teams}))] * [e^{-t/500}]$$

図1-2：ランキングポイントの計算式

ポイント数は、現在参加しているチームのチームメイトの人数の平方根に比例する形で減っていきます。参加チームの数が多いコンペティションでは、授与されるポイント数が増えます。ただし、ランキングを最新の状態に保ち、競争力を保つために、各参加者が獲得したポイント数は次第に減っていきます。

KaggleのProgression Systemでは、Competitionsカテゴリで昇格するときにメダルの数が考慮されます。コンペティションのメダルは、コンペティションのリーダーボードでの順位に基づいて授与されます。実際の制度はもう少し複雑ですが、上位10%が銅メダル、5%が銀メダル、1%が金メダルを獲得します。参加者の数が増えると授与されるメダルの数も増えますが、これが基本原則です。

銅メダルを2個獲得すると、Competitions Expertという称号が与えられます。銀メダルを2個、金メダルを1個獲得すると、Competitions Masterという称号が与えられます。そして、金メダルを5個以上獲得していて、ソロで（つまり、チームを組まずに）金メダルを1個獲得すると、Kaggleにおいて最も権威ある称号であるCompetitions Grandmasterになります。本書の執筆時点では、Kaggleユーザーの数は1,200万人を超えており、そのうち、Kaggle Competitions Grandmasterは280名、Competitions Masterは1,936名です。

ランキングシステムでは、リーダーボードでの順位に応じてポイントが追加され、ランキングポイントとして承認されます。図1-2からわかるように、ランキングポイントは永久ポイントではなく、複雑な計算式に従って次第に減っていきます。コンペティションに継続的に参戦して新しいポイントを獲得しない限り、ポイントはみるみる減っていき、過去の栄光の名残はかつて到達した最高ランクだけ、ということになるでしょう。ただし、一度獲得したメダルはプロフィールにずっと表示されます。ランキングの順位が変わり、ポイントがどんどん減っていっても、メダルはそのままです。

1.3　Kaggle Datasets

Kaggle Datasetsが追加されたのは、ほんの数年前です。本書の執筆時点では、Kaggleプラットフォームにはユーザーによって提供された200,000以上のデータセットがあります。もちろん、過去にはコンペティションに関連するデータセットもありました。新しい**Datasets**セクションでは、自分が公開したデータセットに対する他のユーザーの評価に基づいて、メダルとランキングポイントを獲得できます。データセットに対する評価はUpvoteという形で行われます。

データセットは誰でも公開できます。そして、データセットを追加するプロセスは非常に単純です。まず、関心のあるテーマとデータソースを確認する必要があります。データソースは、Kaggleでミラーリングしている外部データセットか、独自に収集したデータセットか、共同で作成したデータセットになります。外部データセットの場合は、適切なライセンスが適用されていることが前提となります。データセットを最初に追加するのはメインの作成者ですが、表示または編集の権限を持つ他のコラボレーターを追加することもできます。Kaggleでデータセットを定義するときには、必ず実行しなければならない手順がいくつかあります。

まず、1つまたは複数のファイルをアップロードし、データセットに名前を付ける必要があります。あるいは、パブリックリンクからデータセットを提供することもできます。その場合、パブリックリンクはファイルまたはGitHubのパブリックリポジトリを指していなければなりません。データセットを用意するもう1つの方法は、Kaggleノートブックから提供することです。この場合は、ノートブックの出力がデータセットの内容になります。また、データセットをGoogle Cloud Storageリソースから作成することもできます。データセットを作成する前に、データセットをパブリックにするオプションがあります。また、現在のプライベートクォータを確認することもできます。各Kaggleには、プライベートクォータが制限付きで割り当てられています（クォータのサイズは徐々に引き上げられており、本書の執筆時点で100GBを超えています）。データセットをプライベートのままにする場合は、すべてのプライベートデータセットがこのクォータに収まらなければなりません。データセットをプライベートのままにする場合は、不要になった時点でいつでも削除できます。データセットの初期化が済んだ後は、さらに情報を追加しながら改良していくことができます。

データセットを作成する際には、サブタイトル、説明（最低限必要な文字数が指定されています）、データセット内の各ファイルに関する情報を追加することができます。表形式データセットの場合は、列ごとにタイトルと説明を追加することもできます。続いて、データセットにタグを追加して、テーマ、データタイプ、想定されるビジネス/研究分野などを指定しておくと、それらに関心がある人がデータセットを検索するときに見つけやすくなります。また、データセットに関連付けられる画像を変更することもできます。その際には、パブリックドメインまたは個人所有の画像を使うことをお勧めします。さらに、作成者に関するメタデータの追加、**DOI**(Digital Object Identifier)の生成、データソースとデータの収集に使った手法の説明、想定される更新頻度を指定することもできます。こうした情報はどれもデータセットの可視性を引き上げるのに役立ちます。それにより、あなたのデータセットが他の製作物で正しく引用された上で使われる可能性も高くなります。また、ライセンス情報も重要であり、よく使われているライセンスがずらりと並んだリストの中からどれかを選択できます。データセットに関する説明やメタデータに要素が追加されるたびに、Kaggle によって自動的に計算されるユーザビリティスコアも高くなります。10 点満点のユーザビリティスコアを達成できるとは限りませんが(データセットが数万個のファイルで構成されている場合は特に難しそうです)、データセットに関連付けられる情報を改善しておいて損はありません。

データセットを公開すると、Kaggle の [Datasets] セクションに表示されるようになります。Kaggle のコンテンツモデレーターによって判断されるユーザビリティと品質によっては、データセットに **Featured Dataset** という特別なステータスが付与されるかもしれません。Featured Dataset は検索時の可視性が高いデータセットであり、[Datasets] セクションを選択したときにお勧めのデータセットの上位に表示されます。[Trending Datasets] レーンに表示される Featured Dataset の他に、[Sports]、[Health]、[Software]、[Food]、[Travel] などの各テーマのレーンと、[Recently Viewed Datasets](最近表示されたデータセット)レーンが表示されます。

データセットはあらゆるフォーマットのファイルで構成できます。最もよく使われているフォーマットは CSV です。CSV は Kaggle 以外でも非常によく使われているフォーマットであり、表形式データに最適です。CSV フォーマットのファイルは Kaggle によって表示されます。そして、コンテンツを詳細表示にするか、列ごとに表示するか、コンパクト形式で表示するかを選択できます。その他のデータフォーマットには、JSON、SQLite、アーカイブがあります。ZIP アーカイブはデータフォーマットではありませんが、Kaggle で完全にサポートされており、アーカイブを解凍せずにコンテンツを直接読み込むことができます。また、特定のモダリティに特化したフォーマットや、さまざまな画像フォーマット(JPEG、PNG など)、オーディオ信号フォーマット(WAV、OGG、MP3)、ビデオフォーマットのデータセットもあります。医療画像用の DICOM(Digital Imaging and Communications in Medicine)など、特定分野での利用を想定したフォーマットも広く使われています。Google Cloud 独自のデータセットフォーマットである BigQuery も Kaggle のデータセットで使われており、BigQuery のコンテンツへのアクセスは完全にサポートされています。

データセットに貢献すると、ランキングポイントやメダルも獲得できます。この制度は、他のユーザーからの Upvote、自分自身または Novice Kaggler からの Upvote、またはランキングポイントやメダルを獲得するための計算に含まれない古い Upvote に基づいています。銅メダルを 3 個獲得すると Datasets Expert、金メダルを 1 個、銀メダルを 4 個獲得すると Datasets Master、金メダルを 5 個、銀メダルを5個獲得するとDatasets Grandmasterの称号が与えられます。Datasetsでのメダルの獲得はそう簡単ではありません。というのも、Datasetsでは、ユーザーがUpvoteをなかなか投じないからです。しかも、銅メダルを獲得するには5個のUpvote、銀メダルを獲得するには20個のUpvote、金メダルを獲得するには50個のUpvoteが必要です。メダルはUpvoteに基づいて授与されるため、時間が経つとメダルを失う可能性があります。また、あなたのステータスがExpert、Master、またはGrandmasterだったとしても、あなたにUpvoteを投じたユーザーがUpvoteを取り消したり、Kaggleプラットフォームから追放されたりすれば、その称号を失う可能性があります。これは実際に時々起こっていることであり、あなたが思っているほど珍しいことではないかもしれません。したがって、自分の地位を確かなものにしたい場合は、常に高品質のコンテンツを作成することが最善のアプローチです。そうすれば、最低限必要な数以上のUpvoteとメダルを獲得できるでしょう。

1.4 Kaggle Code

Kaggle Codeは、Kaggleプラットフォームで最もよく使われているセクションの1つです。Codeの以前の名前はKernelsとNotebooksであり、これらの名前がほぼ同じ意味で使われているのをよく耳にすることでしょう。本書の執筆時点では、Kaggle Codeのコントリビューターは260,000人を超えています。この数を上回るのは**Discussions**セクションだけです。

Codeは、自分のデータセットやコンペティションデータセットの分析、コンペティションで提出するモデルの準備、そしてモデルとデータセットの生成に使われます。以前はプログラミング言語としてR、Python、Juliaのいずれかを選択できましたが、本書の執筆時点では、選択できるのはPython（デフォルト）とRのどちらかだけです。エディタは**Script**または**Notebook**として設定できます。コードを実行するための計算リソースの選択も可能であり、デフォルトでは**CPU**が使われます。

アクセラレータの選択では、プログラミング言語としてPythonを使う場合は4つのオプション、Rを使う場合は3つのオプションがあります。アクセラレータは無料で提供されますが、クォータが設定されており、毎週リセットされます。需要の高いアクセラレータリソースには、順番待ちのリストが存在することがあります。

Codeはソース管理の対象であり、編集の際には、保存のみ（バージョンを作成）、または保存と実行（コードバージョンと実行バージョンを作成）を選択できます。Codeには、コードデータセット、コンペティションデータセット、および外部ユーティリティスクリプトとモデルを関連付けることができます。ノートブックで使っているリソースに変更を加えても、ノートブックを再実行しない限り、ノートブックの可視性には影響しません。コードを再実行してデータセットまたはユーティリティスクリプトのバージョンを更新する場合は、それらのデータバージョンやコードバージョンでの変更を考慮に入れる必要があるかもしれません。コードの出力は、データセットやモデルを追加するときと同じように、他のコードに対する入力として使うことができます。デフォルトでは、コードはプライベートに設定されています。コードの出力をコンペティションに提出するにあたって、コードをパブリックにする必要はありません。

コードをパブリックに設定すると、Upvoteを獲得できるようになります。これらのUpvoteは、Notebooksカテゴリのランキングとメダル獲得の両方で考慮の対象になります。Notebooks Expertの称号を獲得するには5個の銅メダルが必要であり、Notebooks Masterの称号を獲得するには10個の銀メダルが必要です。そしてNotebooks Grandmasterの称号を獲得するには、15個の金メダルが必要です。銅メダルを1個獲得するには5個のUpvote、銀メダルを1個獲得するには20個のUpvote、金メダルを1個獲得するには50個のUpvoteが必要です。NotebooksのUpvoteは取り消されることがあります。また、パブリックに設定されたノートブックをプライベートに戻す（または削除する）ことも可能です。その場合、そのノートブックに関連付けられているUpvoteやメダルはどれもランキングや称号の計算に使われなくなります。Codeセクションは、Competitions、Datasets、Modelsに関連付けられていることがあります。本書の執筆時点では、Notebooks Grandmasterは125名、Notebooks Masterは472名でした。

Kaggleは、競争的なデータ機械学習プラットフォームとしても、コミュニティとしても、絶えず成長と変化を遂げています。本書の執筆時点では、Kaggleは新しい**2023 Kaggle AI Report**を皮切りに、Notebookコンペティションにレビューシステムを導入しています。このシステムでは、エッセイを提出する参加者全員に、他の3人の参加者のエッセイをレビューして提出することが求められます。どの提出物がコンペティションで優勝するかに関する最終決定は、ベテランのKaggle Grandmasterで構成された有識者委員会によって行われます。

Kaggle Codeのさまざまな機能とオプションについては、次章でさらに詳しく見ていきます。

1.5 Kaggle Discussions

Kaggle Discussionsは、他のセクションに関連付けられている場合と、独立している場合があります。CompetitionsセクションとDatasetsセクションには［Discussion］セクションがあります。Codeセクションには、［Comments］セクションがあります。Discussionsのセクションでは、ディスカッションのトピックを追加したり、トピックにコメントを追加したりできます。Codeセクションでは、コメントを追加することができます。これらのコンテキストに加えて、Discussionsセクションの［Forums］でトピックやコメントを追加したり、Kaggleの他のセクションからDiscussionsのディスカッションをフォローしたりすることもできます。［Forums］はテーマ別にまとめられており、［General］、［Getting Started］、［Product Feedback］、［Questions & Answers］、［Competition Hosting］などの中からどれかを選択できます。Discussionsでは、Kaggle全体のコンテンツを検索したり、**Activity**、**Bookmarks**、

Beginner、**Data Visualization**、**Computer Vision**、**NLP**、**Neural Networks**などでタグ付けされたサブトピックに注目したりできます。

Discussions にも Progression System があり、Upvote をためるとランキングポイントやメダルを獲得できます。Upvote を獲得できる他のセクションとは異なり、Discussions では、Downvote（低評価）が付くこともあります。ランキングポイントは時間が経つと消える可能性があります。また、Upvote がメダルに加算されるのは、Novice 以外の Kaggler から新規に獲得した場合だけです。Discussions では、自分自身に Upvote を投じることはできません。

Discussions の称号は Expert から始まります。銅メダルを 50 個獲得すると、この称号が与えられます。次の Master の称号を獲得するには、50 個の銀メダルと合計 200 個のメダルが必要であり、さらに Grandmaster の称号を獲得するには、50 個の金メダルと合計 500 個のメダルが必要です。他のセクションと比較すると、Discussions でメダルを獲得するのは比較的簡単です。銅メダルに必要な Upvote はたったの 1 個、銀メダルに必要な Upvote は 5 個、金メダルに必要な Upvote は合計 10 個です。Datasets や Code の場合と同様に、Upvote は永久ではなく、ユーザーは Upvote を取り消すことができます。つまり、Upvote やランキングポイント、メダルの一部はもちろん、称号でさえ失われる可能性があります。

本書の執筆時点では、Discussions Grandmaster は 62 名、Discussions Master は 103 名でした。

1.6 Kaggle Learn

Kaggle Learn は、あまり知られていない Kaggle の至宝の 1 つです。Learn には、コンパクトな学習モジュールが含まれています。これらのモジュールはそれぞれ、データサイエンスか機械学習に関連する特定のテーマに焦点を合わせたものになっています。学習モジュールはそれぞれ複数のレッスンで構成されており、レッスンはそれぞれ［Tutorial］セクションとそれに続く［Exercise］セクションで構成されています。［Tutorial］セクションと［Exercise］セクションはインタラクティブな Kaggle ノートブック形式で提供されます。学習モジュールを完了するには、すべてのレッスンを完了しなければなりません。各レッスンでは、チュートリアルの内容に取り組み、［Exercise］のノートブックを正しく実行する必要があります。このノートブックには、検証が関連付けられているセルがあります。助けが必要な場合は、現在の演習の解き方についてのヒントが特別なセルに含まれています。学習モジュールをすべて修了すると、Kaggle から修了証が授与されます。

本書の執筆時点では、Kaggle Learn は次の 3 つのメインセクションで構成されています。

- **Your Courses**
  修了した講座と現在取り組んでいる講座（Active）が表示されます。
- **Courses**
  さらに履修できる公開講座。このセクションには、まったくの初心者を対象とする講座（**Intro to Programming**、**Python**、**Pandas**、**Intro to SQL**、**Intro to Machine Learning**など）から、中級

講座（**Data Cleaning**、**Intermediate Machine Learning**、**Feature Engineering**、**Advanced SQL** など）までが含まれています。また、**Data Visualization**、**Geospatial Analysis**、**Computer Vision**、**Time Series**、**Intro to Game AI and Reinforcement Learning** など、特定のテーマに特化した講座も含まれています。AIの倫理や機械学習での解釈可能性など、非常に興味深いテーマを取り上げているものもあります。

- **Guides**
  JAX Guide、**TensorFlow Guide**、**Transfer Learning for Computer Vision Guide**、**Kaggle Competitions Guide**、**Natural Language Processing Guide**、**R Guide** など、プログラム、フレームワーク、または機械学習に関連する分野のさまざまな学習ガイドが含まれています。

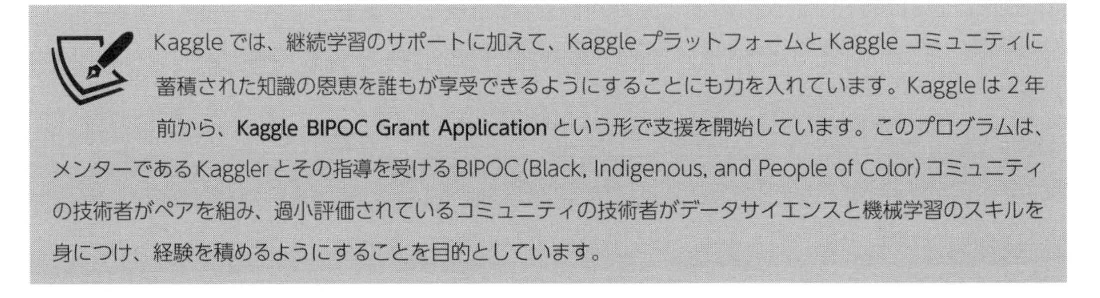

Kaggleでは、継続学習のサポートに加えて、Kaggleプラットフォームと Kaggleコミュニティに蓄積された知識の恩恵を誰もが享受できるようにすることにも力を入れています。Kaggleは2年前から、**Kaggle BIPOC Grant Application** という形で支援を開始しています。このプログラムは、メンターであるKagglerとその指導を受けるBIPOC（Black, Indigenous, and People of Color）コミュニティの技術者がペアを組み、過小評価されているコミュニティの技術者がデータサイエンスと機械学習のスキルを身につけ、経験を積めるようにすることを目的としています。

次節では、Kaggleプラットフォームにおいて急速に進化しつつある **Models** を詳しく見ていきます。

1.7 Kaggle Models

Modelsは、Kaggleプラットフォームに導入された最も新しいセクションです。本書の執筆時点では、導入から1か月足らずで、さまざまな方法や目的で、ユーザーによる貢献が続々と開始されています。最もよくあるケースでは、モデルは（多くの場合はコンペティションの過程で）カスタムコードを使って訓練された後、Notebooks（Code）の出力として保存されます。保存されたモデルは、（その必要があれば）データセットにまとめられるか、コードで直接使われることがあります。また、Kaggleプラットフォーム以外の場所で構築されたモデルがデータセットとしてアップロードされ、コンペティションのソリューションを準備するためにユーザーのパイプラインに組み込まれたこともありました。モデルは主に、Google Cloud、AWS、Azureなどのパブリッククラウドを通じて、またはHugging Faceのようにそうしたサービスを提供している企業から、モデルリポジトリが提供されていました。

Kaggleは、すぐに利用できる状態のモデルか、またはカスタムタスクに合わせたファインチューニングを簡単に行えるダウンロード可能なモデルというコンセプトのもとで、このプラットフォームに **Models** を追加することにしました。本書の執筆時点では、**Text Classification**、**Image**

Classification、Object Detection、Image Segmentation など、さまざまなカテゴリでモデルを検索することができます。また、[Model Finder]機能を使って、[Image]、[Text]、[Audio]、[Multimodal]、[Video]など、特定のモダリティに特化したモデルを検索することもできます。モデルライブラリを検索するときには、[Task]、[Data Type]、[Framework]、[Language]、[License]、[Size]に加えて、[Fine Tuneable]といった機能基準でフィルタを適用することができます。

モデルに関するランキングポイントや称号はまだありません。モデルには Upvote を投じることができます。また、各モデルには、[Code]セクションと[Discussion]セクションがあります。将来的には、このセクションがさらに進化して、モデルの提供やそうした貢献に対する評価が可能になれば、ランキングポイントと称号を持つモデルが登場するかもしれません。なお、本書の執筆時点では、モデルを提供しているのは Google だけです[※1]。

近い将来、Models の機能が大きく進化し、Kaggle プラットフォームでモジュール型のスケーラブルなソリューションを作成するための柔軟かつ強力なツールがコミュニティに提供されるようになるかもしれません。そうなれば、機械学習パイプラインでモデルを訓練した後、そのモデルを使って推論を行うフェーズを追加できるようになるでしょう。

1.8　本章のまとめ

本章では、Kaggle プラットフォームの歴史、リソース、機能を簡単に学びました。続いて、Kaggle プラットフォームでアカウントを作成し、このプラットフォームのリソースや他のユーザーとのやり取りを活用するための基本的な方法を紹介しました。

当初は予測モデリングコンペティション専用のプラットフォームだった Kaggle は、Competitions、Datasets、Code（Notebooks）、Discussions の 4 つのセクションを持つ複雑なデータプラットフォームに成長しました。そこで、Competitions でランキングポイントとメダルを獲得し、Datasets、Notebooks、Discussions でメダルを集めることで、ランクを上げる方法を学びました。将来的には、Competitions 以外のセクションにもランキングポイントの計算システムが導入される可能性がありますが、これは Kaggle コミュニティにおいて議論の的になっています。Kaggle はさらに、学習プラットフォームである Learn と、Code で利用できる Models という 2 つのセクションも提供しています。

今こそ、Kaggle のリソースを使ってデータ分析の世界に飛び込む時です。次章では、コーディングを行い、開発環境に慣れ、その潜在能力を最大限に引き出すために、このプラットフォームの機能を余すところなく活用する方法を学びます。さっそく始めましょう！

※1　[訳注] 2024 年 10 月時点では、他の企業やユーザーからもモデルが提供されている。

MEMO

第2章　Kaggle ノートブック作成の準備

前章では、Kaggle アカウントの作成方法と、Competitions、Datasets、Code（Notebooks）、Discussions、Learn、Models の 6 つのセクションについて知っておくべき重要な点は何かを学びました。本章では、Kaggle Notebooks の機能を詳しく見ていきます。Notebooks は Kernels または Code という名前で呼ばれることがあります。Kernels は Notebooks の古い名前であり、Code は Notebooks の新しいメニュー名です。この古い名前と新しい名前はどちらも Kaggle のノートブックについて重要なことを示唆しています。

まず、Kaggle ノートブックとは何か、Kaggle スクリプトと Kaggle ノートブックはどう違うのかについて説明します。次に、ノートブックを一から作成する方法と、既存のノートブックから派生させる方法を紹介します。ノートブックの編集を開始した後は、複数のオプションがあります。本章では、最も一般的なオプション（データソースとモデルの編集、計算リソースの変更など）を調べた後、残りのオプション（ノートブックをスクリプトとして設定する、ノートブックにユーティリティスクリプトを追加する、シークレットを追加するなど）を調べます。

簡単にまとめると、本章では次の主なトピックについて説明します。

- Kaggle Notebooks とは何か
- ノートブックはどのように作成するか
- ノートブックの機能を調べる
- Kaggle API を使う

2.1　Kaggle Notebooks とは何か

Kaggle Notebooks は、コードを記述し、コードのバージョンを管理し、コードを実行し、さまざまな形式で結果を生成できる統合開発環境です。コードの実行には、Kaggle プラットフォームの計算リソースを使います。ノートブックで作業を開始すると、コーディングエディタが起動します。これにより、Docker コンテナが起動し、Google Cloud で割り当てられた仮想マシンが実行されます。この Docker コンテナでは、データ分析と機械学習で最もよく使われる Python パッケージがインストール済みの状態で提供されます。コード自体は、コードリポジトリにリンクされます。

コードは Python または R のどちらかの言語で記述できます。本書の執筆時点では、ほとんどのユーザーが Python を使っています。また、本書の例はすべて Python だけで記述されています。

Kaggle Notebooks の**ノートブック**という用語は一般的な意味で使われていますが、Kaggle Notebooks には、スクリプトとノートブックの２種類があります。

- **Kaggle スクリプト**
  スクリプトとは、すべてのコードを順番に実行するファイルのことです。スクリプトを実行したときの出力はコンソールに表示されます。必要であれば、数行を選択して［Run］ボタンをクリックすることで、スクリプトの一部だけを実行することもできます。開発に R 言語を使っている場合は、RMarkdown という特別なスクリプトを利用できます。開発環境は Python スクリプトや R スクリプトのものと似ていますが、RMarkdown の構文を使うことができます。出力は、R コードの実行結果と、RMarkdown 構文によるテキスト効果やグラフィックス効果の組み合わせになります。

- **Kaggle ノートブック**
  ノートブックのルック＆フィールは Jupyter Notebook に似ています。この２つが似ていることは確かですが、まったく同じでものではありません。Kaggle ノートブックには、Kaggle 環境との統合をサポートし、ユーザーエクスペリエンスを向上させる複数の追加オプションがあります。ノートブックはコードまたは Markdown のどちらかが設定された一連のセルで構成されており、それらのセルはそれぞれ独立した状態で実行できます。ノートブックを使うときには、コーディングに R または Python を使うことができます。コードセルの場合、そのセルを実行すると、生成された出力がセルのすぐ下に表示されます。

Kaggle Notebooks とその最も重要な構成要素を簡単に説明したところで、ノートブックを作成する方法を見てみましょう。

2.2　ノートブックを作成する方法

ノートブックの作成は、いくつかの方法で開始できます。メインメニューの［Code］から開始するか

(図 2-1)、[Datasets] から開始するか、[Competitions] から開始するか、または既存のノートブックをフォークする（コピーして編集する）という方法で開始することができます。

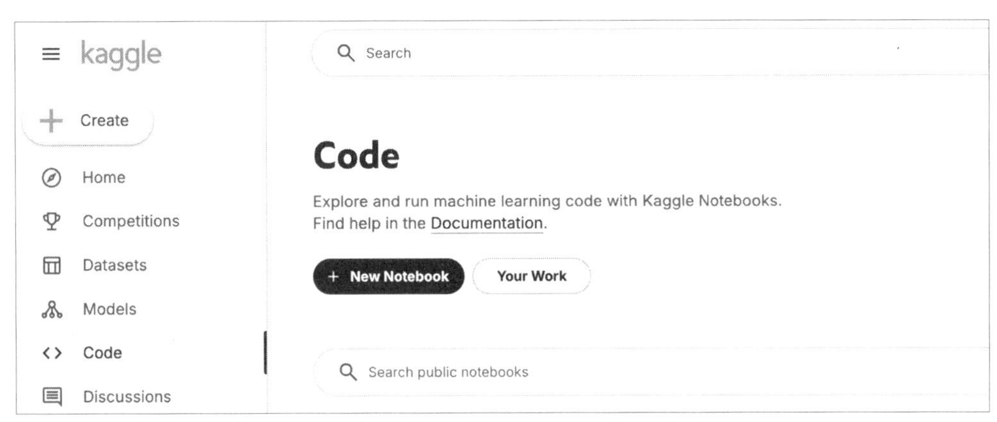

図 2-1：[Code] メニューから新しいノートブックを作成

[Code] メニューから新しいノートブックを作成すると、新しいノートブックがノートブックのリストに表示されますが、データセットやコンペティションのコンテキストには追加されません。

ノートブックの作成をデータセットから開始する場合は（図 2-2)、そのノートブックに関連付けられたデータのリストにそのデータセットがすでに追加されており、ノートブックを編集するときに右側のパネルに表示されます（図 2-5)。

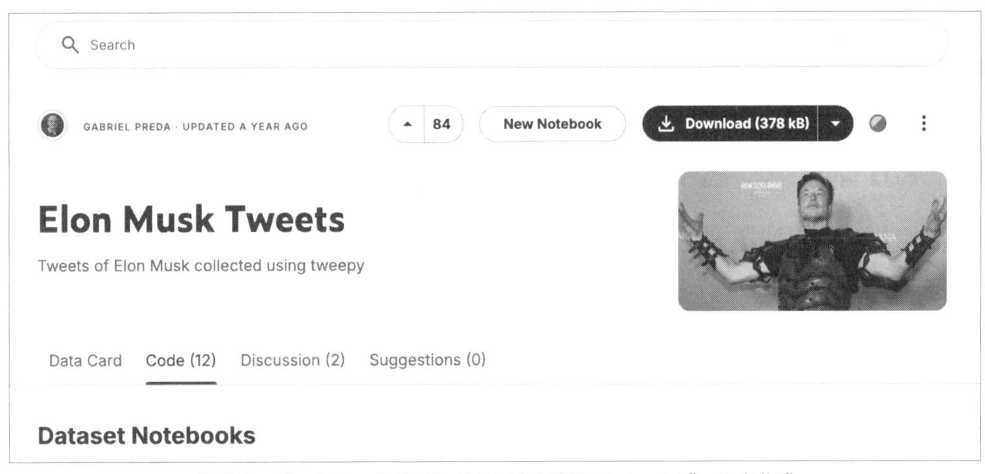

図 2-2：データセットのコンテキストで新しいノートブックを作成

コンペティションの場合も同様で、ノートブックを初期化した時点で、そのノートブックに関連付けられたデータのリストにそのデータセットがすでに追加されています（図 2-3)。

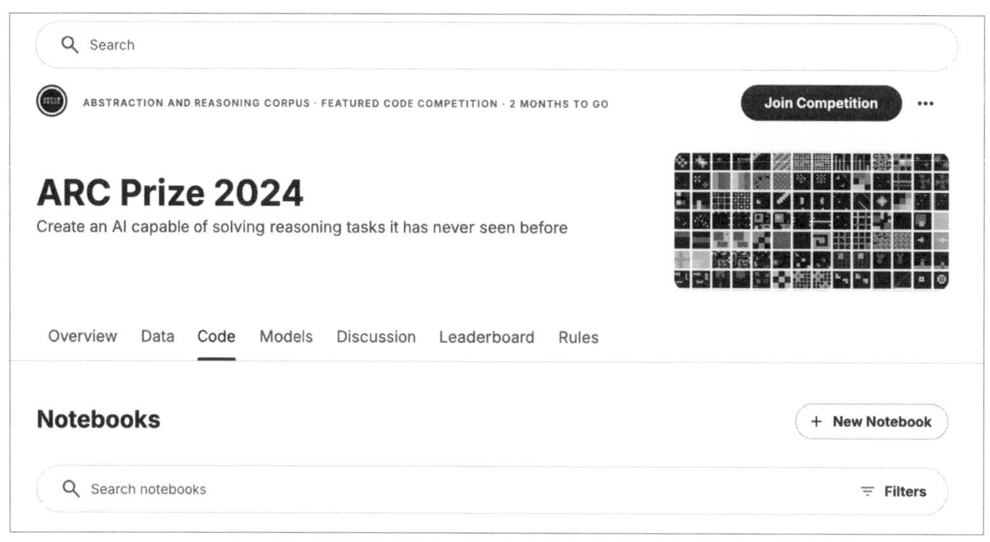

図 2-3：コンペティションのコンテキストで新しいノートブックを作成

既存のノートブックをフォークする（コピーして編集する）場合は、そのノートブックの［Copy & Edit］（または［Edit］）ボタンの横にある縦の 3 点リーダーをクリックし、ドロップダウンリストから［Copy & edit notebook］を選択します（図 2-4）。

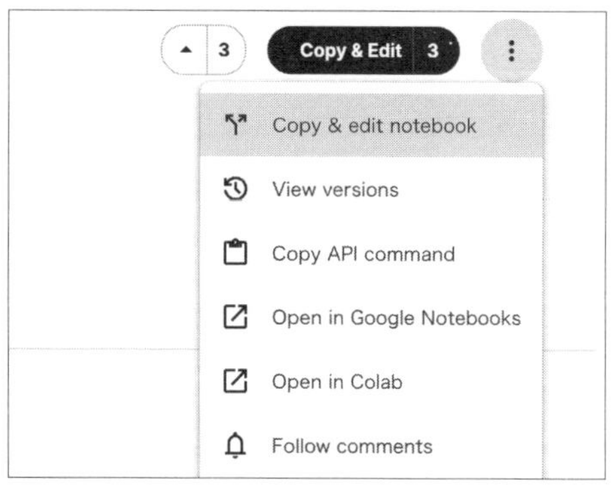

図 2-4：既存のノートブックをフォークして新しいノートブックを作成

ノートブックを作成すると、ノートブックが編集モードで開かれます（図 2-5）。左上には、通常のメニューである［File］、［Edit］、［View］、［Run］、［Settings］、［Add-ons］、［Help］があり、その下に編集と実行のためのクイックアクションアイコンが並んでいます。右側を見ると、格納式のパネルにさらにクイックアクションが並んでいることがわかります。

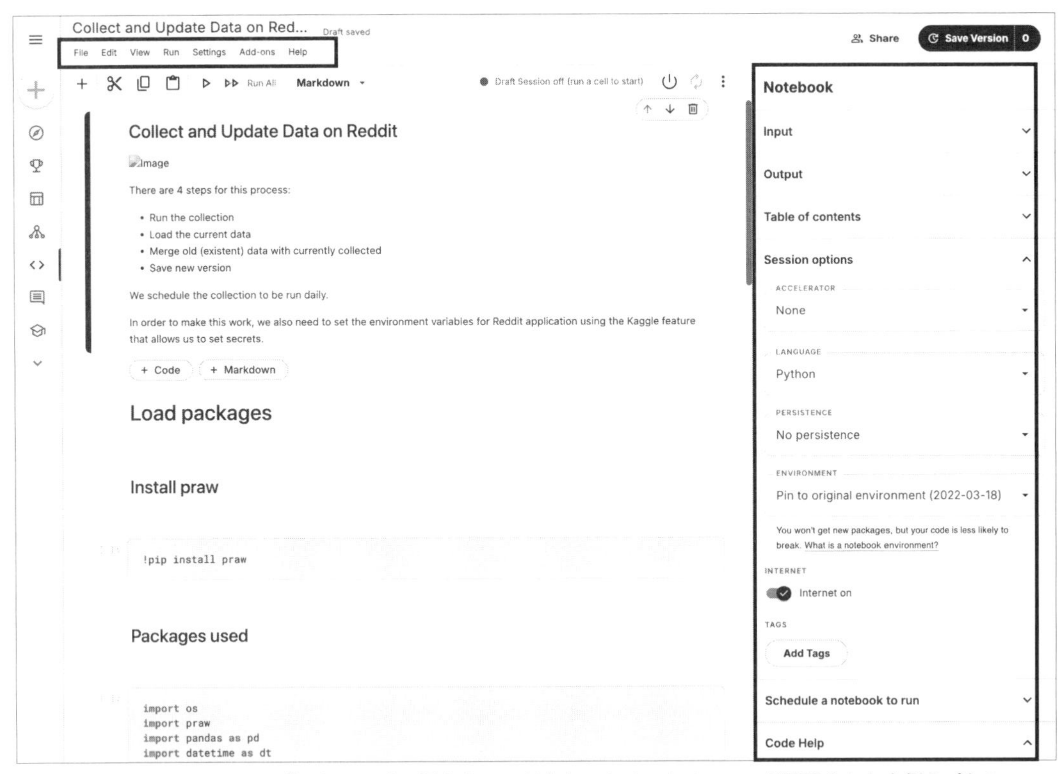

図 2-5：Kaggle ノートブックのメイン編集ウィンドウと、クイックメニューが配置された右側のパネル

［File］メニューは複雑で、入力と出力のオプションに加えて、Kaggle プラットフォームの他のリソース（モデル、ユーティリティスクリプト、ノートブック）とやり取りするためのさまざまな設定で構成されています。このメニューには、外部ノートブックをインポートしたり、現在のノートブックをエクスポートしたり、ノートブックにデータやモデルを追加したりするためのメニュー項目があります。また、現在のノートブックをユーティリティスクリプトとして保存したり、ノートブックにユーティリティスクリプトを追加したりすることもできます。さらに、言語（R または Python：デフォルトは Python）を設定したり、現在のノートブックをスクリプトまたはノートブック（デフォルトはノートブック）として設定したりするオプションもあります。

それらに加えて、ノートブックを GitHub で共有するオプションもあります。ノートブックを GitHub で公開するには、GitHub アカウントへのアクセスを Kaggle に許可することで、Kaggle アカウントを GitHub アカウントにリンクしなければなりません。この操作を行うと、ノートブックの更新が GitHub にも反映されるようになります。ノートブックを表示または編集できるユーザーは、［Share］メニュー項目で設定できます。初期設定では、読み取り／書き込みアクセスが許可されるのはあなただけですが、コラボレーターを追加すると、そのコラボレーターにも読み取り／書き込みまたは読み取り専用（ビュー）アクセスを割り当てることができます。また、ノートブックをパブリックに設定すると、ノートブックの読み取り、フォーク(コピー&編集)、コンテンツの編集を誰でも行えるようになります。

[Edit] メニューでは、セルを(上下に)移動したり、選択したセルを削除したりできます。[View] メニューには、エディタのルック&フィール(テーマの設定、行番号の表示/非表示、エディタのレイアウトの設定)を調整するオプションや、結果として出力されるHTMLコンテンツ(選択したセルの入力または出力の表示/非表示、セルの畳み込み/展開)を調整するオプションがあります。

[Run] メニューには、1つのセル、すべてのセル、その前または後のすべてのセルを実行するオプションや、セッションを開始/停止するオプションがあります。セッションを再開すると、カーネルが再起動され、説明の一部を実行したときに初期化されたコンテキストデータがすべてリセットされます(カーネルとは、ノートブックが実行されているDockerコンテナのことです)。このオプションは、コンテンツの編集中に、すべての変数を含む環境全体をリセットしたい場合に非常に便利です。

[Add-ons] メニューの [Secrets]、[Google Cloud Services]、[Google Cloud SDK] はそれぞれノートブックの機能を拡張するためのメニュー項目であり、2.3.2項で紹介します。

ノートブックの作成、編集、実行の方法がわかったところで、引き続きノートブックの他の機能を見ていきましょう。

2.3 ノートブックの機能を探索する

ノートブックは、データを探索し、モデルを訓練し、推論を行うための強力なツールです。ここでは、Kaggle Notebooksが提供しているさまざまな機能を調べます。

まず、ノートブックで最も頻繁に使われる機能として、ノートブックにさまざまなリソース(データ、モデル)を追加するオプションと、実行環境を変更するオプションから見ていきます。続いて、ユーティリティスクリプトをセットアップする、シークレットを追加または利用する、Google Cloudのサービスを利用する、ノートブックをGoogle Cloud AI Notebookにアップグレードするなど、より高度な機能を紹介します。さっそく始めましょう。

2.3.1 基本的な機能

右側のパネルには、ノートブックのよく使われる機能にアクセスするためのクイックメニューアクションが並んでいます(図2-6)。ここでは、これらのクイックメニューアクションを詳しく見ていきます(右側のパネルが表示されていない場合は、[View] メニューの [Show Sidebar] を選択します)。

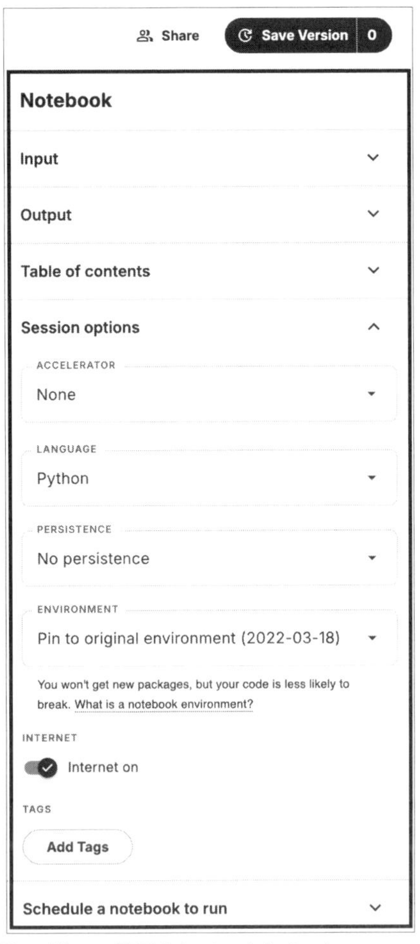

図 2-6：右側のパネルに配置されているクイックメニューアクション

最初のクイックメニューアクションは［Input］セクションにまとめられています。このセクションには、ノートブックでデータセットやモデルなどの追加または削除を行うためのボタンがあります。［Add Input］ボタンをクリックすると、既存のデータセットやモデルなどを 1 つ追加できます。検索テキストボックスとクイックボタンがあり、自分のコンテンツ（Your Work）、データセット（Datasets）、モデル（Models）、コンペティションデータセット（Competition Datasets）、ノートブック（Notebook）、ユーティリティスクリプト（Utility Scripts）の中からどれかを選択できます。ノートブックを選択する場合は、そのノートブックの出力を現在のノートブックのデータソースの 1 つにできます。また、［Add Input］ボタンの横にある［Upload］ボタンを使って、新しいデータセットまたはモデルをアップロードしてからノートブックに追加することもできます。

モデルの追加は Kaggle プラットフォームに新たに追加された機能であり、事前学習済みの強力なモデルをノートブックで使えるようになります。

［Output］セクションには出力フォルダブラウザがあり、フォルダまたはファイルへのパスをコピーできます。

［Session options］セクションでは、アクセラレータ、言語、永続化オプション、環境、インターネットアクセスを好きなように設定できます（図 2-6）。デフォルトでは、ノートブックのアクセラレータは［None］（CPU のみを使用）です。図 2-7 は、右側のパネルの［Input］セクションと［Session options］セクションを展開表示したものです。

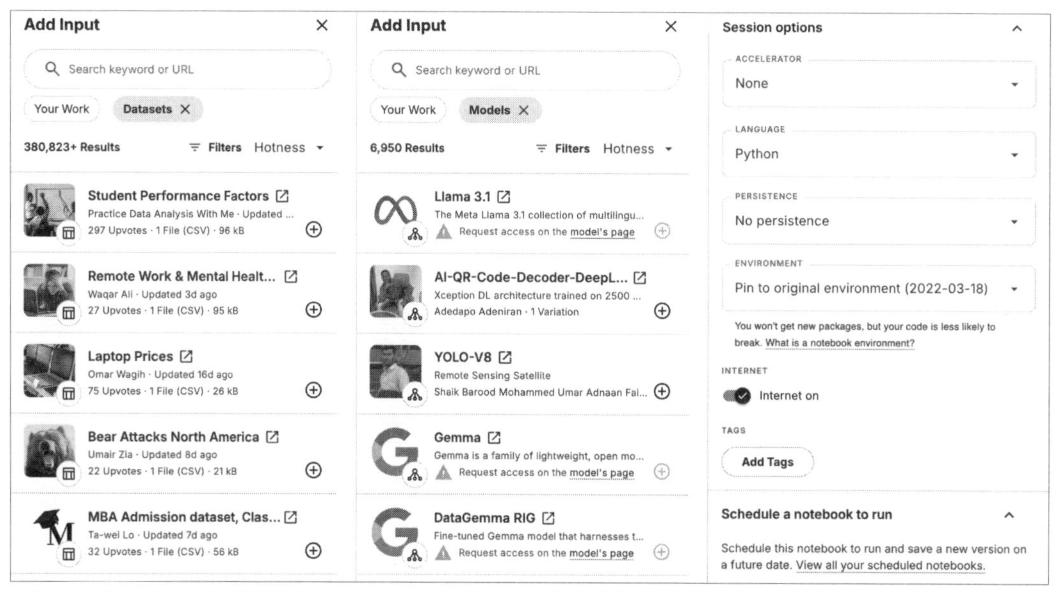

図 2-7：データとモデルの追加とノートブックオプションの設定を行うための右側のパネルメニューのセクション

データセットは名前またはパスを使って検索できます。また、コンペティションやノートブックの出力をすばやく検索するためのフィルタもあります。モデルの場合は、タスク（分類、クラスタリング、線形回帰など）、データタイプ（カテゴリ、表形式、画像、テキストなど）、フレームワーク（TensorFlow、PyTorch、JAX など）で絞り込むことができます。［Session options］セクションでは、アクセラレータの種類、プログラミング言語、永続化タイプ、環境オプションを選択できます。

アクセラレータの選択では、**GPU**（Graphical Processing Unit）と **TPU**（Tensor Processing Unit）の 2 つのハードウェアアクセラレータオプションのどちらかに切り替えることができます。2024 年 10 月時点の CPU 構成とアクセラレータ構成の技術仕様は表 2-1 のとおりです。CPU と GPU のどの仕様でも、連続実行時間は最大 12 時間です。TPU の連続実行時間は 9 時間に制限されます。ただし、入力データのサイズに制限はありません。出力のサイズは 20GB に制限されます。実行時は（一時的という条件付きで）追加で 20GB が許可されますが、実行後はその出力は保存されません。

表 2-1：CPU またはアクセラレータの技術仕様

構成	コア	RAM
CPU	4 CPU コア	30GB
GPU P100	1 NVIDIA Tesla P100 GPU 2 CPU コア	29GB
GPU T4 × 2	2 NVIDIA Tesla T4 GPU 4 CPU コア	29GB
TPU VM v3-8	96 CPU コア	330GB

デフォルトでは、ノートブックは永続化をいっさい使わないように設定されています。必要であれば、ファイルと変数、ファイルのみ、または変数のみの永続化を選択できます。

ノートブックでは、常に元の環境を使うこともできますし、最新の環境に固定することもできます。元の環境と最新の環境のどちらを選択するほうが有利であるかは、ノートブックでどのようなライブラリを使うのか、どのようなデータ処理を実行するのかによります。元の環境を選択する場合は、ノートブックの新しいバージョンを実行するたびに元の環境が維持されるようになります。最新の環境を選択する場合は、事前に定義されたライブラリのバージョンを含め、環境が最新バージョンに更新されます。

インターネットアクセスはあらかじめ「オン」に設定されていますが、状況によっては、「オフ」に設定したほうがよいでしょう。というのも、Code コンペティションによっては、インターネットアクセスが許可されないことがあるからです。そのような場合、訓練用のノートブックでは、インターネットからリソースを動的にダウンロードできます。ただし、その Code コンペティションの推論用のノートブックを実行するときには、必要なリソースがすべてノートブックの内部に含まれているか、添付されたモデル、ユーティリティスクリプト、またはデータセットのいずれかに含まれているようにしなければなりません。

ここでは、ノートブックの基本的な機能と、データやモデルを追加して実行環境を設定する方法を確認しました。次は、もっと高度な機能を見ていきましょう。

2.3.2 高度な機能

ノートブックの基本な機能を利用すれば、簡単な実験、アイデアのテスト、ソリューションのプロトタイプ化を行うことができます。ただし、もっと複雑な機能を構築する場合は、再利用可能なコードを記述し、（API キーなどのシークレットを含めた）設定をコードから切り離し、場合によっては、コードを外部のシステムやコンポーネントと統合する必要があるでしょう。

Kaggle 環境は計算リソースを気前よく提供していますが、やはり制限があります。状況によっては、Kaggle ノートブックを外部リソースと組み合わせたり、Kaggle のコンポーネント（ノートブック、データセット）を他のコンポーネントや Google Cloud、ローカル環境と統合したりする必要があるかもしれません。ここでは、こうした組み合わせをすべて実現する方法を見ていきます。

▶ノートブックをユーティリティスクリプトとして設定する、またはユーティリティスクリプトを追加する

ほとんどの場合、ノートブックのコードはすべて同じファイル内の連続するセルに記述することになります。コードが少し複雑で、特に(ノートブック間でコードをコピーすることなく)コードの一部を再利用したい場合は、ユーティリティモジュールを開発するという手があります。Kaggle Notebooksには、この目的に役立つ**ユーティリティスクリプト**という機能があります。

ユーティリティスクリプトの作成方法はノートブックとほぼ同じです。ノートブックを開始した後、[File]メニューで[Set as Utility Script]を選択する必要があります。現在のノートブックでユーティリティスクリプトを使いたい場合は、右側のパネルで[Add Input]ボタンをクリックし、[Utility Scripts]をクリックします。図2-8に示すように、追加したユーティリティスクリプトの横には[+]ボタンが反転表示されます(左側のパネル)。追加したユーティリティスクリプトは、[Input]セクションの[UTILITY SCRIPTS]の下に表示されます(右側のパネル)。

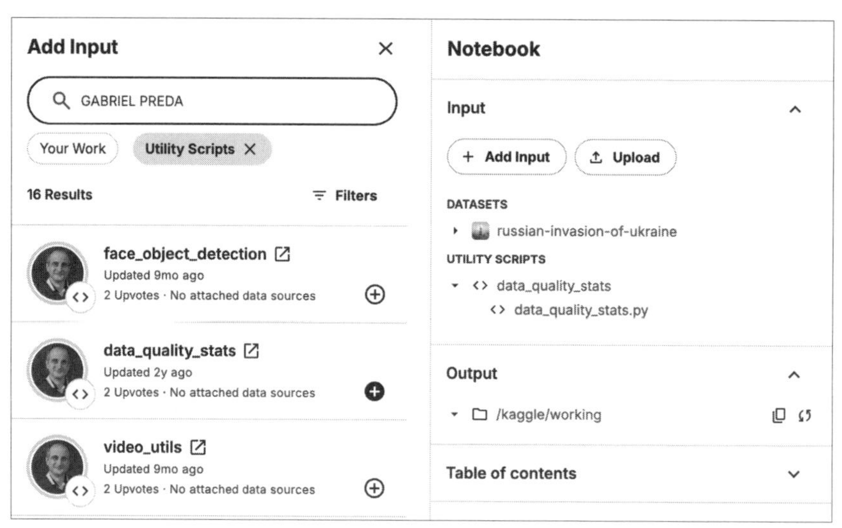

図2-8:ユーティリティスクリプトを選択

コード内でユーティリティスクリプトを利用するには、Pythonパッケージをインポートするのと同じ方法でモジュールをインポートする必要があります。1つのユーティリティスクリプトに含まれているモジュールまたは関数をインポートするコードは次のようになります。

```
from data_quality_stats import missing_data
```

見てのとおり、missing_data 関数はユーティリティスクリプト data_quality_stats で定義されています。

▶シークレットを追加または選択する

状況によっては、ノートブックに環境変数を追加する必要があるかもしれません。特にノートブックをパブリックにする場合、環境変数は秘密にしておきたいところです。そうした変数の例としては、Neptune.ai や Weights & Biases のような実験管理サービスの接続トークンや、さまざまな API シークレットキーやトークンが挙げられます。このような場合は、アドオンの 1 つである **Kaggle Secrets** を使うことになるでしょう。

メニューから [Add-ons] → [Secrets] を選択すると、ウィンドウの右側に [Secrets] パネルが表示されます。ここで [Add secret] をクリックすると、新しいシークレットを追加できるパネルが表示されます（図 2-9）。

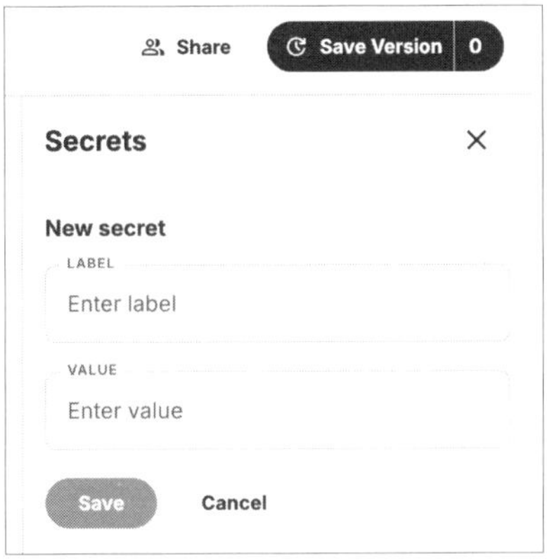

図 2-9：シークレットを追加

シークレットの名前と値を入力して [Save] をクリックすると、新しいシークレットが追加されます。シークレットをさらに追加するには、パネルの下部にある [Add Secret] をクリックします。現在のノートブックにシークレットを追加するには、追加したいシークレットの横にあるチェックボックスをオンにするだけです（次ページの図 2-10）。

図 2-10 では、X（Twitter）API に接続するための 7 つのシークレットが選択されています。シークレットを選択するたびに、パネルの上部にある [Code Snippet] に追加のコード行が生成されます。[Copy to clipboard] または下部にある [Copy snippet] をクリックすると、コード全体がクリップボードにコピーされ、ノートブックにペーストできる状態になります。

定義したシークレットは任意のノートブックに追加できます。シークレットの横にある 3 点リーダーをクリックして [Edit secret] を選択すると、そのシークレットの値を変更できます。なお、シークレットが追加されたノートブックをフォークした場合、新しいノートブックにはシークレットが関連付けられなくなるので注意してください。新しいノートブックやフォークしたノートブックでシークレットを利用できるようにしたい場合は、追加したいシークレットの横にあるチェックボックスをオンにするだけです。もちろん、あなたのノートブックを他のKagglerがコピーする場合は、そのKagglerが自分のシークレットを設定しなければなりません。また、そのKagglerがシークレットに関連付けられた変数に別の名前を使うことにした場合は、コードをそのように変更する必要もあります。この機能を利用すれば、便利な環境変数を管理できるだけではなく、ノートブックの設定も簡単になります。

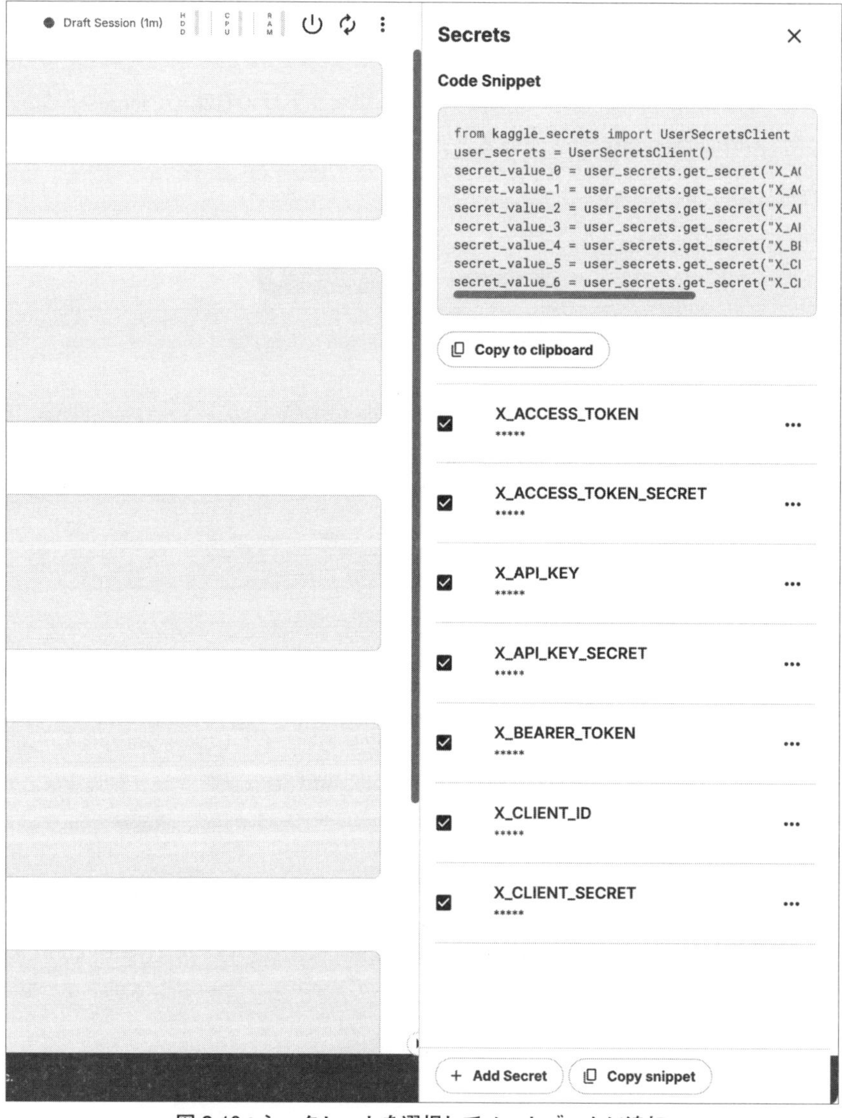

図2-10：シークレットを選択してノートブックに追加

▶Kaggle NotebooksでGoogle Cloudのサービスを利用する

ノートブックでGoogle Cloudのサービスを利用するには、[Add-ons]→[Google Cloud Services]を選択します。そうすると、ウィンドウの右側に[Google Cloud Services]パネルが表示されます。Kaggleは現在、BigQuery、Google Cloud Storage、Google Cloud AI Platformとの統合をサポートしています。これらのサービスをKaggle Notebooksで利用する場合は、各自の加入プランに応じて料金が発生することを知っておく必要があります。なお、BigQueryでパブリックデータのみを使う場合、料金は発生しません。

次に、Kaggle Notebooksで利用するGoogle Cloudサービスを選択します。[BigQuery]、[Cloud Storage]、[Google Cloud AI Platform]（Vertex AI Workbench）の中から必要なサービスを選択できます。図2-11の左図では、2つのサービスを選択しています。次に、あなたのGoogleアカウントをノートブックと同期させる必要があります。[Link Account]をクリックしてGoogleアカウントを設定してください。

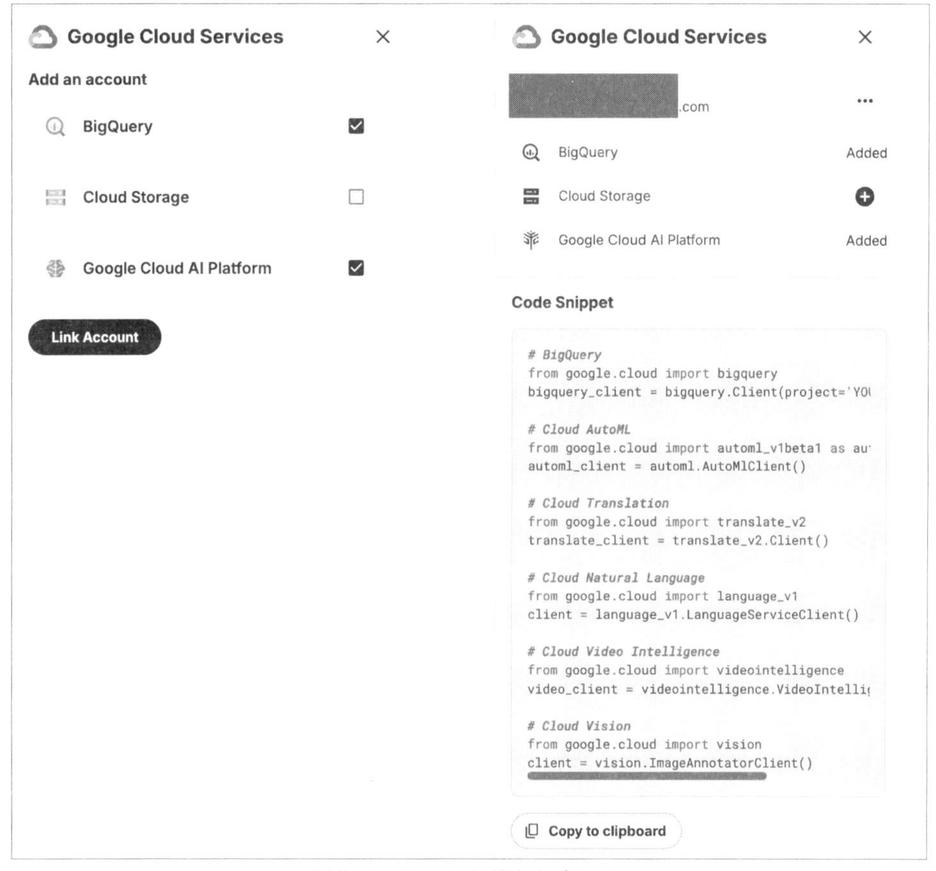

図2-11：Kaggleの統合オプション

［Copy to clipboard］をクリックすると、コード全体がクリップボードにコピーされ、ノートブックにペーストできる状態になります（図 2-11 の右図）。

▶Kaggle ノートブックを Google Cloud AI Notebooks にアップグレードする

Kaggle Notebooks で利用できるリソース（RAM、コア数、または実行時間）の上限に達した場合は、ノートブックを Google Cloud にエクスポートして、Google Cloud AI Notebooks に昇格させることができます。Google Cloud AI Notebooks は、Google Cloud の有料サービスです。このサービスでは、ノートブックを**統合開発環境**（IDE）として使うことで、Google Cloud の機械学習用の計算リソースにアクセスできます。［Add-ons］→［Upgrade to Google AI Notebooks］を選択すると、図 2-12 のウィンドウが表示されます。

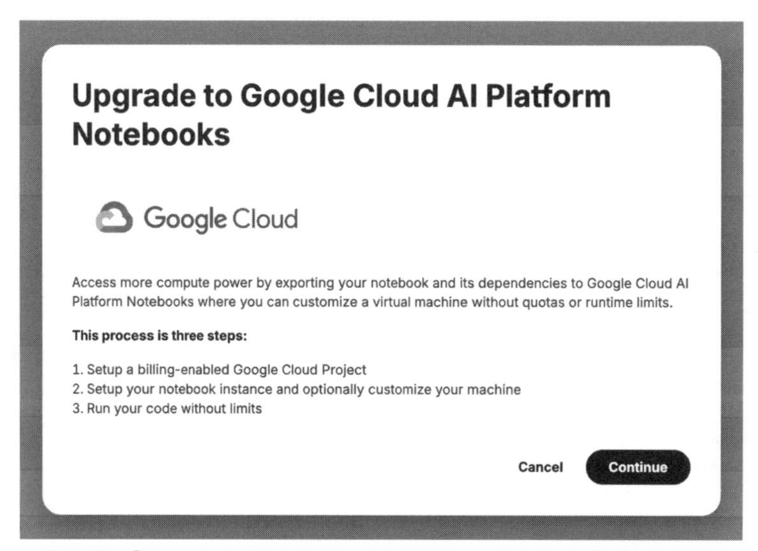

図 2-12：［Upgrade to Google Cloud AI Platform Notebooks］ウィンドウ

課金の対象となる Google Cloud プロジェクトのセットアップ、ネットワークインスタンスのセットアップ、コードの実行という 3 つのステップに従うと、リソース制限なしでコードを実行できるようになります。

さらに Kaggle Notebooks では、Kaggle API を使ってタスクを定義し、ノートブックを自動実行することも可能です。たとえば、特定のサイトのページをクロールして RSS ニュースフィードを取得したり、先の例のように X（Twitter）API に接続してツイートをダウンロードしたりするノートブックを作成して自動実行し、収集したデータをノートブックの出力として自動更新することもできます。

次節では、ノートブックの操作に焦点を合わせた上で、Kaggle API で利用できる基本的な機能を紹介します。

2.4 Kaggle APIを使ったノートブックの作成、更新、ダウンロード、監視

Kaggle APIは、Kaggleのユーザーインターフェイス（UI）に含まれている機能を拡張する強力なツールです。このAPIでは、データセットの定義／更新／ダウンロード、コンペティションへの提出、新しいノートブックの定義、ノートブックのバージョンのプッシュ／プル、実行ステータスの確認など、さまざまなタスクを実行できます。

Kaggle APIを使い始めるには、2つの簡単な手順を実行する必要があります。さっそく始めましょう。

1. まず、認証トークンを作成する必要があります。自分のアカウントのアイコンをクリックし、[Settings]を選択します。続いて、ページの下のほうにある[API]セクションに移動し、[Create New Token]ボタンをクリックして認証トークンを作成し、ダウンロードします。認証トークンは`kaggle.json`という名前のファイルです。Kaggle APIをWindowsマシンから使う場合は、`C:¥Users¥<ユーザー名>¥.kaggle¥kaggle.json`として配置します。macOSまたはLinuxマシンから使う場合は、`~/.kaggle/kaggle.json`として配置します。

2. 次に、Kaggle APIのPythonモジュールをインストールする必要があります。選択したPythonまたはconda環境で次のコードを実行します。

```
pip install kaggle
または
!pip install kaggle
```

これで、Kaggle APIを使い始める準備ができました。

Kaggle APIには、あなたのアカウントに含まれているノートブックの一覧表示、ノートブックのステータスの確認、コピーのダウンロード、ノートブックの最初のバージョンの作成や実行などを行うための複数のオプションもあります。それぞれのオプションを見てみましょう。

- 特定のパターンの名前を持つすべてのノートブックを一覧表示するには、次のコマンドを実行します。

```
kaggle kernels list -s <名前パターン>
```

このコマンドは、<名前パターン>とマッチした`{username}/{kernel-slug}`、最終実行時間、投票数、ノートブックのタイトル、作成者の判読可能な名前からなるテーブルを返します。ここで、`{username}/{kernel-slug}`は、Kaggleノートブックの完全パスではなく、プラットフォームパス`https://www.kaggle.com/code/`に続く部分を表します。

- あなたの環境内の特定のノートブックのステータスを確認するには、次のコマンドを実行します。

```
kaggle kernels status {username}/{kernel-slug}
```

このコマンドはノートブックのステータスを返します。たとえば、ノートブックの実行が完了した場合は、次の出力が返されます。

```
{username}/{kernel-slug} has status "complete"
```

- ノートブックをダウンロードするには、次のコマンドを実行します。

```
kaggle kernels pull {username}/{kernel-slug} <ダウンロードパス>
```

この場合は、{kernel-slug}.ipynbという名前のJupyter Notebookが<ダウンロードパス>で指定されたフォルダにダウンロードされます。

- ノートブックの最初のバージョンを作成して実行するには、まず、Kaggleメタデータファイルを定義します。

```
kaggle kernels init -p <フォルダパス>
```

生成されたKaggleメタデータファイルの内容は次のようになります。

```
{
  "id": "{username}/INSERT_KERNEL_SLUG_HERE",
  "title": "INSERT_TITLE_HERE",
  "code_file": "INSERT_CODE_FILE_PATH_HERE",
  "language": "Pick one of: {python,r,rmarkdown}",
  "kernel_type": "Pick one of: {script,notebook}",
  "is_private": "true",
  "enable_gpu": "false",
  "enable_tpu": "false",
  "enable_internet": "true",
  "dataset_sources": [],
  "competition_sources": [],
  "kernel_sources": [],
  "model_sources": []
}
```

このデモのために、メタデータファイルを編集して、Test Kaggle APIという名前のPythonノートブックを作成してみましょう。{username}部分は、あなたのユーザー名に置き換えてください。{kernel-slug}部分は、通常は小文字バージョン（特殊文字を除外し、スペースをハイフンに置き換え）として生成されるため、この部分を実際のタイトルとうまく関連させる必要があります。編集後のメタデータファイルは次のようになります。

```
{
  "id": "{username}/test-kaggle-api",
  "title": "Test Kaggle API",
  "code_file": "test_kaggle_api.ipynb",
  "language": "python",
  "kernel_type": "notebook",
  "is_private": "true",
  "enable_gpu": "false",
  "enable_tpu": "false",
  "enable_internet": "true",
  "dataset_sources": [],
  "competition_sources": [],
  "kernel_sources": [],
  "model_sources": []
}
```

- メタデータファイルを編集した後は、次のコマンドを使ってノートブックを開始できます。

```
kaggle kernels push -p <フォルダパス>
```

ノートブックのプロトタイプを test_kaggle_api.ipynb という名前で <フォルダパス> に作成しておいた場合は、次の出力が生成されます。

```
Kernel version 1 successfully pushed.  Please check progress at
https://www.kaggle.com/code/{username}/test-kaggle-api
```

- Kaggle API を使って既存のノートブックの出力をダウンロードすることもできます。その場合は、次のコマンドを実行します。

```
kaggle kernels output {username}/{kernel-slug}
```

これにより、現在のフォルダに {kernel-slug}.log というファイルがダウンロードされます。または、次のように送信先のパスを指定することもできます。

```
kaggle kernels output {username}/{kernel-slug} -p <ダウンロードパス>
```

{kernel-slug}.log ファイルには、ノートブックを最後に実行したときの実行ログが含まれています。

本節では、認証トークンの作成と Kaggle API のインストールの方法を学びました。続いて、Kaggle API を使ったノートブックの作成、更新、ダウンロードの方法を確認しました。

Kaggle API を使って Kaggle プラットフォームのユーザビリティを向上させる方法については、

Kaggle API のドキュメント※1 を参照してください。

2.5 本章のまとめ

本章では、Kaggle Notebooks とは何か、どのような種類のノートブックを利用できるか、どのプログラミング言語を利用できるかを学びました。また、ノートブックの作成、実行、更新の方法も学びました。続いて、ノートブックを使うための基本的な機能をいくつか確認しました。これらの機能を利用すれば、ノートブックを効果的に使ったり、データセットやコンペティションのデータを取り込んで分析したり、モデルの訓練を開始したり、コンペティションへの提出の準備をしたりできます。さらに、高度な機能もいくつか確認し、Kaggle API を使ってノートブックの使い方の幅をさらに広げる方法も紹介しました。こうした機能を利用すれば、Kaggle 環境に統合できる外部データや機械学習パイプを構築できるようになります。

Kaggle には、Kaggle Notebooks の使い方をさらに柔軟なものにする、より高度な機能もあります。ユーティリティスクリプトを利用すれば、データの取り込み、データの統計分析、可視化、特徴量の生成、モデルの構築を行うための専門的な Python モジュールを使って、モジュール型のコードを作成することができます。これらのモジュールはノートブック間での再利用が可能であり、ノートブック間でコードをコピーする手間が省けます。一方で、シークレットを利用すれば、API キーを使って外部サービスにアクセスするノートブックを公開しても、個人的なキーを隠しておくことができます。要するに、シークレットは Kaggle におけるパスワード保管庫のようなものです。

Google Cloud を統合して計算リソースやストレージリソースを拡張すれば、Kaggle プラットフォームにおけるそうしたリソースの制限をかわすことができます。本章では、Kaggle API の基礎も学びました。Kaggle API を使って既存のノートブックを検索したり、新しいノートブックを作成したり、既存のノートブックの出力をダウンロードしたりする方法がこれでわかりました。ここまでの知識があれば、Kaggle、Google Cloud、ローカルリソースを統合するハイブリッドパイプラインを柔軟に定義することができます。また、Kaggle Notebooks を外部スクリプトから制御することもできます。

次章では、データの世界を巡る旅に出発します。最初の目的地では、古典的な **Titanic** コンペティションのデータセットを探索します。

※1　https://www.kaggle.com/docs/api

第3章 Kaggleという旅の始まり ―タイタニック号事件の分析

本章では、データの世界を巡る旅に出発します。最初に分析するデータセットは、**Titanic - Machine Learning from Disaster**コンペティション（3.9節の参考資料[1]）のデータセットです。これはかなり小さいデータセットです。このデータセットはコンペティションに関連しているため、訓練データセットとテストデータセットに分かれています。

本章では、コンペティションでのアプローチに加えて、**探索的データ解析**（EDA）に対する体系的なアプローチを紹介します。このアプローチを使ってデータに慣れながら、データをより詳しく理解し、有益な洞察を手に入れます。また、EDAの結果を使ってモデルを訓練するためのパイプラインを構築するプロセスについても簡単に紹介します。実際のデータに飛び込む前に、そのコンテキスト（背景）を理解し、（理想的には）解析の目的として考えられるものを定義しておくと助けになります。

本章に掲載されているコードや図表はすべて、このコンペティションに関連するノートブックである**Titanic - start of a Journey around data world**（参考資料[2]）から取り出したものです。このノートブックは、本書のGitHubリポジトリ（参考資料[3]）の`Chapter-03`フォルダ（参考資料[4]）でも提供されています。

簡単に言うと、本章では次の内容に取り組みます。

- Titanicデータセットの背景事情を調べる。タイタニック号が沈没した1912年の運命の日に何が起きたのかを知り、乗組員、乗客、死亡者の人数を調べる。
- Titanicデータセットのデータに慣れ、特徴量の意味を理解し、データの品質に対する最初の印象をつかみ、データに関する統計情報を調べる。
- 分析に使われるグラフィカル要素（カラーパレットのカスタマイズとカラーマップの生成）を紹介した後、単変量解析を使って引き続きデータ探索を行う。

- 多変量解析を使ってデータについての洞察を深め、特徴量間の複雑な相互作用を把握する。
- 記録にある乗客の名前を使って詳細分析を行い、複数の特徴量を抽出する。
- 特徴量のバリエーションを集約的に捉えることで、特徴量の豊かさを探る。
- ベースラインモデルを作成する。

3.1 タイタニック号の悲劇

タイタニック号は、1912年4月の処女航海中に北大西洋で沈没したイギリス船籍の豪華客船です。氷山に衝突したことで引き起こされたこの悲劇的な事故により、乗客乗員合わせて2,224人のうち1,500人以上（アメリカ当局の推定では1,517人、イギリスの調査委員会の推定では1,503人）が犠牲になりました。犠牲者の大半は乗組員で、次に多かったのは3等乗客でした。

なぜこのようなことが起きてしまったのでしょうか。20世紀初頭に最新の科学技術の粋を集めて建造されたタイタニック号は不沈船と考えられており、この自信があだになりました。周知のとおり、タイタニック号は沈没しました。氷山と接触したためにいくつかの水密区画が損傷し、船体の強度が損なわれてしまったのです。タイタニック号は当初、48隻の救命ボートを搭載するように設計されていましたが、実際に搭載されていたのは20隻だけで、そのほとんどは海に降ろされた時点で定員の60%足らずしか乗船していませんでした。

タイタニック号は、全長269メートル、最大幅28メートルであり、A～Gの文字で識別される7つの甲板（AとBは1等乗客用、Cは主に乗組員用、D～Gは2等および3等乗客用）を有していました。さらに、端艇甲板（海に降ろす救命ボート等の搭載場所）と最下甲板（喫水線下）の2つの甲板もありました。3等と2等の設備は1等ほど豪華で快適なものではありませんでしたが、どの旅客クラスにも図書室、喫煙室、さらにはジムなどの共通の娯楽施設が提供されていました。また、乗客が利用できる屋外または屋内の遊歩エリアも設けられていました。当時の他の定期船に比べて、タイタニック号は快適さと娯楽施設にかけては先進的でした。

タイタニック号はイギリスのサウサンプトンから処女航海に出発し、フランスのシェルブールとアイルランドのクイーンズタウンへの寄港が予定されていました。乗客はロンドンからサウサンプトンまで、またはパリからシェルブールまでは、特別列車で移動しました。この処女航海の乗組員は約885人で、その大半は船員ではなく、乗客の世話をする客室乗務員、用度員、火夫、船のエンジンを整備する機関士でした。

3.2 データを検査する

タイタニック号の悲劇は興味深いストーリーですが、データ探索に関心がある人は、その悲劇に関するデータにも興味をそそられます。このコンペティションのデータから簡単に紹介しましょう。

Titanic - Machine Learning from Disaster コンペティションのデータセットは、Kaggleの多くのコンペティションと同様に、次の3つの**CSV**（Comma-Separated Values）ファイルで構成されています。

- `train.csv`
- `test.csv`
- `sample_submission.csv`（`gender_submission.csv`）

まず、これらのファイルを新しいノートブックに読み込みます。具体的な方法は、2.2節で説明したとおりです。また、既存のノートブックをフォークするという方法でもノートブックを作成できます。ここでは、新しいノートブックを一から作成します。

通常、ノートブックの最初のセルでは、パッケージをインポートします。ここでも同じようにパッケージをインポートします。

```
import pandas as pd
import numpy as np
```

次のセルでは、訓練データとテストデータを読み込みます。一般に、CSVファイルのディレクトリは次の例と同じになります。

```
train_df = pd.read_csv("/kaggle/input/titanic/train.csv")
test_df = pd.read_csv("/kaggle/input/titanic/test.csv")
```

データを読み込んだ後は、各列に何が含まれているのかを手作業で調べます —— つまり、データサンプルを調べます。この作業はデータセットのファイルごとに行いますが、この例では、訓練データセットとテストデータセットのファイルに焦点を合わせることにします※1。

3.2.1 データを理解する

図3-1と図3-2は、データサンプルの値の一部を示しています。この目視検査により、データのいくつかの特徴がすでに見て取れます。そうした特徴をまとめてみましょう。次に示すのは、訓練データセットとテストデータセットに共通している列（特徴量）です。

※1 ［訳注］以降、実行するコードのすべてを紙面に掲載しているわけではないため、下記URLのコードを必要に応じて参照してほしい。
https://github.com/PacktPublishing/Developing-Kaggle-Notebooks/tree/main/Chapter-03

	PassengerId	Survived	Pclass	Name	Sex	Age	SibSp	Parch	Ticket	Fare	Cabin	Embarked
659	660	0	1	Newell, Mr. Arthur Webster	male	58.0	0	2	35273	113.2750	D48	C
781	782	1	1	Dick, Mrs. Albert Adrian (Vera Gillespie)	female	17.0	1	0	17474	57.0000	B20	S
377	378	0	1	Widener, Mr. Harry Elkins	male	27.0	0	2	113503	211.5000	C82	C
429	430	1	3	Pickard, Mr. Berk (Berk Trembisky)	male	32.0	0	0	SOTON/O.Q. 392078	8.0500	E10	S
22	23	1	3	McGowan, Miss. Anna "Annie"	female	15.0	0	0	330923	8.0292	NaN	Q

図3-1：訓練データセットのサンプル

- `PassengerId`
  各乗客の一意な識別子。
- `Pclass`
  各乗客の旅客クラスを表すフィールド。背景情報から、有効な値は1、2、3のいずれかであることがわかっており、カテゴリ値のフィールドと見なすことができます。旅客クラスは意味を伝えるものであり、順序を持つため、序数または数値フィールドと考えればよいでしょう。
- `Name`
  テキスト型のフィールド。乗客のフルネームであり、姓、名、場合によっては旧姓やニックネームが含まれます。また、社会階級、経歴、職業に関する敬称や、王侯貴族の敬称が含まれることもあります。
- `Sex`
  性別を表すカテゴリ値のフィールド。女性と子供の救助が優先されたことを考えると、当時は重要な情報だったと考えられます。
- `Age`
  年齢を表す数値フィールド。子供の救助が優先されていたため、年齢も重要な特徴量でした。
- `SibSp`
  同乗していた兄弟や配偶者の人数を示すフィールド。つまり、乗客が一緒に旅行していた家族またはグループの規模を示す指標です。兄弟、姉妹、配偶者が一緒でなければ救命ボートに乗らなかったことが考えられるため、これも重要な情報です。
- `Parch`
  同乗していた親（乗客が子供の場合）や子供（乗客が親の場合）の人数を示すフィールド。親は子供が全員揃うまで救命ボートに乗らなかったことが考えられるため、これも重要な情報です。`SibSp`と組み合わせれば、各乗客の家族の規模を計算できます。

- Ticket
  チケットに関連付けられたコード。カテゴリ値でも数値でもない英数字フィールド。

- Fare
  旅客運賃を表す数値フィールド。サンプルから、Fareフィールドの値に大きな差があることがわかります（3等と1等では1桁違います）。ただし、旅客クラスが同じであっても、Fareフィールドの値が大きく異なる乗客もいることがわかります。

- Cabin
  客室番号を表す英数字フィールド。図3-1と図3-2のような小さなサンプルでも、値の一部が欠損していることがわかります。また、同じ乗客（おそらく家族で旅行している裕福な乗客）のために複数の客室が予約されているケースもあります。客室の名前は英字（A、B、C、D、E、F、Gのいずれか）で始まります。先に述べたように、タイタニック号には複数の甲板があるため、これらの英字は甲板を表していて、その後にその甲板の客室番号が続いているものと推測できます。

- Embarked
  乗船港を表すカテゴリ値のフィールド。このサンプルでは、C、S、Qの英字のみが確認できます。タイタニック号がイギリスのサウサンプトンから出港し、フランスのシェルブールとアイルランドのクイーンズタウン（現在はアイルランドのコークにあるコーブという港）に寄港したことはすでにわかっているため、Sはサウサンプトン、Cはシェルブール、Qはクイーンズタウンを表すものと推測できます。

訓練データセットには、ターゲット特徴量（目的変数）であるSurvivedフィールドも含まれています。このフィールドの値は1または0のどちらかであり、1は乗客が生存していたことを意味し、0は残念ながら死亡したことを意味します。

図3-2に示すように、テストデータセットには、目的変数は含まれていません。

	PassengerId	Pclass	Name	Sex	Age	SibSp	Parch	Ticket	Fare	Cabin	Embarked
142	1034	1	Ryerson, Mr. Arthur Larned	male	61.0	1	3	PC 17608	262.3750	B57 B59 B63 B66	C
22	914	1	Flegenheim, Mrs. Alfred (Antoinette)	female	NaN	0	0	PC 17598	31.6833	NaN	S
174	1066	3	Asplund, Mr. Carl Oscar Vilhelm Gustafsson	male	40.0	1	5	347077	31.3875	NaN	S
184	1076	1	Douglas, Mrs. Frederick Charles (Mary Helene B...	female	27.0	1	1	PC 17558	247.5208	B58 B60	C
235	1127	3	Vendel, Mr. Olof Edvin	male	20.0	0	0	350416	7.8542	NaN	S

図3-2：テストデータセットファイルのサンプル

訓練データセットとテストデータセットのファイルの列を確認したところで、データセットの次元と特徴量の分布を調べるために、さらにいくつかのチェックを行うことができます。

1. shape属性を使って、訓練データセット（train_df）とテストデータセット（test_df）の形状を調べます。これにより、訓練データセットとテストデータセットの次元（行数と列数）が明らかになります。
2. 訓練データセットとテストデータセットでinfo()関数を実行します。これにより、列あたりの欠損値以外のデータの量や列のデータ型など、より複雑な情報が得られます。
3. 訓練データセットとテストデータセットでdescribe()関数を実行します。この関数は数値データにのみ適用され、最小値、最大値、最初の25%、50%、75%の値、平均値、標準偏差など、データ分布の統計量を生成します。

これらの調査により、訓練データセットとテストデータセットの数値データの分布に関する予備情報が得られます。さらに高度で詳細なツールを使って引き続き分析を行うこともできますが、今のところは、入手した表形式データセットの予備調査を行うための一般的なアプローチはこれで十分であるということにしましょう。

3.2.2 データを分析する

ここでは、データセットの形状、値の型、欠損値の数、特徴量の分布を評価することで、データセットの暫定的なイメージを形にします。

データ統計量を調べるためのツールは独自に構築できます。ここでは、欠損値、一意な値、最頻値に関する統計量を取得するための３つの小さなスクリプトを紹介します。

まず、欠損値を取得するコードを見てみましょう。

```
def missing_data(data):
    total = data.isnull().sum()
    percent = (data.isnull().sum()/data.isnull().count()*100)
    tt = pd.concat([total, percent], axis=1, keys=['Total', 'Percent'])
    types = []
    for col in data.columns:
        dtype = str(data[col].dtype)
        types.append(dtype)
    tt['Types'] = types
    return(np.transpose(tt))
```

最頻値を出力するコードは次のようになります。

```
def most_frequent_values(data):
    total = data.count()
```

```
    tt = pd.DataFrame(total)
    tt.columns = ['Total']
    items = []
    vals = []
    for col in data.columns:
        try:
            itm = data[col].value_counts().index[0]
            val = data[col].value_counts().values[0]
            items.append(itm)
            vals.append(val)
        except Exception as ex:
            print(ex)
            items.append(0)
            vals.append(0)
            continue
    tt['Most frequent item'] = items
    tt['Frequence'] = vals
    tt['Percent from total'] = np.round(vals / total * 100, 3)
    return(np.transpose(tt))
```

最後に、一意な値を出力するコードは次のようになります。

```
def unique_values(data):
    total = data.count()
    tt = pd.DataFrame(total)
    tt.columns = ['Total']
    uniques = []
    for col in data.columns:
        unique = data[col].nunique()
        uniques.append(unique)
    tt['Uniques'] = uniques
    return(np.transpose(tt))
```

次章では、これらの関数を再利用します。Kaggle では、ユーティリティスクリプトを実装すると、関数の再利用が可能になります。本書では、これらの関数を再利用可能なユーティリティスクリプトにまとめて、他のノートブックに取り込みます。

次ページの図 3-3 は、訓練データセットとテストデータセットに `missing_data()` 関数を適用した結果を示しています。

`Age` や `Cabin` などのいくつかのフィールドで、欠損値の割合が訓練データセットとテストデータセットとで異なっていることがわかります。また、欠損値の割合を調べることで、訓練データセットとテストデータセットの分割という観点からデータの品質を事前に評価することもできます。特定の特徴量に対する欠損値の割合が訓練データとテストデータで大きく異なるとしたら、全体的なデータ分布が分割時にうまく捕捉されなかった疑いがあります。この例では、訓練データセットとテストデータセットのどの特徴量でも、欠損値の割合は近い値になっています。

```
missing_data(train_df)
```

	PassengerId	Survived	Pclass	Name	Sex	Age	SibSp	Parch	Ticket	Fare	Cabin	Embarked
Total	0	0	0	0	0	177	0	0	0	0	687	2
Percent	0.0	0.0	0.0	0.0	0.0	19.86532	0.0	0.0	0.0	0.0	77.104377	0.224467
Types	int64	int64	int64	object	object	float64	int64	int64	object	float64	object	object

```
missing_data(test_df)
```

	PassengerId	Pclass	Name	Sex	Age	SibSp	Parch	Ticket	Fare	Cabin	Embarked
Total	0	0	0	0	86	0	0	0	1	327	0
Percent	0.0	0.0	0.0	0.0	20.574163	0.0	0.0	0.0	0.239234	78.229665	0.0
Types	int64	int64	object	object	float64	int64	int64	object	float64	object	object

図 3-3：訓練データセットとテストデータセットの欠損値

図3-4では、訓練データセットとテストデータセットでの特徴量の最頻値を確認できます。

```
most_frequent_values(train_df)
```

	PassengerId	Survived	Pclass	Name	Sex	Age	SibSp	Parch	Ticket	Fare	Cabin	Embarked
Total	891	891	891	891	891	714	891	891	891	891	204	889
Most frequent item	1	0	3	Braund, Mr. Owen Harris	male	24.0	0	0	347082	8.05	B96 B98	S
Frequence	1	549	491	1	577	30	608	678	7	43	4	644
Percent from total	0.112	61.616	55.107	0.112	64.759	4.202	68.238	76.094	0.786	4.826	1.961	72.441

```
most_frequent_values(test_df)
```

	PassengerId	Pclass	Name	Sex	Age	SibSp	Parch	Ticket	Fare	Cabin	Embarked
Total	418	418	418	418	332	418	418	418	417	91	418
Most frequent item	892	3	Kelly, Mr. James	male	21.0	0	0	PC 17608	7.75	B57 B59 B63 B66	S
Frequence	1	218	1	266	17	283	324	5	21	3	270
Percent from total	0.239	52.153	0.239	63.636	5.12	67.703	77.512	1.196	5.036	3.297	64.593

図 3-4：訓練データセットとテストデータセットの最頻値

先のデータから、タイタニック号の乗客の大半が男性で（男性が過半数を占めていることは訓練データセットとテストデータセットの両方に反映されています）、乗客と乗組員のほとんどがサウサンプトン（S）で乗船したことはすでにわかっています。Ageのように値の粒度が高い特徴量では、訓練データとテストデータとで最頻値は異なっているものの、かなり近い最頻の値であることがわかります（訓練データセットのAgeの値は24、テストデータセットのAgeの値は21）。訓練データの全体的な分布とテストデータの全体的な分布が異なっていることはすでに見て取れるため、機械学習モデルの特徴量としてAgeを直接使うことには限界がありそうです。

図3-5は、unique_values()を使って訓練データセットとテストデータセットの一意な値の統計量を取得した結果です。

```
unique_values(train_df)
```

	PassengerId	Survived	Pclass	Name	Sex	Age	SibSp	Parch	Ticket	Fare	Cabin	Embarked
Total	891	891	891	891	891	714	891	891	891	891	204	889
Uniques	891	2	3	891	2	88	7	7	681	248	147	3

```
unique_values(test_df)
```

	PassengerId	Pclass	Name	Sex	Age	SibSp	Parch	Ticket	Fare	Cabin	Embarked
Total	418	418	418	418	332	418	418	418	417	91	418
Uniques	418	3	418	2	79	7	8	363	169	76	3

図3-5：訓練データセットとテストデータセットの一意な値

カテゴリ値のフィールドに関しては、訓練データセットに存在するカテゴリはすべてテストデータセットにも存在します。理想を言えば、SibSpやParchなどの数値特徴量についても、同じ結果になるようにしたいところです。しかし、Parchの一意な値の数は、訓練データでは7個、テストデータでは8個であることがわかります。

本節では、このデータセットの特徴量を理解するために最初のデータ検査を行い、続いてデータの品質を調べて欠損値があるかどうかを確認しました。また、訓練データセットとテストデータセットの両方で特徴量の統計分析も行いました。データ探索の次のステップでは、訓練データセットとテストデータセットのカテゴリ値の特徴量と数値の特徴量で単変量解析を行います。さまざまな特徴量がプロットされた画像はより多くの情報を提供するため、技術者ではなくても理解や解釈が容易になります。

3.3 単変量解析を行う

最初のプロットの構築に取りかかる前に、ノートブックの配色を設定しておきましょう。ノートブック全体で色とスタイルを統一すると、表現の一貫性を保ち、まとまりのある印象を読み手に与えるのに役立ちます。ノートブックの表現に一貫性があると、ノートブックのストーリーが可視化によって首尾一貫してうまく補強されるようになります。

そこで、このノートブック全体で使うカラーセットを定義することにします。そして、この作業のビジュアルアイデンティティを作成するパレットも選択します。すでに定義されているパレットやカラーセットのどれかを選択してもよいですし、現在のテーマとマッチする一連の色に基づいてカスタムパレットを定義することもできます。このノートブックは船旅（航海）に関連しているため、さまざまな色合いの青からなる海のカラーセットを選択することにしました。また、このカラーセットに基づいてパレットも定義しました。パレットを定義して表示するためのコードは次のようになります。

```
import matplotlib.pyplot as plt
from matplotlib.colors import ListedColormap
import seaborn as sns

def set_color_map(color_list):
    cmap_custom = ListedColormap(color_list)
    print("Notebook Color Schema:")
    sns.palplot(sns.color_palette(color_list))
    plt.show()
    return cmap_custom

color_list = ["#A5D7E8", "#576CBC", "#19376D", "#0b2447"]
cmap_custom = set_color_map(color_list)
```

図3-6は、カスタムパレットを構成している限定的なカラーマップを示しています。ノートブックの配色では、淡い澄んだ空色から濃い群青色までの色合いの青が使われます。

>> i ページにカラーで掲載

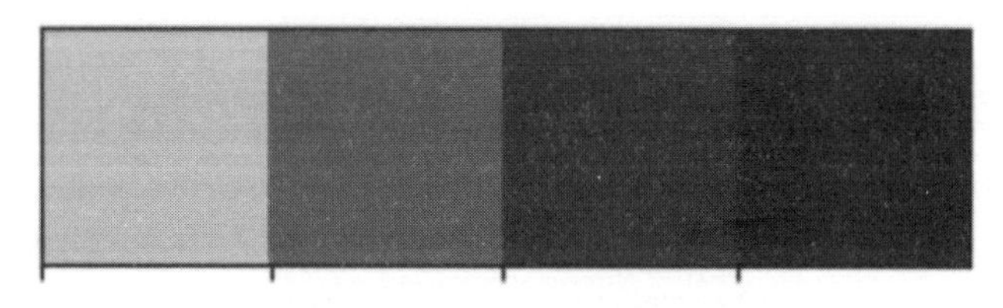

図3-6：ノートブックの配色

次に、1つの特徴量の分布を訓練／テストデータセット別に表すために、または生存状況に基づいて同じ画像上で表すために、プロット関数を2つ定義します。1つはカテゴリ値の特徴量をプロットし、もう1つは連続値／数値の特徴量をプロットします。

また、訓練データセットとテストデータセットを連結して1つのデータセットにまとめます（そして、元のソースデータセットがどちらであるかを表す新しい列も追加します）。プロット関数では、最もよく使われているデータプロットライブラリのうちmatplotlibとseabornの2つを使います。これらのグラフは複数の特徴量に対してプロットすることになるため、このようにプロット関数を定義しておくと、同じコードを繰り返さずに済みます。

1つ目のプロット関数では、seabornの`countplot()`関数のhueパラメータを使って、2つの値セットを表示します。

```
def plot_count_pairs(data_df, feature, title, hue="set"):
    f, ax = plt.subplots(1, 1, figsize=(8, 4))
    sns.countplot(x=feature, data=data_df, hue=hue, palette= color_list)
    plt.grid(color="black", linestyle="-.", linewidth=0.5, axis="y", which="major")
    ax.set_title(f"Number of passengers / {title}")
    plt.show()
```

2つ目のプロット関数では、特徴量の分布を表示するために、seabornの`histplot()`関数を2回（特徴量の値ごとに1回）呼び出します。

```
def plot_distribution_pairs(data_df, feature, title, hue="set"):
    f, ax = plt.subplots(1, 1, figsize=(8, 4))
    for i, h in enumerate(data_df[hue].unique()):
        g = sns.histplot(data_df.loc[data_df[hue]==h, feature], color=color_list[i],
                         ax=ax, label=h)
    #plt.grid(color="black", linestyle="-.", linewidth=0.5, axis="y", which="major")
    ax.set_title(f"Number of passengers / {title}")
    g.legend()
    plt.show()
```

完全な画像は、本書のGitHubリポジトリ（参考資料[3]）か、Kaggle（参考資料[2]）のノートブックで確認できます。

ここでは、カテゴリ値の特徴量に対するものを1つ、数値の特徴量に対するものを1つ、合計2つの画像を示すにとどめます。ノートブックでは、`Sex`、`Pclass`、`SibSp`、`Parch`、`Embark`、`Age`、`Fare`のグラフを確認できます。

これらの特徴量をそれぞれ2つのグラフで表します。1つ目のグラフでは、乗客全員の特徴量の分布を訓練データセットとテストデータセットに分けてプロットします。2つ目のグラフでは、同じ特徴量の訓練データセットのみでの分布を、`Survived`と`Not Survived`に分けてプロットします。

カテゴリ値の特徴量である`Pclass`から見ていきましょう。まず、乗客全員（訓練データセットとテストデータセット）の特徴量の分布を訓練データセットとテストデータセットに分けてプロットします。1、2、3の3つの旅客クラスがあることに注目してください（図3-7）。

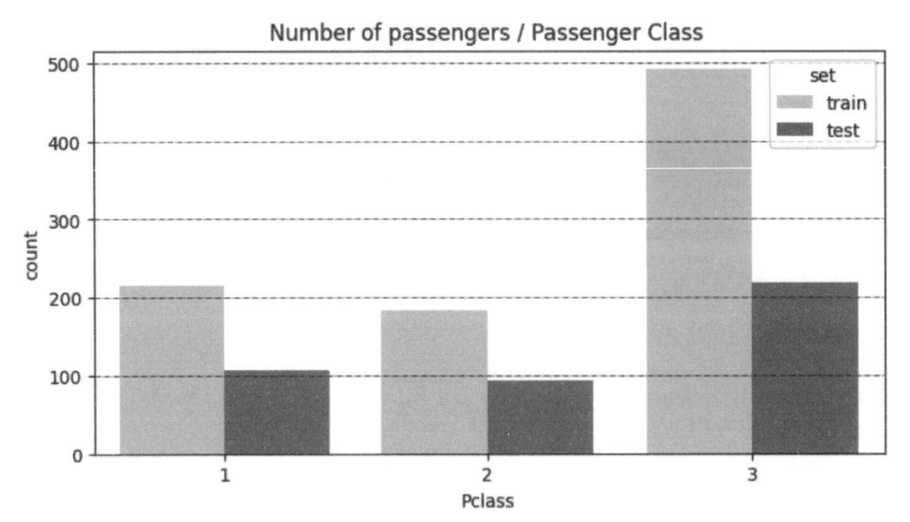

図 3-7：旅客クラスごとの乗客数を訓練データセットとテストデータセット別にプロット

次に、訓練データセットの`Pclass`特徴量だけを対象に、`Survived`または`Not Survived`に分類されたデータをプロットします。

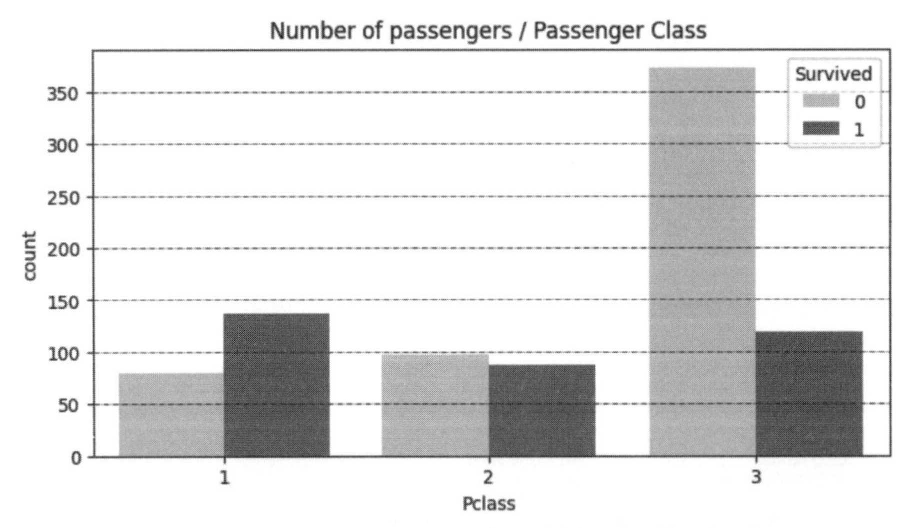

図 3-8：訓練データセットでの旅客クラスごとの乗客数を生存状況別にプロット

次は、数値の特徴量である`Age`です。図 3-9 は、乗客全員（訓練データセットとテストデータセット）のこの特徴量の分布を訓練データセットとテストデータセットに分けてプロットしたものです。ここでヒストグラムを使っているのは、この特徴量は連続値ではない（離散値である）ものの、値の数が多いため（先の統計分析によると、`Age`特徴量の一意な値は少なくとも 88 個あるようです）、分析の観点では連続した数値と同じように扱えるためです※2。

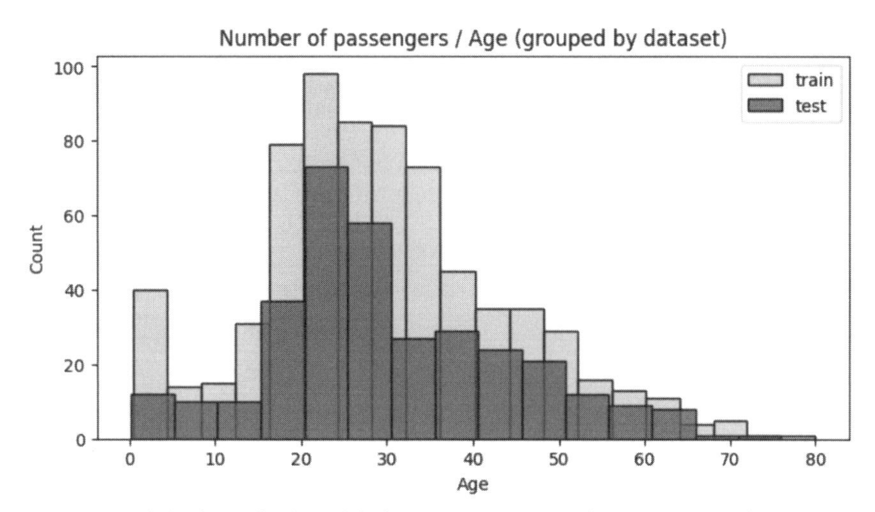

図 3-9：年齢ごとの乗客数を訓練データセットとテストデータセット別にプロット

図 3-10 は、訓練データセットの `Age` 特徴量だけを対象に、`Survived` または `Not Survived` に分類されたデータをプロットしたものです。

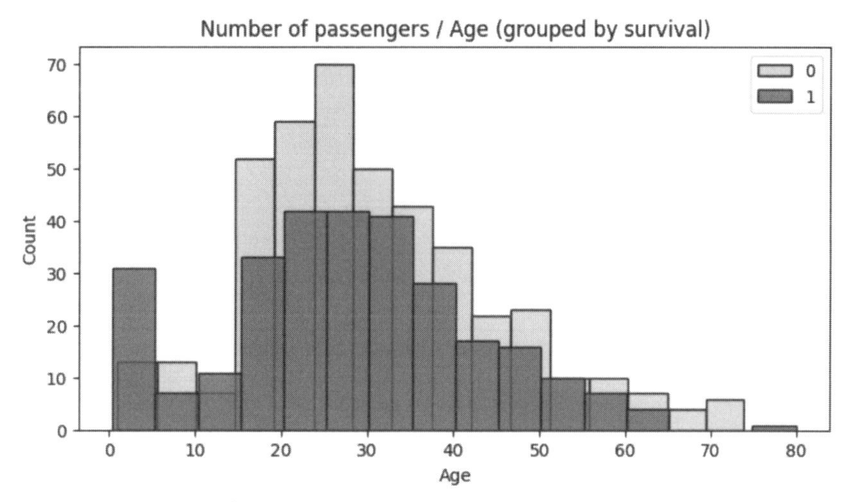

図 3-10：訓練データセットでの年齢ごとの乗客数を生存状況別にプロット

※2 ［訳注］`FutureWarning: use_inf_as_na option is deprecated` が表示されることがあるが、動作に支障はない。気になる場合は、以下のコードを追加すると表示されなくなる。

```
import warnings
warnings.simplefilter('ignore', FutureWarning)
```

カテゴリ値のデータまたは連続値（数値）のデータで単変量分布を調べるだけで、いくつかの興味深い事実がすでに明らかになっています。たとえば図3-7と図3-8から、3つの旅客クラス（1、2、3）の分布に関しては、訓練データセットとテストデータセットでのデータの比率がかなり似通っていることがわかります。それに加えて、生存者と死者の分布から、1等乗客の約60%が生存していたのに対し、2等乗客の生存者と死者の割合はほぼ50対50%で、3等乗客の生存者は約25%しかいなかったこともわかります。同様に、Sex（性別）、SibSp（兄弟や配偶者の人数）、Parch（親や子供の人数）の単変量分布からも有益な洞察が得られます。

状況によっては、既存の特徴量から新しい特徴量を構築したいことがあります。要するに、特徴量エンジニアリングを実行するのです。特徴量エンジニアリングでは、RAWデータから有用な情報を抽出・変換します。特徴量エンジニアリングの1つのテクニックは、新しい特徴量を他の特徴量の関数として定義することです。前述のように、ParchとSibSpを組み合わせると、タイタニック号に乗船していた家族に関する情報が得られます。ParchとSibSpの値を合計して（本人の分の）1を足すと、タイタニック号の乗客ごとに、同乗していた家族の人数が明らかになります。

図3-11は、乗客全員（訓練データセットとテストデータセット）の家族の人数を訓練データセットとテストデータセットに分けてプロットしたものです。

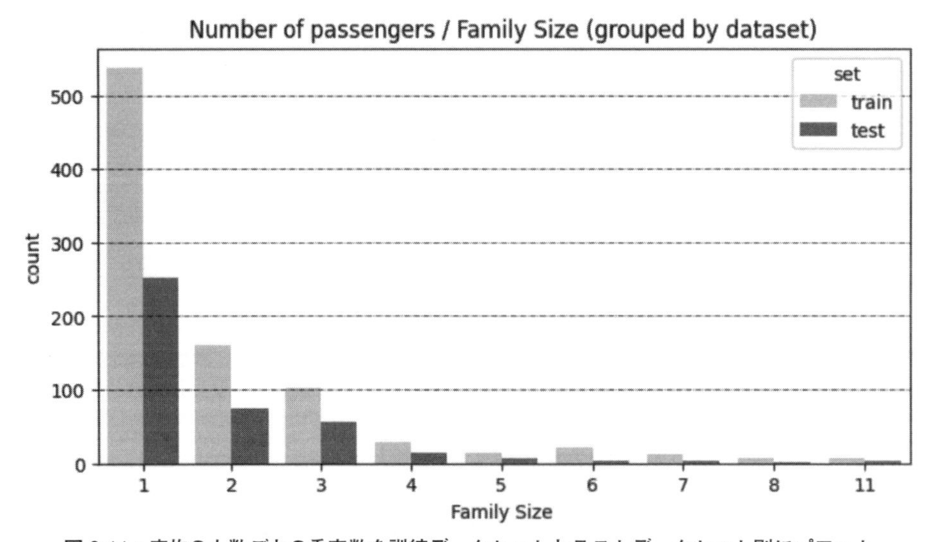

図3-11：家族の人数ごとの乗客数を訓練データセットとテストデータセット別にプロット

図3-12は、訓練データセットでの家族の人数だけを対象に、SurvivedまたはNot Survivedに分類されたデータをプロットしたものです。

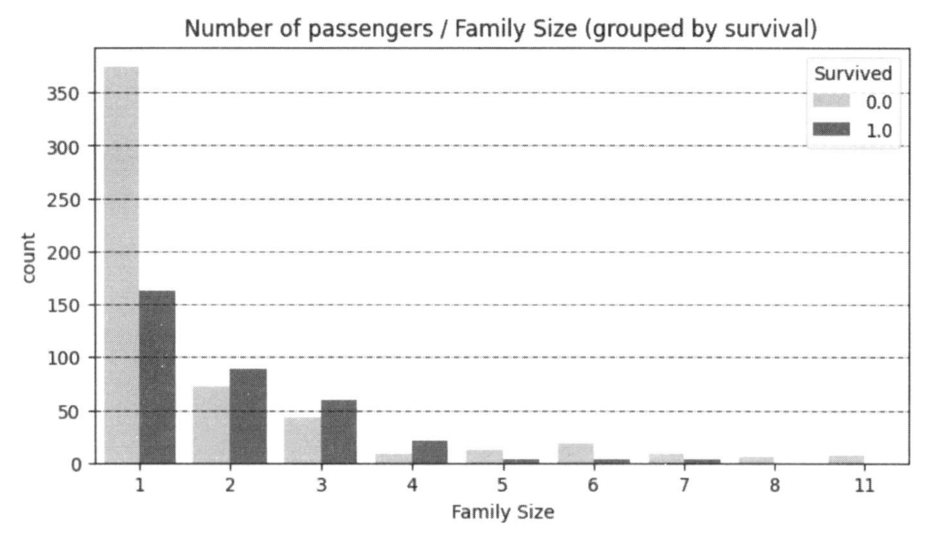

図 3-12：訓練データセットでの家族の人数ごとの乗客数を生存状況別にプロット

単身の乗客が多いことがわかります（そして、先のデータと照らし合わせると、単身の乗客が 3 等に多いこともわかります）。次に多いのは、子供のいない家族や親が 1 人だけの家族で、その後に少人数の家族と 8 ～ 11 人までの大家族が続いています。このパターンは、モデル化に先立つ探索的アプローチを使ったデータ分析から得られたものです。

次に、生存率を見てみると、単身の乗客の生存率が低いのに対し（約 30%）、小人数の家族（2 ～ 4 人）の生存率が 50% を超えていることがわかります。家族の人数が 4 人を超えると生存率が大幅に低下しており、8 人または 11 人の家族の生存率は 0% であることがわかります。

この結果は、彼らが割安な旅客クラスで旅行していたためかもしれませんし（3 等乗客の生存率が 1 等乗客の生存率よりも低いことはわかっています）、救命ボートに向かう前に家族全員が揃うのに時間がかかりすぎたことが原因かもしれません。こうした細かい点については、次節以降で調べることにします。

プロットの結果からも、`Age` と `Fare` は分散値であることがわかります。特定の乗客の正確な年齢を知ることには価値がありますが、正確な年齢を含んでいるモデルを構築したところであまり意味はありません。それどころか、さまざまな年齢を学習すると、モデルが訓練データに過剰適合するリスクがあり、モデルの汎化の妨げになります。分析とモデル化が目的の場合は、年齢（または旅客運賃）を値区間にまとめるのが合理的です。

次のコードは、`Age Interval` という新しい特徴量の計算方法を示しています。この計算では、`Age` の値を `0` ～ `4` の 5 つのクラスにまとめます。これらのクラスは、それぞれ `0` ～ `16`、`16` ～ `32`、`32` ～ `48`、`48` ～ `64`、および `64` よりも大きい値という 5 つの区間に対応しています。

```
all_df["Age Interval"] = 0.0
all_df.loc[ all_df['Age'] <= 16, 'Age Interval'] = 0
all_df.loc[(all_df['Age'] > 16) & (all_df['Age'] <= 32), 'Age Interval'] = 1
all_df.loc[(all_df['Age'] > 32) & (all_df['Age'] <= 48), 'Age Interval'] = 2
all_df.loc[(all_df['Age'] > 48) & (all_df['Age'] <= 64), 'Age Interval'] = 3
all_df.loc[ all_df['Age'] > 64, 'Age Interval'] = 4
```

次のコードは、`Fare Interval`という新しい特徴量の計算方法を示しています。この計算では、`Fare`の値を`0`～`3`の4つのクラスにまとめます。これらのクラスは、それぞれ`0`～`7.91`、`7.91`～`14.454`、`14.454`～`31`、および`31`よりも大きい値という4つの区間に対応しています。

```
all_df['Fare Interval'] = 0.0
all_df.loc[ all_df['Fare'] <= 7.91, 'Fare Interval'] = 0
all_df.loc[(all_df['Fare'] > 7.91) & (all_df['Fare'] <= 14.454), 'Fare Interval'] = 1
all_df.loc[(all_df['Fare'] > 14.454) & (all_df['Fare'] <= 31), 'Fare Interval'] = 2
all_df.loc[ all_df['Fare'] > 31, 'Fare Interval'] = 3
```

ここで説明した`Age`と`Fare`の特徴量変換には、正規化の効果があります。図3-13は、乗客全員（訓練データセットとテストデータセット）の`Age Interval`を訓練データセットとテストデータセットに分けてプロットしたものです。

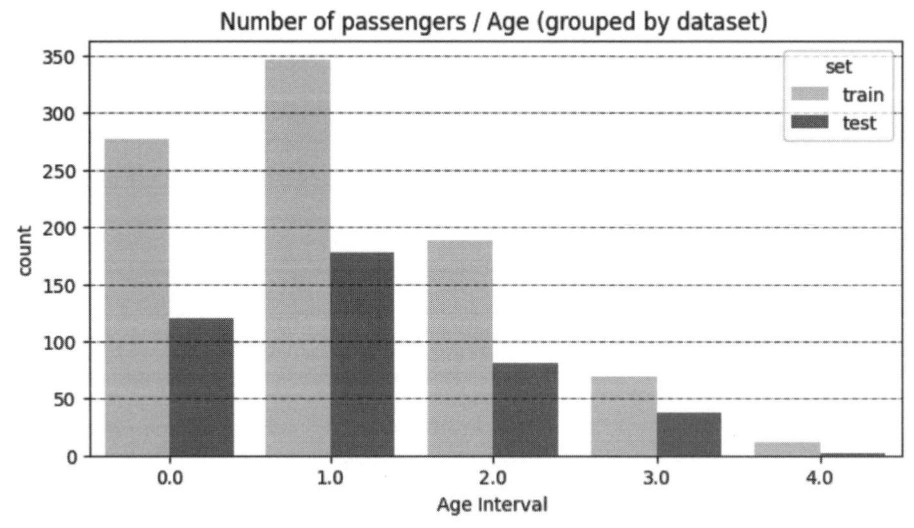

図3-13：Ageの区間ごとの乗客数を訓練データセットとテストデータセット別にプロット

図3-14は、`Age Interval`ごとに、生存していた乗客と死亡した乗客の分布をプロットしたものです。

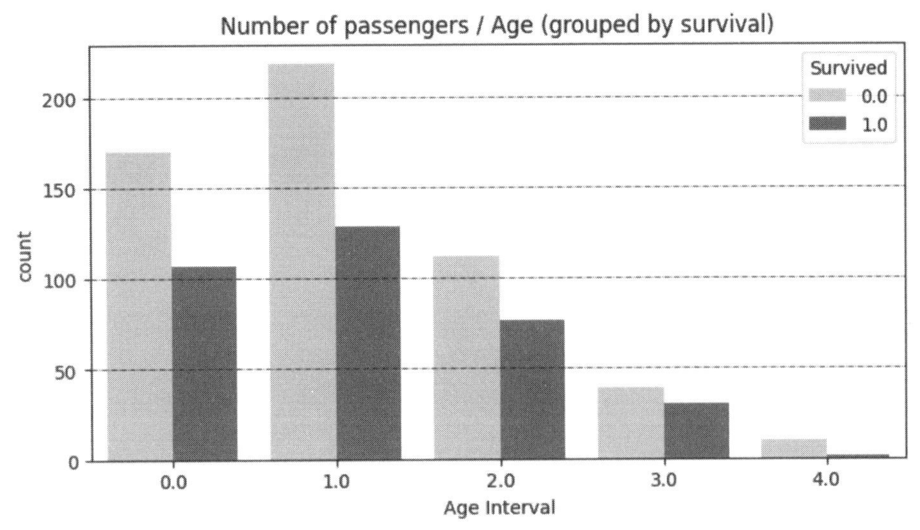

図 3-14：Age の区間ごとの乗客数を生存状況別にプロット

ここまでは、個々の特徴量を分析してきました。訓練データセットとテストデータセットをマージし、同じグラフ上で訓練データとテストデータに分けてプロットしました。また、1 つの特徴量を生存と死亡に分けてプロットし、特徴量エンジニアリングで生成した特徴量を可視化しました。次節では、多変量解析を使って複数の特徴量を同じグラフ上でプロットします。

3.4　多変量解析を行う

各特徴量の分布をグラフ化すると、データに関する非常に興味深い洞察が得られることがわかりました。続いて、より関連性の高い特徴量を手に入れるために、特徴量エンジニアリングを試みました。変数（特徴量）を個別に観察すると、データ分布の最初のイメージをつかむのに役立ちます。一方で、値をグループ化して一度に複数の特徴量を調べれば、相関関係が明らかになり、さまざまな特徴量がどのように相互作用するのかをよく理解できます。

今度は、さまざまなグラフを使って特徴量の相関を探りながら、可視化のオプションも確認します。ここでも、グラフプロットライブラリとして matplotlib と seaborn を引き続き使うことにします。

図 3-15 は、`Age Interval` ごとの乗客数を旅客クラス別にプロットしたものです。3 等乗客の大半が 1 つ目と 2 つ目の年齢区間（0 ～ 16 歳と 16 ～ 32 歳）に属している一方、年齢区間が最もバランスよく分散しているのは 1 等乗客であることがわかります。3 つの旅客クラスの均衡が最も取れているのは、3 つ目の年齢区間です。

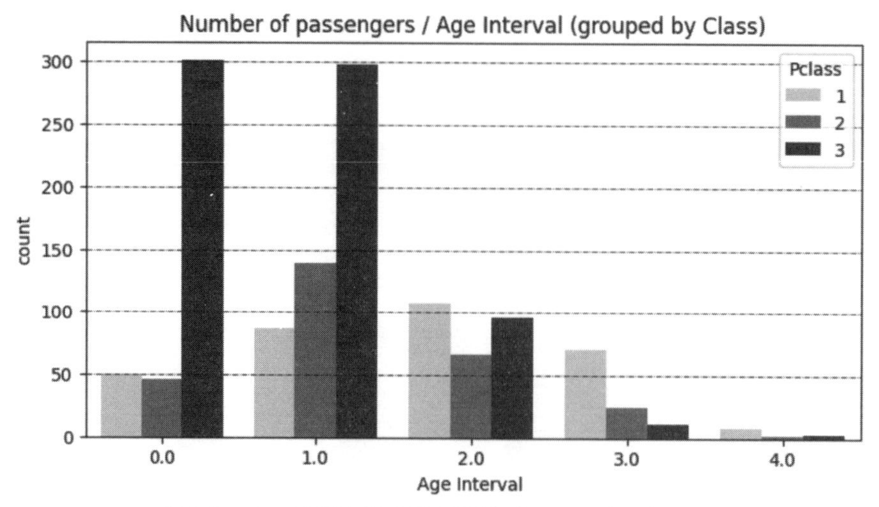

図 3-15：Age の区間ごとの乗客数を旅客クラス別にプロット

図 3-16 は、`Age Interval` ごとの乗客数を乗船港別にプロットしたものです。ほとんどの乗客がサウサンプトン（頭文字 S）で乗船していたことがわかります。また、これらの乗客のほとんどが 32 歳未満（年齢区間 0 および 1）の若者だったこともわかります。シェルブール（頭文字 C）で乗船した乗客の年齢区間はより均衡が取れています。クイーンズタウン（頭文字 Q）で乗船した乗客のほとんどは最初の年齢区間に属していました。

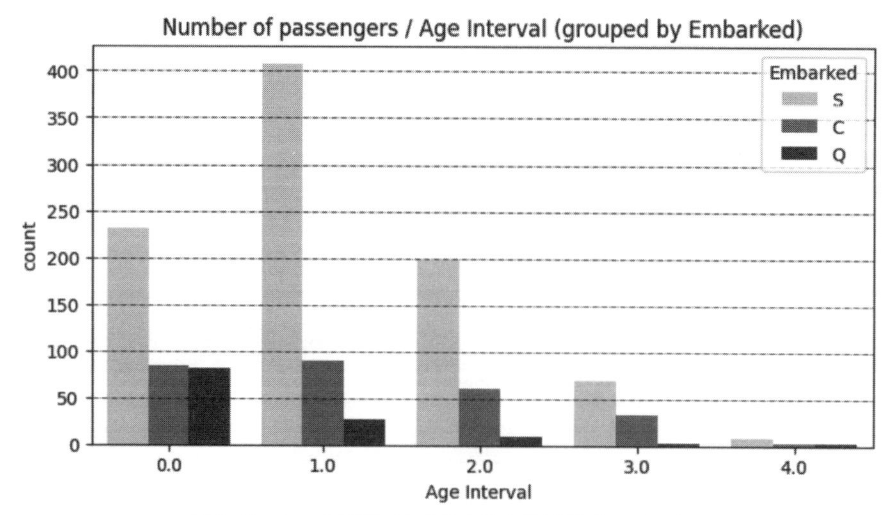

図 3-16：Age の区間ごとの乗客数を乗船港別にプロット

図 3-17 から、家族の人数が増え、旅客クラスが下がると、生存の尤度が低下していることがわか

ります。生存率が最も低かったのは、3 等の大家族であり、ほぼ全滅です。小家族であっても、3 等に乗船したことで生存の尤度は大幅に低下しています。

>> i ページにカラーで掲載

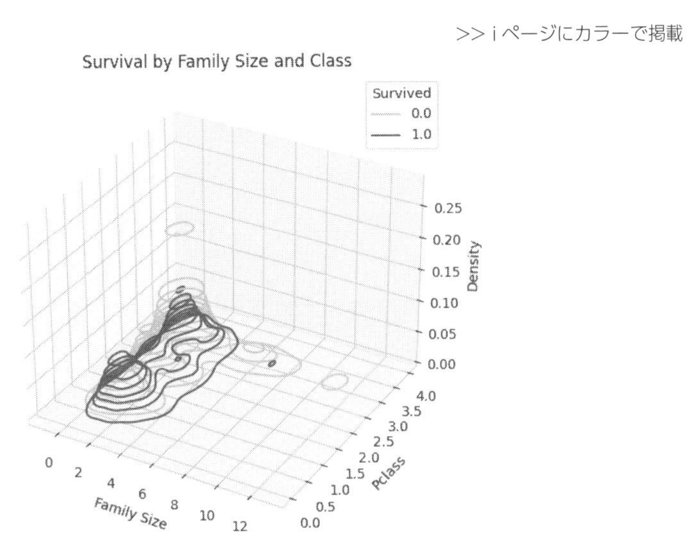

図 3-17：家族の規模と旅客クラス（Pclass）を生存状況別にプロット

また、合成特徴量を作成することもできます。例として、生存予測に最も役立つ 2 つの特徴量 `Sex` と `Pclass` を 1 つの特徴量にマージし、`Sex_Pclass` という名前を付けることにしましょう。図 3-18 は、生存状況に基づいて値を分割したときの `Sex_Pclass` の分布を示しています。1 等と 2 等の女性の生存率が 90% を超えていたことがわかります。3 等の女性の生存率は約 50% でした。1 等と 2 等の男性の生存率はそれぞれ約 30% と 20% で、3 等では男性のほとんどが死亡しています。

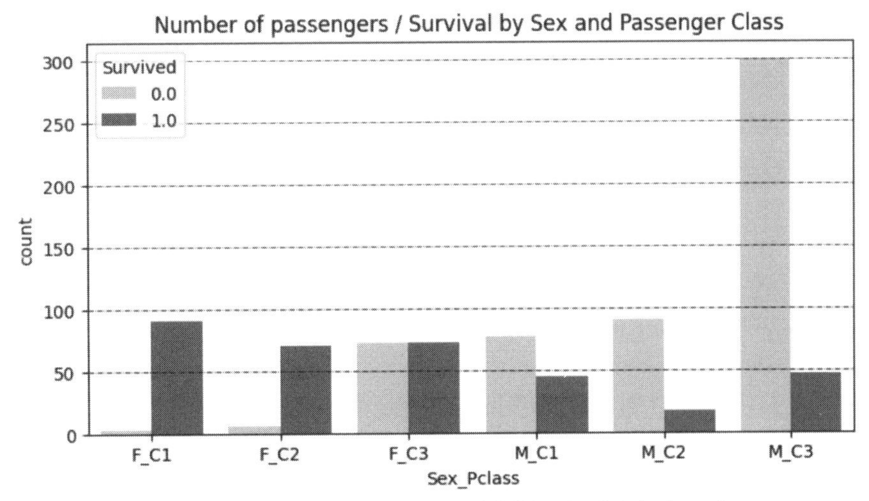

図 3-18：合成特徴量 Sex_Pclass の生存状況別の分布をプロット

ここまでは、データの品質を評価した後、単変量解析を行う方法を具体的に見てきました。続いて、数値データの特徴量エンジニアリングの例をいくつか紹介し、多変量解析を行いました。次は、乗客の名前から見つかる情報の豊かさを探ります。**名前には何が含まれているでしょうか。**

3.5 乗客の名前から意味のある情報を抽出する

引き続き分析を行って、乗客の名前から意味のある情報を抽出します。本章の冒頭で、Name列には追加情報も含まれていると説明したことを思い出してください。予備的な可視化分析を行ったところ、すべての名前が同じような構造になっていることが明らかになりました。名前は姓（Family Name）で始まり、その後にコンマ（,）、敬称（Title、Mr.など）、下の名前（Given Name）、そして婚姻によって名前が変わった場合は旧姓（Maiden Name）が続いています。データを処理して、この情報を取り出してみましょう。コードは次のようになります。

```
def parse_names(row):
    try:
        text = row["Name"]
        split_text = text.split(",")
        family_name = split_text[0]
        next_text = split_text[1]
        split_text = next_text.split(".")
        title = (split_text[0] + ".").lstrip().rstrip()
        next_text = split_text[1]
        if "(" in next_text:
            split_text = next_text.split("(")
            given_name = split_text[0]
            maiden_name = split_text[1].rstrip(")")
            return pd.Series([family_name, title, given_name, maiden_name])
        else:
            given_name = next_text
            return pd.Series([family_name, title, given_name, None])
    except Exception as ex:
        print(f"Exception: {ex}")

all_df[["Family Name", "Title", "Given Name", "Maiden Name"]] = all_df.apply(
    lambda row: parse_names(row), axis=1)
```

もう気付いていると思いますが、Family Name、Title、Given Name、Maiden Nameの抽出には、split()関数を使っています。なお、正規表現を使って、もう少しコンパクトな実装にすることもできます。

まず、TitleとSexの分布を並べて、その結果を調べてみましょう。

Title Sex	Capt.	Col.	Don.	Dona.	Dr.	Jonkheer.	Lady.	Major.	Master.	Miss.	Mlle.	Mme.	Mr.	Mrs.	Ms.	Rev.	Sir.	the Countess.
female	0	0	0	1	1	0	1	0	0	260	2	1	0	197	2	0	0	1
male	1	4	1	0	7	1	0	2	61	0	0	0	757	0	0	8	1	0

図 3-19：敬称の性別ごとの分布

ほとんどの敬称は性別に応じたものです。最も多く見られるのは、女性の場合はMiss（Mlle.、Ms.も含む）とMrs.（Mme.、Dona.も含む）、男性の場合はMr.（Don.も含む）とMasterです。軍人（Capt.、Col.、Major、Jonkheer）、職業（Dr.、Rev.）、貴族（Sir、Lady、Countess）などの敬称はほとんどありません。Dr.は男女ともに使われる唯一の敬称です。この点については、後ほど詳しく見ていきます。

では、TitleのAge Interval別の分布を見てみましょう。

Title Age Interval	Capt.	Col.	Don.	Dona.	Dr.	Jonkheer.	Lady.	Major.	Master.	Miss.	Mlle.	Mme.	Mr.	Mrs.	Ms.	Rev.	Sir.	the Countess.
0.0	0	0	0	0	1	0	0	0	61	111	0	0	193	30	1	0	0	0
1.0	0	0	0	0	2	0	0	0	0	113	2	1	334	68	1	3	0	0
2.0	0	1	1	1	1	1	1	1	0	29	0	0	163	67	0	2	0	1
3.0	0	3	0	0	4	0	0	1	0	7	0	0	56	31	0	3	1	0
4.0	1	0	0	0	0	0	0	0	0	0	0	0	11	1	0	0	0	0

図 3-20：敬称の年齢区間別の分布

この新たな視点から、敬称の一部が特定の年齢区間で使われている一方、他の敬称はすべての年齢区間に分散していることがわかります。Masterは16歳未満の男性にのみ使われているようですが、この年齢区間ではMr.も使われています。ここまでの内容から、Masterは家族と一緒に旅行している男子にのみ使われているようです。Mr.の敬称を持つ男子は1人で旅行しており、すでに独立しているため、若年成人と見なされていました。Missの敬称は、女子、若年女性、または未婚女性（ただし、高齢の女性にはあまり使われません）に等しく用いられるため、パターンが異なります。興味深いのは、Dr.の敬称が幅広い年齢層に分布していることです。

次に、3等の大家族を調べてみましょう。Family Name、Family Size、Ticket（同じチケットで旅行していた乗客をまとめるため）、Ageでデータを並べ替えると、実際に同じ姓を持つ乗客が得られます。Family Nameのうち最も出現頻度が高いのは、Andersson（11件）、Sage（11件）、Goodwin（8件）、Asplund（8件）、Davies（7件）です。これらの乗客が同じ家族なのか、単に姓が同じだけなのかはまだわかりません。Andersson姓を持つ乗客のデータを見てみましょう。

図3-21から、Anderssonという7人家族が乗船していて、父親の名前はAnders Johan、母親の名前はAlfrida Konstantia、そして2歳から11歳までの5人の子供（娘4人、息子1人）がいたことがわかります。家族内の既婚女性は、敬称の後に夫の名前と丸かっこで囲まれた旧姓の名前で登録されています。3等の乗客だったこの家族の中に生存者はいませんでした。

	Name	Sex	Age	Title	Family Name	Given Name	Maiden Name	SibSp	Parch	Family Size	Ticket	Pclass	Survived
214	Andersson, Miss. Ida Augusta Margareta	female	38.0	Miss.	Andersson	Ida Augusta Margareta	None	4	2	7	347091	3	NaN
13	Andersson, Mr. Anders Johan	male	39.0	Mr.	Andersson	Anders Johan	None	1	5	7	347082	3	0.0
610	Andersson, Mrs. Anders Johan (Alfrida Konstant...	female	39.0	Mrs.	Andersson	Anders Johan	Alfrida Konstantia Brogren	1	5	7	347082	3	0.0
542	Andersson, Miss. Sigrid Elisabeth	female	11.0	Miss.	Andersson	Sigrid Elisabeth	None	4	2	7	347082	3	0.0
541	Andersson, Miss. Ingeborg Constanzia	female	9.0	Miss.	Andersson	Ingeborg Constanzia	None	4	2	7	347082	3	0.0
813	Andersson, Miss. Ebba Iris Alfrida	female	6.0	Miss.	Andersson	Ebba Iris Alfrida	None	4	2	7	347082	3	0.0
850	Andersson, Master. Sigvard Harald Elias	male	4.0	Master.	Andersson	Sigvard Harald Elias	None	4	2	7	347082	3	0.0
119	Andersson, Miss. Ellis Anna Maria	female	2.0	Miss.	Andersson	Ellis Anna Maria	None	4	2	7	347082	3	0.0
68	Andersson, Miss. Erna Alexandra	female	17.0	Miss.	Andersson	Erna Alexandra	None	4	2	7	3101281	3	1.0
146	Andersson, Mr. August Edvard ("Wennerstrom")	male	27.0	Mr.	Andersson	August Edvard	"Wennerstrom"	0	0	1	350043	3	1.0
320	Andersson, Mr. Johan Samuel	male	26.0	Mr.	Andersson	Johan Samuel	None	0	0	1	347075	3	NaN

図 3-21：Andersson 姓の乗客

同じチケットで乗船していた人だけが同じ家族の一員でした。つまり、チケット番号 347082 で乗船していた人だけがこの Andersson 家の一員であり、他の Andersson 姓の乗客は別の旅行客でした。そのうちの一部の乗客は大家族の一員であるように見えますが、その親族がデータ上で確認できない点で、このデータの正確性には問題があるようです。

次に大きい家族は、Sage 姓の家族です（図 3-22）。Sage 家は両親 2 人と子供 9 人の 11 人家族でした。14.5 歳の男の子が 1 人いたこと以外、家族の年齢はわかりません。わかっているのは、家族の名前と、男の子が 5 人、女の子が 4 人いたことだけです。男の子のうち 3 人は敬称が `Mr.` であるため、成人していたと推測されます。そして、11 人中 7 人が死亡したことまではわかっています（Survived に値が割り当てられていない他の家族はテストデータセットの一部です）。

新天地でのよりよい生活を求めて旅立ったこれらの家族の物語には心を動かされます。子供が何人もいた大家族が、残念ながら、助からなかったことを考えればなおさらです。決定的な要因が何だったのかはわかりません。家族が全員揃ってから端艇甲板に向かおうとして時間がかかりすぎてしまったのかもしれませんし、救命ボートに向かう途中で離ればなれにならないように必死だったのかもしれません。いずれにしても、家族の人数が多いほど生存率が低いことがわかるため、家族の規模に関する情報をモデルに追加すれば、生存予測に役立つ特徴量が得られるかもしれません。

	Name	Sex	Age	Title	Family Name	Given Name	Maiden Name	SibSp	Parch	Family Size	Ticket	Pclass	Survived
360	Sage, Master. William Henry	male	14.5	Master.	Sage	William Henry	None	8	2	11	CA. 2343	3	NaN
159	Sage, Master. Thomas Henry	male	NaN	Master.	Sage	Thomas Henry	None	8	2	11	CA. 2343	3	0.0
180	Sage, Miss. Constance Gladys	female	NaN	Miss.	Sage	Constance Gladys	None	8	2	11	CA. 2343	3	0.0
201	Sage, Mr. Frederick	male	NaN	Mr.	Sage	Frederick	None	8	2	11	CA. 2343	3	0.0
324	Sage, Mr. George John Jr	male	NaN	Mr.	Sage	George John Jr	None	8	2	11	CA. 2343	3	0.0
792	Sage, Miss. Stella Anna	female	NaN	Miss.	Sage	Stella Anna	None	8	2	11	CA. 2343	3	0.0
846	Sage, Mr. Douglas Bullen	male	NaN	Mr.	Sage	Douglas Bullen	None	8	2	11	CA. 2343	3	0.0
863	Sage, Miss. Dorothy Edith "Dolly"	female	NaN	Miss.	Sage	Dorothy Edith "Dolly"	None	8	2	11	CA. 2343	3	0.0
188	Sage, Miss. Ada	female	NaN	Miss.	Sage	Ada	None	8	2	11	CA. 2343	3	NaN
342	Sage, Mr. John George	male	NaN	Mr.	Sage	John George	None	1	9	11	CA. 2343	3	NaN
365	Sage, Mrs. John (Annie Bullen)	female	NaN	Mrs.	Sage	John	Annie Bullen	1	9	11	CA. 2343	3	NaN

図 3-22：Sage 姓の乗客

また、生存予測にはあまり役立たないものの、データ分布についてさらに洞察を得られる興味深い分析が他にもあります。図 3-23 は、データ全体での`Given Name`の分布を男女別にプロットしたものです。

図 3-23：乗客の下の名前のワードクラウド（左図は未婚女性、右図は男性）

図 3-24 は、乗客全員の姓の分布を乗船港別にプロットしたものです。ほとんどの乗客がサウサンプトン（S）で乗船したことはわかっているため、サウサンプトンで乗船した乗客の名前の分布は全体の傾向を左右します。他の 2 つの乗船港は、フランスのシェルブール（C）とアイルランドのクイーンズタウン（Q）でした。サウサンプトンではスカンジナビア系、シェルブールではフランス系、イタリア系、ギリシャ系、北アフリカ系、クイーンズタウンではアイルランド系とスコットランド系のように、乗船港ごとに民族的な特徴を持つ名前が目立っていることがわかります。

Family Names on Titanic　Family Names on Titanic, embarked in S　Family Names on Titanic, embarked in C　Family Names on Titanic, embarked in Q

図 3-24：姓を乗船港別にプロット

図 3-25 では、2 人の乗客が客室 D17 を共有していることがわかります。そのうちの 1 人は `Dr.` の肩書きを持つ女性（Dr. Leader）で、もう 1 人の女性同伴者である Mrs. Swift とともに、1 等乗客として乗船していました。2 人とも生き残りました。

	PassengerId	Survived	Pclass	Name	Sex	Age	SibSp	Parch	Ticket	Fare	Cabin	Embarked	Title
796	797	1.0	1	Leader, Dr. Alice (Farnham)	female	49.0	0	0	17465	25.9292	D17	S	Dr.
862	863	1.0	1	Swift, Mrs. Frederick Joel (Margaret Welles Ba...	female	48.0	0	0	17466	25.9292	D17	S	Mrs.

図 3-25：客室 D17 を共有している乗客（そのうちの 1 人は女性で、Dr. の肩書きを持っていた）

本章では、特徴量エンジニアリングを使って `Title` という特徴量を新たに作成しました。Dr. Leader は `Mrs.`（旧姓も併記されているので、既婚者であることがわかります）と `Dr.` の 2 つの敬称を持っていたため、Dr. Leader に割り当てる敬称を選択する必要がありました。当時、`Dr.` は主に（生存の確率が女性よりも低かった）男性に使われる敬称でした。Dr. Leader は女性であり、生存の確率は男性よりも高かったはずです。もちろん、これには議論の余地があります。しかし、ここでそのことに言及したのは、予測モデルの特徴量エンジニアリングを行うときに、どこまで深く掘り下げられるのかをイメージしやすくなると考えたからです。

単変量解析、多変量解析、そして名前を処理して敬称を抽出するといった何種類かの特徴量エンジニアリングを紹介した後は、大家族や、珍しい敬称を持つ乗客など、希少なケースについても細かく分析してみました。次節では、複数のプロットが含まれたダッシュボード図を作成します。これらのプロットはそれぞれ単変量解析や二変量解析を使って作成されます。こうした複雑な図表を活用すれば、複雑な特徴量の相互関係を（1つのグラフに特徴量を詰め込みすぎることなく）うまく表現することができます。

3.6　複数のプロットを表示するダッシュボードを作成する

本章では、カテゴリ値、数値、テキスト値のデータについて調べてきました。テキストデータからさまざまな特徴量を抽出する方法を学び、数値データの一部を集約して特徴量を作成しました。今度は、Title と Family Size をグループ化して、さらに次の 2 つの特徴量を作成します。

- Titles
  同じような敬称（Miss と Mlle.、Mrs. と Mme. など）、または希少な敬称（Dona.、Don.、Capt.、Jonkheer、Rev.、Countess など）をまとめ、最もよく使われている敬称（Mr.、Mrs.、Master、Miss）を残します。
- Family Type
  Family Size の値に基づいて、単身者の場合は Single、4 人までの家族は Small、5 人以上の家族は Large の 3 つのクラスタを作成します。

次に、生存予測にとって重要であることがわかったいくつかの単純な特徴量や、特徴量エンジニアリングを使って生成した特徴量を、1 つのグラフにプロットします。Sex、Pclass、Age Interval、Fare Interval、Family Type、（クラスタ化された後の）Title ごとに、乗客の生存率をプロットします（図 3-26）。これらのグラフでは、（カテゴリと生存状況ごとの）サブセットが乗客全員に占める割合も示されます。

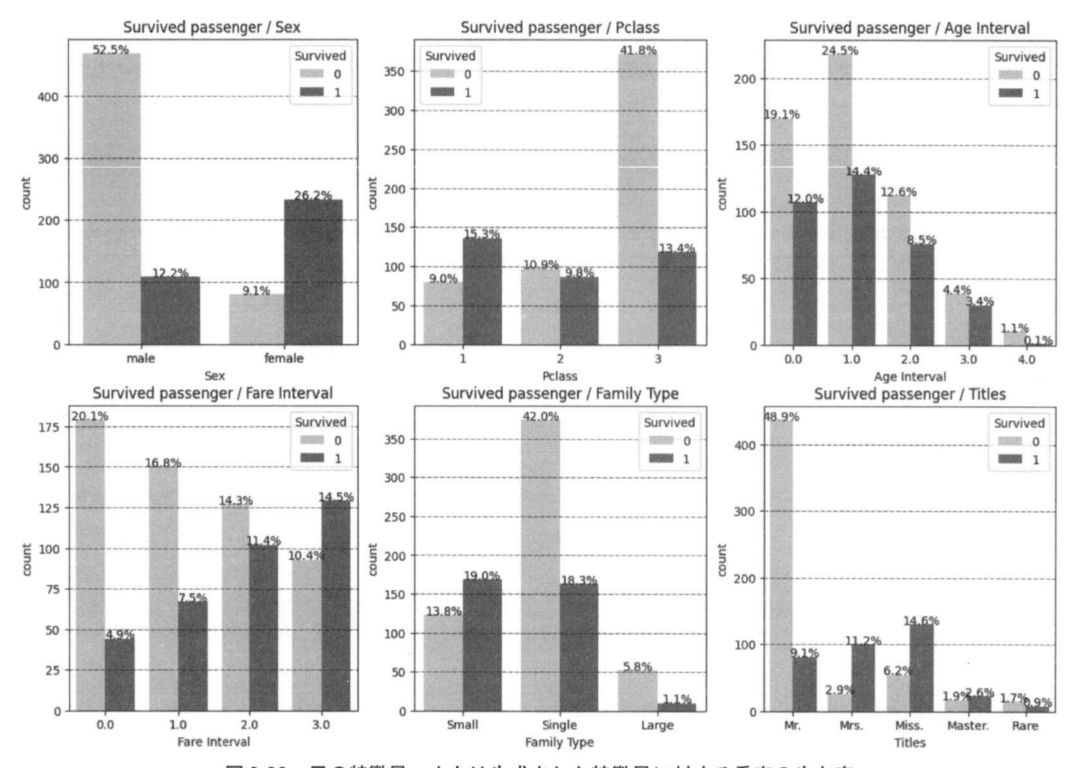

図3-26：元の特徴量、または生成された特徴量に対する乗客の生存率

Titanic - Machine Learning from Disasterコンペティションデータセットのステップ形式の探索的データ解析（EDA）はこれで完了です。次節では、データ分布、特徴量間の関係、さまざまな特徴量とターゲット特徴量（Survivedフィールド）の相関関係について獲得してきた知識をもとに、ベースラインモデルを構築します。

3.7 ベースラインモデルを構築する

EDAの結果、予測に役立つ特徴量をいくつか特定することができました。この知識をもとに関連のある特徴量を選択すれば、モデルを構築することができます。まず、ここまで調査してきたさまざまな特徴量のうち２つだけを使ってモデルを構築します。これは**ベースラインモデル**と呼ばれるもので、ソリューションを徐々に改善していく出発点となります。

ここでは、sklearn.ensembleモジュールのRandomForestClassifierクラスをベースラインモデルとして選択しました。RandomForestClassifierは、使いやすく、デフォルトのパラメータでよい結果が得られることに加えて、特徴量の重要度を使って簡単に解釈できるモデルです。

ベースラインモデルを構築するコードは次のようになります。まず、モデルを準備するのに必要なライブラリをいくつかインポートします。次に、カテゴリ値のデータを数値のデータに変換します。ここで選択したモデルは数値のみを扱うため、この変換が必要になります。カテゴリ値の特徴量を数値の特徴量に変換する操作を**ラベルエンコーディング**と呼びます。続いて、訓練データセットを80対20の割合で訓練サブセットと検証サブセットに分割します。その後は、訓練サブセットを使ってモデルを適合させ、訓練済みの（適合した）モデルを検証サブセットで評価します。


```
from sklearn.model_selection import train_test_split
from sklearn import metrics
from sklearn.ensemble import RandomForestClassifier

# カテゴリ値のデータを数値のデータに変換
for dataset in [train_df, test_df]:
    dataset['Sex'] = dataset['Sex'].map( {'female': 1, 'male': 0}).astype(int)

# 訓練サブセット（80%）と検証サブセット（20%）に分割
VALID_SIZE = 0.2
train, valid = train_test_split(train_df,
                                test_size=VALID_SIZE,
                                random_state=42,
                                shuffle=True)

# 説明変数と目的変数（ラベル）を定義
predictors = ["Sex", "Pclass"]
target = 'Survived'

# 訓練データ、検証データ、ラベル
train_X = train[predictors]
train_Y = train[target].values
valid_X = valid[predictors]
valid_Y = valid[target].values

# 分類モデル（ランダムフォレスト）を定義
clf = RandomForestClassifier(n_jobs=-1,
                             random_state=42,
                             criterion="gini",
                             n_estimators=100,
                             verbose=False)
# 訓練データとラベルを使ってモデルを適合させる
clf.fit(train_X, train_Y)

# 検証セットで生存状況を予測
preds = clf.predict(valid_X)
```

図3-27は、検証サブセットでの適合率（`precision`）、再現率（`recall`）、F1スコア（`f1-score`）を示しています。これらの値は`sklearn.metrics`モジュールの`classification_report()`関数を使って取得したものです。

```
print(metrics.classification_report(valid_Y,
                                    preds,
                                    target_names=['Not Survived', 'Survived']))
```

```
              precision    recall  f1-score   support

Not Survived       0.73      0.96      0.83       105
    Survived       0.90      0.49      0.63        74

    accuracy                           0.77       179
   macro avg       0.81      0.72      0.73       179
weighted avg       0.80      0.77      0.75       179
```

図3-27：Sex特徴量とPclass特徴量で訓練されたベースラインモデルの検証データセットでの分類レポート

このベースラインモデルで得られた図3-27の結果は、まだ十分ではありません。訓練時と検証時の誤差を観測することから始めて、モデル改善のテクニックを使ってモデルを改善していく必要があります。モデルの汎化性能の改善に取り組む前に、そうした観測値に基づいて訓練部分を改善することから始めるとよいかもしれません。たとえば、生存予測に役立つ特徴量をさらに追加するか、ハイパーパラメータ最適化を実施するか、もっとよい分類アルゴリズムを選択するか、複数のアルゴリズムを組み合わせるといった方法が考えられます。特徴量を追加する際には、既存の特徴量の中から選択するか、特徴量エンジニアリングに基づいて新しい特徴量を作成することができます。

3.8 本章のまとめ

本章では、タイタニック号に乗ってデータの世界を巡る旅に出発しました。各特徴量の予備的な統計分析を皮切りに、単変量解析と特徴量エンジニアリングを使って特徴量を生成または集約しました。テキストから複数の特徴量を抽出し、それらの特徴量の予測的価値を明らかにするために、複数の特徴量を同時に可視化する複雑なグラフも作成しました。続いて、ノートブック全体で使うカスタムカラーマップを定義し、分析のために統一されたビジュアルアイデンティティを割り当てる方法を学びました。

いくつかの特徴量 —— 特に名前から生成された特徴量については、タイタニック号に乗船した大家族の運命と、乗船港に対する名前の分布を知るために、少し踏み込んだ調査を行いました。ここで使った分析・可視化ツールの中には、簡単に再利用できるものがあります。次章では、それらのツールを抽出し、他のノートブックでユーティリティスクリプトとして利用する方法を紹介します。

次章では、地理空間データを持つ２つのデータセットで詳細な探索的データ解析（EDA）を実行します。それぞれのデータセットで、データ品質を評価することから始めて、データ探索を続けながら、地理データ分析に特化した手法、ツール、ライブラリを紹介します。その際には、ポリゴンデータを操作する方法と、ポリゴンの集まりとして格納された地理データセットのマージ、融合、クリッピングの方法を学びます。また、地理空間データを可視化するためのさまざまなライブラリも紹介します。

2つのデータセットで個々の分析を行った後は、両方のデータセットの情報を組み合わせることで、2つのデータセットのさまざまな層の情報が含まれた高度なマップを構築します。

3.9 参考資料

[1] Titanic - Machine Learning from Disaster, Kaggle competition: https://www.kaggle.com/competitions/titanic

[2] Gabriel Preda, Titanic - start of a journey around data world, Kaggle notebook: https://www.kaggle.com/code/gpreda/titanic-start-of-a-journey-around-data-world

[3] Developing-Kaggle-Notebooks, Packt Publishing GitHub repository: https://github.com/PacktPublishing/Developing-Kaggle-Notebooks/

[4] Developing-Kaggle-Notebooks, Packt Publishing GitHub repository, Chapter 3: https://github.com/PacktPublishing/Developing-Kaggle-Notebooks/tree/main/Chapter-03

MEMO

第4章 単変量／二変量／地理空間分析の方法—パブとスターバックス

本章では、データを使って世界を巡る旅の続きとして、地理的に分散した情報が含まれた２つのデータセットを調べます。１つ目のデータセットは、Every Pub in England（4.5 節の参考資料［1］）です。このデータセットには、イギリスのほぼすべてのパブの情報（一意な ID、名前、住所、郵便番号、地理的位置）が含まれています。２つ目のデータセットは、Starbucks Locations Worldwide（参考資料［3］）です。このデータセットには、世界中のスターバックスの店舗番号、店名、事業形態に加えて、住所、都市名、地理情報（緯度と経度）が含まれています。

ここでは、これら２つのデータセットを組み合わせることに加えて、地理的な補助データも追加します。そして、欠損値を処理する方法、必要に応じて補完する方法、地理データを可視化する方法、ポリゴンデータをクリップしてマージする方法、カスタムマップを生成する方法、およびそれらの上に重ねるレイヤを作成する方法を学びます。これらは本章で学ぶ手法のほんの一部ですが、簡単にまとめると、ここでは次の２つのトピックを取り上げます。

- イギリスのパブと世界中のスターバックスの詳細なデータ分析
- ロンドンにあるパブとスターバックスの複合的な地理分析

本章で地理空間分析のツールと手法を探求する表向きの理由は、パブとスターバックスが地理的にどのように絡み合っているのかを分析し、「ロンドンのダウンタウンのパブでビールを数パイント楽しんだ後、酔いざましにコーヒーが飲みたくなった場合、最寄りのスターバックスまでの距離はどれくらいか？」または「このスターバックスから最も近い場所にあるのはどのパブか？」などの質問に答えることです。もちろん、これ以外の質問にも答えることができますが、本章を読み終えるまでに何を達成するのかを少しくらい知っておいて損はありません。

4.1 イギリスのパブ

Every Pub in England データセット（参考資料［1］）には、イギリスの 51,566 軒のパブに関するデータが含まれています。このデータは、パブの名前、住所、郵便番号、地理的位置（東距と北距、緯度と経度の両方）、自治体などで構成されています。筆者は、このデータを調査するために、Every Pub in England - Data Exploration（参考資料［2］）というノートブックを作成しました。本節のコードの大部分は、このノートブックからの転載です。本書の説明を読みながらノートブックを追ってみると、理解が容易になるかもしれません。

4.1.1 データ品質のチェック

データ品質をチェックするために、まず、`info()` 関数と `describe()` 関数を使ってデータセットの概要を調べます。この２つが出発点になると考えてください。また、前章で定義したデータ品質をチェックするためのカスタム統計関数を利用することもできます。それらの関数はこの後も使い続けるため、ユーティリティスクリプトにまとめることにします。筆者は、このユーティリティスクリプトに `data_quality_stats` という名前を付け、`missing_data()`、`unique_values()`、`most_frequent_values()` の３つの関数を定義しました※1。ユーティリティスクリプトを定義するには、新しいノートブックでユーティリティ関数を定義した後、［File］メニューから［Set as Utility Script］を選択して、そのノートブックをユーティリティスクリプトとして設定します（図 4-1 の左図）。

`data_quality_stats` ユーティリティスクリプトに定義されている関数を利用するには、それらの関数をノートブックに追加する必要があります。このユーティリティスクリプトを利用したいノートブックを開いて、右側にある［Notebook］セクションで［Add Input］をクリックし、［Your Work］と［Utility Scripts］をクリックすると、ノートブックに追加できるユーティリティスクリプトが一覧表示されるので、`data_quality_stats` の［+］ボタンをクリックします（図 4-1 の右図）。

続いて、ノートブックの最初のセルの１つに `import` 文を追加します※2。

```
from data_quality_stats import missing_data, most_frequent_values, unique_values
```

※1　［訳注］`data_quality_stats` ユーティリティスクリプトは、本書の GitHub リポジトリの `Chapter-06/data_quality_stats.py` に含まれている。

※2　［訳注］以降、実行するコードのすべてを紙面に掲載しているわけではないため、下記 URL のコードを必要に応じて参照してほしい。
https://www.kaggle.com/code/gpreda/every-pub-in-england-data-exploration

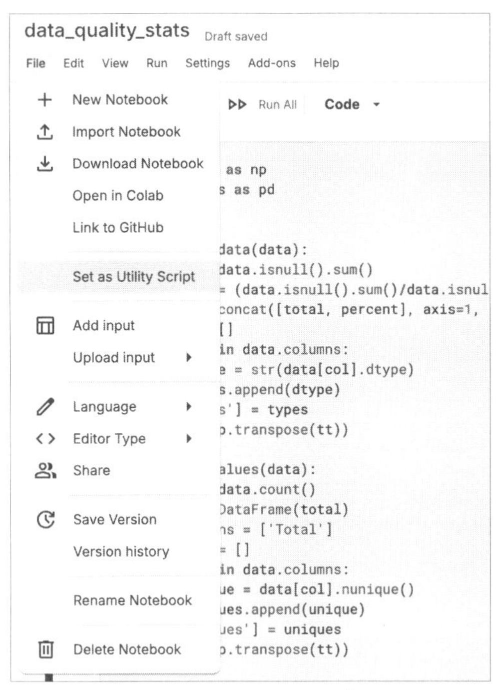

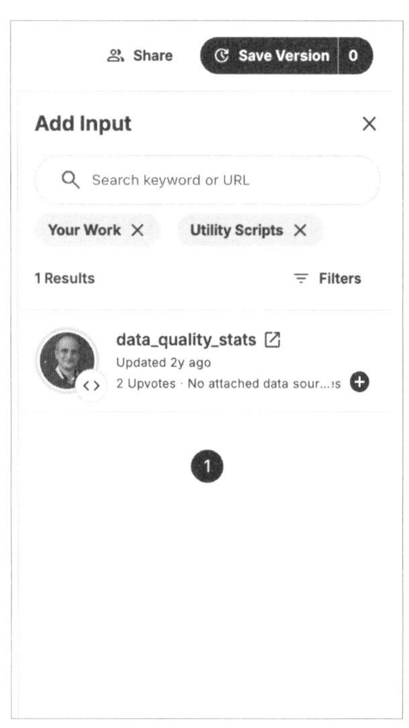

図 4-1：ノートブックにユーティリティスクリプトを追加

データを読み込んだ後、pub_df データフレームに missing_data() 関数を適用してみましょう。

```
pub_df = pd.read_csv("/kaggle/input/every-pub-in-england/open_pubs.csv")

missing_data(pub_df)
```

結果は図 4-2 のようになります。

	fas_id	name	address	postcode	easting	northing	latitude	longitude	local_authority
Total	0	0	0	0	0	0	0	0	2
Percent	0.0	0.0	0.0	0.0	0.0	0.0	0.0	0.0	0.003879
Types	int64	object	object	object	int64	float64	object	object	object

図 4-2：Every Pub in England データセットの欠損値

local_authority（自治体）に欠損値が 2 つあることがわかります。欠損値はそれだけのようですが、隠されていることがあるので注意が必要です。たとえば、何らかの規約に従って（正の NULL 値を表すために "-1" を使い、カテゴリ値の場合は "NA" を使うなど）欠損値が特定の値に置き換えられていることがあります。

pub_df データフレームに most_frequent_values() 関数を適用して最頻値を出力した結果は図4-3のようになります。

	fas_id	name	address	postcode	easting	northing	latitude	longitude	local_authority
Total	51566	51566	51566	51566	51566	51566	51566	51566	51564
Most frequent item	24	The Red Lion	Lancaster University, Bailrigg Lane, Lancaster...	L2 6RE	622675	-5527598.0	\N	\N	County Durham
Frequence	1	193	8	10	70	70	70	70	679
Percent from total	0.002	0.374	0.016	0.019	0.136	0.136	0.136	0.136	1.317

図4-3：Every Pub in England データセットの最頻値

最頻値を見てみると、latitude（緯度）と longitude（経度）の両方に \N の値を持つ要素が70個あることがわかります。興味深いことに、easting（東距）と northing（北距）にも最頻値が70個あります。東距と北距は地理直交座標であり、東距は東に向かって計測された距離を表し、北距は北に向かって計測された距離を表します。**ユニバーサル横メルカトル**（UTM）座標系では、北距は赤道からの距離を表し、東距はゾーンの中央子午線からの距離に偽東距（false easting）を加えた値を表します。偽東距とは、東向きの座標をすべて正の値にするために、UTM座標系の各ゾーンの中央子午線（経線）を基準として人工的に加えられる定数のことです。また、パブの名前で最も多いのが The Red Lion であることと、Lancaster University に8軒のパブがあることもわかります。

pub_df データフレームに unique_values() 関数を適用した結果は図4-4のようになります。

	fas_id	name	address	postcode	easting	northing	latitude	longitude	local_authority
Total	51566	51566	51566	51566	51566	51566	51566	51566	51564
Uniques	51566	35636	50162	46625	43172	43945	46655	46735	376

図4-4：Every Pub in England データセットの一意な値

address（住所）のほうが postcode（郵便番号）よりも一意な値の数が多い（同じ郵便番号の住所が複数ある）ことと、latitude と longitude のほうが postcode よりも一意な値の数が多いことがわかります。local_authority の総数は376です。また、name（店名）のほうが address よりも一意な値の数が少ないこともわかります（パブの名前として人気のあるものがいくつかあるのでしょう）。

local_authority の2つの欠損値をもう少し調べてみましょう。ここに欠損値が2つしかないというのは奇妙であり、想定外です。また、latitude と longitude にもそれぞれ70個の欠損値があり、それらの値として \N が設定されていることもわかっています。では、local_authority に欠損値が含まれている行を見てみましょう（図4-5）。

	fas_id	name	address	postcode	easting	northing	latitude	longitude	local_authority
768	7499	J D Wetherspoon \"The Star\",\"105 High Street,...	EN11 8TN	537293	208856	51.761556	-0.012036	Broxbourne	NaN
43212	412676	\"Rory's Bar\",\"57 Market Place, Malton, North...	YO17 7LX	478582	471715	54.135281	-0.798783	Ryedale	NaN

図 4-5：自治体情報が欠損している行

4

この情報が欠損している原因は、CSVファイルを読み取るためにpandasが使っているパーサーにあるようです。どうやら、\",\" というシーケンスを検出したときに、コンマ区切りを識別できなかったようです。この2行に関しては、name と address が1つにマージされ、各列が1つずつ左にずれてしまったため、address から local_authority までの列がすべて壊れてしまっています。

この問題に対処する方法は2つあります。

- 1つの方法は、区切り文字のリストをパーサーに渡してみることです。この場合、区切り文字はコンマだけなので、少しやっかいです。また、複数文字の区切り文字を使う場合は、別のエンジン（Python）に切り替える必要があります。というのも、デフォルトのエンジンは複数文字の区切り文字に対応していないからです。
- 2つ目の（推奨される）方法は、問題が見つかった2つの行を修正する小さなコードを書くことです。

2つの行の問題を修正するコードは次のようになります。2つの行のインデックス（図4-5の1列目で確認できます）を使って、それらの行だけを修正します※3。

```
columns = ['local_authority', 'longitude', 'latitude', 'northing',
           'easting', 'postcode', 'address']
# 行インデックスを使用して行を検索
    for index in [768, 43212]:
        for idx in range(len(columns) - 1):
            # at を使って、変更がデータフレームのコピーではなく
            # 実際のデータフレームに対して行われるようにする
            pub_df.at[index, columns[idx]] = pub_df.loc[index][columns[idx + 1]]

    # 壊れた名前を分割し、名前と住所を割り当てる
    name_and_addresse = pub_df.loc[index]['name'].split("\",\"")
    pub_df.at[index, 'name'] = name_and_addresse[0]
    pub_df.at[index, 'address'] = name_and_addresse[1]
```

※3　［訳注］`FutureWarning: Setting an item of incompatible dtype is deprecated...` が表示されることがあるが、動作に支障はない。気になる場合は、以下のコードを追加すると表示されなくなる。

```
import warnings
warnings.simplefilter('ignore', FutureWarning)
```

この修正により、名前と住所が分割されて正しい列に割り当てられ、address以降の列が右にシフトされたことがわかります（図4-6）。

	fas_id	name	address	postcode	easting	northing	latitude	longitude	local_authority
768	7499	J D Wetherspoon \"The Star\	105 High Street, Hoddesdon, Hertfordshire	EN11 8TN	537293	208856.0	51.761556	-0.012036	Broxbourne
43212	412676	\"Rory's Bar\	57 Market Place, Malton, North Yorkshire	YO17 7LX	478582	471715.0	54.135281	-0.798783	Ryedale

図4-6：修正後はlocal_authorityに値が設定されている

もう一度チェックしてみると、欠損値は他にないように見えます。実際には、緯度と経度に欠損値が70個あることがすでにわかっています。単に、それらの欠損値が`\N`で示されているだけです。この値を持つlatitude列またはlongitude列と、両方の列に同じ`\N`の値を含んでいる行を別々にチェックした限りでは、この異常が見られる行は合計で70行であると結論付けることができます。同じ行のnorthingとeastingには一意な値が含まれており、これらの値は正しくありません。

結果として、eastingとnorthingからそれらの緯度と経度を再構築することはできません。これらの行でpostcode、local_authorityを調べてみると、複数の自治体の複数の住所が存在することがわかります。この70行には、65種類の郵便番号が含まれています。郵便番号はわかっているので、郵便番号から経度を再構築できるはずです。

そこで、この分析にOpen Postcode Geoデータセット（参考資料[4]）を追加することにします。このデータセットは、250万以上の行と、郵便番号、緯度、経度を含めた多くの列で構成されています。Open Postcode GeoデータセットのCSVファイルを読み取り、postcode、country、latitude、longitudeの4つの列だけを選択します。そして、Every Pub in Englandデータセットのターゲットである70の行の郵便番号をリストアップし、Open Postcode Geoデータセットの行のうち、郵便番号がこのリストに含まれていない行を取り除きます。地理データが欠損している70行のlatitudeとlongitudeの値は`None`に設定しておきます。

```
post_code_df = pd.read_csv("/kaggle/input/open-postcode-geo/open_postcode_geo.csv",
                           header=None, low_memory=False)

post_code_df = post_code_df[[0, 6, 7, 8]]
post_code_df.columns = ['postcode', 'country', 'latitude', 'longitude']

post_code_df = post_code_df.loc[post_code_df.postcode.isin(selected_postcodes)]
```

結果として得られた２つのデータセット（`pub_df`と`post_code_df`）をマージし、「左側の」列のlatitudeとlongitudeの欠損値を、「右側の」列の値で埋めます。

```
pub_df = pub_df.merge(post_code_df, on="postcode", how="left")

pub_df['latitude'] = pub_df['latitude_x'].fillna(pub_df['latitude_y'])
pub_df['longitude'] = pub_df['longitude_x'].fillna(pub_df['longitude_y'])

pub_df = pub_df.drop(
    ["country", "latitude_x", "latitude_y", "longitude_x", "longitude_y"], axis=1)
```


これで、ターゲット行の欠損値が緯度と経度の有効な値で置き換えられました。Open Postcode Geo のデータで補完した後のデータセットは図 4-7 のようになります。

	fas_id	name	address	postcode	easting	northing	local_authority	latitude	longitude
0	24	Anchor Inn	Upper Street, Stratford St Mary, COLCHESTER, E...	CO7 6LW	604748	234405.0	Babergh	51.97039	0.979328
1	30	Angel Inn	Egremont Street, Glemsford, SUDBURY, Suffolk	CO10 7SA	582888	247368.0	Babergh	52.094427	0.668408
2	63	Black Boy Hotel	7 Market Hill, SUDBURY, Suffolk	CO10 2EA	587356	241327.0	Babergh	52.038683	0.730226
3	64	Black Horse	Lower Street, Stratford St Mary, COLCHESTER, E...	CO7 6JS	604270	233920.0	Babergh	51.966211	0.972091
4	65	Black Lion	Lion Road, Glemsford, SUDBURY, Suffolk	CO10 7RF	582750	248298.0	Babergh	52.102815	0.666893

図 4-7：補完後の Every Pub in England データセット

補完が完了したところで、次はデータ探索を行うことにします。

4.1.2 データ探索

まず、それぞれのパブの名前と自治体の頻度を調べてみましょう。この情報を可視化するために、ここでは前章で開発したカラーマップ関数とプロット関数を再利用します。そこで、`plot_style_utils` というユーティリティスクリプトを作成しました。このユーティリティスクリプトを、`data_quality_stats` ユーティリティスクリプトと同じようにインポートします※4。

```
from plot_style_utils import set_color_map, plot_count, show_wordcloud
```

また、可視化で使うカラーマップを設定しておきます。

※4 [訳注] 参考資料[2]では、このユーティリティスクリプトをインポートするのではなく、ユーティリティ関数をローカルで定義している。`plot_style_utils` ユーティリティスクリプトのコードは、本書の GitHub リポジトリの `Chapter-04/plot-style-utils.py` に含まれているが、本章の説明と少し内容が異なるため、Gabriel Preda が公開している `plot-style-utils` ユーティリティスクリプトを使ったほうがよいかもしれない。ただし、Preda のユーティリティスクリプトでは、`plot_count()` 関数のパラメータが異なっており、追加の引数として `color_list=color_list, limit=10` を渡す必要がある。なお、検証では、Preda のユーティリティスクリプトの `plot_count()` 関数を使っており、棒グラフの軸ラベルを回転させるために、`plt.xticks(rotation=90, size=8)` を `plt.xticks(rotation=45, size=10)` に変更した。また、`show_wordcloud()` 関数についても、`show_wordcloud(data, cmap_custom=cmap_custom)` のように、カラーマップを明示的に渡している。

```
color_list = [
    '#ADDC30', '#5EC962','#21918C', '#2c728e', '#3b528b', '#472d7b', '#893584']
cmap_custom = set_color_map(color_list)
```

続いて、郡と市(address にコンマが 3 つ以上含まれている場合)を抽出し、これらの単語の頻度を分析します。市を抽出するコードは次のようになります。

```
def get_city(text):
    try:
        split_text = text.split(",")
        if len(split_text) > 3:
            return split_text[-2]
    except:
        return None

pub_df["address_city"] = pub_df["address"].apply(lambda x: get_city(x))
```

図 4-8 は、local_authority をパブの件数が多いものから順に 10 個プロットしたものです。

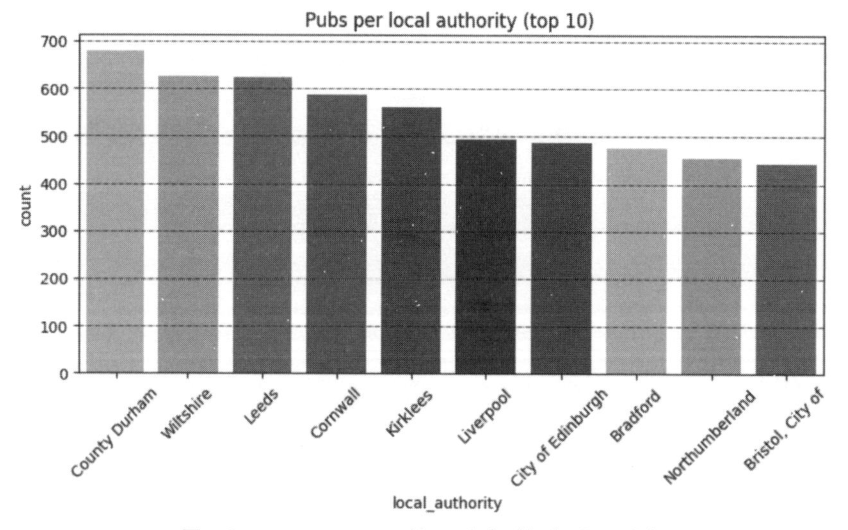

図 4-8:local_authority ごとのパブの数(上位 10 個)

図 4-9 は、郡をパブの件数が多いものから順に 10 個プロットしたものです。郡を抽出するには、address の値からコンマの後ろにある最後の部分文字列を取り出します。なお、ロンドンのように、郡ではなく大都市の名前が含まれていることがあります。

また、図 4-10 は、パブの名前と住所を表す単語の分布を示しています。

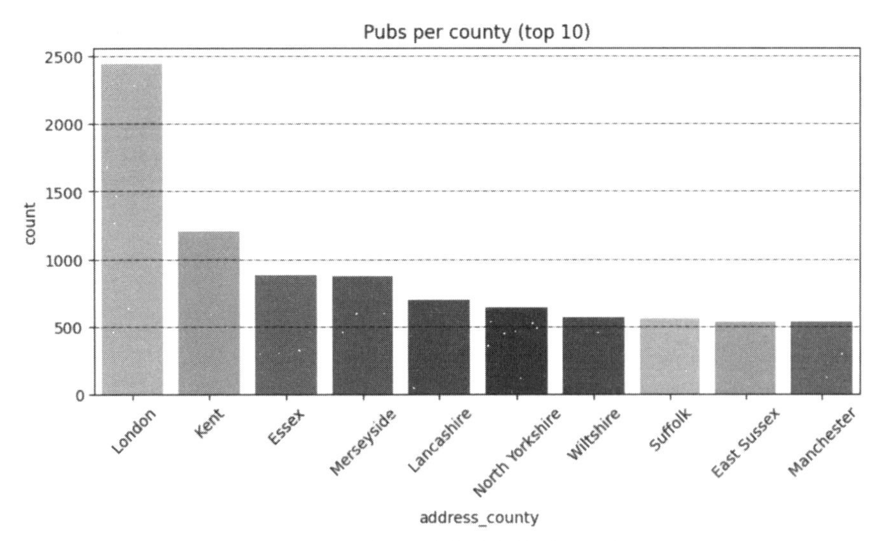

図 4-9：郡ごとのパブの数（上位 10 個）

図 4-10：パブの名前（左）と住所（右）のワードクラウド

パブの地理的位置はわかっているため、この情報を可視化してみましょう。パブの位置は、Pythonの folium ライブラリと folium の `MarkerCluster` プラグインを使って表すことができます。folium は地理的に分散している情報を表示するのに最適であり、Leaflet.js ライブラリの最もよく使われるプラグインをいくつか組み込んでいます。

イギリスの地図を表示するコードは次のようになります。

```
import folium
from folium.plugins import MarkerCluster, HeatMap

uk_coords = [55, -3]
# イギリスの地図を生成
uk_map = folium.Map(location=uk_coords, zoom_start=6)
# 地図を表示
uk_map
```

図 4-11 は、イギリス諸島の OpenStreetMap ベースの folium/Leaflet マップを示しています。パブ情報レイヤはまだ追加されていない状態です。

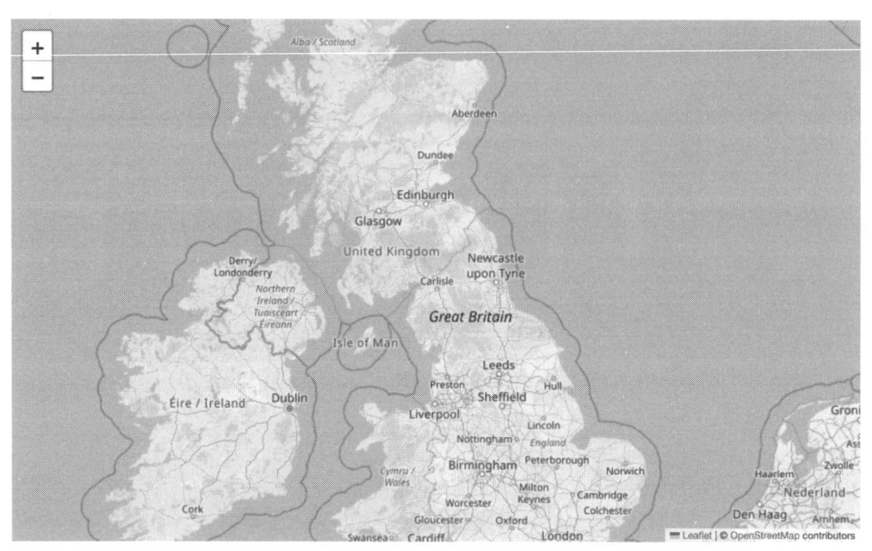

図 4-11：パブ情報レイヤが追加されていないイギリス諸島のマップ

パブ情報レイヤ（マーカー）を追加するコードは次のようになります（なお、folium のマップレイヤを初期化するコードは含まれていません）。

```
# pub_df から latitude か longitude に欠損値が含まれている行を取り除く
pub_map_df = pub_df.loc[(~pub_df.latitude.isna()) & (~pub_df.longitude.isna())]

locations_data = np.array(pub_map_df[["latitude", "longitude"]].astype(float))
marker_cluster = MarkerCluster(locations=locations_data)
marker_cluster.add_to(uk_map)
uk_map
```

`MarkerCluster` では、地図情報のマーカー以外にもポップアップ情報やカスタムアイコンを追加することができます。

図 4-12 は、`MarkerCluster` プラグインを使ってパブ情報レイヤを追加したイギリス諸島のマップを示しています。このプラグインを使うと、マーカーがウィジェットによって動的に置き換えられます。これらのウィジェットには、特定のエリアのマーカーの数が表示されます。特定のエリアを拡大すると、`MarkerCluster` の表示が動的に変化し、マーカーの分布がより詳細に表示されます。

>> ii ページにカラーで掲載

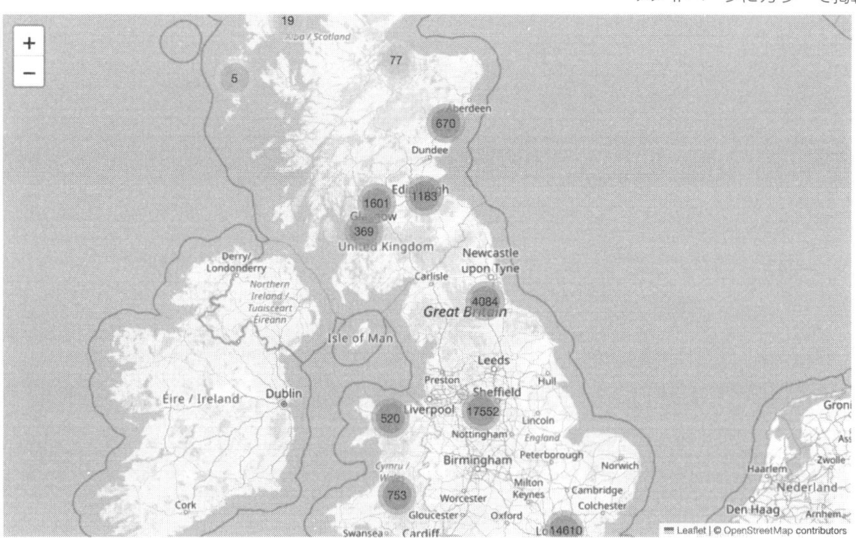

図 4-12：パブ情報レイヤが追加されたイギリス諸島のマップ

図 4-13 は、図 4-12 のマップを拡大したものです。イギリス本土の南部地域が拡大されています。

>> ii ページにカラーで掲載

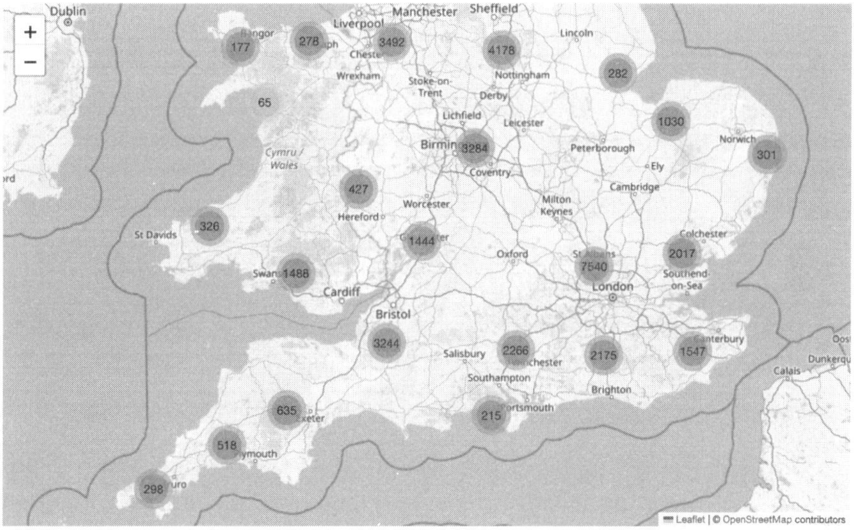

図 4-13：パブ情報レイヤが追加されたイギリス諸島のマップでロンドン一帯を含む南部地域を拡大

図 4-14 はロンドンとその周辺を拡大したものです。地図を拡大すると、クラスタが小さなグループに分割され、個々のマーカーとして表示されます。

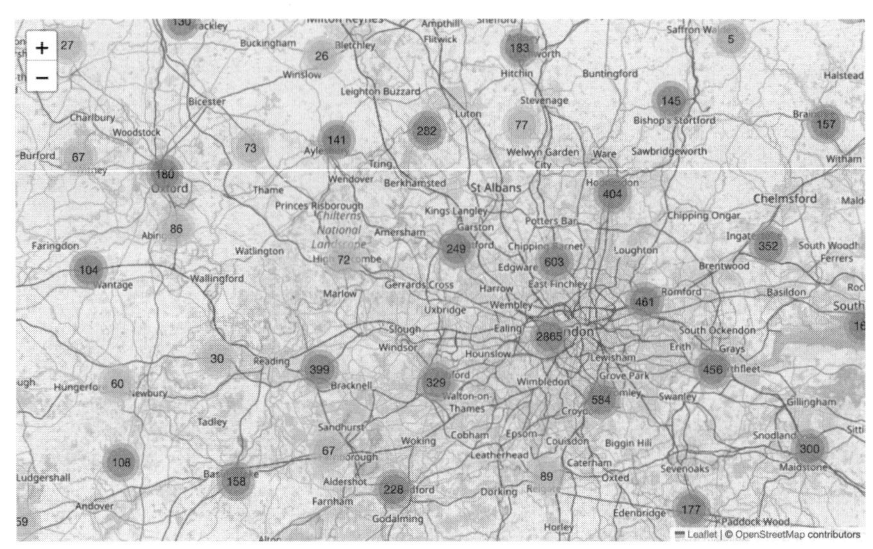

図 4-14：ロンドンとその周辺を拡大

パブの密集度を可視化するもう１つの方法は、ヒートマップを使うことです。ヒートマップは分布密度を色調で表すため、データの空間分布を非常によく理解できます。ヒートマップはデータ点の密度を連続的に示すのに便利であり、さまざまな場所の密度を評価するのが容易になります。ヒートマップは補間テクニックを使ってデータ点を次のデータ点へスムーズに遷移させるため、より視覚に訴える方法でデータ分布を表現できます。図 4-15 は、グレートブリテン島（左）とその南西端（右）でのパブの分布をヒートマップ化したものです。

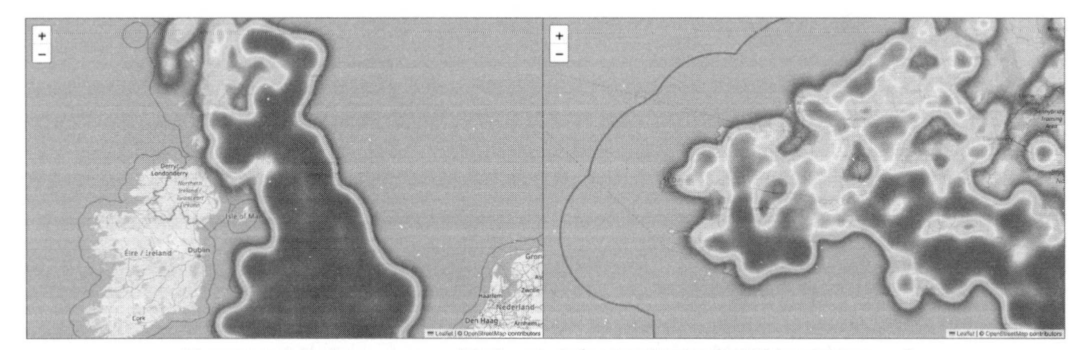

図 4-15：folium とヒートマップを使ってパブがある場所の密度分布を表すマップ

北アイルランドのパブが含まれていないことに注目してください。北アイルランドはグレートブリテン島の一部ではないため、パブデータの収集から除外されています。

パブデータの空間分布を表すもう 1 つの方法は、パブの位置に関連付けられたボロノイポリゴン（ボロノイ図）を使うことです。**ボロノイポリゴン**（Voronoi polygon）は、**ドロネー三角分割**（Delaunay tessellation）の双対グラフを表します。では、ボロノイポリゴンとドロネー三角分割という 2 つの概念について説明しましょう。

平面上に点が分布している場合は、ドロネー三角分割を使って、この点の集合に対して三角形のタイリングを生成できます。このグラフはドロネーグラフと呼ばれる三角形の集合であり、そのエッジ（辺）はすべての点を（交差することなく）結んでいます。ドロネーグラフのエッジに対して垂直二等分線を描くと、それらの新しい線分の交差からネットワークが生成され、そのネットワークがボロノイポリゴンメッシュを形成します。図 4-16 は、点の集合とそれらの点に関連付けられたボロノイ図を示しています。

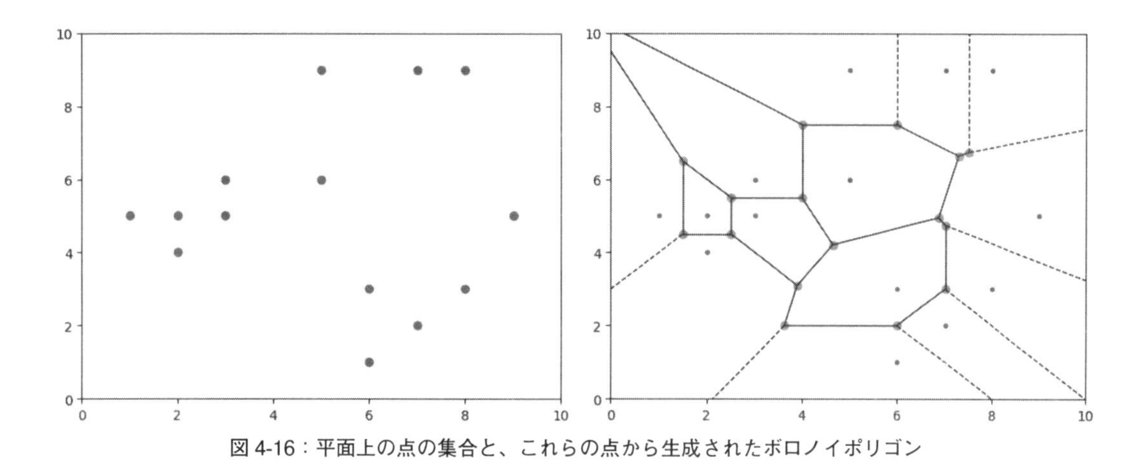

図 4-16：平面上の点の集合と、これらの点から生成されたボロノイポリゴン

このボロノイポリゴングラフには、興味深い性質があります。ボロノイポリゴン内の点はどれも、他のどの隣接ポリゴンの重心よりも、そのポリゴンの重心（元のグラフの頂点の 1 つ）の近くにあります。したがって、パブの地理的位置に基づいて描画されるボロノイポリゴンは、パブの密集度を正確に表すはずです。また、特定のパブが「カバーしている」エリアもかなり正確に表されます。ボロノイポリゴンで形成されたボロノイ図を使って、各パブがカバーしている仮想上のエリアを明らかにしてみましょう。

まず、`scipy.spatial` モジュールの `Voronoi` クラス（参考資料 [9]）を使ってボロノイポリゴンを抽出します。

```
from scipy.spatial import Voronoi, voronoi_plot_2d

data_voronoi = [[x[1], x[0]] for x in locations_data]
pub_voronoi = Voronoi(data_voronoi)
```

パブに関連するボロノイポリゴン（pub_voronoi）は、voronoi_plot_2d() 関数を使って表すことができます（図 4-17）。ただし、このグラフには問題がいくつかあります。まず、見分けるのが非常に難しいポリゴンがいくつもあります。そのため、パブの位置（グラフ内の点）がほとんど判別できません。もう 1 つの問題は、国境上のポリゴンが領土と一致しないという、好ましくないプロットが生成されることです。そうしたプロットからは、イギリスの領土内にある特定のパブが「カバーしている」実際のエリアに関する情報は得られません。こうしたグラフの問題点については、一連の変換を使って解決することにします。

ボロノイポリゴンの画像を作成するコードは次のようになります。

```
fig = voronoi_plot_2d(pub_voronoi, show_vertices=False)
plt.xlim([-8, 3])
plt.ylim([49, 60])
plt.show()
```

>> iii ページにカラーで掲載

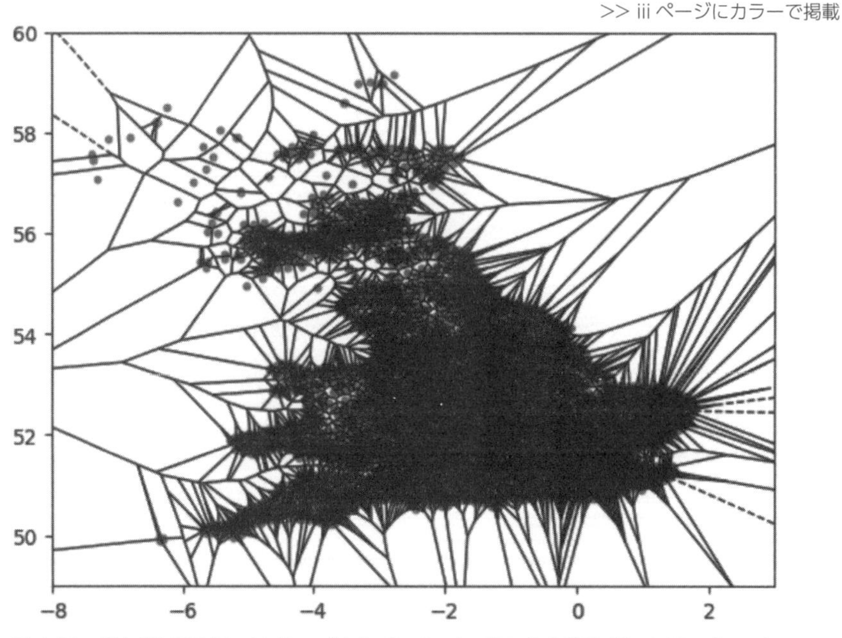

図 4-17：領土外に広がる（クリップされていない）ボロノイポリゴンの 2D プロット

各ポリゴンが「カバーしている」地理的なエリアがイギリスの領土内に収まるようにしたい場合は、パブの位置から生成されるボロノイポリゴンを、領土の境界を表すポリゴンでクリップする（切り取る）必要があります。

ありがたいことに、Kaggleでは、さまざまな国のシェープファイルデータのファイルフォーマットを利用できます。そこで、**GADM Data for UK**データセット（参考資料[5]）からイギリス（UK）のESRIシェープファイルデータをインポートします。このデータセットには、領土全体の外部境界（レベル0）から国レベル（レベル1）、州レベル（レベル2）まで、徐々に詳細度が高くなるシェープファイルデータが含まれています。シェープファイルの読み込みに利用できるライブラリはいくつかありますが、今回はGeoPandasライブラリを使うことにしました。このライブラリには、ここでの変換に役立つ機能がいろいろ含まれています。このライブラリを選択する利点の1つは、pandasライブラリの使いやすさや多機能性はそのままで、地理空間データの操作と可視化の機能が追加されることです。徐々に分解能が高くなる領土情報が含まれたファイルを読み込んでみましょう。


```
import geopandas as gpd

uk_all = gpd.read_file("/kaggle/input/gadm-data-for-uk/GBR_adm0.shp")
uk_countries = gpd.read_file("/kaggle/input/gadm-data-for-uk/GBR_adm1.shp")
uk_counties = gpd.read_file("/kaggle/input/gadm-data-for-uk/GBR_adm2.shp")
```

シェープファイルのデータはGeoPandasの`read_file()`関数を使って読み込みます。この関数は、`GeoDataFrame`オブジェクトを返します。`GeoDataFrame`は、pandasの`DataFrame`オブジェクトを地理空間データで拡張したものです。`DataFrame`の一般的な列が整数、浮動小数点数、テキスト、日付の列だとすれば、`GeoDataFrame`には、地理空間領域の表現に関連するポリゴンなど、空間分析に特化したデータを持つ列も含まれています。

この地理空間データをボロノイポリゴンのクリッピングに使う前に、どんなデータなのか調べておくと今後の理解の助けになります。分解能の異なる3つのデータを可視化してみましょう（図4-18）。これには、各`GeoDataFrame`オブジェクトの`plot()`メソッドを使うことができます。

```
fig, ax = plt.subplots(1, 3, figsize=(15, 6))
uk_all.plot(ax=ax[0], color=color_list[2], edgecolor=color_list[6])
uk_countries.plot(ax=ax[1], color=color_list[1], edgecolor=color_list[6])
uk_counties.plot(ax=ax[2], color=color_list[0], edgecolor=color_list[6])
plt.suptitle("United Kingdom territory (all, countries and counties level)")
for axis in ax:
    axis.set_xlim(-10, 2.5)
plt.show()
```

>> iii ページにカラーで掲載

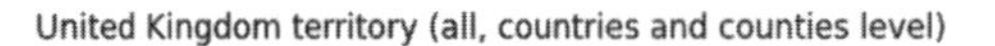

図 4-18：イギリス全域（左）、国レベル（中央）、州レベル（右）のシェープファイルデータ

パブが存在するのはイングランド、スコットランド、ウェールズだけで、北アイルランドのデータは存在しないことはすでにわかっています。イギリスレベルのデータを使ってパブのボロノイポリゴンをクリップした場合、イングランド西海岸とウェールズのパブを含んでいるボロノイポリゴンが北アイルランドの領土にまではみ出してしまい、望ましくないプロットが作成されるかもしれません。この問題を回避するために、データを次のように処理します。

- 国レベルのシェープファイルから、イングランド、スコットランド、ウェールズのデータだけを抽出する。
- GeoPandas の `dissolve()` メソッドを使って、イングランド、スコットランド、ウェールズのポリゴンデータをマージする。

```
uk_countries_selected = uk_countries.loc[
    ~uk_countries.NAME_1.isin(["Northern Ireland"])]

uk_countries_dissolved = uk_countries_selected.dissolve()

fig, ax = plt.subplots(1, 1, figsize=(6, 6))
uk_countries_dissolved.plot(ax=ax, color=color_list[1], edgecolor=color_list[6])
plt.suptitle("Great Britain territory (without Northern Ireland)")
plt.xlim([-10, 2.5])
plt.show()
```

結果は図 4-19 のようになります。

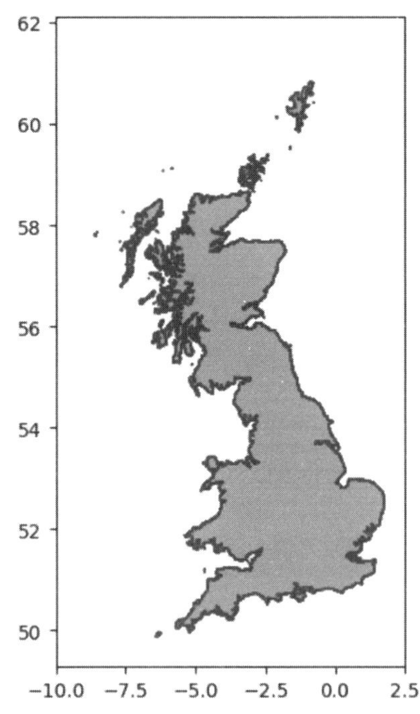

図 4-19：北アイルランドを除外し、dissolve() を使ってポリゴンをマージした後のイングランド、スコットランド、ウェールズのシェープファイルデータ

これで、イングランド、スコットランド、ウェールズのボロノイポリゴン用の適切なクリッピングポリゴンの準備ができました。ポリゴンをクリップする前に、ボロノイオブジェクトからポリゴンを抽出する必要があります。そのためのコードは次のようになります。

```
from shapely.geometry import Polygon, Point

def extract_voronoi_polygon_list(voronoi_polygons):
    voronoi_poly_list = []
    for region in voronoi_polygons.regions:
        if -1 in region:
            continue
        else:
            pass
        if len(region) != 0:
            voronoi_poly_region = Polygon(voronoi_polygons.vertices[region])
            voronoi_poly_list.append(voronoi_poly_region)
        else:
            continue
    return voronoi_poly_list

voronoi_poly_list = extract_voronoi_polygon_list(pub_voronoi)
```

クリッピングを実行するために必要なものはこれですべて揃いました。まず、ボロノイポリゴンのリストを、クリッピングに使う`uk_countries_dissolved`オブジェクトと同じような`GeoDataFrame`オブジェクトに変換します。ポリゴンをクリップするのは、ポリゴンを描画するときに国境を越えないようにするためです。クリッピングをエラーなく正しく実行するには、クリッピングオブジェクトと同じ投影法を使わなければなりません。そこで、`GeoDataFrame`の`clip()`メソッドを使うことにします。この処理は時間とCPUを大量に消費します。Kaggleのインフラでは、リストに含まれている45,000個のポリゴンを処理するのに全体で35分ほどかかります（CPUを使う場合）。

```
voronoi_polygons = gpd.GeoDataFrame(voronoi_poly_list, columns=['geometry'],
                                    crs=uk_countries_dissolved.crs)

start_time = time.time()
voronoi_polys_clipped = gpd.clip(voronoi_polygons, uk_countries_dissolved)
end_time = time.time()
print(f"Total time: {round(end_time - start_time, 4)} sec.")
```

クリップ後のポリゴン全体をプロットしてみましょう。

```
fig, ax = plt.subplots(1, 1, figsize=(20, 20))
plt.style.use('bmh')
uk_all.plot(ax=ax, color='none', edgecolor='dimgray')
voronoi_polys_clipped.plot(
    ax=ax, cmap=cmap_custom, edgecolor='black', linewidth=0.25)
plt.title("All pubs in England - Voronoi polygons with each pub area")
plt.xlim([-10, 2.5])
plt.show()
```

結果は図4-20のようになります。パブの密集度が高い（ポリゴンが小さい）エリアと、2つのパブがかなり離れているエリア（スコットランドの特定の地域など）があることがわかります。

パブの空間分布を示すもう1つの方法は、自治体レベルでデータを集約し、その自治体の地理空間の中心を基準としてボロノイポリゴンを構築することです。新しいボロノイポリゴンの中心点は、各自治体のパブの平均緯度／経度座標を使って計算します。この方法で得られるボロノイポリゴンメッシュは、自治体の空間的な境界を再現するわけではありませんが、パブの相対的な空間分布を高い精度で表現することができます。そして、結果として得られるボロノイポリゴンセットを、以前と同じクリッピングポリゴンを使ってクリップします。もう少し正確に言うと、クリッピングポリゴンを使う前は、国レベルのシェープファイルデータをマージすることで境界線を取得していました。エリアごとのパブの密集度は、グラデーションカラーマップを使って表すことができます。このメッシュを作成して可視化するコードを見てみましょう。

>> iv ページにカラーで掲載

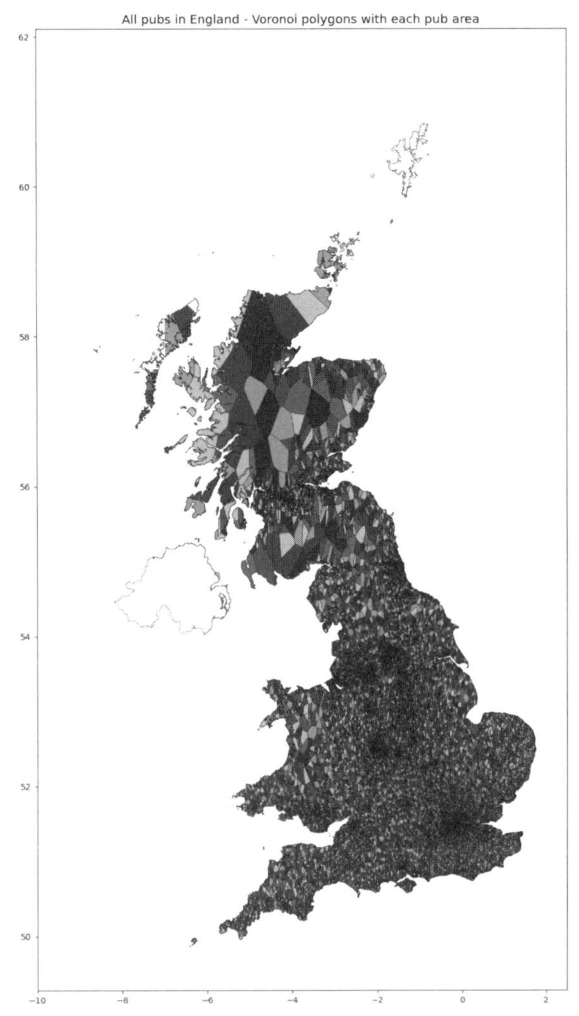

図 4-20：パブの地理空間分布のボロノイポリゴン（イングランド、ウェールズ、スコットランドの国レベルのマージデータを使ってクリップされている）

まず、パブの位置の平均緯度／経度が含まれたデータセットを自治体ごとに作成します。

```
pub_df["latitude"] = pub_df["latitude"].apply(lambda x: float(x))
pub_df["longitude"] = pub_df["longitude"].apply(lambda x: float(x))

pubs_df = pub_df.groupby(["local_authority"])["name"].count().reset_index()
pubs_df.columns = ["local_authority", "pubs"]

lat_df = pub_df.groupby(["local_authority"])["latitude"].mean().reset_index()
lat_df.columns = ["local_authority", "latitude"]
```

```
long_df = pub_df.groupby(["local_authority"])["longitude"].mean().reset_index()
long_df.columns = ["local_authority", "longitude"]

pubs_df = pubs_df.merge(lat_df)
pubs_df = pubs_df.merge(long_df)
```

次に、この分布に関連するボロノイポリゴンを計算します。

```
mean_loc_data = np.array(pubs_df[["longitude", "latitude"]].astype(float))
pub_mean_voronoi = Voronoi(mean_loc_data)

mean_pub_poly_list = extract_voronoi_polygon_list(pub_mean_voronoi)
mean_voronoi_polygons = gpd.GeoDataFrame(mean_pub_poly_list, columns=['geometry'],
                                         crs=uk_countries_dissolved.crs)
```

結果として得られたポリゴンを、先ほどクリッピングに使ったのと同じポリゴン（イングランド、ウェールズ、スコットランドのシェープファイルを選択し、1つのシェープファイルにマージしたもの）でクリップします。

```
mean_voronoi_polys_clipped = gpd.clip(mean_voronoi_polygons, uk_countries_dissolved)
```

自治体レベルで集約されたパブの地理空間分布に基づいてボロノイポリゴンをプロットするコードは次のようになります（ボロノイポリゴンの中心は、自治体のすべてのパブの平均緯度／経度座標です）。ボロノイポリゴンは、国レベル（イングランド、スコットランド、ウェールズ）でマージされたデータを使ってクリップされています。地域ごとのパブリックの密集度は、緑のグラデーションで表します（図 4-21）。

```
fig, ax = plt.subplots(1, 1, figsize=(10,10))
plt.style.use('bmh')
uk_all.plot(ax=ax, color='none', edgecolor='dimgray')
mean_voronoi_polys_clipped.plot(ax=ax, cmap="Greens_r")
plt.title("All pubs in England\nPubs density per local authority\nVoronoi " \
          "polygons for mean of pubs positions")
plt.xlim([-10, 2.5])
plt.show()
```

ここでは、パブの地理的分布を可視化するためにボロノイポリゴンを使いました。図 4-20 では、ポリゴンをそれぞれ異なる色で表示しました。ボロノイポリゴン内の各点は隣接する他のポリゴンの中心よりもそのポリゴンの中心の近くにあるため、ポリゴンはそれぞれそのポリゴンの中心に位置するパブがカバーしているエリアとほぼ等しくなります。図 4-21 では、各自治体内のパブの分布の幾何学的中心を基準としてボロノイポリゴンを構築し、緑のグラデーションを使って自治体ごとの相対的なパブの密集度を表しています。こうしたオリジナルの可視化テクニックにより、パブの空間分布をより直観的に表現できたことがわかります。

>> v ページにカラーで掲載

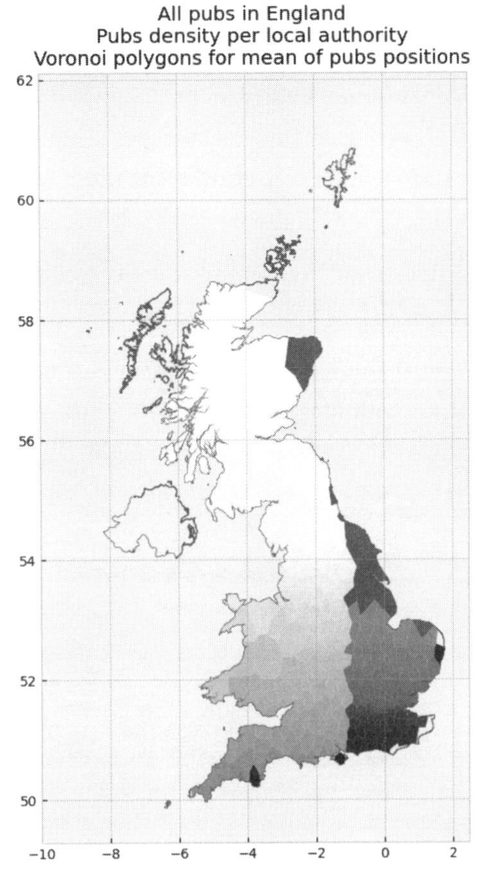

図 4-21：自治体ごとのパブの密集度を緑の濃淡で表すボロノイポリゴン

次節では、Every Pub in England データセットと Starbucks Locations Worldwide データセットのデータを組み合わせて、引き続きこのデータを調査します。2つのデータセットの情報を組み合わせ、ボロノイポリゴンの面積を使ってロンドンとその周辺にあるパブとスターバックスの相対距離を評価します。

パブとスターバックスに対して生成されたボロノイポリゴンを操作することで、パブとスターバックスの相対的な空間分布を分析し、たとえばスターバックスから最も近いパブグループを確認できるマップを生成します。ボロノイポリゴンの幾何学的な性質が、こうした調査に非常に役立つことがわかるでしょう。

以上のことを踏まえて、さっそくスターバックスデータセットを調べてみましょう。

4.2 世界中のスターバックス

Starbucks Locations Worldwide データセット（参考資料［3］）の分析は、**Starbucks Location Worldwide - Data Exploration** ノートブック（参考資料［6］）での詳細な探索的データ解析（EDA）から始まります。本節の説明を読みながら、このノートブックの内容を追ってみるとよいでしょう。このデータセットで使うツールは、`data_quality_stats` と `plot_style_utils` の２つのユーティリティスクリプトからインポートします。なお、**Starbucks Locations Worldwide** は Kaggle のデータセットであり、2017 年に収集されたものであることをお断りしておきます。

4.2.1 予備的なデータ分析

このデータセットは 25,600 行のデータで構成されており、わずかながら欠損値が含まれているフィールドがいくつかあります。**Latitude** と **Longitude** に欠損値が 1 つずつ含まれているほか、**Street Address** に 2 個、**City** に 15 個の欠損値があります。欠損値が最も多いのは、**Postcode**（5.9%）と **Phone Number**（26.8%）です。図 4-22 はデータサンプルを示しています。

	Brand	Store Number	Store Name	Ownership Type	Street Address	City	State/Province	Country	Postcode	Phone Number	Timezone	Longitude	Latitude
0	Starbucks	47370-257954	Meritxell, 96	Licensed	Av. Meritxell, 96	Andorra la Vella	7	AD	AD500	376818720	GMT+1:00 Europe/Andorra	1.53	42.51
1	Starbucks	22331-212325	Ajman Drive Thru	Licensed	1 Street 69, Al Jarf	Ajman	AJ	AE	NaN	NaN	GMT+04:00 Asia/Dubai	55.47	25.42
2	Starbucks	47089-256771	Dana Mall	Licensed	Sheikh Khalifa Bin Zayed St.	Ajman	AJ	AE	NaN	NaN	GMT+04:00 Asia/Dubai	55.47	25.39
3	Starbucks	22126-218024	Twofour 54	Licensed	Al Salam Street	Abu Dhabi	AZ	AE	NaN	NaN	GMT+04:00 Asia/Dubai	54.38	24.48
4	Starbucks	17127-178586	Al Ain Tower	Licensed	Khaldiya Area, Abu Dhabi Island	Abu Dhabi	AZ	AE	NaN	NaN	GMT+04:00 Asia/Dubai	54.54	24.51

図 4-22：Starbucks Locations Worldwide データセットの最初の数行

最頻値のレポートを調べてみると、興味深いことがいくつかわかります（図 4-23）。

	Brand	Store Number	Store Name	Ownership Type	Street Address	City	State/Province	Country	Postcode	Phone Number	Timezone	Longitude	Latitude
Total	25600	25600	25600	25600	25598	25585	25600	25600	24078	18739	25600	25599	25599
Most frequent item	Starbucks	19773-160973	Starbucks	Company Owned	Circular Building #6, Guard Post 8	上海市	CA	US	0	773-686-6180	GMT-05:00 America/New_York	-73.98	40.76
Frequence	25249	2	224	11932	11	542	2821	13608	101	17	4889	76	81
Percent from total	98.629	0.008	0.875	46.609	0.043	2.118	11.02	53.156	0.419	0.091	19.098	0.297	0.316

図 4-23：Starbucks Locations Worldwide データセットの最頻値

予想していたように、スターバックスの店舗数が最も多い州は、アメリカのカリフォルニア州（CA）です。都市別では、店舗数が最も多いのは中国の上海です。また、同じ住所を持つ店舗が最大 11 件あります。さらに、タイムゾーン別では、店舗数が最も多いのはニューヨークタイムゾーンです。

4.2.2　単変量解析と二変量解析

このデータセットでは、スターバックスの色をブレンドしたカラーマップを選択しました。このカラーマップは、スターバックスカラーである緑と、スターバックスが顧客に提供している高品質な焙煎コーヒーの色を思わせるさまざまな色合いの茶色で構成されています（図 4-24）。

>> v ページにカラーで掲載

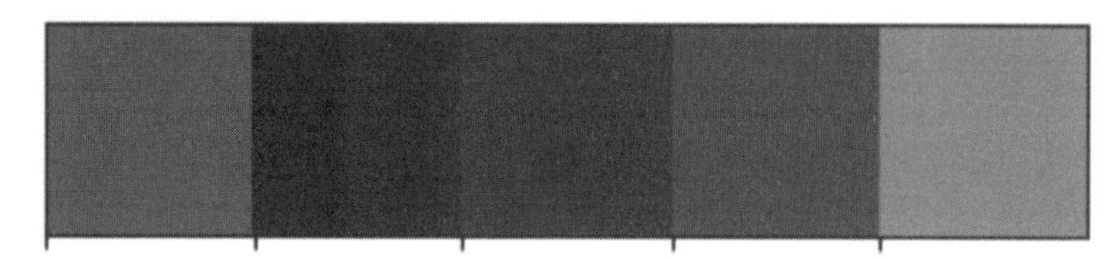

図 4-24：スターバックスカラーと焙煎コーヒーの色合いをブレンドしたカラーマップ

単変量解析のグラフには、このカラーマップを使います。図 4-25 は、国コード別の店舗の分布を示しています。ほとんどのスターバックスはアメリカにあり、その数は 13,000 店を超えています。中国、カナダ、日本がその後に続いています。

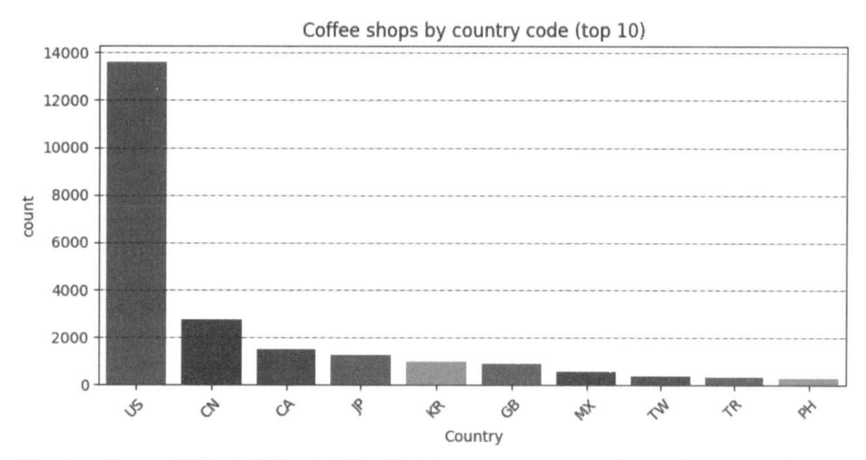

図 4-25：国コード別の店舗数 - 店舗数が最も多いのはアメリカ、次いで中国、カナダ、日本

州／省／県コード別の分布を調べてみると、1位はカリフォルニア州で、25,000店以上あります（図4-26）。2位はテキサス州で1,000店以上、3位はイングランドで1,000店未満です。

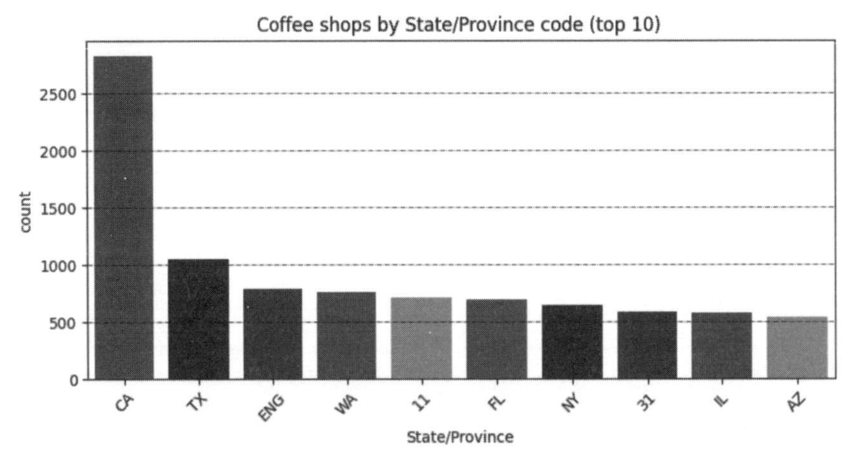

図4-26：州／省／県コード別の店舗数 - 店舗数が最も多いのはカリフォルニア（CA）、次いでテキサス（TX）

タイムゾーン別の分布を見ると、店舗数が最も多いのはアメリカ東海岸タイムゾーン（ニューヨークタイムゾーン）であることがわかります（図4-27）。さらに、店舗の約5分の1がニューヨーク（アメリカ東海岸）タイムゾーンにあることもわかります※5。

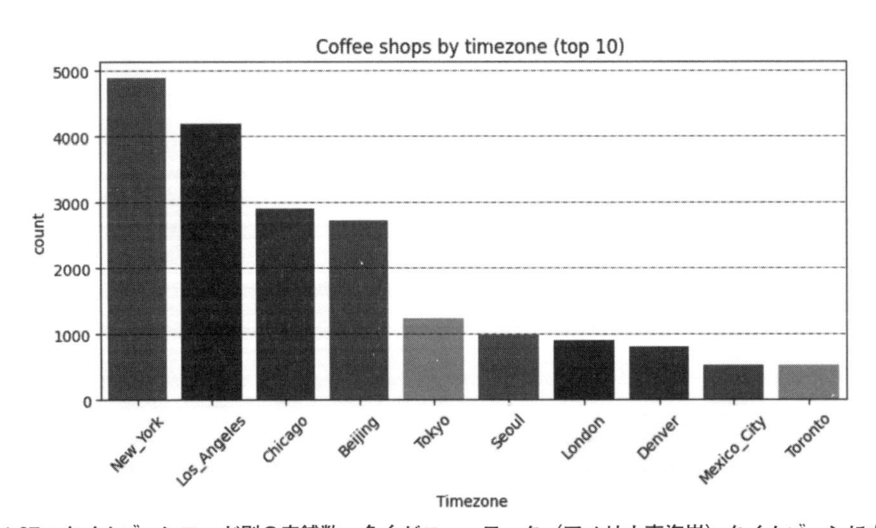

図4-27：タイムゾーンコード別の店舗数。多くがニューヨーク（アメリカ東海岸）タイムゾーンにある

※5　［訳注］タイムゾーン文字列が長すぎて次の列にはみ出してしまうため、図4-27では、ラベルとして都市名部分だけを使っている。

図 4-28 は、スターバックスの事業形態を示しています。店舗のほとんどが直営店（Company Owned：12,000 店）であり、次いでライセンス店（Licensed：9,000 店以上）、合弁事業店（Joint Venture：4,000 店）、フランチャイズ店（Franchise：1,000 店未満）となっています。

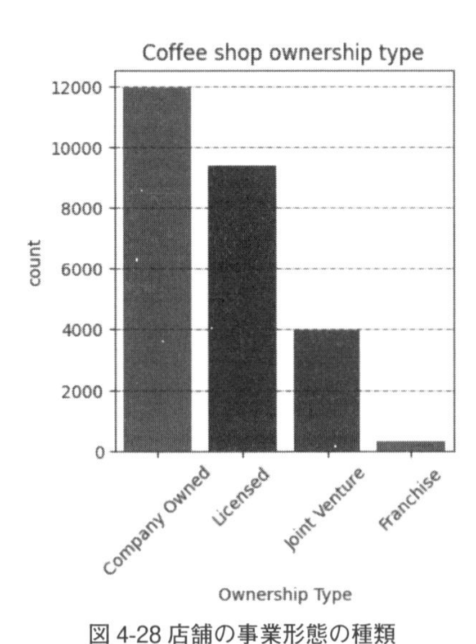

図 4-28 店舗の事業形態の種類

次に、事業形態の種類が国によってどのように異なるのかを調べてみるとおもしろそうです。そこで、事業形態を国別にプロットしてみましょう。図 4-29 は、上位 10 か国の店舗数を示しています。データの歪度（確率分布の非対称性の尺度）を考慮して、ここでは対数スケールを使っています。つまり、店舗数が多い国はごく一部で、残りの国の店舗数はそれよりもずっと少ないということです。アメリカの事業形態は直営店とライセンス店の 2 種類です。中国は合弁事業店と直営店がほとんどで、ライセンス店はそれほど多くありません。日本ではほとんどの店舗が合弁事業店です。

>> vi ページにカラーで掲載

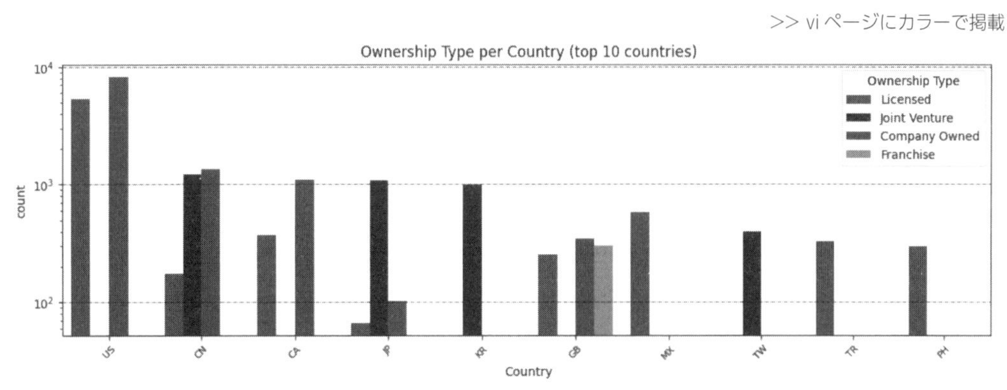

図 4-29：国ごとの事業形態別店舗数

図 4-30 は、都市別の店舗数を事業形態ごとにプロットしたものです。都市名はさまざまな形式（現地語や大文字小文字の並び）で表記されているため、最初に表記を統一し、すべて英語名で揃えました。最初の３つの都市は上海、ソウル、北京です。上海とソウルには合弁事業店がありますが、北京には直営店しかありません。

>> vi ページにカラーで掲載

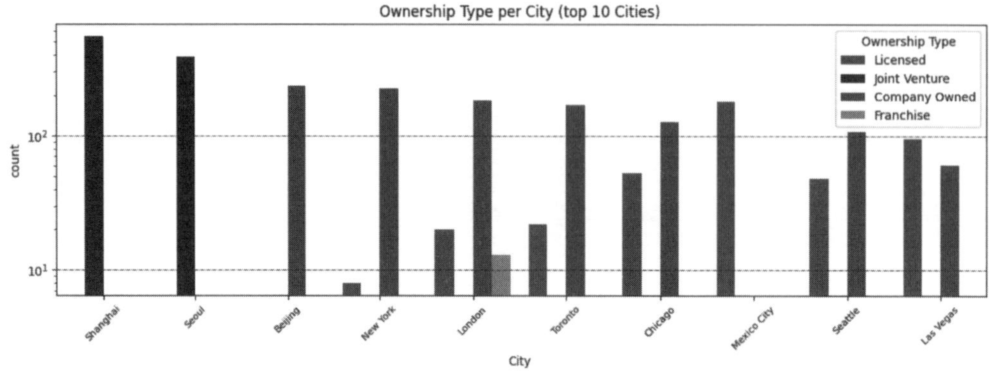

図 4-30：都市ごとの事業形態別店舗数

Starbucks Locations Worldwide データセットで単変量解析と二変量解析を行ったところで、特徴量の分布と相互作用に関する理解が深まったと思います。次は、Every Pub in England データセットを分析したときに試したツールを利用・拡張して、さらに別の地理空間分析を行います。

4.2.3 地理空間分析

まず、全世界のスターバックスの分布を調べてみましょう。folium ライブラリと MarkerCluster を使って、世界中の店舗の地理空間分布を動的なマップ上にプロットします。コードは次のようになります。

```
import folium
from folium.plugins import MarkerCluster

coffee_df = coffee_df.loc[
    (~coffee_df.Latitude.isna()) & (~coffee_df.Longitude.isna())]
locations_data = np.array(coffee_df[["Latitude", "Longitude"]])
popups = coffee_df.apply(lambda row: f"Name: {row['Store Name']}", axis=1)
marker_cluster = MarkerCluster(locations=locations_data)
world_coords = [0., 0.]
world_map = folium.Map(location=world_coords, zoom_start=1)
marker_cluster.add_to(world_map)
world_map
```

folium/Leaflet マップでは、パン、ズームイン、ズームアウトが可能です。図 4-31 は、全世界の店舗の分布を示しています。

>> vii ページにカラーで掲載

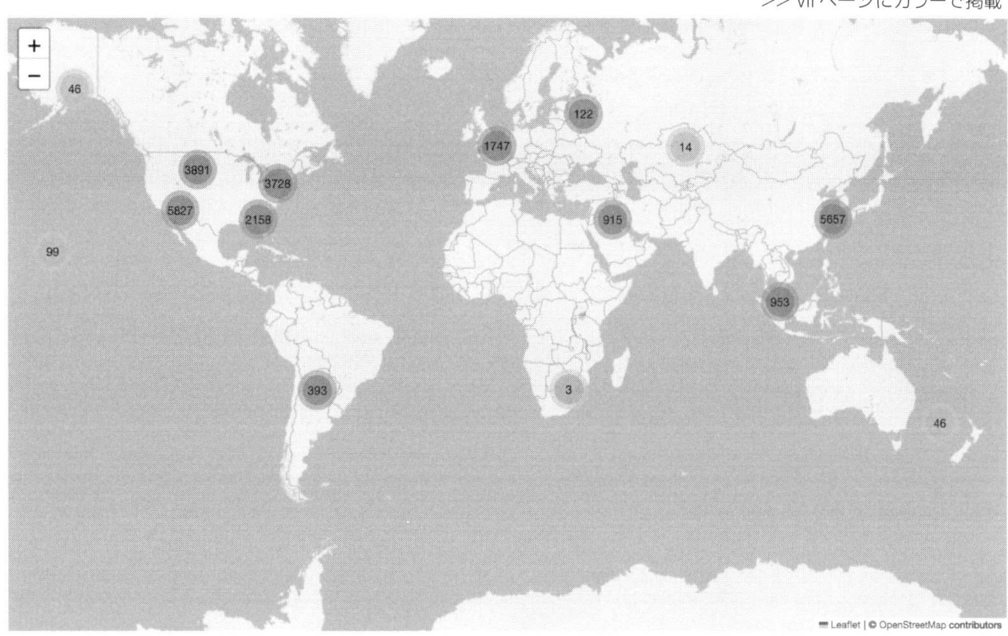

図 4-31：folium/Leaflet と MarkerCluster を使った全世界のスターバックスの店舗分布

図 4-32 は、アメリカ本土とカナダ地域を拡大表示したものです。アメリカのスターバックスの店舗が東海岸と西海岸に集中していることは明らかです。

>> vii ページにカラーで掲載

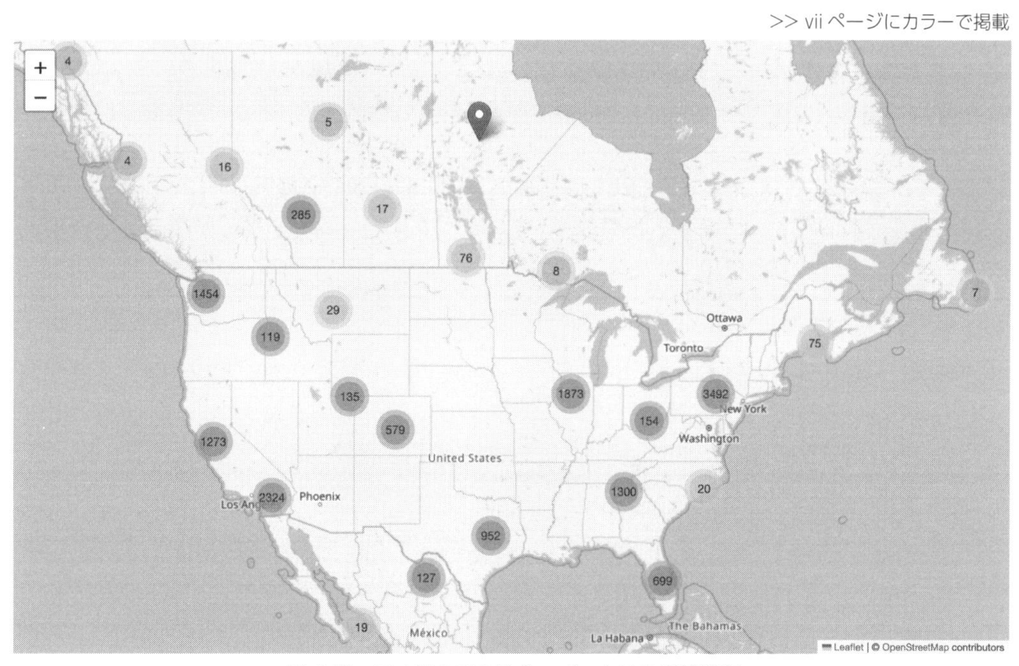

図 4-32：アメリカでのスターバックスの店舗分布

スターバックスの店舗の空間分布を表すもう１つの方法は、GeoPandasのプロット関数を使うことです。まず、国ごとの店舗数を表示するために、店舗数を国ごとに集計します。

```
coffee_agg_df = coffee_df.groupby(["Country"])["Brand"].count().reset_index()
coffee_agg_df.columns = ["Country", "Shops"]
```

GeoPandasで地理空間分布をプロットするには、ISO3を使う必要があります。ISO3は３文字の国コードです。**Starbucks Locations Worldwide**データセットには、２文字の国コード（ISO2）しか含まれていません。同等の値が含まれたデータセットを読み込むという方法と、ISO2をISO3に変換するためのPythonパッケージをインポートするという方法があります。ここでは後者の方法をとることにし、country converterというPythonパッケージをインポートします。

```
!pip install country_converter
```

```
import geopandas as gpd
import matplotlib
import country_converter as cc

# ISO2をGeoPandasの国別プロットで使うISO3に変換
coffee_agg_df["iso_a3"] = coffee_agg_df["Country"].apply(
    lambda x: cc.convert(x, to='ISO3'))
```

次に、GeoPandasを使って、世界各国のポリゴンシェープが含まれた低分解能のデータセットを読み込みます。続いて、このデータセットを店舗数が含まれているデータセットとマージします※6。

```
world = gpd.read_file(gpd.datasets.get_path('naturalearth_lowres'))
world_shop = world.merge(coffee_agg_df, on="iso_a3", how="right")
```

国内のスターバックスの店舗数に比例する形で塗りつぶしの色を調整し、その国のポリゴンを表示しますが、その前に、世界各国のワイヤーフレームを表示して、スターバックスの店舗がない国も地図上で確認できるようにします。

```
world_shop.loc[world_shop.Shops.isna(), "Shops"] = 0
f, ax = plt.subplots(1, 1, figsize=(12, 5))
# 世界各国を白で塗りつぶし、境界線を黒で描画
world.plot(column=None, color="white", edgecolor='black', linewidth=0.25, ax=ax)
```

※6　［訳注］`geopandas.datasets`モジュールはdeprecatedになっており、GeoPandas 1.0で削除される予定。オリジナルの`'naturalearth_lowres'`データはhttps://www.naturalearthdata.com/downloads/110m-cultural-vectors/からダウンロードできる。

```
# 対数スケールのカラーマップで国ポリゴンを描画
world_shop.plot(column='Shops',
                legend=True,
                norm=matplotlib.colors.LogNorm(vmin=world_shop.Shops.min(),
                                               vmax=world_shop.Shops.max()),
                cmap="rainbow",
                ax=ax)
plt.grid(color="black", linestyle=":", linewidth=0.1, axis="y", which="major")
plt.xlabel("Longitude"); plt.ylabel("Latitude")
plt.title("Starbucks coffee shops distribution at country level")
plt.show()
```

GeoPandas では、対数カラーマップの適用が可能です。対数スケールでは、色の強度で地域を表すことができるため、分布に偏りがある国ごとのスターバックスの店舗数をより効果的に表すことができます。配色がうまく組み合わされており、店舗数が少ない国と店舗数が多い国を簡単に見分けることができます。また、緯度線も何本か描画しています（図 4-33）。

>> viii ページにカラーで掲載

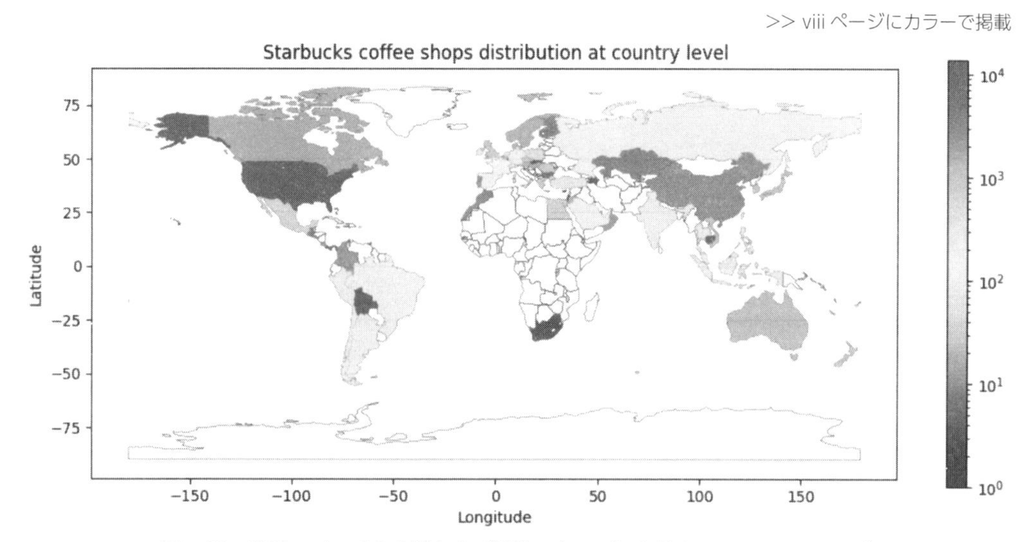

図 4-33：世界レベルでの店舗密度（対数スケール）を示す GeoPandas マップ

図 4-33 のマップは参考になりますが、面積、人口、人口密度は国ごとに大きく異なっています。スターバックスの店舗密度をよく理解できるようにするために、人口 100 万人あたりの店舗数と 1,000 平方キロメートルあたりの店舗数も国別にプロットしてみましょう。

`world` データセットには人口推定値が含まれていますが、国の面積に関する情報はありません。平方キロメートルあたりのスターバックスの店舗密度を計算するには、面積も必要です。各国の面積が含まれている新しいデータセットを読み込むか、GeoPandas の機能を使ってポリゴンから面積を計算するという方法があります。しかし、この GeoPandas マップで使っているメルカトル投影法は、マップを判別しやすく表示するために調整されており、面積は正しく計算されません。

そこでまず、変換によってメルカトル図法のポリゴンが変形しないようにするために、worldデータセットをコピーします。次に、正積円筒図法を使って、このコピーに変換を適用します。この投影法が必要なのは、面積比が正しく維持されるためです。変換を行った後は、面積値をworldデータセットに追加します。

```
world_cp = world.copy()
# コピーしたデータを（面積比が維持される）正積円筒図法に変換
world_cp = world_cp.to_crs({'proj':'cea'})
# 面積を計算（参考資料［8］を参照）
world_cp["area"] = world_cp['geometry'].area / 10**6  # km^2
world["area"] = world_cp["area"]
```

面積を正しく計算できたか確認してみましょう。いくつかの国をサンプリングし、面積が公式に発表されているものと一致することを検証します（図4-34）。

```
world.loc[world.iso_a3.isin(["GBR", "USA", "ROU"])]
```

	pop_est	continent	name	iso_a3	gdp_md_est	geometry	area
4	328239523.0	North America	United States of America	USA	21433226	MULTIPOLYGON (((-122.84000 49.00000, -120.0000...	9.509851e+06
117	19356544.0	Europe	Romania	ROU	250077	POLYGON ((28.23355 45.48828, 28.67978 45.30403...	2.383786e+05
143	66834405.0	Europe	United Kingdom	GBR	2829108	MULTIPOLYGON (((-6.19788 53.86757, -6.95373 54...	2.499296e+05

図4-34：アメリカ、ルーマニア、イギリスの面積を検証

これら３つの国では、上記の方法で計算された面積が、公式発表されている面積とほぼ一致していることがわかります。

これで必要なものがすべて揃ったので、面積と人口を基準として、国別のスターバックスの店舗密度を示すマップを作成して表示することができます。スターバックスの店舗密度を計算するコードは次のようになります。

```
world_shop = world.merge(coffee_agg_df, on="iso_a3", how="right")
# 人口100万人あたりの店舗数
world_shop["Shops / Population"] = world_shop["Shops"]/world_shop["pop_est"]*10**6
# 1,000平方キロメートルあたりの店舗数
world_shop["Shops / Area"] = world_shop["Shops"]/world_shop["area"]*10**3
```

では、人口100万人あたりのスターバックスの店舗分布を国ごとに描画してみましょう。

```
f, ax = plt.subplots(1, 1, figsize=(12, 5))
# 世界各国を白で塗りつぶし、境界線を黒で描画
world.plot(column=None, color="white", edgecolor='black', linewidth=0.25, ax=ax)
# 国ポリゴンを描画
world_shop.plot(column='Shops / Population', legend=True, cmap="rainbow", ax=ax)
plt.grid(color="black", linestyle=":", linewidth=0.1, axis="y", which="major")
plt.xlabel("Longitude"); plt.ylabel("Latitude")
plt.title("Starbucks coffee shops / 1 million population - "
          "distribution at country level")
plt.show()
```


結果は図 4-35 のようになります。人口 100 万人あたりのスターバックス店舗数が最も多い国は、アメリカ、カナダ、アラブ首長国連邦であり、台湾、韓国、イギリス、日本がその後に続いています。

>> viii ページにカラーで掲載

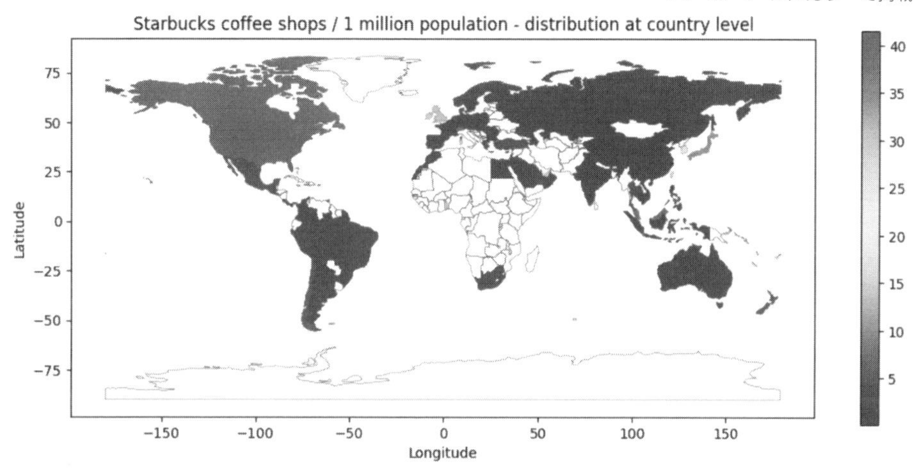

図 4-35：人口 100 万人あたりのスターバックスの店舗数 - 国別の分布

各国の 1,000 平方キロメートルあたりのスターバックスの店舗分布は次ページの図 4-36 のようになります。店舗が最も集中しているのは、韓国、台湾、日本、イギリスなどであることがわかります。

本節の締めくくりとして、これまでの内容を簡単にまとめてみましょう。イギリスのパブと世界中のスターバックスという 2 つのデータセットのデータ分布をよく理解するために、これらのデータセットを分析しました。また、地理空間データを操作・分析するためのテクニックやツールも紹介しました。シェープファイルデータを描画する方法、シェープファイルからポリゴンを抽出する方法、ポリゴンセットを別のポリゴンセットでクリップする方法、そしてボロノイポリゴンを生成する方法がわかりました。これらはすべて、本章のメインイベントとなる分析のための下準備です。次節では、この 2 つのデータセットを結合し、それぞれの情報を創造的に組み合わせたマルチレイヤマップを生成する方法を学びます。そこでの目標は 2 つあります。1 つは、地理空間データを分析するためのより高度な方法を紹介することであり、もう 1 つは、2 つのデータソースの組み合わせから洞察を得る方

法を理解するために、ここで紹介した手法を創造的に活用することです。

>> ix ページにカラーで掲載

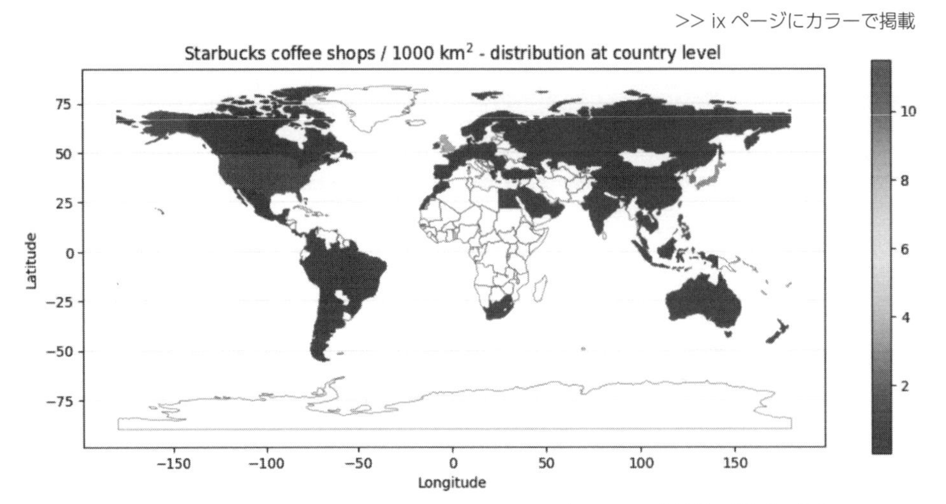

図 4-36：1,000 平方キロメートルあたりのスターバックスの店舗数 - 国別の分布

4.3 ロンドンのパブとスターバックス

ここまでは、Every Pub in England データセット（参考資料[1]）と Starbucks Locations Worldwide データセット（参考資料[3]）を個別に分析してきました。これら２つのデータセットに関連するデータ分析タスクをサポートするために、さらにデータセットを２つ追加しました。１つは、郵便番号の地理的位置が含まれたデータセットであり、緯度データと経度データの欠損値を置き換えるために使いました。もう１つは、イギリスのシェープファイルデータが含まれたデータセットであり、パブの位置から生成されたボロノイポリゴンをグレートブリテン島の輪郭に合わせてクリップするために使いました。

ここでは、本章の目標をサポートするために、別々に分析した２つのメインデータソースの情報を組み合わせ、この予備分析段階で開発した手法を適用します。本節では、ロンドンにおいてパブとスターバックスが密集している狭い地域に焦点を合わせます。ここまでの分析から、「スターバックスの地理空間的な密集度はパブの密集度よりも低い」と仮定することができます。

パブでビールを何杯か楽しんだ後、コーヒーで酔いをさますために、最も近くにあるスターバックスの場所を調べたいと思います。ボロノイポリゴンに興味深い特性があることはすでにわかっています。ポリゴン内の点はどれも、隣接するどのポリゴンの中心よりも、そのポリゴンの中心の近くにあります。そこで、ロンドン一帯にあるパブの位置を、同じ地域にあるスターバックスの位置から生成されたボロノイポリゴンの上に重ね合わせた状態で表示します。

本節のノートブックは Coffee or Beer in London - Your Choice!（参考資料［11］）です。本文を読みながらこのノートブックの内容を追ってみると参考になるかもしれません。

4.3.1 データの前処理

まず、Every Pub in Englandデータセットと Starbucks Locations Worldwideデータセットの CSV ファイルを読み込みます。また、GADM Data for UK データセット（参考資料［5］）の GBR_adm2.shp シェープファイル（イギリスの自治体の境界データ）と、Open Postcode Geo データセット（参考資料［4］）のデータも読み込みます。Open Postcode Geo データセットでは、postcode、country、latitude、longitude の 4 つの列だけを選択します。

パブデータ（pub_df）では、local_authority に 32 のロンドン特別区のうちの 1 つが含まれているエントリだけを選択します。そして、このサブセットに、特別区ではない 'City of London'（シティ・オブ・ロンドン）を追加します。シティ・オブ・ロンドンはロンドンの中心部にあり、そこにあるパブのデータも含まれるようにしたいからです。この特別区のリスト（london_boroughs）を使って、シェープファイルのデータもフィルタリングします。シェープファイルのデータをすべて正しく選択できたことを確認するために、ロンドン特別区（とシティ・オブ・ロンドン）のポリゴンを表示してみましょう（図 4-37）。

```
boroughs_df = counties_df.loc[counties_df.NAME_2.isin(london_boroughs)]
boroughs_df.plot(color=color_list[0], edgecolor=color_list[4])
plt.show()
```

図 4-37 の左図では、シティ・オブ・ロンドンがぽっかり抜け落ちていることがわかります。シェープファイルデータの名前（NAME_2）には 'London' が含まれているため、シェープファイルデータの 'London' を 'City of London' に置き換えてしまいましょう。シティ・オブ・ロンドンの表記を統一した後は、すべての自治体がマップ上に正しく表示されるようになります（図 4-37 の右図）。

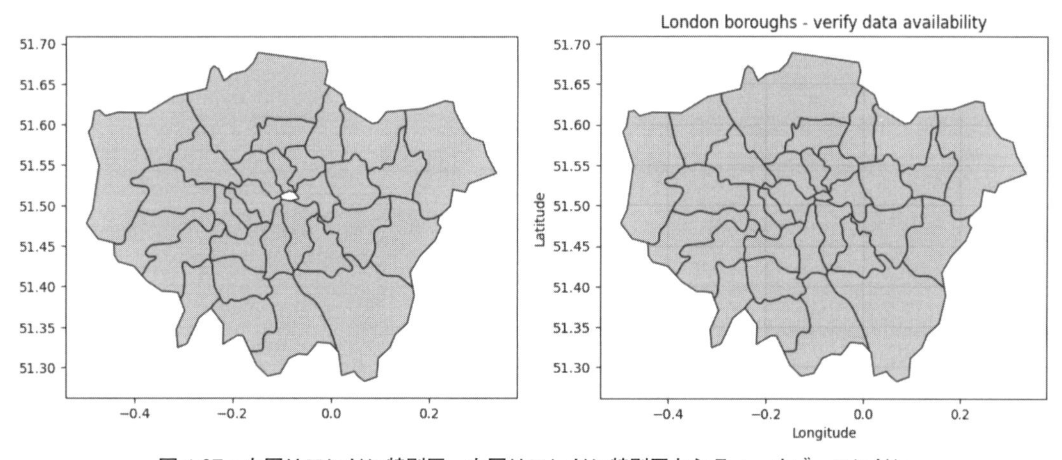

図 4-37：左図はロンドン特別区、右図はロンドン特別区とシティ・オブ・ロンドン

これで、ロンドン地域のパブとスターバックスの分析に加えたいエリアがすべて選択されました。

また、同じ地域の範囲内にあるスターバックスの店舗データも選択します。スターバックスのデータを選択するコードは次のようになります。

```
coffee_df = coffee_df.loc[
    (coffee_df.City.isin(london_boroughs + ["London"])) & (coffee_df.Country=="GB")]
```

フィルタリング基準に国情報（'GB'）を組み込んでいるのは、北アメリカの多くの都市がイギリスの都市名を踏襲していて、ロンドンやロンドンのさまざまな特別区の名前が見つかるためです。

4.1節のパブデータの分析から、一部のパブでは緯度と経度の情報が欠損していて、`\N`が設定されていることがわかっています。そこで、4.1節と同じように、Open Postcode Geoのデータとのマージやクリーニングなど、同じ変換を適用します。その過程で、郵便番号のマッチングに基づいて緯度と経度のデータを割り当てます。

続いて、先の基準に基づいて選択されたパブとスターバックスがすべてロンドン特別区の境界内にある（または境界に非常に近い場所にある）ことを確認します。コードは次のようになります。

```
def verify_data_availability():
    f, ax = plt.subplots(1, 1, figsize=(10, 10))
    boroughs_df.plot(color="white", edgecolor=color_list[4], ax=ax)
    plt.scatter(x=pub_df["longitude"], y=pub_df["latitude"],
                color=color_list[0],
                marker="+",
                label="Pubs")
    plt.scatter(x=coffee_df["Longitude"], y=coffee_df["Latitude"],
                color=color_list[5],
                marker="o",
                label="Starbucks")
    plt.xlabel("Longitude");
    plt.ylabel("Latitude");
    plt.title("London boroughs - verify data availability")
    plt.grid(color="black",
             linestyle=":",
             linewidth=0.1,
             axis="both",
             which="major")
    plt.legend()
    plt.show()
```

この関数を実行すると、ロンドンからかなり離れた場所にスターバックスの店舗が２つあることがわかります。そこで、スターバックスの選択条件を追加します。

```
coffee_df = coffee_df.loc[coffee_df.Latitude<=51.7]
```

この関数を再び実行すると、図 4-38 の結果が得られます。これらの自治体の管轄外の要素を取り除いて誤帰属を修正すると、ロンドン特別区とシティ・オブ・ロンドンにあるパブ（+）とスターバックス（●）が表示されます。

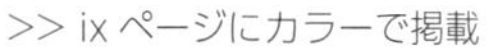
>> ix ページにカラーで掲載

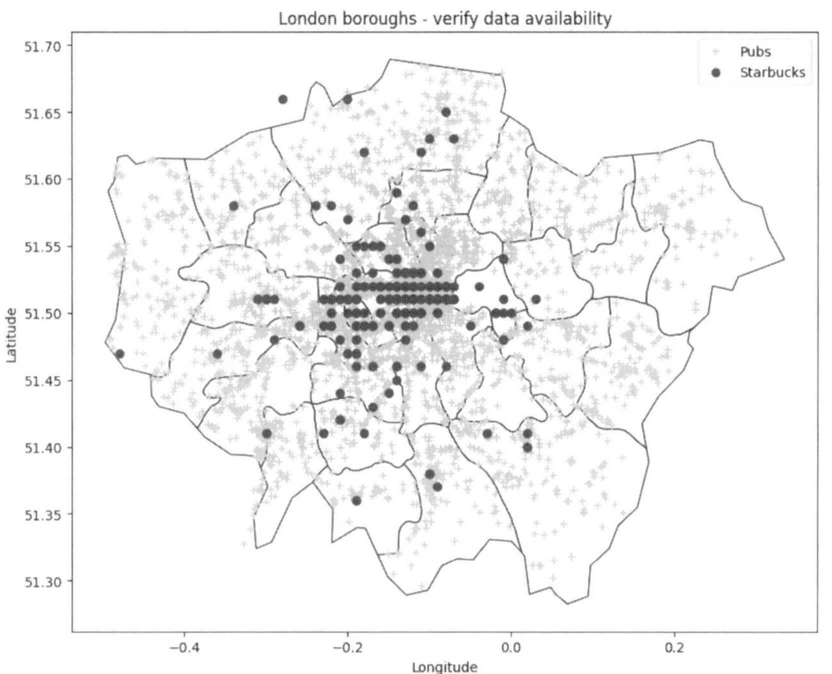

図 4-38：誤帰属を修正した後のロンドン特別区とシティ・オブ・ロンドンにあるパブ（+）とスターバックス（●）

まだ境界の外に点がいくつかありますが、ひとまずこれでよしとしましょう。はみ出している点は、各パブとスターバックスに関連付けられたボロノイポリゴンを自治体のポリゴンでクリップすれば取り除かれます。スターバックスの店舗が整列しているという奇妙な結果が観測されました。スターバックスの店舗はすべて横一列に並んでいるように見えます。これは、スターバックスの位置が小数点以下 2 桁でのみ指定されているためです（スターバックスの位置は、精度の低いグローバルな位置情報データセットから取得されています）。これに対し、パブの位置は小数点以下 6 桁で指定されています。スターバックスの店舗が整列しているように見えるのはそのためです。スターバックスの店舗の位置は小数点以下 2 桁で丸められており、各店舗の位置が近いことから、特に緯度線に沿って整列しているように見えます。

4.3.2 地理空間分析

では、ロンドンとその特別区にあるパブとスターバックスのボロノイポリゴンをプロットしてみましょう。まず、Every Pub in England データセットのデータを分析したときと同じコードを使って、これらのポリゴンを生成します。今回は geospatial_utils ユーティリティスクリプトを利用するため、ノートブックのコードがよりコンパクトになります※7。ボロノイポリゴンのコレクションが含まれたオブジェクトを生成し、このコレクションを可視化するコードは、次のようになります。

```
pub_voronoi = get_voronoi_polygons(pub_df)
plot_voronoi_polygons(pub_voronoi,
                      title="Voronoi polygons from pubs locations in London",
                      lat_limits=[51.2, 51.7],
                      long_limits=[-0.5, 0.3])
```

このコードでは、geospatial_utils ユーティリティスクリプトで定義されている関数を２つ使っています。

１つ目の get_voronoi_polygons() 関数は、点のリストからボロノイポリゴンのリストを作成します。x 座標と y 座標はそれぞれ経度と緯度を表しています。ボロノイポリゴンのコレクションの作成には、scipy.spatial モジュールの Voronoi クラスを使っています。

```
def get_voronoi_polygons(data_df, latitude="latitude", longitude="longitude"):
    """
    Create a list of Voronoi polygons from a list of points
    Args
        data_df: dataframe containing lat/long
        latitude: latitude feature
        longitude: longitude feature
    Returns
        Voronoi polygons graph (points, polygons) from the seed points in data_df
        (a scipy.spatial.Voronoi object)
    """
    locations_data = np.array(data_df[[latitude, longitude]].astype(float))
    data_voronoi = [[x[1], x[0]] for x in locations_data]
    voronoi_polygons = Voronoi(data_voronoi)
    print(f"Voronoi polygons: {len(voronoi_polygons.points)}")
    return voronoi_polygons
```

２つ目の plot_voronoi_polygons() 関数は、ボロノイポリゴンのコレクションである Voronoi オブジェクトをプロットします。

※7 ［訳注］geospatial_utils ユーティリティスクリプトのコードは原書の GitHub リポジトリの Chapter-04/geospatial-utils.ipynb に含まれている。また、著者がユーティリティスクリプトとして公開している。

```
def plot_voronoi_polygons(voronoi_polygons, title, lat_limits, long_limits):
    """
    Plot Voronoi polygons (visualization tool)
    Args
        voronoi_polygons: Voronoi polygons object (a scipy.spatial.Voronoi object)
        title: graph title
        lat_limits: graph latitude (y) limits
        long_limits: graph longitude (x) limits
    Returns
        None
    """
    # 頂点を表示せず、エッジ（辺）と中心のみを表示
    fig = voronoi_plot_2d(voronoi_polygons, show_vertices=False)
    plt.xlim(long_limits)
    plt.ylim(lat_limits)
    plt.title(title)
    plt.show()
```

次に、生成されたポリゴンコレクションを、extract_voronoi_polygon_list()関数を使って、ポリゴンのリストとして抽出します。この関数は4.1節ですでに定義しています（そして、新しいユーティリティスクリプトに移されています）。さらに、borroughs_dfという名前のGeoDataFrameを融合して得られたロンドン特別区の外部境界を使って、ポリゴンをクリップします。

```
voronoi_poly_list = extract_voronoi_polygon_list(pub_voronoi)

boroughs_dissolved = boroughs_df.dissolve()
voronoi_polys_clipped = clip_polygons(voronoi_poly_list, boroughs_df)
```

clip_polygons()関数のコードもgeospatial_utilsユーティリティスクリプトで定義されています。この関数は、引数として渡されるポリゴンのリスト（poly_clipping）を使って、やはり引数として渡される別のポリゴンのリスト（poly_list_origin）に含まれているポリゴンをクリップします。poly_list_originをGeoDataFrameオブジェクトに変換し、GeoDataFrameのclip()メソッドでクリップします。そして、クリップ後のポリゴンのリスト（polygons_clipped）を返します。

```
def clip_polygons(poly_list_origin, poly_clipping):
    """
    Clip a list of polygons using an external polygon
    Args:
        poly_list_origin: list of polygons to clip
        poly_clipping: polygon used to clip the original list

    Returns:
        The original list of polygons, with the polygons clipped
        using the clipping polygon
    """
    # 元のポリゴンリストをGeoDataFrameに変換
```

```
    polygons_gdf = gpd.GeoDataFrame(poly_list_origin,
                                    columns=['geometry'],
                                    crs=poly_clipping.crs)
    start_time = time.time()
    polygons_clipped = gpd.clip(polygons_gdf, poly_clipping)
    end_time = time.time()
    print(f"Total time: {round(end_time - start_time, 4)} sec.")
    return polygons_clipped
```

図 4-39 は、ロンドンのパブの位置に基づくボロノイポリゴン（左）と、ロンドン特別区の境界（右）を示しています。

>> x ページにカラーで掲載

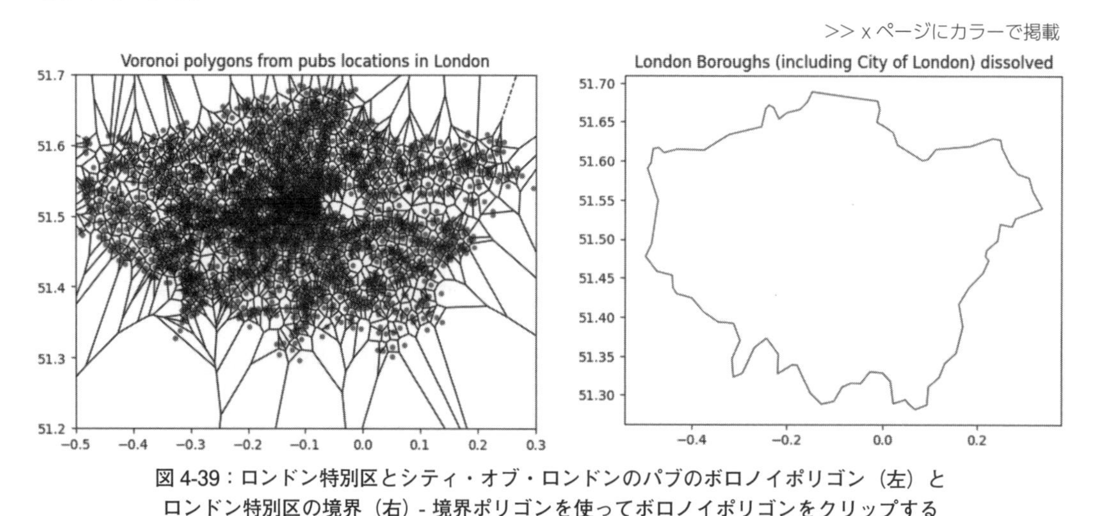

図 4-39：ロンドン特別区とシティ・オブ・ロンドンのパブのボロノイポリゴン（左）とロンドン特別区の境界（右）- 境界ポリゴンを使ってボロノイポリゴンをクリップする

図 4-40 は、ロンドン特別区の境界とパブの位置、そしてこれらの位置に関連付けられたボロノイポリゴンを示しています。パブが 1 軒しかないタワーハムレッツ（`'Tower Hamlets'`）を除けば、シティ・オブ・ロンドンとその西側に隣接する特別区にパブが密集していることがわかります。

次に、スターバックスの店舗の位置についても同じように処理します。ボロノイポリゴンを生成し、すべてのロンドン特別区のポリゴンを融合して得られた同じ特別区の境界ポリゴンでクリップします。図 4-41 は、ロンドン特別区の境界とスターバックスの店舗の位置、そしてこれらの位置に関連付けられているボロノイポリゴンを示しています。

>> x ページにカラーで掲載

図 4-40：ロンドン特別区とシティ・オブ・ロンドンにあるパブの（クリップ後の）ボロノイポリゴン - パブの位置と特別区の境界が示されている

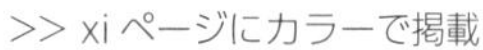
>> xi ページにカラーで掲載

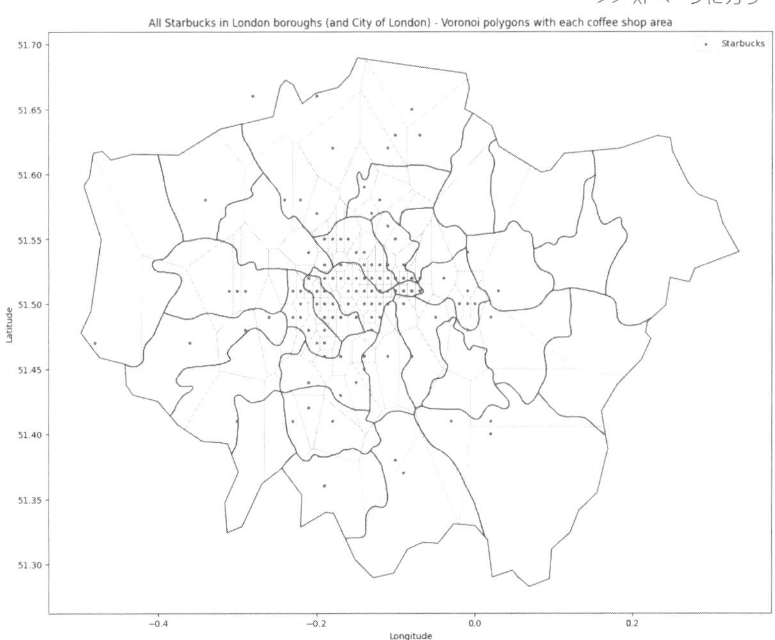

図 4-41：ロンドン特別区とシティ・オブ・ロンドンにあるスターバックスの（クリップ後の）ボロノイポリゴン - 店舗の位置と特別区の境界が示されている

ボロノイポリゴンオブジェクトを生成し、可視化し、そこからポリゴンのリストを抽出し、クリップするコードを見てみましょう。まず、ボロノイポリゴンを生成するコードは次のようになります。

```
coffee_voronoi = get_voronoi_polygons(coffee_df,
                                      latitude="Latitude",
                                      longitude="Longitude")
plot_voronoi_polygons(coffee_voronoi,
                      title="Voronoi polygons from Starbucks locations in London",
                      lat_limits=[51.2, 51.7],
                      long_limits=[-0.5, 0.3])
```

ボロノイポリゴンオブジェクトからポリゴンのリストを抽出し、ロンドン特別区の境界を使ってポリゴンをクリップするコードは次のようになります。

```
coffee_voronoi_poly_list = extract_voronoi_polygon_list(coffee_voronoi)
coffee_voronoi_polys_clipped = clip_polygons(coffee_voronoi_poly_list, boroughs_df)
```

次の`within_polygon()`関数を使うと、ポリゴン内の位置を特定できます。この関数は`geospatial_utils`ユーティリティスクリプトで定義されており、その関数内で`shapely.geometry`モジュールの`Point`オブジェクトの`within()`メソッドを使います。指定されたポリゴンに対して、すべてのアイテム（この場合はパブ）の緯度と経度から作成された点にこのメソッドを適用し、基準ポリゴンからの各点のステータス（内側、外側）を判定します。

```
def within_polygon(data_original_df, polygon,
                   latitude="latitude", longitude="longitude"):
    """
    Args
        data_original_df: dataframe with latitude / longitude
        polygon: polygon (Polygon object)
        latitude: feature name for latitude n data_original_df
        longitude: feature name for longitude in data_original_df
    Returns
        coordinates of points inside polygon
        coordinates of points outside polygon
        polygon transformed into a geopandas dataframe
    """
    data_df = data_original_df.copy()
    data_df["in_poly"] = data_df.apply(
        lambda x: Point(x[longitude], x[latitude]).within(polygon), axis=1)
    data_in_df = data_df[[longitude, latitude]].loc[data_df["in_poly"]==True]
    data_out_df = data_df[[longitude, latitude]].loc[data_df["in_poly"]==False]
    data_in_df.columns = ["long", "lat"]
    data_out_df.columns = ["long", "lat"]
    sel_polygon_gdf = gpd.GeoDataFrame([polygon], columns=['geometry'])
    return data_in_df, data_out_df, sel_polygon_gdf
```

within_polygon() 関数を適用するコードは次のようになります。

```
data_in_df, data_out_df, sel_polygon_gdf = within_polygon(
    pub_df, coffee_voronoi_poly_list[6])
```

図 4-42 では、選択されたエリア内にあるパブの位置(ノートブックでは、深緑色で塗りつぶされたエリアに薄茶色で示されています)が、近隣にある他のスターバックスの店舗よりも、そのエリアの中心にあるスターバックスの店舗に近いことがわかります。残りのパブは薄緑色で示されています。すべてのポリゴンで(特別区のポリゴンにも)同じ手順を繰り返すことができます。

>> xi ページにカラーで掲載

図 4-42:スターバックスのボロノイポリゴンエリアの内側と外側にあるパブ

folium のマップを使って同じアイテム(パブとスターバックスの店舗)を表すこともできます。これらのマップでは、ズームイン、ズームアウト、パンなどの操作が可能です。ベースマップ上に複数のレイヤを追加することもできます。まず、ロンドン特別区をマップの最初のレイヤとして表します。その上に、ロンドン地域のパブを表示します。それぞれのパブでは、パブの名前と住所が記されたポップアップも表示します。マップタイルはいくつかのプロバイダから提供されており、それらの中からどれかを選択できます。背景を整えて見やすくしたいので、ここでは "Stamen Toner" と "CartoDB

Positron" の２つのタイルソースを選択しました※8。どちらのタイルも白黒か淡い色なので、重ねたレイヤが見やすくなります。ロンドン地域のタイル（"CartoDB Positron"）、ロンドン特別区の輪郭（マップの１つ目のレイヤ）、CircleMarker を使った各パブの位置（マップ上の２番目のレイヤ）を表示するコードは次のようになります。パブの位置にマウスカーソルを重ねると、パブの名前と住所がポップアップに表示されます。

```
# ロンドン地域を拡大したマップ
m = folium.Map(location=[51.5, 0], zoom_start=10, tiles="CartoDB Positron")

# ロンドン特別区の GeoJSON
for _, r in boroughs_df.iterrows():
    simplified_geo = gpd.GeoSeries(r['geometry']).simplify(tolerance=0.001)
    geo_json = simplified_geo.to_json()
    geo_json = folium.GeoJson(data=geo_json,
                              style_function=lambda x: {
                                  'fillColor': color_list[1],
                                  'color': color_list[2],
                                  'weight': 1
                              })
    geo_json.add_to(m)

# 店名と住所情報を含むポップアップ付きの CircleMarker としてパブを表示
popup = "<strong>Name</strong>: " \
        "<font color='red'>{}</font> <br> <strong>Address</strong>: {}"
for _, r in pub_df.iterrows():
    folium.CircleMarker(location=[r['latitude'], r['longitude']],
                        fill=True,
                        color=color_list[4], fill_color=color_list[5],
                        weight=0.5,
                        radius=4,
                        popup=popup.format(r['name'], r['address'])).add_to(m)
# マップを表示
m
```

このコードから作成されたマップは図 4-43 のようになります。このマップでは、重ね合わせたレイヤに以下の情報が表示されます。

- CartoDB Positron を使ったロンドン特別区とシティ・オブ・ロンドンのマップ
- ロンドン特別区とシティ・オブ・ロンドンの境界
- このエリアにあるパブの位置を CircleMarker で表示
- パブを選択した場合に、そのパブの名前と住所をポップアップに表示

※8 ［訳注］2024 年 10 月時点では、"Stamen Toner" は利用できなくなっている。folium が組み込みでサポートしているタイルセットは、OpenStreetMap、CartoDB Positron、Cartodb dark_matter の３つである。https://leaflet-extras.github.io/leaflet-providers/preview/ などのプロバイダからカスタムタイルセットが提供されている。

>> xii ページにカラーで掲載

図 4-43：ロンドン特別区の境界とロンドン地域のパブの位置を示す Leaflet マップ

なお、ノートブックでは、スターバックスのボロノイポリゴンと位置を示す画像や、ポリゴンとマーカーからなる複数のレイヤを重ねたマップも確認できます。

もう 1 つの便利な機能は、ポリゴンの面積を計算することです。GeoDataFrame のすべてのポリゴンの面積を計算する関数は get_polygons_area() であり、やはり geospatial_utils ユーティリティスクリプトで定義されています。この関数は、GeoDataFrame のコピーに正積円筒図法への変換を適用します。この投影法では、面積比が正しく維持されます。そして、元の GeoDataFrame に area という列を追加します。

```
def get_polygons_area(data_gdf):
    """
    Add a column with polygons area to a GeoDataFrame
    A Cylindrical equal area projection is used to calculate polygons area

    Args
        data_gdf: a GeoDataFrame
    Returns
        the original data_gdf with an `area` column added
    """
    # データをコピーして、元のデータ投影に影響を与えないようにする
    data_cp = data_gdf.copy()
    # コピーされたデータを、等面積の正積円筒投影法に変換
    data_cp = data_cp.to_crs({'proj':'cea'})
    data_cp["area"] = data_cp['geometry'].area / 10**6  # km^2
    data_gdf["area"] = data_cp["area"]
    # 元のデータに area 列を追加した上で返す
    return data_gdf
```

ここでは、面積情報を使ってパブの密度を調べます。まず、特別区ごとにパブの数を集計し、boroughs_df とマージします。続いて、特別区の面積を計算します。

```
agg_pub_df = pub_df.groupby("local_authority")["name"].count().reset_index()
agg_pub_df.columns = ["NAME_2", "pubs"]
boroughs_df = boroughs_df.merge(agg_pub_df)

boroughs_df = get_polygons_area(boroughs_df)
```

次に、特別区ごとのパブの数を特別区の面積で割って、パブの密度（1 平方キロメートルあたりのパブの数）を求め、pubs per sq.km 列として追加します。

```
boroughs_df["pubs per sq.km"] = boroughs_df["pubs"] / boroughs_df["area"]
```

パブの密度は連続的なカラースケールで表す必要がありますが、ここではカスタムカラーマップの色を使いたいと思います。連続的なカラーマップを独自に作成し、カラーリストのいくつかの色をシードとして使うことができます。

```
vmin = boroughs_df.pubs.min()
vmax = boroughs_df.pubs.max()
norm = plt.Normalize(vmin, vmax)
custom_cmap = matplotlib.colors.LinearSegmentedColormap.from_list(
    "", ["white", color_list[0], color_list[2]])
```

パブ密度グラフでは、このカスタムカラーマップと対数スケールを使います。コードは次のようになります。

```
fig, ax = plt.subplots(1, 1, figsize=(10, 5))
ax.set_facecolor("white")
boroughs_df.plot(ax=ax,
                 column="pubs per sq.km",
                 norm=matplotlib.colors.LogNorm(
                     vmin=boroughs_df["pubs per sq.km"].min(),
                     vmax=boroughs_df["pubs per sq.km"].max()),
                 cmap=custom_cmap,
                 edgecolor=color_list[3],
                 linewidth=1,
                 legend=True),
plt.xlabel("Longitude"); plt.ylabel("Latitude");
plt.title("Pubs density (pubs / sq.km) in London")
plt.show()
```

図 4-44 は、各特別区のパブの数（左）と特別区ごとのパブの密度（右）を示しています。

>> xii ページにカラーで掲載

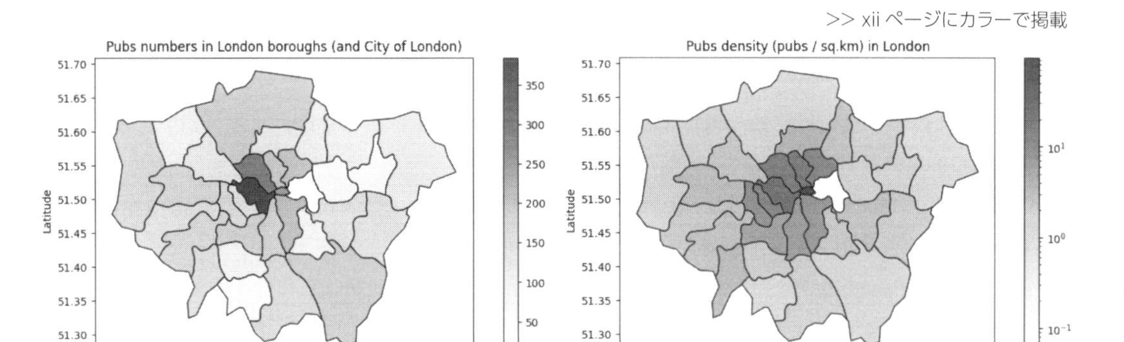

図 4-44：ロンドン特別区ごとのパブの数（左）と対数スケールでのパブの密度（右）

なお、ノートブックでは、スターバックスのボロノイポリゴンエリアごとのパブの数とパブの密度も確認できます。本節で紹介したさまざまなテクニックを通じて、地理空間データの分析と可視化のための基本的なツールセットを理解できたことを願っています。

4.4 本章のまとめ

本章では、地理情報とマップの扱い方、幾何学データを操作する方法（ポリゴンデータのクリッピングとマージ、データのクラスタ化による詳細度の低いマップの生成、地理空間データのサブセットの削除）、マップの上に複数のデータレイヤを重ねる方法を学びました。また、GeoPandas とカスタムコードを使ってシェープファイルの情報を変更・抽出する方法と、地域の範囲や地理空間オブジェクトの密度といった地理空間特徴量を作成または計算する方法も学びました。さらに、再利用可能な関数を抽出し、複数のユーティリティスクリプトにまとめました。ユーティリティスクリプトは、独立した Python モジュールを表す Kaggle の用語です。これらのユーティリティスクリプトは、他のライブラリと同じようにインポートしてノートブックのコードに統合することができます。

次章では、データ分析コンペティションを対象に、地理空間分析のツールとテクニックをいくつか試してみることにします。

4.5 参考資料

[1] Every Pub in England, Kaggle Datasets: https://www.kaggle.com/datasets/rtatman/every-pub-in-england

[2] Every Pub in England - Data Exploration, Kaggle Notebook: https://www.kaggle.com/code/gpreda/every-pub-in-england-data-exploration

[3] Starbucks Locations Worldwide, Kaggle Datasets: https://www.kaggle.com/datasets/starbucks/store-locations

[4] Open Postcode Geo, Kaggle Datasets: https://www.kaggle.com/datasets/danwinchester/open-postcode-geo

[5] GADM Data for UK, Kaggle Datasets: https://www.kaggle.com/datasets/gpreda/gadm-data-for-uk

[6] Starbucks Location Worldwide - Data Exploration, Kaggle Notebook: https://www.kaggle.com/code/gpreda/starbucks-location-worldwide-data-exploration

[7] Polygon overlay in Leaflet Map: https://stackoverflow.com/questions/59303421/polygon-overlay-in-leaflet-map

[8] GeoPandas area: https://geopandas.org/en/stable/docs/reference/api/geopandas.GeoSeries.area.html

[9] Scipy Spatial Voronoi - extract Voronoi polygons and represent them: https://docs.scipy.org/doc/scipy/reference/generated/scipy.spatial.Voronoi.html

[10] Getting polygon areas using GeoPandas: https://gis.stackexchange.com/questions/218450/getting-polygon-areas-using-geopandas

[11] Coffee or Beer in London - Your Choice!, Kaggle Notebook: https://www.kaggle.com/code/gpreda/coffee-or-beer-in-london-your-choice

第5章 データ分析に基づくストーリーと仮説検証―発展途上国向け小口融資とMeta Kaggle

新しいデータセットに対するアプローチは、考古学の発掘調査や（場合によっては）警察の捜査に似ています。私たちは、データの山に埋もれている洞察を掘り起こしたり、規則張った、不毛にも思えるプロセスを使ってつかみどころのない証拠を暴こうとしたりします。どちらも考古学者や刑事が用いる手法に似ています。データと名の付くものについては、ストーリーを導き出して伝えることができます。このストーリーを科学的な報告書のスタイルで伝えるのか、それとも興味をそそる推理小説仕立てで伝えるのかは、アナリスト次第です。

本章では、ここまでの章で開発してきたテクニックを組み合わせて、表形式データ（数値とカテゴリ値）、テキストデータ、地理空間データを分析します。また、複数のソースからのデータを組み合わせ、そのデータを使ってストーリーを伝える方法も示します。今回分析するのは、やはり過去に開催されたKaggleコンペティションであるData Science for Good: Kiva Crowdfunding（5.5節の参考資料[1]）のデータです。このデータを使って、人を引き付ける啓蒙的なストーリーを伝える方法を学びます。続いて、Meta Kaggle（参考資料[2]）という別のコンペティションデータセットの仮説を詳しく分析します。Meta KaggleはKaggleのメタデータに焦点を合わせたデータセットです。

まとめると、本章では、次の内容を取り上げます。

- Data Science for Good: Kiva Crowdfunding分析コンペティションの探索的データ解析（EDA）
- この分析コンペティションのソリューション：貧困の要因を探る
- Meta Kaggleデータセットの分析：Kaggleコンペティションのチームの規模が数年前に急激に拡大したという認識を検証（反証）する

5.1 Data Science for Good: Kiva Crowdfunding コンペティション

Kiva.org は、金融サービスを受けられないでいる途上国の人々に対して、金融サービスの恩恵を拡大することをミッションとするオンラインクラウドファンディングプラットフォームです(参考資料[8])。そうした人々は Kiva のサービスを利用して少額の融資を受けることができます。こうした小口融資は、融資を受ける人が居住している国の金融サービス機関との提携を通じて、Kiva によって提供されます。

Kiva はこれまで、Kiva がターゲットとしているコミュニティに 10 億ドルを超える融資を行ってきました。Kiva では、支援の範囲を広げ、貧困にあえぐ世界中のさまざまな地域の人々が抱えているニーズやそうした人々に影響を与えている要因への理解を深めるために、潜在的な借り手の状況をよく理解したいと考えていました。世界各地の問題の多様性や、個々のケースの特異性、影響因子のおびただしい数を考えると、資金援助を必要としている最も過酷なケースを特定するという Kiva のミッションは困難をきわめます。

そこで Kiva は、Kaggle のデータサイエンスコミュニティに分析コンペティションを提案しました。このコンペティションのスコープは、各融資の特徴量を組み合わせてさまざまな貧困データセットを構築することと、潜在的な借り手の実際の福祉レベルを特定し、リージョン、性別、セクター別に分類することでした。このコンペティションでは、参加者の貢献度が分析の粒度に基づいて評価されました。その際には、その地域の特殊な事情に合致していること、説明が明確であること、そしてアプローチが独創的であることが重視されました。地域化と明確な説明に重点が置かれたのは、コンペティションの主催者が、最も優れた分析をそのまま使いたいと考えていたからでした。

Data Science for Good: Kiva Crowdfunding 分析コンペティション(以下、Kiva コンペティション)では、主催者によって提供されたデータに加えて、関連するデータを参加者が特定または収集することが求められました。主催者が提供したデータには、融資情報、リージョンまたは所在地別の Kiva のグローバルな**多次元貧困指数**(MPI)、融資テーマ、リージョン別の融資テーマが含まれています。

融資情報(`kiva_loans.csv`)には、次の項目が含まれています。

- id:融資の一意な ID
- funded_amount:Kiva が現地パートナー(現地の提携金融機関)に提供した金額
- loan_amount:現地パートナーが借り手に支払った金額
- activity:融資内容
- sector:セクター(融資内容のカテゴリ)
- use:融資の使い道(融資の運用方法または融資の目的)
- country_code、country、region:ISO 国コード、国名、リージョン名

- currency：通貨
- partner_id：現地パートナーのID
- posted_time、disbursed_time、funded_time、term_in_months：現地パートナーがKivaのプラットフォームに融資を掲載したタイミング、現地パートナーが融資を行ったタイミング、Kivaに掲載された融資に必要な金額が完全に集まったタイミング、融資が行われた期間
- lender_count：融資に貢献した貸し手の総数
- tags：タグ
- borrower_genders：借り手の性別
- repayment_interval：返済間隔
- date：Kivaのプラットフォームに融資が掲載された期日

リージョンまたは所在地別のKivaのMPI情報（kiva_mpi_region_locations.csv）には、次の項目が含まれています。

- LocationName：リージョンと国の名前
- ISO：ISO3の国コード
- country、region：国とそのリージョン
- world_region：世界レベルのリージョン
- MPI：現在のリージョンのMPI値
- geo、lat、lon：現在の地域のジオコード、緯度、経度

融資テーマ（loan_theme_ids.csv）には、次の項目が含まれています。

- id：融資の一意なID
- Loan Theme ID：融資テーマのID
- Loan Theme Type：融資テーマのタイプ
- Partner ID：パートナーのID

リージョン別の融資テーマ（loan_themes_by_region.csv）には、次の項目が含まれています。

- Partner ID：パートナーのID
- Field Partner Name：現地パートナーの名前
- sector：セクター
- Loan Theme ID、Loan Theme Type：融資テーマのIDとタイプ

- **country**、**region**、**forkiva**：国、リージョン、Kiva で資金調達された融資かどうか
- **geocode_old**：リージョンのジオコード（旧）
- **ISO**：ISO3 の国コード
- **number**：この LocationName とこの融資テーマで資金調達された融資の数
- **amount**：この LocationName とこの融資テーマで資金調達された融資の金額
- **LocationName**、**geocode**、**names**：リージョンと国、ジオコード、LocationName のすべての地名
- **geo**、**lat**、**lon**：現在のリージョンのジオコード、緯度、経度
- **mpi_region**、**mpi_geo**：MPI でのリージョン名とジオコード（他のジオコードと重複することがある）
- **rural_pct**：現在のリージョンでの農村部の割合

このコンペティションデータセットには大量の情報が含まれているため、ここではデータの詳細分析を行うのではなく、データの 1 つの側面に焦点を合わせることにします。

分析コンペティションに適したソリューションとは

最初に釘をさしておきますが、分析コンペティションにふさわしいソリューションは必ずしも完全な探索的データ解析（EDA）ではありません。いくつかの分析コンペティションに参加し、上位のソリューションを調べた経験から言えるのは、「分析コンペティションの採点基準はそれとはまったく逆のことがある」ということです。採点基準は次第に変化することもあれば、繰り返し採用されることもあります。たとえば、評価者が構成やドキュメントよりもアプローチの独創性を優先するのはよくあることです。
こうした基準で高いスコアを獲得するには、用意周到な計画が必要です。提出する結果を完全に文書化するには、やはり詳細なデータ探索が必要です。こうしたアプローチは、研究目的では有用ですが、ソリューションノートブックのナラティブ（データ探索の結果に基づいた説明）に完全に組み込む必要はありません。ナラティブが一貫していて、印象深く説得力のあるものである限り、データの一部をストーリー仕立てで説明することができます。
作成者は、探索済みの表現力のあるデータの中から、自分のストーリーをサポートする要素だけを選び出さなければなりません。したがって、構成も同じように重要であり、選択され解釈されたデータは、ナラティブを裏付ける確固たる証拠を提供するものでなければなりません。ナラティブ、構成、内容が独創的であればあるほど、よりインパクトのあるストーリーになるでしょう。

5.2 Kivaコンペティションの分析：データが増えるほど、洞察は深まる

この分析では、**Country Statistics - UNData**（参考資料[3]）というデータセットを追加することにしました。このデータセットはKivaコンペティションの開催中に参加者の1人が収集したもので、各国の重要な統計指標がまとめられています。このデータセットのデータは、**国連経済社会局**（Department of Economic and Social Affairs：DESA）の**国連統計部**（United Nations Statistics Division：UNSD）の統計データに基づいています。主な指標は、一般情報、経済指標、社会指標、環境／インフラ指標の4つのカテゴリに分類できます。

Country Statistics - UNDataデータセット（以下、UNDataデータセット）は、次の2つのCSVファイルで構成されています。

- `country_profile_variables.csv`
  UNDataデータセットに含まれている各国の主要な指標がすべて含まれている。
- `kiva_country_profile_variables.csv`
  Kivaコンペティションのデータセット（以下、Kivaデータセット）に含まれている国だけをカバーしている。

UNDataデータセットには、国と地理的リージョン、人口、人口密度、男女比、**GDP**（Gross Domestic Product）、1人あたりのGDP、GDP成長率から、経済における農業、工業、サービス業の割合、それらのセクターでの雇用、農業生産、貿易指標、都市人口、都市人口成長率まで、合計50個の列があります。また、携帯電話加入率や女性の国会議員の割合といった情報も含まれています。

このデータセットに含まれている項目のうち最も興味深いのは、安全な飲料水を入手できる人口の割合、改善された衛生設備を使っている人口の割合、乳児死亡率と出生率、平均寿命などの項目です。UNDataデータセットに含まれているこうした特徴量の多くは、貧困を定義する方法に関連しています。今回のデータを巡る旅では、それらの特徴量を調べます。

この分析の主な目的は、貧困の計測方法を理解することにあります。この知識があれば、小口融資の割り当てを最適化するのに必要な情報を主催者に提供することができます。

5.2.1 借り手の人口統計を理解する

まず、融資を受ける人に焦点を合わせて、「借り手は誰か」という質問に答えることから調査を開始します。Kivaコンペティションのデータセットには、女性の借り手が1,071,308人、男性の借り手が274,904人含まれています。女性は、総数だけではなく、融資に紐付いた人数でも優勢のようです。融資に紐付いた女性の数は50人、男性の数は44人です。女性と男性の両方を対象とした融資や、男性のみ、女性のみを対象とした融資など、さまざまな融資があります。

図5-1のグラフからわかるように、融資の大半は女性のみの借り手に関連しています。次に多いのは、男性のみの借り手です。

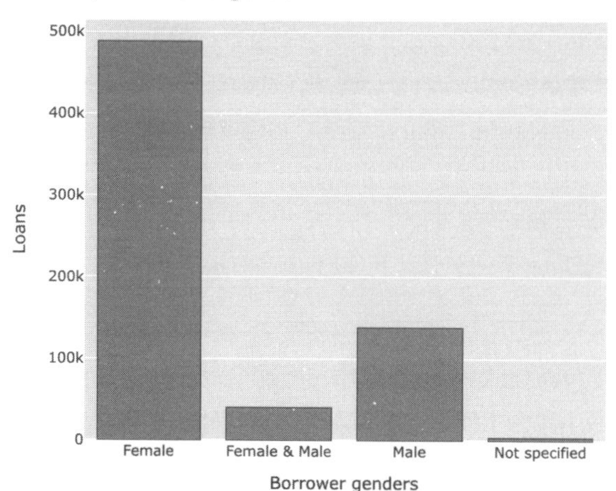

図5-1：借り手の性別

ここからは、女性の借り手（左）と男性の借り手（右）の分布を見てみましょう。まず、セクターごとの女性の借り手と男性の借り手の平均数は図5-2のとおりです。

Average number of female/male borrowers/loan

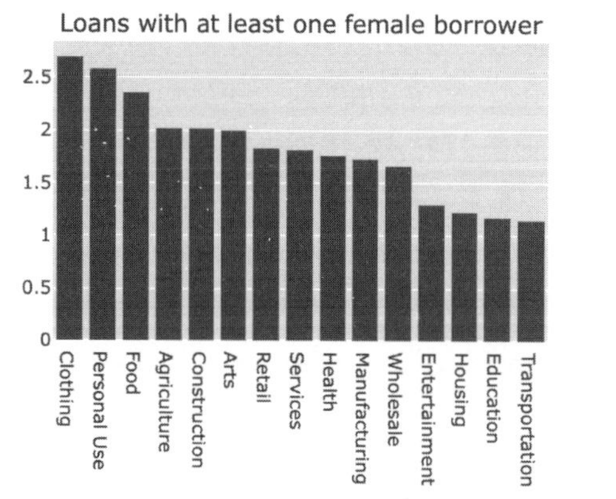

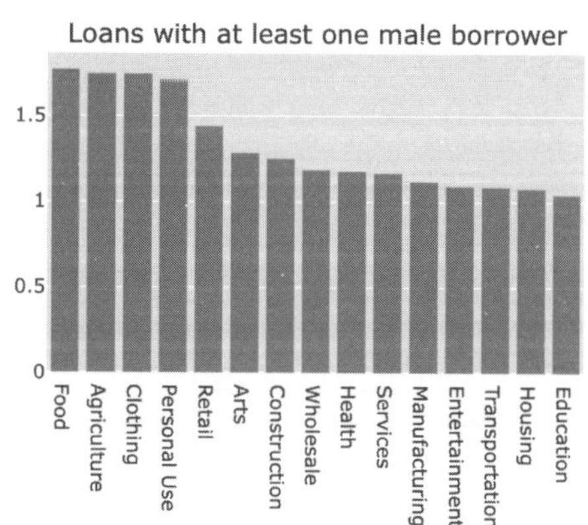

図5-2：セクターごとの女性の借り手（左）と男性の借り手（右）の平均数

融資1件あたりの女性の借り手の平均人数は、Clothing（衣料品）が2.7人、Personal Use（個人的な用途）が2.6人、Food（食品）が2.4人、Agriculture（農業）とConstruction（建設）が2人弱であることがわかります。融資1件あたりの男性の借り手の平均人数は、Food、Agriculture、Clothing、

Personal Use のそれぞれで 1.75 人近くとなっています。

次に、女性の借り手で最も多いセクターは、Clothing、Food、Retail（小売）であることがわかります（図 5-3）。借り手が男性の場合は、Personal Use と Agriculture が最も多いことがわかります。

Maximum number of female/male borrowers/loan

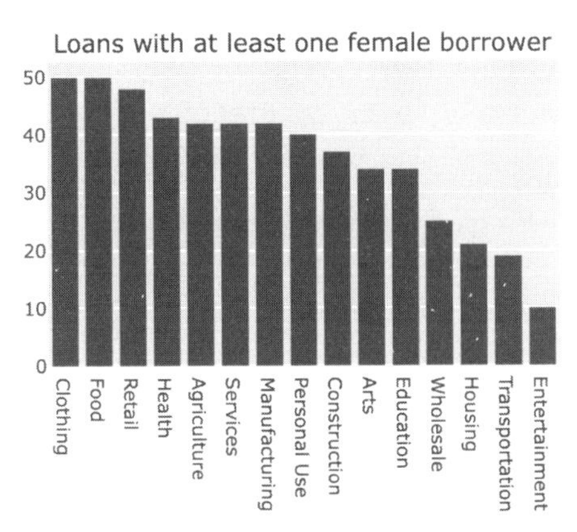

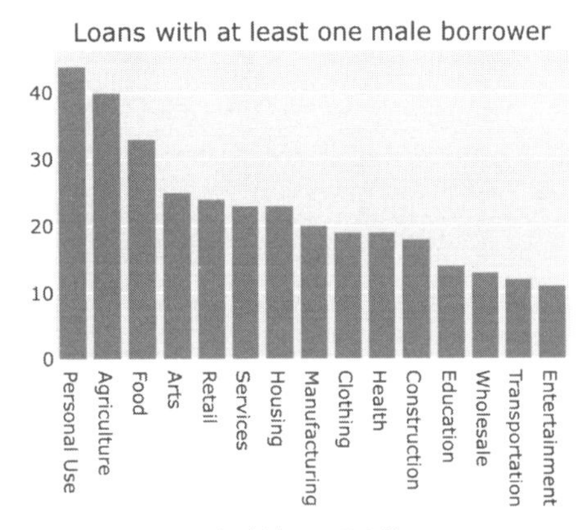

図 5-3：セクターごとの女性の借り手（左）と男性の借り手（右）の最大数

これらのグラフは、plotly を使って作成したものです。plotly は、用途の広い強力な Python ベースのオープンソースグラフィカルライブラリです。Kiva Microloans - A Data Exploration ノートブック（参考資料［4］）および Understanding Poverty to Optimize Microloans ノートブック（参考資料［9］）では、グラフの複雑さを問わず、plotly をあちこちで使っています。図 5-3 のグラフを作成するコードは次のようになります。

```
import plotly.graph_objs as go
from plotly.subplots import make_subplots

df = df.sort_values(by="max", ascending=False)
sectors_f = go.Bar(x=df['sector'], y=df['max'],
                   name="Female borrowers",
                   marker=dict(color=color_list[4]))
df2 = df2.sort_values(by="max", ascending=False)
sectors_m = go.Bar(x=df2['sector'], y=df2['max'],
                   name="Male borrowers",
                   marker=dict(color=color_list[3]))
fig = make_subplots(rows=1, cols=2, start_cell="top-left",
                    subplot_titles=("Loans with at least one female borrower",
                                    "Loans with at least one male borrower"))


fig.add_trace(sectors_f, row=1, col=1)
fig.add_trace(sectors_m, row=1, col=2)
layout = go.Layout(height=400, width=900,
                   title="Maximum number of female/male borrowers/loan")
fig.update_layout(layout)
```

```
fig.update_layout(showlegend=False)
fig.show()
```

ここでは、plotly の `make_subplots()` 関数を使って、2つの棒グラフを並べて作成しています。

借り手は融資を分割で返済します。返済方法はさまざまです。図 5-4 では、女性と男性の返済分布の違いも確認できます。借り手が女性だけのグループの場合、**monthly**（月次返済）と **irregular**（不定期返済）の融資額はほぼ同じですが、**bullet**（期限一括返済）の融資の割合はごくわずかです。借り手が男性だけのグループの場合は、**monthly** が大部分を占めていることと、**irregular** よりも **bullet** の割合がはるかに高いことがわかります。**bullet** は、収入が乏しく、収穫期にしか（または収穫を収益化した時点でしか）返済できない農業のような周期的な活動でよく見られる特徴です。

>> xiii ページにカラーで掲載

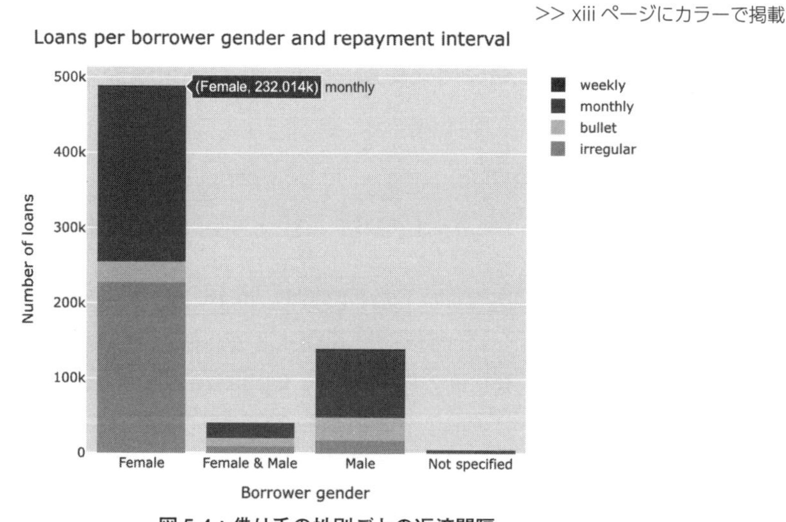

図 5-4：借り手の性別ごとの返済間隔

5.2.2 MPI と他の要因との相関を探る

国連開発計画（UNDP）では、**多次元貧困指数**（Multidimensional Poverty Index：MPI）を導入しています（参考資料 [5] [6]）。本章の分析に使ったデータは 2017 年のものであり、執筆時点では 2022 年までの報告書が公開されています。2022 年の報告書では、12 億人が多次元貧困状態にあり、そのうち 5 億 9,300 万人が 18 歳未満の子供であることが明らかになっています。この 12 億人のうち、5 億 7,900 万人がサハラ以南（サブサハラ）アフリカに住んでおり、次いで 3 億 8,500 万人が南アジアに住んでいます（参考資料 [5]）。

MPI は、3つの次元、複数の指標、貧困基準からなる複合的な指数です。3つの次元とは、健康、教育、生活水準です。健康に関する指標は、栄養と子供の死亡率です。教育に関する指標は、就学年数と就学率の2つです。以上の4つの指標はそれぞれ MPI 値において 6 分の 1 の重みを持ちます。次に、生活水準に関する指標は、炊事用燃料、衛生、飲料水、電力、住宅、資産の6つであり、それぞれの重みは18分の1です（参考資料[5]）。

MPIは0～1の範囲の値であり、値が大きいほど貧困の度合いが高くなります。UNDPが作成したこの多次元要因の構成は、貧困の複雑さを浮き彫りにしています。GDPや国民1人あたりのGDPといった指標では、全体像まではわかりません。貧困の尺度に対する理解を深めて、Kivaデータセットと UNData データセットの特徴量にそのことがどのように反映されているのか見ていきましょう。

では、借り手がどこに住んでいるのかを調べるために、folium/Leafletマップを使ってKivaのリージョンの位置をプロットしてみましょう。このマップを作成するために、まず、間違った緯度と経度が含まれているタプル（たとえば、緯度が90よりも大きい、または-90よりも小さいなど、値が緯度／経度の範囲外であるタプル）を取り除きます。次に、間違った属性を持つデータも取り除きます。

5

```
region_df = kiva_mpi_region_locations_df.loc[
    ~(kiva_mpi_region_locations_df.MPI.isna()) |
    (kiva_mpi_region_locations_df.lat>90) |
    (kiva_mpi_region_locations_df.lat <-90) |
    (kiva_mpi_region_locations_df.lon<-180) |
    (kiva_mpi_region_locations_df.lon>180)]
region_df = region_df.loc[~region_df.lat.isna() & ~region_df.lon.isna()]
```

このマップでは、リージョンごとのマーカーも表示します。マーカーのサイズはMPI（前述したKivaが使っている貧困指数データ）に比例します。MPIについては、後ほど詳しく見ていきます。このマップをプロットするコードは次のようになります。

```
import folim

# 全世界のマップ
m = folium.Map(location=[0, 0], zoom_start=2, tiles="CartoDB Positron")

popup = "<strong>Region</strong>: {}<br>"\
        "<strong>Country</strong>: {}<br>"\
        "<strong>Location Name</strong>: {}<br>"\
        "<strong>World Region</strong>: {}<br>"\
        "<strong>MPI</strong>: {}"
for _, r in region_df.iterrows():
    folium.CircleMarker(location=[r['lat'], r['lon']],
                        fill=True,
                        color=color_list[3],
                        fill_color=color_list[3],
                        weight=0.9,
                        radius=10 * (0.1 + r['MPI']),
                        popup=folium.Popup(popup.format(
                            r['region'], r['country'], r['LocationName'],\
                            r['world_region'], r['MPI']),\
                            min_width=100, max_width=300)).add_to(m)
m  # マップを表示
```

図 5-5 は、リージョンごとの MPI の分布を示しています。このマップには、緯度と経度のペアが間違っているために、誤って割り当てられた場所もいくつか含まれています。これらの場所については、集計データを国レベルまたはリージョンレベルでプロットするときに修正することにします。

>> xiii ページにカラーで掲載

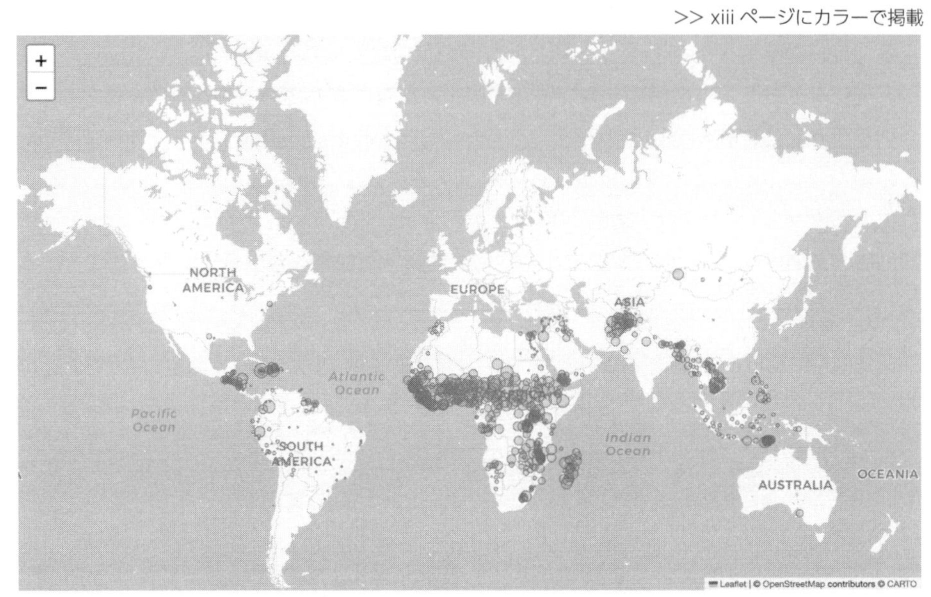

図 5-5：世界の各リージョンの MPI

図 5-6 では、サハラ以南アフリカを拡大し、マーカーを表示しています。

>> xiv ページにカラーで掲載

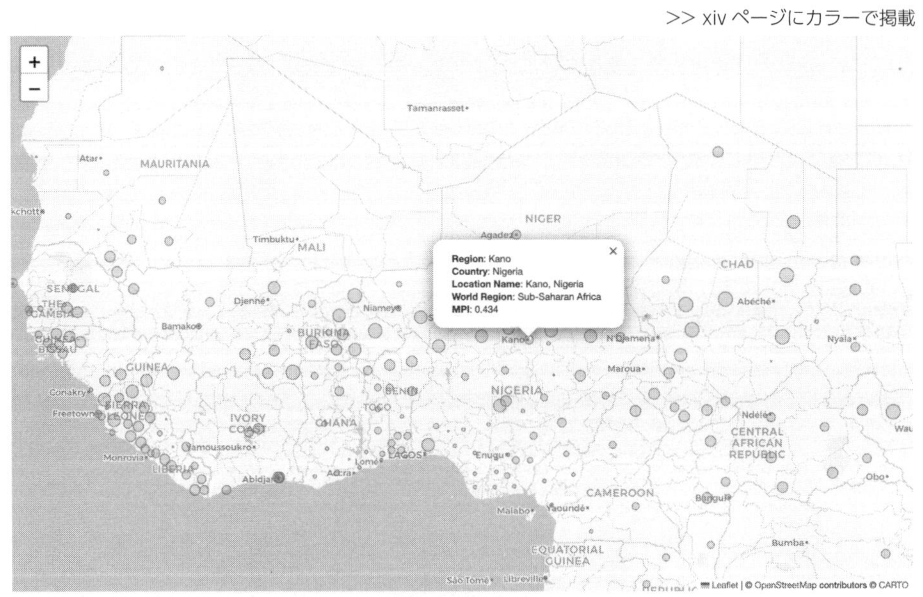

図 5-6：サハラ以南のアフリカを拡大

次に、国レベルとリージョンレベルでの MPI の分布も調べてみましょう。本章のノートブック（参考資料［9］）では、MPI の最小値、最大値、平均値を調べています。ここでは、平均値だけを示します。

図 5-7 では、国レベルでの MPI の平均値を確認できます。MPI の平均値が高いのはサハラ以南の国々であり、東南アジアの国々が続いていることがわかります。

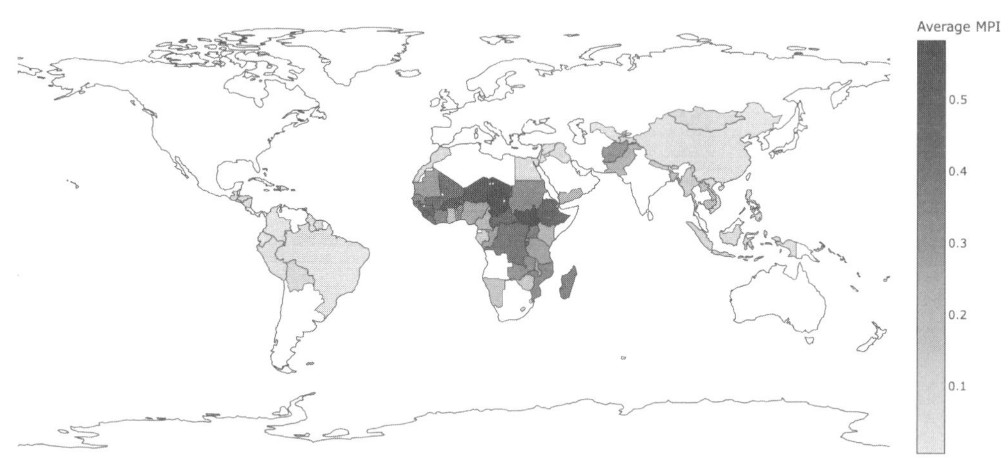

図 5-7：国別の MPI の平均値 - 平均値が最も高いのはサハラ以南の国々

同様に、図 5-8 はリージョンレベルでの MPI の平均値を示しています。ここでも、MPI の平均値が最も高いのはサハラ以南アフリカであり、南アジア、東アジアと太平洋地域、アラブ諸国が続いています。

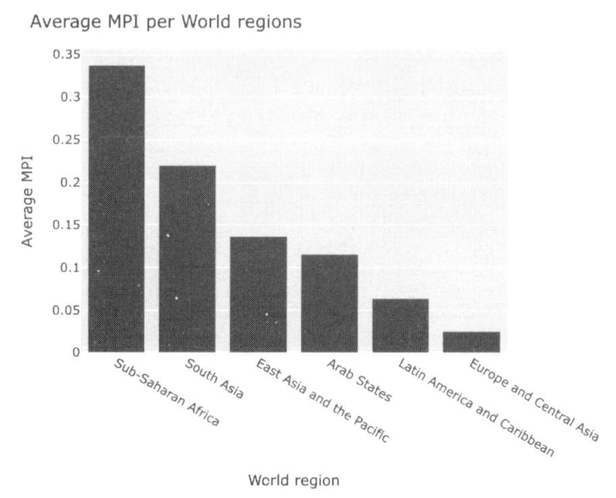

図 5-8：リージョン別の MPI の平均値

図5-9では、セクターごとのMPIの平均値の分布を確認できます。MPIの平均値が最も高いセクターは**Agriculture**であり、その後に**Personal Use**、**Education**、**Retail**、**Construction**が続いています。

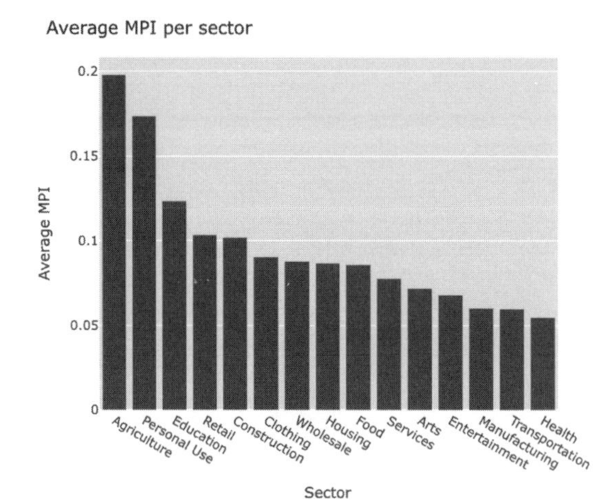

図5-9：融資セクター別のMPIの平均値

MPIの平均値は、**Agriculture**セクターでの融資では0.2弱であり、続いて**Personal Use**セクターが0.18、**Education**セクターが0.12程度となっています。

MPIとリージョン、セクター、借り手の性別との関係を個別に調べたところで、これらすべての特徴量間の関係を調べてみましょう。これらの特徴量のカテゴリにわたって、融資の数と融資1件あたりの融資額の分布をプロットします。融資額の通貨はさまざまであるため、米ドルでの融資だけを調べることにします。融資の数は図5-10のとおりです。

>> xvページにカラーで掲載

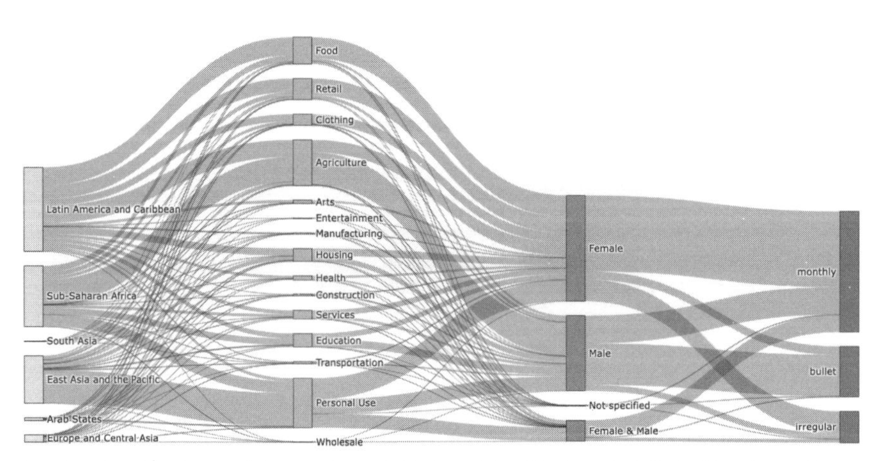

図5-10：リージョン、セクター、借り手の性別、返済期間に対する融資（融資の数）の分布

図 5-10 と図 5-11 では、サンキーダイアグラムを使っています。サンキーダイアグラムは、主に経済におけるプロセスやフローを（たとえば、エネルギー生産量をその供給量や消費量とともに）可視化するために使われます。plotly でサンキーダイアグラムを生成するコード（`plotly_sankey()`）は、`plotly_utils` ユーティリティスクリプト（参考資料[7]）に含まれています。ここで掲載するにはコードが大きすぎるため、プロトタイプとパラメータの定義だけを示します。

```
def plotly_sankey(df, cat_cols=[], value_cols='', title='Sankey Diagram',
                  color_palette=None, height=None):
    """
    Plot a Sankey diagram
    Args:
        df: dataframe with data
        cat_cals: grouped by features
        valie_cols: feature grouped on
        title: graph title
        color_palette: list of colors
        height: graph height
    Returns:
        figure with the Sankey diagram
    """
```

米ドルでの融資額は図 5-11 のようになります。

>> xv ページにカラーで掲載

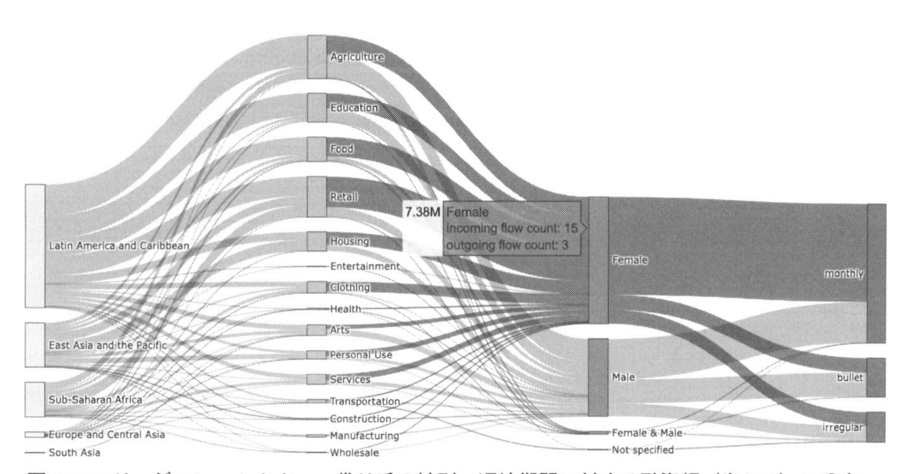

図 5-11：リージョン、セクター、借り手の性別、返済期間に対する融資額（米ドル）の分布

さらに、いくつかの数値特徴量を MPI と相関させてみましょう。まず、Kiva データセットで提供されている情報から始めます。図 5-12 は、男性の借り手の数（`n_male`）、女性の借り手の数（`n_female`）、借入額（`loan_amount`）、Kiva が融資した金額（`funded_amount`）、借入期間（`term_in_` month)、MPI値(MPI)の相関行列です。ここではMPIの計算時に貧困要因として指定される特徴量だけではなく、他の特徴量も選択されていることに注意してください[※1]。

```
kiva_loans_corr = loan_mpi_df.loc[loan_mpi_df.currency=="USD"][[
    'n_male','n_female','loan_amount','funded_amount','term_in_months',
    'repayment_interval','MPI']].corr()

sns.heatmap(kiva_loans_corr,
            xticklabels=kiva_loans_corr.columns.values,
            yticklabels=kiva_loans_corr.columns.values,
            cmap=cmap_custom, vmin=-1, vmax=1, annot=True, square=True)
plt.title('Kiva Loan Feature Correlation')
```

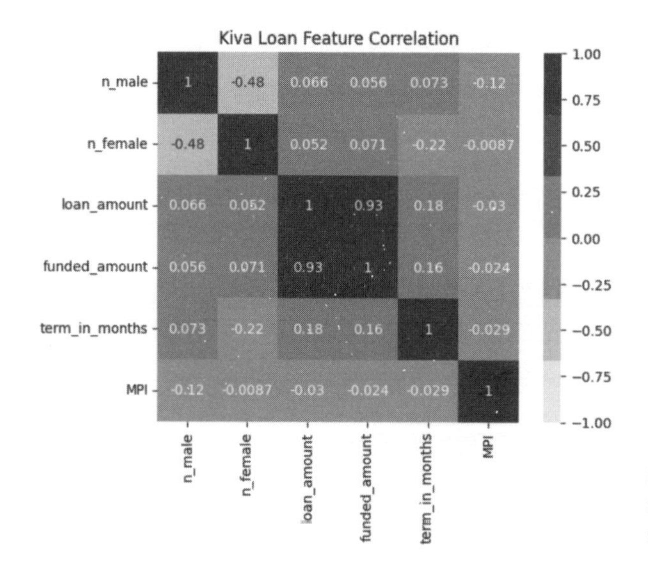

図5-12：融資情報の特徴量とMPIの相関行列

男性と女性の数に逆相関が認められます(融資の借り手は男性または女性のどちらかであり、一方のカテゴリの数が増加すれば、もう一方のカテゴリの数は減少するため、これは当然のことです)。

融資額と借入額の間には、常に高い相関が認められます。MPIとKivaの各数値指標の間には、わずかながら逆相関が認められます(絶対値が0.1に満たないため、相関はありません)。貧困関連の指標が多数含まれているUNDataデータセットの特徴量とMPIの相関を調べてみる必要がありそうです。

図5-13の相関行列を作成するために、融資データをMPIデータとUNDataデータと統合してみました[※2]。

※1 [訳注] 図5-12の相関行列を作成するコードをpandas 2.0.0以降で実行する場合は、`pandas.DataFrame.corr()`に`numeric_only=True`を指定する必要がある。

```
kiva_loans_corr = loan_mpi_df.loc[...][[...]].corr(numeric_only=True)
```

※2 [訳注] このコードをpandas 2.0.0以降で実行する場合は、`pandas.DataFrame.corr()`に`numeric_only=True`を指定する必要がある。

```
kiva_mpi_un_df = loan_mpi_df.merge(kiva_country_profiles_variables_df)
kiva_loans_corr = kiva_mpi_un_df.loc[loan_mpi_df.currency=="USD"][sel_columns].corr()

fig, ax = plt.subplots(1, 1, figsize=(16, 16))
sns.heatmap(kiva_loans_corr,
            xticklabels=kiva_loans_corr.columns.values,
            yticklabels=kiva_loans_corr.columns.values,
            cmap=cmap_custom, vmin=-1, vmax=1, annot=True, square=True,
            annot_kws={"size":8})
plt.suptitle('Kiva Loans & MPI, UN Countries Features Correlation')
plt.show()
```


>> xvi ページにカラーで掲載

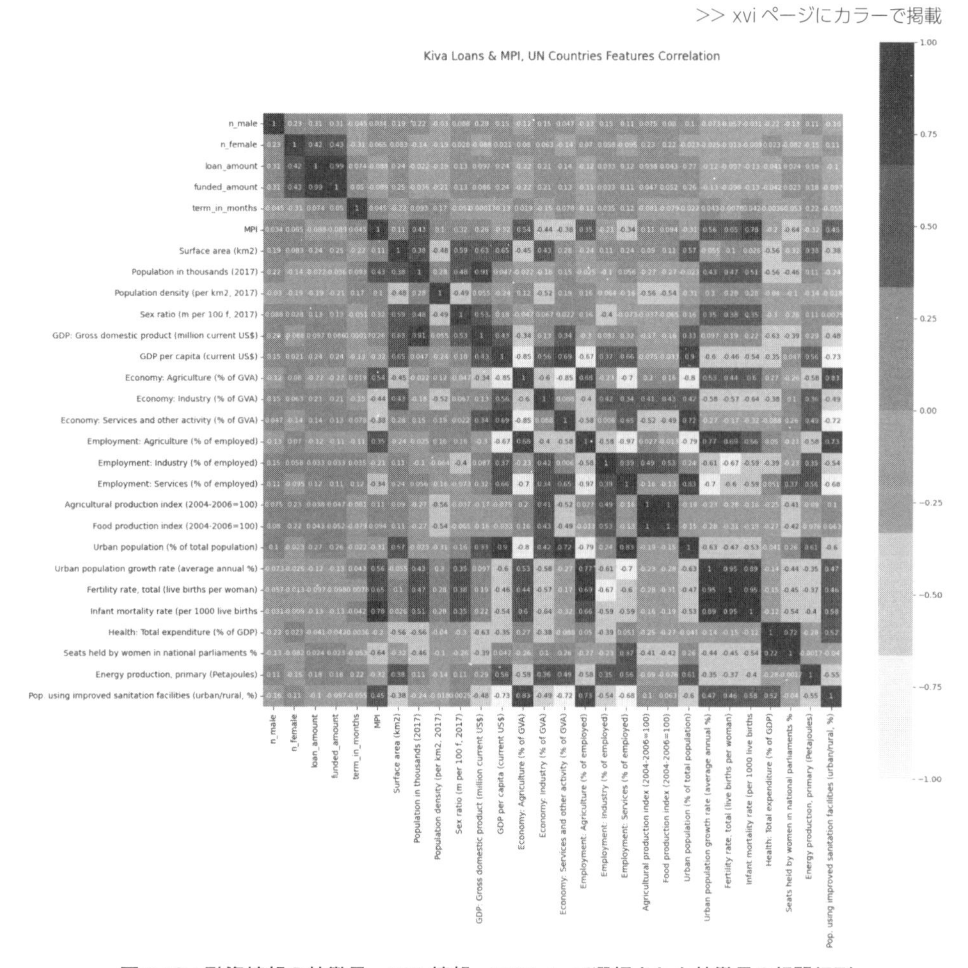

図 5-13：融資情報の特徴量、MPI 情報、UNData で選択された特徴量の相関行列

図5-13を調べてみると、MPIと乳児死亡率（Infant mortality rate）および出生率（Fertility rate）の間でそれぞれ強い正の相関が認められることがわかります。また、MPIと、人口、経済に占める農業の割合（Economy: Agriculture）、農業に従事する人の割合（Employment: Agriculture）、都市人口増加率（Urban population growth rate）、改善された衛生設備を使っている人口の割合（Pop. using improved sanitation facilities）などの間でも正の相関が認められます。これらは貧困の度合いが高くなると増加する要因の例です。興味深いのは、都市人口増加率とMPIの間に相関が認められることです。というのも、人口の移動は必ずしも雇用を求めて都市部に移住する人が増えることによって引き起こされるわけではなく、農村部の資源不足によって多くの人が住む場所を追われることが原因だからです。また、医療費の総額（Health: Total expenditure）、女性の国会議員の議席数（Seats held by women in national parliaments）、経済に占める工業の割合（Economy: Industry）とサービスの割合（Economy: Services and other activity）との逆相関も認められます。

工業の発展とサービスの増加は経済発展の特性であり、貧困層に対してより多くの機会をもたらします。したがって、これらの要因が増加すれば、MPIは低下します。女性の国会議員の存在は非常に興味深い要因（強い逆相関）です。女性議員の存在は、社会が発展していて、包括的で、豊かであり、女性に権限を与え、より多くの機会を与える環境が整っているというサインだからです。

5.2.3 レーダーチャートで貧困の次元を可視化する

本節は、借り手に関する情報を調べることから始まりました。借り手のほとんどが女性で、サハラ以南や南アジアの貧困地域の出身であることがわかりました。しかし、ニーズの多様性は高く、セクター情報からはその全容は明らかになりません。それぞれの借り手が抱えているニーズを明らかにし、貧困の原因となっている具体的な条件をあぶり出すには、各セクターの詳細な活動内容を調べてみるしかありません。

KivaのデータとUNDPによるMPIの定義から、貧困は複数の要因が組み合わさったものであるということがわかります。貧困につながる要因の組み合わせは、リージョンはもちろん、それぞれの具体的な状況によっても異なります。この多次元的な貧困の本質を明らかにするために、可視化ツールを導入することにしましょう。ここでは、貧困に関連する次元を選択することで、複数の国が置かれている状況をレーダーチャートで表します。レーダーチャートは蜘蛛の巣に似ていることから、「スパイダーチャート」とも呼ばれます。レーダーチャートの（放射状の）軸は、対象となる個々の特徴量を表しています。レーダーチャートの面積は、個々の特徴量の累積的な影響の大きさを反映しています。特徴量が小さいと面積も小さくなり、特徴量が大きいと面積も大きくなります。今回は、貧困（MPI累積因子）に寄与する特徴量（要因）の数字で貧困を表すことにします。

まず、plotlyを使ってカスタムレーダーチャートで可視化するためのデータを準備します。そのためのコードは次のようになります。データを国別にグループ化し、国ごとのMPIの平均値と中央値を計算します。

```
region_df = \
    kiva_mpi_region_locations_df.loc[~kiva_mpi_region_locations_df.MPI.isna()]
df = region_df.groupby(["country"])["MPI"].agg(["mean", "median"]).reset_index()
df.columns = ["country", "MPI_mean", "MPI_median"]

kiva_mpi_country_df = kiva_country_profiles_variables_df.merge(df)
df = kiva_mpi_country_df.sort_values(by="MPI_median", ascending=False)[0:10]
df['MPI_median'] = df['MPI_median'] * 100
df['MPI_mean'] = df['MPI_mean'] * 100
```


今回は、1 ～ 100 の範囲にある特徴量だけを選択します（いくつかの特徴量は、区間が同じになるように尺度を取り直します）。また、特徴量の値が MPI 値と逆相関している場合は、100 からその値を引きます。このようにするのは、レーダーチャートの軸として表される特徴量がすべて MPI と正の相関を持つようにするためです。

```
df['Infant mortality rate /1000 births'] = \
    df['Infant mortality rate (per 1000 live births']
df["Employment: Agriculture %"] = \
    df['Employment: Agriculture (% of employed)'].apply(lambda x: abs(x))
df["No improved sanitation facilit. %"] = \
    df['Pop. using improved sanitation facilities (urban/rural, %)'].apply(
        lambda x: 100 - float(x))
df['No improved drinking water % (U)'] = \
    df['Pop. using improved drinking water (urban/rural, %)'].apply(
        lambda x: 100 - float(x.split("/")[0]))
df['No improved drinking water % (R)'] = \
    df['Pop. using improved drinking water (urban/rural, %)'].apply(
        lambda x: 100 - float(x.split("/")[1]))
```

次に、レーダーチャートの特徴量を定義します。

```
radar_columns = ['No improved sanitation facilit. %',
                 'MPI_median', 'MPI_mean',
                 'No improved drinking water % (U)',
                 'No improved drinking water % (R)',
                 'Infant mortality rate /1000 births',
                 'Employment: Agriculture %']
```

レーダーチャートを作成するコードは次のようになります。

```
fig = make_subplots(rows=1, shared_xaxes=True)

for _, row in df.iterrows():
    r = []
    for f in radar_columns:
        r.append(row[f])
    radar = go.Scatterpolar(r=r,
```

```
                              theta=radar_columns,
                              fill='toself',
                              opacity=0.7,
                              name = row['country'])
    fig.add_trace(radar)
```

```
title = "Selcted poverty dimmensions in the 10 countries "\
        "with highest median MPI rate"
fig.update_layout(height=900, width=900,
                  title=title,
                  polar=dict(radialaxis=dict(visible=True, range=[0,100],
                                             gridcolor='black'),
                             bgcolor='white',
                             angularaxis=dict(visible=True,
                                              linecolor='black',
                                              gridcolor='black')
                  ),
                  margin=go.layout.Margin(l=200, r=200, b=50, t=100)
)
fig.show()
```

結果は図 5-14 のようになります。このレーダーチャートには、（国ごとに計算される）MPI の中央値が大きい国から順に、10 か国の代表的な貧困の次元が表示されています。ここで選択されている次元は、MPI と正の相関を持つものです。チャート内の総面積が大きいほど、実際の貧困の度合いが高くなります。

＞＞ xvii ページにカラーで掲載

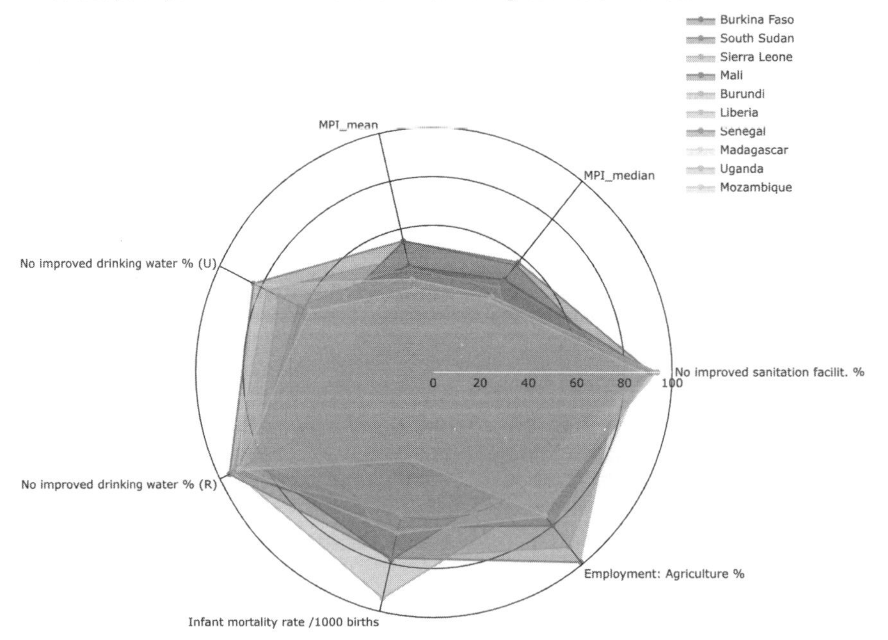

図 5-14：MPI の中央値が高い 10 か国の貧困の次元を示すレーダーチャート

ここでは、レーダーチャートを使って貧困と相関関係にある要因を特定し、これらの要因が持続的な貧困に累積的な影響を与えることを確認しました。

5.2.4 最後に

ここでは、Kivaコンペティションの一部を分析し、実際の融資やKivaの現地パートナーよりも、借り手とその貧困の定義のほうに着目しました。ここでの目的は、貧困の要因をターゲットとする分析を行うことで、そうした要因を確認し、それぞれの要因が持続的な貧困にどのようにつながるのかを理解することにありました。分析コンペティションに取り組むときには、最初に仮説（または主題）を立て、分析をデータの一部（調査の方向性に関連するもの）に限定する必要があることを説明しました。

完全かつ包括的なデータ分析を中心としてストーリーを組み立てるのではなく、伝えたいストーリーを組み立てるためにデータを調べる必要があります。今回は、データを徹底的に分析する予備的なステップについては説明しませんでした（前章では、パブデータセットとスターバックスデータセットでそれぞれ事前にEDAを実施することで、両方のデータに基づく最終分析の準備と裏付けを行いました）。ここでは、貧困を最もうまく定義するものを理解することに焦点を合わせ、そのためにKivaのデータとUNDataの追加データを組み合わせました。

したがって、貧困を特徴付けるさまざまな側面に最もさらされている国、リージョン、カテゴリを優先的にターゲットにすれば、Kivaの取り組みを改善できると結論付けることができます。レーダーチャートは便利なツールです。このチャートを設計する際には、そうした指標を選択したり、そのうちのいくつかを変更したりして、貧困の度合いが高くなると総面積が大きくなるようにしました。

1人あたりのGDPが、貧困を特徴付ける唯一の指標ではありません。貧困の形態はさまざまであり、複数の（場合によっては）相互に依存する要因に基づいて定義することができます。Kivaの貧困対策プログラムが、就学率の向上、衛生状態の改善、栄養状態、医療などにも影響を与える可能性がある要因をターゲットにすれば、社会へのポジティブな影響が高まるかもしれません。

5.3 データセットごとに異なるストーリーを伝える

本章では、5年以上前に開催されたコンペティションのデータを分析することから始めました。このコンペティションは、Kaggleで開催された最初の分析コンペティションの1つでした。ここでも引き続き、最近のKaggleコンペティションのデータを調べることにします。このコンペティションは**Meta Kaggle**データセット（参考資料[2]）に基づいており、このデータセットにはKaggle独自のデータが含まれています。Kaggleでは、「コンペティションのために大規模なチームを編成するのが最近の傾向である」という認識があるようです。**Meta Kaggle**のデータを調べることで、この認識に関連する質問に答えてみたいと思います。最終的には、利用可能なデータを注意深く調べれば、重要な洞察が得られることがわかるでしょう。

5.3.1 プロット

今から数年ほど前の 2019 年、あるコンペティションの終盤に、「特に注目度の高い Featured コンペティションでは、チームを組む参加者の人数が多くなる」という最近の傾向が話題に上りました。筆者は、Discussion を賑わせているこの主張に興味を引かれ、**Meta Kaggle** データセットに含まれている Kaggle 独自のデータを使って、この情報を検証することにしました。この分析の結果を信頼できるものに保つために、筆者は **Meta Kaggle** のデータを 2019 年末よりも前の値に限定することにしました。2019 年以降は、メタデータキーワードの一部が変更されており、以前は「In Class」という名前だったコンペティションが「Community」という名前に変更されています。本書の執筆時点の **Meta Kaggle** データセットでは、カテゴリ名は「Community」になっていますが、ここでは両方の表現を使うことにします。なお、場合によっては、この分析を最初に行ったときに使われていた「In Class」の情報だけを使います※3。

5.3.2 実際の推移

チームの数を年とチームの規模ごとに分類してみると、大規模なチームが 2017 年や 2018 年だけの現象ではないことがわかります。これらの統計データを見てみましょう（図 5-15）。

Number of teams grouped by year and by team size

Team size	2010	2011	2012	2013	2014	2015	2016	2017	2018	2019	2020	2021	2022	2023	2024
1	10409	64659	94990	175765	480988	507324	401577	785614	1015069	1001179	833300	664281	617884	511321	360363
2	24	153	592	1045	1292	2590	2704	3717	6719	11074	9766	9415	9294	7265	6929
3	7	41	190	353	399	940	956	1313	2403	4375	3701	3651	3347	2776	2760
4	3	8	78	145	126	416	431	653	857	1776	1707	1925	1801	1610	1615
5		2	40	54	48	133	149	233	408	927	1084	1243	1109	959	1019
6		1	24	22	14	52	54	94	161	122	61	26	9		
7			6	19	6	14	24	33	60	42	43	22	7		
8			2	9	7	6	15	20	33	26	18	4			
9			3	1	3	4	6	5	21		1	2			
10			5	2	1	3	2	6	11			1			
11			4	1	3	3	2	6	7						
12		1	1		2	1		4	5						
13					2		1	2	3		1				
14					1			1	2						
15			1		1			1	2						
16					1				2						
17								1							
18				1		1		1							
19					1			2							
20								1	1						
22					2										
23			2						1						
24				2	1										
25					1										
34								1							
40			1												

図 5-15：チームの数を年とチームの規模別に分類

大規模なチームが存在したのは次の年でした。

※3　［訳注］本節の内容にほぼ相当する Kaggle ノートブックは https://www.kaggle.com/code/gpreda/meta-kaggle-what-happened-to-the-team-size にある。検証とスクリーンショットには、2024 年 10 月時点の Meta Kaggle を使用した。

- 2012 年（40 人と 23 人のチーム）
- 2013 年（最も大きなチームのメンバー数は 24 人）
- 2014 年（最も大きなチームのメンバー数は 25 人）
- 2017 年（最も大きなチームのメンバー数は 34 人）

2017 年と 2018 年は、チームの総数（2017 年）と、中規模のチーム（チームメンバーが 4 〜 8 名）の数が急増していることがわかります。

年ごとのコンペティションの数を調べてみると、コンペティションの総数に占める「チームサイズに制限のないコンペティション」の割合も 2018 年に増加していることがわかります。Discussion で話題になった「2018 年に大規模なチームが増えた」というパターンは、このことによって部分的に説明がつきます。

Community コンペティションを除外した場合は、図 5-16 のような統計データが得られます。複数の参加者からなるチームの大部分は Community 以外のコンペティションのために結成されていたため、大規模なチームに関する統計データに大きな変化は見られません。

Number of teams grouped by year and by team size (no InClass comp.)

Team size \ Year	2010	2011	2012	2013	2014	2015	2016	2017	2018	2019	2020	2021	2022	2023	2024
1	10409	64659	94990	175765	480988	507324	401577	785614	1015069	1001179	833300	664281	617884	511321	360363
2	24	153	592	1045	1292	2590	2704	3717	6719	11074	9766	9415	9294	7265	6929
3	7	41	190	353	399	940	956	1313	2403	4375	3701	3651	3347	2776	2760
4	3	8	78	145	126	416	431	653	857	1776	1707	1925	1801	1610	1615
5		2	40	54	48	133	149	233	408	927	1084	1243	1109	959	1019
6		1	24	22	14	52	54	94	161	122	61	26	9		
7			6	19	6	14	24	33	60	42	43	22	7		
8			2	9	7	6	15	20	33	26	18	4			
9			3	1	3	4	6	5	21		1	2			
10			5	2	1	3	2	6	11			1			
11			4	1	3	3	2	6	7						
12		1	1		2	1		4	5						
13					2		1	2	3		1				
14					1			1	2						
15			1		1			1	2						
16					1				2						
17								1							
18				1		1		1							
19					1			2							
20								1	1						
22					2										
23			2						1						
24				2	1										
25					1										
34								1							
40			1												

図 5-16：チームの数を年とチームの規模別に分類 - Community コンペティションを除く

`plotly.express` の散布図を使って、金メダル、銀メダル、銅メダルの分布の推移を調べてみましょう。チームの規模ごとに、これらのメダルを別々のトレースとしてグループ化します（図 5-17）※4。

※4 ［訳注］図 5-17 のプロットには bubbly を使っているが、このライブラリは 2018 年以降リリースされておらず、pandas 2.0 以上のバージョンに対応していない。検証では、pandas 1.5.3 を使用した。

>> xvii ページにカラーで掲載

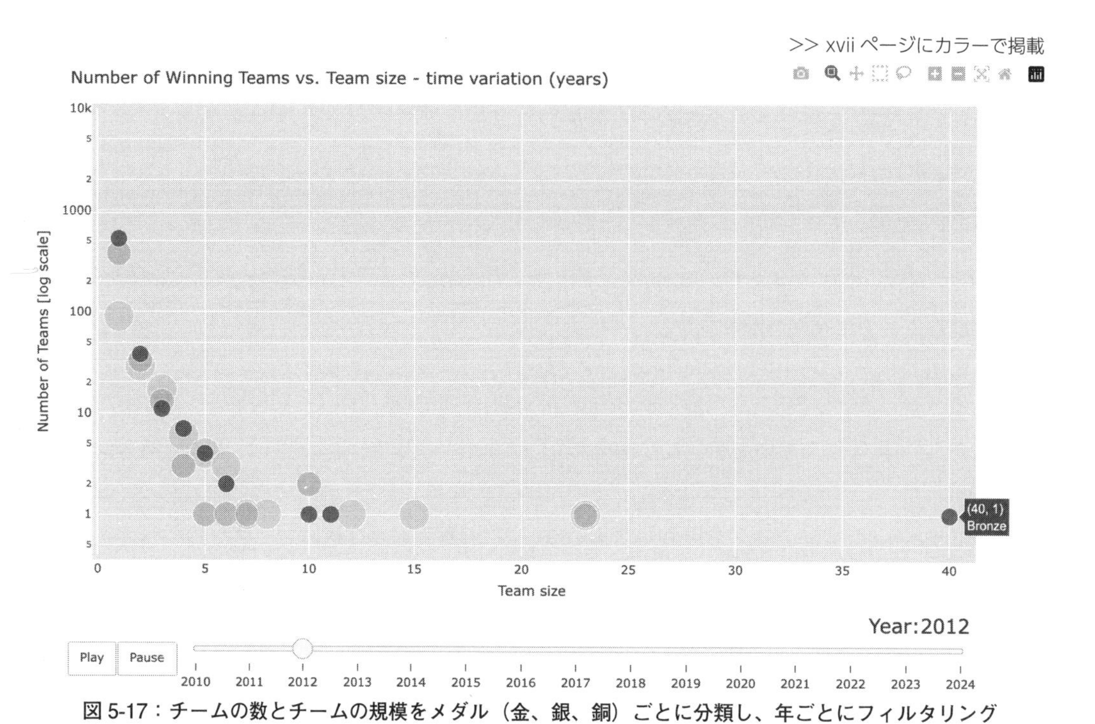

図5-17：チームの数とチームの規模をメダル（金、銀、銅）ごとに分類し、年ごとにフィルタリング

y軸はチームの数を対数スケールで表しており、x軸はチームの規模を表しています。マーカーの大きさはメダルの重要度に比例しています（金メダルが最も大きく、銅メダルが最も小さい）。図5-17では、選択した年のFeaturedコンペティションでの結果が示されています。それぞれの年にメダルを獲得したチームのうち、最も規模が大きかったのは次のチームです。

- 2010年：メンバー4人の1つのチームが金メダルを獲得
- 2011年：メンバー12人の1つのチームが金メダルを獲得
- 2012年：メンバー40人の1つのチームが銅メダルを獲得
- 2013年：メンバー24人の2つのチームが金メダルを獲得
- 2014年：メンバー6人の1つのチームが銅メダルを獲得
- 2015年：メンバー18人の1つのチームが銅メダルを獲得
- 2016年：メンバー13人の1つのチームが金メダルを獲得
- 2017年：メンバー34人の1つのチームが銅メダルを獲得
- 2018年：メンバー23人の1つのチームが銀メダルを獲得
- 2019年：メンバー8人の2つのチームが金メダルを獲得、メンバー8人の4つのチームが銀メダルを獲得

また、Featured コンペティションだけを選択したヒートマップも見てみましょう。このヒートマップでは、金メダルを獲得したチームの数を年とチームの規模ごとに分類しています。Featured コンペティションは最も注目度の高いコンペティションであり、したがって最も大きな関心を集めます。また、チームの規模も最も大きくなります。図 5-18 のヒートマップから、次のことがわかります。

>> xviii ページにカラーで掲載

Number of Gold winning teams grouped by year and by team size (Featured competitions)

Team size \ Year	2010	2011	2012	2013	2014	2015	2016	2017	2018	2019	2020	2021	2022	2023	2024
1	33	106	90	100	68	129	132	125	135	158	128	111	171	172	123
2	5	16	29	20	19	51	44	35	78	50	45	34	26	34	26
3		3	17	11	9	26	26	25	31	40	29	34	37	20	22
4	1		6	6	1	7	20	19	25	26	16	21	23	26	19
5			4	3	4	5	7	8	18	28	20	18	18	26	17
6		1	3	1		4	4	5	14	3	1				
7			1	3		1	3	2	8	1					
8			1	1			3	2	6	2	1				
9									1						
10				1				1	1						
11							2		1						
12		1	1						1						
13							1								
15			1												
23			1												
24				2											

図 5-18：金メダルを獲得したチームの数を年とチームの規模別に分類 - Featured コンペティションのみ

- 2018 年は、メンバー数が 2、5 ～ 8 名のチームでのみ、金メダルを獲得したチームの数が増加した。
- 金メダルを獲得したチームのうち最も規模が大きかったのは、2013 年（24 人と 10 人）、2012 年（23 人、15 人、12 人）、2011 年（12 人）、2016 年（13 人と 11 人）、2017 年（10 人）。

したがって、Featured コンペティションにおいて大規模なチームの数が 2018 ～ 2019 年頃に増加したという認識は誤りです。実際には、メダルを獲得したチームのうち規模が最も大きかったのは 2012 年の 40 人であり、2013 年には 24 人のメンバーを擁する 2 つのチームが金メダルを獲得しています。

Research コンペティションでも同様の観測結果が得られます。Research コンペティションでメダルを獲得したチームのうち、最も規模が大きかったチームは次のとおりです。

- 2012 年：メンバー 11 人の 1 つのチームが金メダル、1 つのチームが銀メダルを獲得
- 2013 年：メンバー 9 人の 1 つのチームが銅メダルを獲得
- 2014 年：メンバー 24 人の 1 つのチームが銅メダルを獲得
- 2015 年：メンバー 8 人の 1 つのチームが銀メダルを獲得

- 2016 年：メンバー 8 人の 1 つのチームが銀メダルを獲得
- 2017 年：メンバー 8 人の 4 つのチームが銅メダルを 4 個獲得
- 2018 年：メンバー 9 人の 1 つのチームが金メダルを獲得

結論から言うと、Research コンペティションで銅メダル、銀メダル、金メダルのいずれかを獲得している大規模なチームは、最近の傾向ではありません。2012 年には、メンバーが 11 人のチームが金メダルと銀メダルを獲得していました。2017 年には、銅メダルを獲得したチームが 4 つありました。

次に、Featured コンペティションのチームを選択し、チームの規模がチームのランキングと何らかの形で相関しているかどうかを確認してみましょう。まず、各チームのメンバーの数を年ごとにカウントします。次に、その結果を `teams_df` データセットとマージして、チームごとのメンバー数とパブリック／プライベートリーダーボードのランクを 1 つのデータセットにまとめます。図 5-19 は、2010 年から 2019 年のチームの規模とランク（パブリック／プライベートリーダーボード）のヒートマップです。わずかながら負の相関の傾向が認められますが、パブリック／プライベートリーダーボードのランクとチームの規模の間の相関を表す値から、「非常に小さな逆相関係数が存在し、ランクが下がるとチームの規模が大きくなる傾向にある」ということがわかります。言い換えると、チームが上位のランクに近づこうとするほど、チームの規模が大きくなります。この係数の値は –0.02 から –0.12 であり（非常に小さな逆相関）、年数に従って（絶対値では）大きくなっています。

>> xviii、xix ページにカラーで掲載

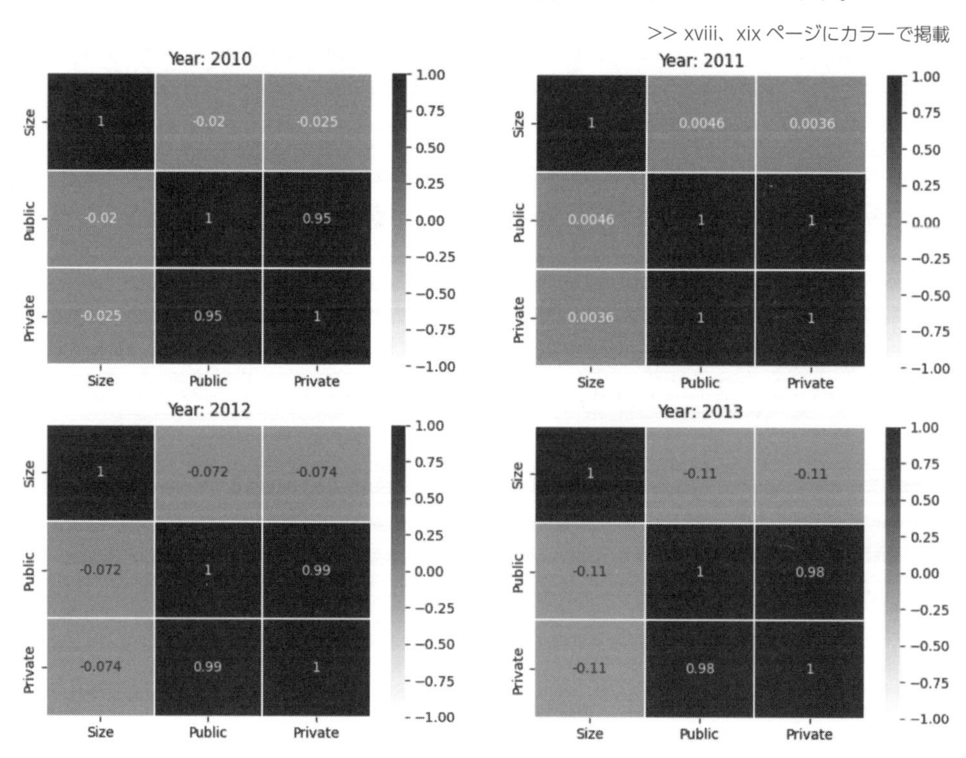

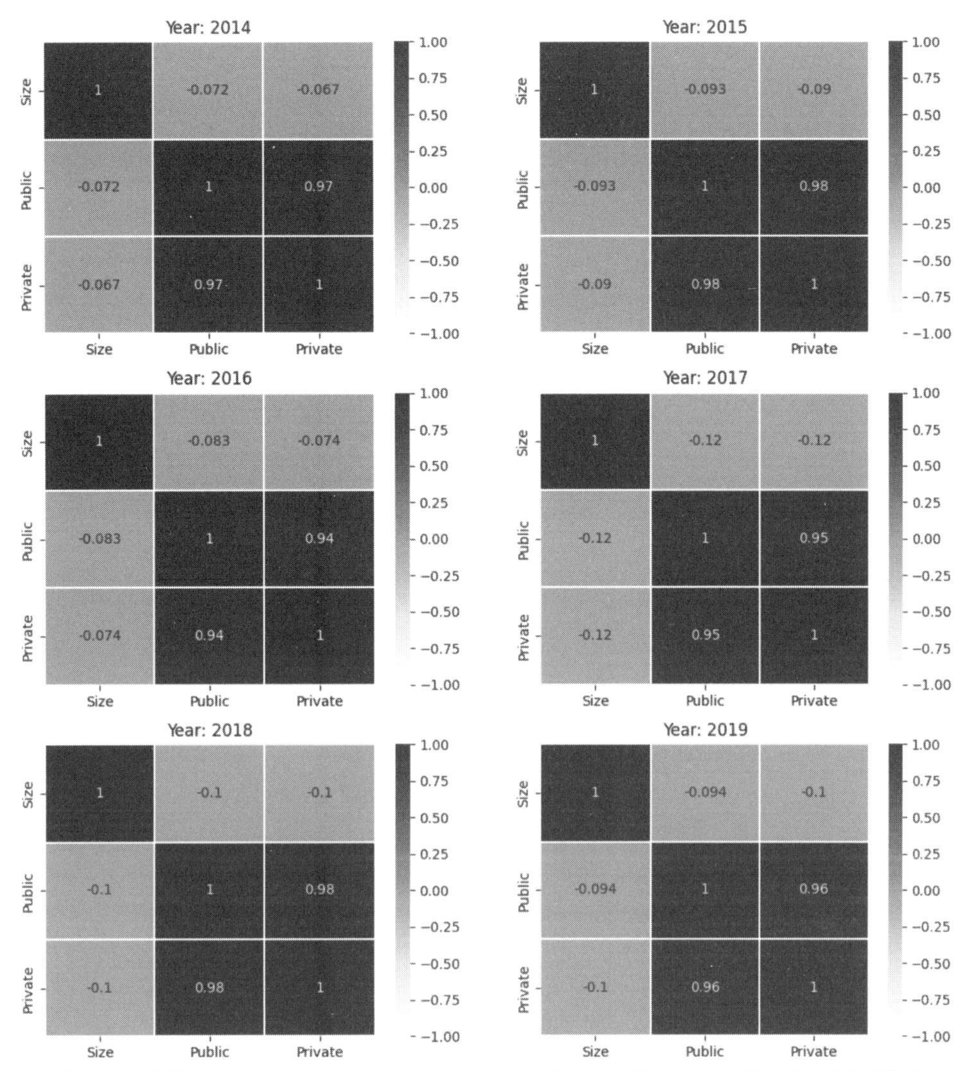

図 5-19：パブリック／プライベートリーダーボードのランキングとチーム規模からなる相関行列

一般的には、逆相関はパブリックリーダーボード（Public）のほうが大きく、パブリックリーダーボードで上位を目指そうとするチームは規模が大きくなる傾向にあります。このため、大規模なチーム――特に非常に大規模なチームの日和見主義的な性質についてあれこれ推測できそうです。実際には、相関が弱すぎるため、意味のある洞察は引き出せません。

コンペティションとチームのデータを分析した結果、大規模なチームによるメダルの獲得は過去にも同じように頻繁に起きており、2012 年にはすでに非常に大規模なチームがコンペティションで金メダルを獲得していたことがわかりました。Featured コンペティションでは、2012 年に 40 人のメンバーを擁するチームが銅メダルを獲得しており、2016 年に 13 人のメンバーを擁するチームが金メダルを獲得しています。対して、2018年には23人のメンバーを擁するチームが銀メダルを獲得しています。

パブリックリーダーボードとプライベートリーダーボードのランキングの間に強い相関が認められることは明らかですが、一方で、チームの規模とパブリック／プライベートリーダーボードのランキングの間では相関が認められない（値が0.1未満または負である）ことがわかります。

5.3.3 結論

結論として、メダル獲得のために大規模なチームが結成される頻度が2018～2019年頃に増加したという認識があったことは確かですが、これは（2018～2019年の観測では）最近の現象ではありません。過去には、もっと大規模なチームがメダルを獲得しています。

2018～2019年頃に劇的に変化したのは、Kaggleユーザーの数です。この情報も調べてみましょう。図5-20は、2020年までのKaggleユーザーの分布を示しています。

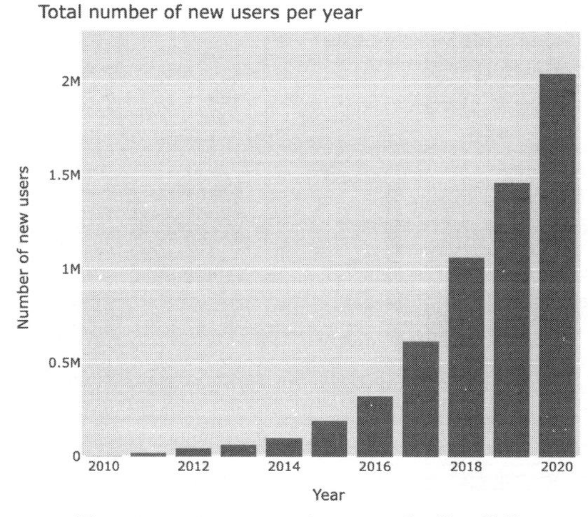

図5-20：2010～2020年のユーザー数の推移

このダイナミックな変化は、Kaggleの現在のユーザーの70%が、実は数年前には存在していなかったことを示しています。かくいう筆者もその1人です。新規ユーザーの数は、まさに指数関数的に増加しています。したがって、コミュニティの記憶として認識されているものは、偏ったイメージかもしれません。なぜなら、Kaggleユーザーの大多数は、ほんの数年前に存在した大規模なチームを経験していないからです。

5.4 本章のまとめ

本章では、分析コンペティションを取り上げ、Data Science for Good: Kiva Crowdfundingコンペティションのデータと、Meta Kaggleデータセットのデータを分析しました。Meta Kaggleのデータは Kaggleによって頻繁に更新されており、さまざまな分析ノートブックのテーマにもなっています。

Kivaデータセットでは、徹底的な探索的データ解析(EDA)を行うのではなく、「貧困とは何かを理解する」という1つのトピックを調べることにしました。また、Meta Kaggleデータセットでは、特に注目度の高いコンペティションでメダルの獲得を目指している参加者のために、「コンペティションに向けて大規模なチームを編成するのが最近の傾向である」という認識に関連する質問に答えることにしました。分析コンペティションに対するアプローチとしては、徹底的なEDAを行うことよりも、十分に文書化されたデータと明確な可視化によって裏付けられた、雄弁なストーリーを構築することのほうが効果的であることがわかりました。

また、本章では、可視化ライブラリとしてplotlyを使い始めました。次章では、Kivaデータセットと Meta Kaggleデータセットのために開発した可視化スクリプトの一部を再利用します。

5.5 参考資料

[1] Data Science for Good: Kiva Crowdfunding, Kaggle dataset: https://www.kaggle.com/kiva/data-science-for-good-kiva-crowdfunding

[2] Meta Kaggle, Kaggle dataset: https://www.kaggle.com/datasets/kaggle/meta-kaggle

[3] Country Statistics - UNData, Kaggle dataset: https://www.kaggle.com/sudalairajkumar/undata-country-profiles

[4] Kiva Microloans - A Data Exploration, Kaggle notebook: https://www.kaggle.com/code/gpreda/kiva-microloans-a-data-exploration

[5] Multidimensional poverty index (MPI): https://hdr.undp.org/content/2022-global-multidimensional-poverty-index-mpi

[6] Multidimensional poverty index on Wikipedia: https://en.wikipedia.org/wiki/Multidimensional_Poverty_Index

[7] plotly-utils, Kaggle utility script: https://github.com/PacktPublishing/Developing-Kaggle-Notebooks/blob/develop/Chapter-05/plotly-utils.ipynb

[8] Kiva: Loans that change lives: https://theglobalheroes.wordpress.com/2012/11/01/kiva-loans-that-change-lives/

[9] Understanding Poverty to Optimize Microloans, Kaggle notebook: https://github.com/PacktPublishing/Developing-Kaggle-Notebooks/blob/develop/Chapter-05/understand-poverty-to-optimize-microloans.ipynb

MEMO

第6章 画像データ分析 ―ミツバチの亜種を予測

本章では、画像データの扱い方を学びながら、画像を分類するためのモデルの構築に取りかかります。データサイエンスとデータ分析におけるコンピュータビジョンの割合は、年を追うごとに飛躍的に高くなっています。Kaggleで最も注目を集めている（大量のUpvoteを集め、フォークされている――つまり、コピーされたり編集されたりしている）ノートブックの一部は、**探索的データ解析**（EDA）ノートブックや単なるEDAではなく、モデルを構築するためのノートブックです。

本章では、モデルを構築するための準備として、詳細なデータ分析を行う方法を具体的に見ていきます。また、モデルを繰り返し改良するプロセスも理解します。この作業の対象となるのは、コンペティションではなく、画像データセットです。ここで使うデータセットは、The BeeImage Dataset: Annotated Honey Bee Images（6.4節の参考資料[1]）です。前章では、可視化ライブラリとしてplotlyを使い始めました。本章でも、このデータセットの特徴量を可視化するためにplotlyを引き続き使います。plotlyベースの可視化に役立つ関数は、`plotly_utils`というユーティリティスクリプト（参考資料[2]）にまとめてあります。本章のノートブックはHoneybee Subspecies Classification（参考資料[3]）です。

本章では、次の内容を取り上げます。

- The BeeImage Dataset: Annotated Honey Bee Imagesデータセットの包括的なデータ探索
- ベースラインモデルの準備とそれに続くステップ形式でのモデルの改良、モデルで行った変更が訓練や検証の指標の変化にどう影響するのかに関する分析、モデルをさらに改善するための新たな試みの実行

6.1 データ探索

The BeeImage Dataset: Annotated Honey Bee Imagesは、5,172行9列のCSVファイルbee_data.csvと、5,172枚の画像が含まれているフォルダbee_imgsで構成されています（図6-1）。

	file	date	time	location	zip code	subspecies	health	pollen_carrying	caste
3780	032_880.png	8/21/18	9:00	Des Moines, IA, USA	50315	Russian honey bee	healthy	False	worker
1620	040_201.png	8/21/18	15:56	Athens, GA, USA	30607	Italian honey bee	few varrao, hive beetles	False	worker
3801	032_316.png	8/21/18	9:00	Des Moines, IA, USA	50315	Russian honey bee	healthy	False	worker
4693	019_860.png	8/6/18	19:19	Saratoga, CA, USA	95070	Italian honey bee	healthy	False	worker
4719	019_450.png	8/6/18	19:19	Saratoga, CA, USA	95070	Italian honey bee	healthy	False	worker

図6-1：bee_data.csvデータファイルのサンプル

このDataFrameには、次の9つの列が含まれています。

- file：画像ファイルの名前
- date：写真が撮影された日付
- time：写真が撮影された時刻
- location：アメリカ内の場所（都市、州、国の名前が含まれている）
- zipcode：その場所に紐付けられている郵便番号
- subspecies：写真に写っているハチの亜種
- health：写真に写っているハチの健康状態
- pollen_carrying：写真に写っているハチの脚に花粉が付いているかどうか
- caste：ハチの階級（役割）

データ探索の旅の出発点として、最初にbee_data.csvファイル、次に画像の品質をチェックします。データ品質のチェックには、第4章で紹介したユーティリティスクリプトの1つであるdata_quality_statsを使います。

6.1.1 データ品質をチェックする

図6-2に示すように、このデータセットに欠損値はありません。特徴量はすべて文字列です。

	file	date	time	location	zip code	subspecies	health	pollen_carrying	caste
Total	0	0	0	0	0	0	0	0	0
Percent	0.0	0.0	0.0	0.0	0.0	0.0	0.0	0.0	0.0
Types	object	object	object	object	int64	object	object	bool	object

図 6-2：bee_data.csv ファイルの欠損値 - 結果は data_quality_stats の関数を使って取得している

特徴量の一意な値は図 6-3 のとおりです。データは次のように収集されています。

- 16 の異なる日付と 35 の異なる時刻に、
- 7 つの異なる郵便番号を持つ 8 つの場所で収集されている。

	file	date	time	location	zip code	subspecies	health	pollen_carrying	caste
Total	5172	5172	5172	5172	5172	5172	5172	5172	5172
Uniques	5172	16	35	8	7	7	6	2	1

図 6-3：bee_data.csv ファイルの一意な値 - 結果は data_quality_stats の関数を使って取得している

このデータでは、亜種は 7 つに分類されており、それらに関する健康上の問題は 6 つのカテゴリに分かれていることがわかります。

図 6-4 に示されているように、画像の約 21% は同じ日（全部で 16 の異なる日付のうちの 1 つ）に収集されており、約 11% は同じ時刻に収集されています。2,000 枚（約 39%）の画像が同じ場所（カリフォルニア州サラトガ、郵便番号 95070）で収集されています。最も出現回数が多い亜種はイタリアミツバチ（italian honey bee）です。ほぼすべての画像に花粉を運んでいないミツバチが写っており、すべてが働きバチです。

	file	date	time	location	zip code	subspecies	health	pollen_carrying	caste
Total	5172	5172	5172	5172	5172	5172	5172	5172	5172
Most frequent item	041_066.png	8/21/18	15:56	Saratoga, CA, USA	95070	Italian honey bee	healthy	False	worker
Frequence	1	1080	579	2000	2000	3008	3384	5154	5172
Percent from total	0.019	20.882	11.195	38.67	38.67	58.159	65.429	99.652	100.0

図 6-4：bee_data.csv ファイル内の最頻値 - 結果は data_quality_stats の関数を使って取得している

次は、`bee_data.csv` ファイルの特徴量に加えて、画像データも調べてみましょう。また、画像を読み込んで可視化する関数も紹介します。

6.1.2 画像データを探索する

まず、このDataFrameに存在している名前の画像がすべて、画像フォルダにも存在することを確認してみましょう。

```
image_files = list(os.listdir(config['image_path']))
print("Number of image files: {}".format(len(image_files)))

file_names = list(honey_bee_df['file'])
print("Matching image names: {}".format(
    len(set(file_names).intersection(image_files))))
```

結果として、bee_data.csvファイルでインデックス付けされているすべての画像が、bee_imgsフォルダにも存在していることがわかります。次に、画像のサイズを確認してみましょう。画像を読み込むコードは次のようになります。

```
import skimage.io

def read_image_sizes(file_name):
    """
    Read images size using skimage.io
    Args:
        file_name: the name of the image file
    Returns:
        A list with images shape
    """
    image = skimage.io.imread(config['image_path'] + file_name)
    return list(image.shape)
```

あるいは、OpenCV(cv2)ライブラリを使って画像を読み込むこともできます。

```
import cv2

def read_image_sizes_cv(file_name):
    """
    Read images size using OpenCV
    Args:
        file_name: the name of the image file
    Returns:
        A list with images shape
    """
    image = cv2.imread(config['image_path'] + file_name)
    return list(image.shape)
```

全画像のサブサンプルを使って、上記の2つの方法の速度を比較してみましょう。skimage.ioベースの手法を使った画像の読み込みにかかる時間を計測するコードは次のようになります。

```
%timeit m = np.stack(subset.apply(read_image_sizes))
```

OpenCV ベースの手法を使った画像の読み込みにかかる時間を計測するコードは次のようになります。

```
%timeit m = np.stack(subset.apply(read_image_sizes_cv))
```

比較の結果、OpenCV ベースの手法を使ったほうが高速であることがわかります。

- skimage.io の場合：

```
129 ms ± 4.12 ms per loop (mean ± std. dev. of 7 runs, 1 loop each)
```

- OpenCV の場合：

```
127 ms ± 6.79 ms per loop (mean ± std. dev. of 7 runs, 10 loops each)
```

次に、より高速なアプローチを使って各画像の形状（横幅、縦幅、深度として色の次元の数）を抽出し、データセットに追加します。

```
t_start = time.time()
m = np.stack(honey_bee_df['file'].apply(read_image_sizes_cv))
df = pd.DataFrame(m, columns=['w','h','c'])
honey_bee_df = pd.concat([honey_bee_df, df], axis=1, sort=False)
t_end = time.time()
print(f"Total processing time (using OpenCV): {round(t_end-t_start, 2)} sec.")
```

このコードを実行すると、次のような出力が得られます。

```
Total processing time (using OpenCV): 34.38 sec.
```

次に、画像サイズの分布を調べてみましょう。この可視化では、plotly を使って boxplot（箱ひげ図）タイプのトレースを２つ作成します。１つ目のトレースは画像の横幅の分布を示し、２つ目のトレースは画像の縦幅の分布を示します。箱ひげ図には、プロットした値の分布における最小値、第１四分位（25%）値、中央（50%）値、第３四分位（75%）値、最大値が表示されます。また、それぞれのトレースには、外れ値として点も表示されます。

```
traceW = go.Box(x=honey_bee_df['w'],
                name="Width",
                marker=dict(color='rgba(238,23,11,0.5)',
```

```
                        line=dict(color='red', width=1.2)),
                orientation='h')
traceH = go.Box(x=honey_bee_df['h'],
                name="Height",
                marker=dict(color='rgba(11,23,245,0.5)',
                        line=dict(color='blue', width=1.2)),
                orientation='h')
data = [traceW, traceH]
layout = dict(title='Width & Heights of images',
              xaxis=dict(title='Size', showticklabels=True),
              yaxis=dict(title='Image dimmension'),
              hovermode='closest')
fig = dict(data=data, layout=layout)
iplot(fig, filename='width-height')
```

結果は図6-5のようになります。横幅と縦幅の中央値はそれぞれ61と62です。横幅（最大値は520）と縦幅（最大値は392）の両方に多くの外れ値があることがわかります。

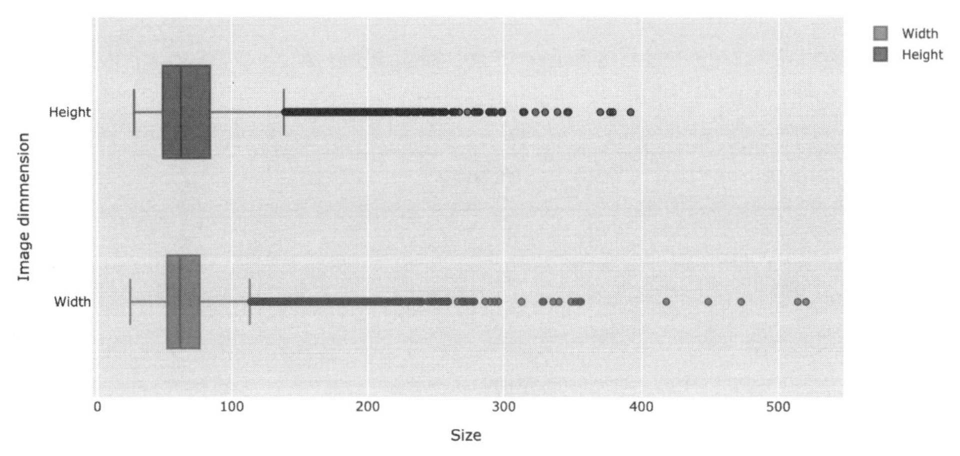

図6-5：画像の横幅と縦幅の分布

この分析では、画像に関連する特徴量だけではなく、データセットのすべての特徴量を使います。予測モデルのベースラインを構築する前に、The BeeImage Dataset: Annotated Honey Bee Imagesデータセットに関連する側面をすべて理解しておきましょう。

6.1.3 場所

このデータセットのデータを、写真が撮影された場所と郵便番号で分類してみると、郵便番号が同じで、似たような名前の場所が1つあることがわかります（図6-6）。

	zip code	location	Images
0	3431	Keene, NH, USA	92
1	30607	Athens, GA, USA	579
2	30607	Athens, Georgia, USA	472
3	50315	Des Moines, IA, USA	973
4	70115	New Orleans, LA, USA	170
5	77511	Alvin, TX, USA	737
6	95070	Saratoga, CA, USA	2000
7	95124	San Jose, CA, USA	149

図 6-6：ハチの写真が撮影された場所と郵便番号

ジョージア州アセンズがわずかに異なる 2 つの名前で表示されています。そこで、次のコードを使って、これらの場所を 1 つにまとめます。

```
honey_bee_df = honey_bee_df.replace({'location':'Athens, Georgia, USA'},
                                    'Athens, GA, USA')
```

では、plotly_utils ユーティリティスクリプトの関数を使って、結果として得られた場所データの分布を可視化してみましょう。

```
tmp = honey_bee_df.groupby(['zip code'])['location'].value_counts()
df = pd.DataFrame(data={'Images': tmp.values}, index=tmp.index).reset_index()
df['code'] = df['location'].map(lambda x: x.split(',', 2)[1])

plotly_barplot(df,
               'location', 'Images', 'Tomato', 'Locations', 'Number of images',
               'Number of bees images per location')
```

plotly_barplot() 関数のコードは次のとおりです。

```
def plotly_barplot(df, x_feature, y_feature, col, x_label, y_label, title):
    """
    Plot a barplot with number of y for category x
    Args:
        df: dataframe
        x_feature: x feature
        y_feature: y feature
        col: color for markers
        x_label: x label
        y_label: y label
        title: title
```

```
    Returns:
        None
    """
    trace = go.Bar(x=df[x_feature], y=df[y_feature],
                   marker=dict(color=col))
    data = [trace]

    layout = dict(title=title,
                  xaxis=dict(title=x_label, showticklabels=True, tickangle=15),
                  yaxis=dict(title=y_label),
                  hovermode='closest')
    fig = dict(data = data, layout = layout)
    iplot(fig, filename=f'images-{x_feature}-{y_feature}')
```

図6-7は、ハチの写真が撮影された場所の分布を示しています。写真の大部分(2,000枚)はカリフォルニア州サラトガで撮影されたものであり、次に多いのはジョージア州アセンズとアイオワ州デモインで撮影されたものです。

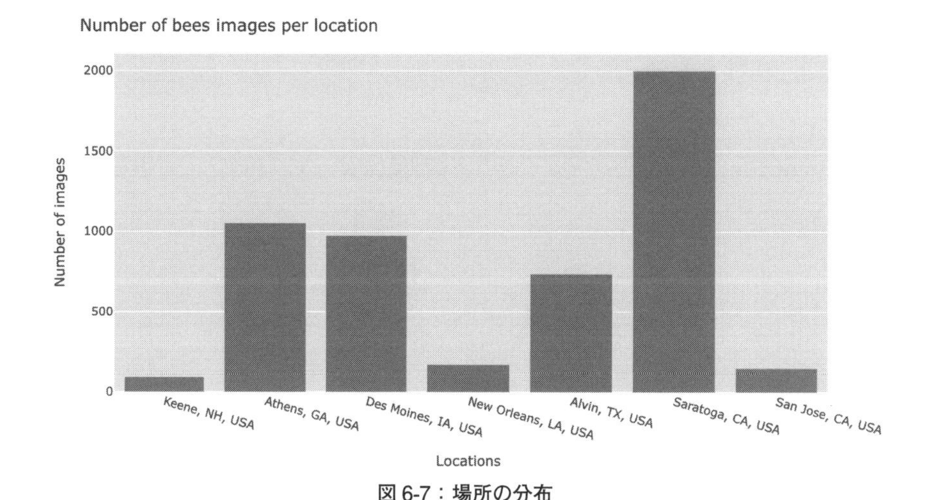

図6-7:場所の分布

さらに、選択された基準に基づいて画像のサブセットを可視化する関数も定義します。次のコードは、撮影場所に基づいて画像を選択し、このサブセットを可視化します(同じ場所で撮影された5枚の画像を横一列に表示します)[※1]。

```
def draw_category_images(var,cols=5):
    categories = (honey_bee_df.groupby([var])[var].nunique()).index
    f, ax = plt.subplots(nrows=len(categories), ncols=cols,
                         figsize=(2*cols, 2*len(categories)))
    # 撮影された場所ごとに画像を描画
```

※1 [訳注]検証では、`import imageio.v2 as imageio`を使用した。

```
    for i, cat in enumerate(categories):
        sample = honey_bee_df[honey_bee_df[var]==cat].sample(cols)
        for j in range(0,cols):
            file = config['image_path'] + sample.iloc[j]['file']
            im = imageio.imread(file)
            ax[i, j].imshow(im, resample=True)
            ax[i, j].set_title(cat, fontsize=9)
    plt.tight_layout()
    plt.show()

draw_category_images("locations")
```

図6-8は、このサブセットの一部を示しています。画像全体は本章のノートブック（参考資料[3]）で確認できます。

>> xx ページにカラーで掲載

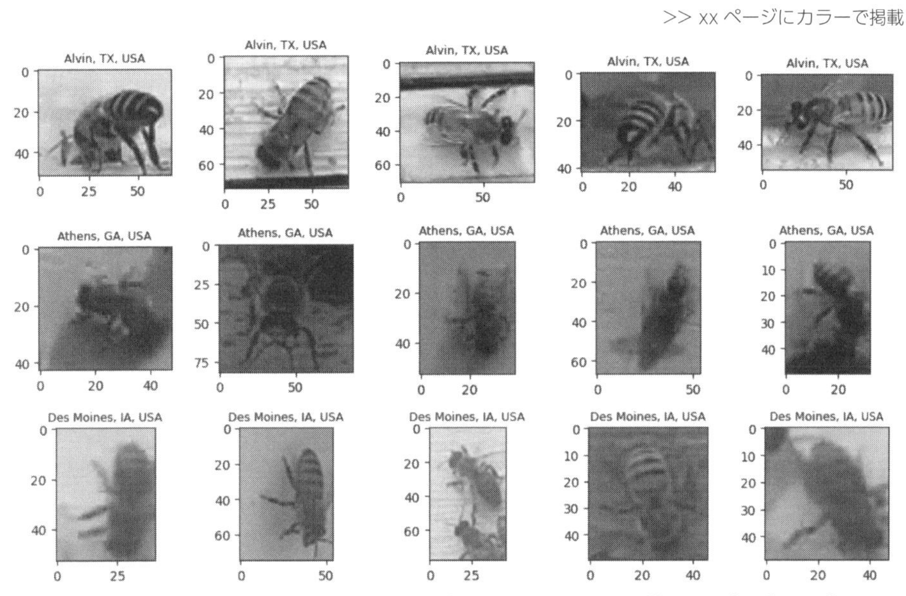

図6-8：3つの場所で撮影されたハチの写真 - 上記のコードから得られた全画像の一部

6.1.4 日付と時刻

引き続きデータセットの特徴量の詳細分析を行うことにしましょう。ここでは、date列とtime列の分析を開始します。まず、date列をdatetimeに変換し、年、月、日を抽出します。次に、timeを変換し、時と分を抽出します※2。

※2　［訳注］検証では、UserWarningが生成されないようにするために、pd.to_datetime()にformat='%m/%d/%y %H:%M'を指定した。

```
honey_bee_df['date_time'] = pd.to_datetime(
    honey_bee_df['date'] + ' ' + honey_bee_df['time'])
honey_bee_df["year"] = honey_bee_df['date_time'].dt.year
honey_bee_df["month"] = honey_bee_df['date_time'].dt.month
honey_bee_df["day"] = honey_bee_df['date_time'].dt.day
honey_bee_df["hour"] = honey_bee_df['date_time'].dt.hour
honey_bee_df["minute"] = honey_bee_df['date_time'].dt.minute
```

日付、おおよその時間、場所ごとにハチの画像の数を可視化すると、図6-9のようになります。この可視化コードでは、まず、`date_time`と`hour`でデータをグループ化し、それぞれの日付と時刻に収集された画像の数を計算します。

```
tmp = honey_bee_df.groupby(['date_time', 'hour'])['location'].value_counts()
df = pd.DataFrame(data={'Images': tmp.values}, index=tmp.index).reset_index()
```

次に、グラフに表示された1つの点の上にマウスポインタを重ねたときに表示されるテキストを作成します。このテキストには、日時、場所、画像の数が含まれます。続いて、このホバーテキストを新しいデータセットに新しい列として追加します。

```
hover_text = []
for index, row in df.iterrows():
    hover_text.append(('Date/time: {}<br>' +
                       'Hour: {}<br>' +
                       'Location: {}<br>' +
                       'Images: {}').format(row['date_time'],
                                            row['hour'],
                                            row['location'],
                                            row['Images']))
df['hover_text'] = hover_text
```

次に、画像が収集された日付と時刻を場所ごとに示す散布図をプロットします。それぞれの点のサイズは、特定の日付の特定の時刻にその場所で撮影された写真の数に比例します。

```
locations = (honey_bee_df.groupby(['location'])['location'].nunique()).index
data = []
for location in locations:
    dfL = df[df['location']==location]
    trace = go.Scatter(x=dfL['date_time'], y=dfL['hour'],
                       name=location,
                       marker=dict(symbol='circle',
                                   sizemode='area',
                                   sizeref=0.2,
                                   size=dfL['Images'],
                                   line=dict(width=2)),
                       mode="markers",
```

```
                    text=dfL['hover_text'])
    data.append(trace)

layout = dict(title='Number of bees images per date, approx. hour and location',
              xaxis=dict(title='Date', showticklabels=True),
              yaxis=dict(title='Hour'),
              hovermode='closest')
fig = dict(data=data, layout=layout)

iplot(fig, filename='images-date_time')
```

このコードを実行した結果は図6-9のようになります。ほとんどの写真は2018年8月頃に撮影されています。また、ほとんどの写真が午後の時間帯に撮影されていることもわかります。

>> xx ページにカラーで掲載

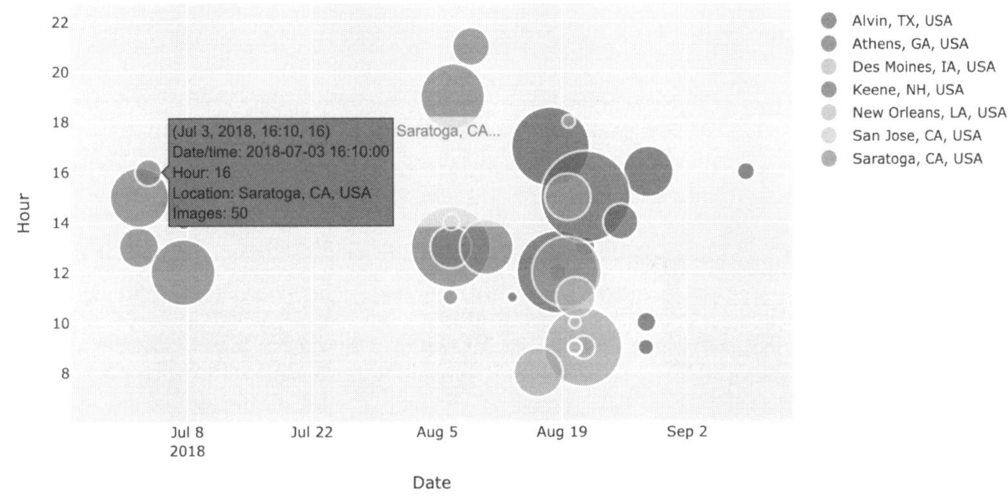

図6-9：日付、おおよその撮影時間、場所ごとのハチの画像の数

6.1.5 亜種

ここでも`plotly_barplot()`関数を使って亜種の分布を可視化します。ハチのほとんどはイタリアミツバチで、次にロシアミツバチとカーニオランミツバチが続きます（図6-10）。画像の一部（ラベル値が`-1`の428枚の画像）はどのカテゴリにも分類されていません。分類されていない画像は1つの亜種のカテゴリにまとめることにします。

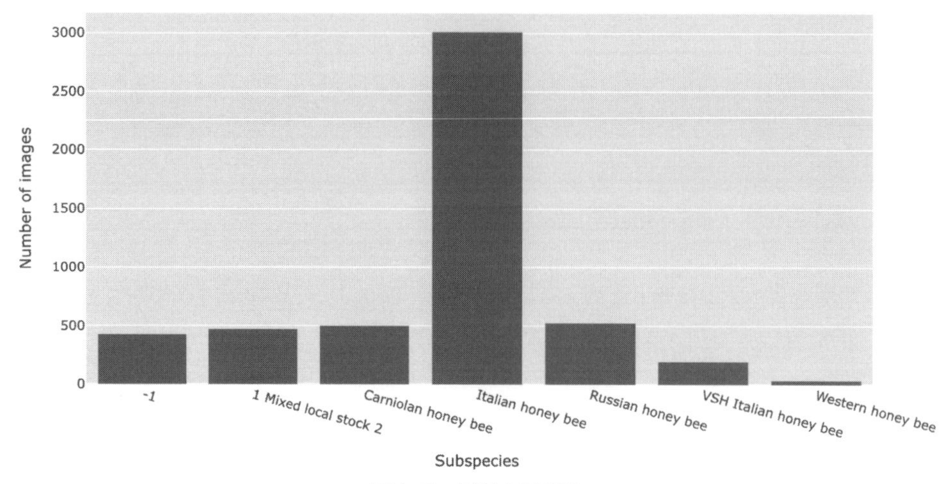

図 6-10：亜種の画像数

図 6-11 は、分類なし（-1）と Mixed local stock 2（混合地域種 2）のサンプル画像を示しています。

>> xxi ページにカラーで掲載

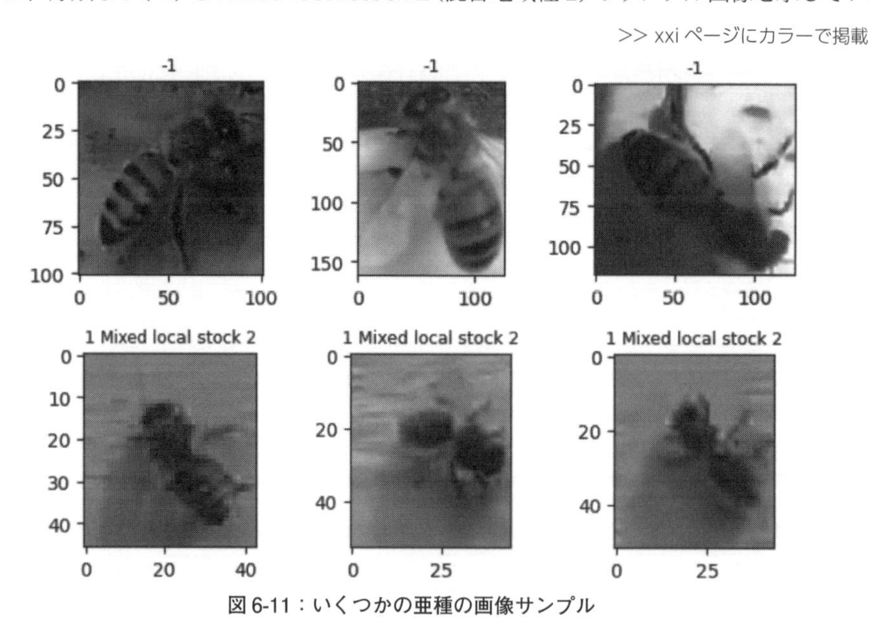

図 6-11：いくつかの亜種の画像サンプル

今度は、亜種と場所ごとの画像の数と、亜種と時刻ごとの画像の数をプロットしてみましょう（図 6-12）。最も多くの画像が収集された場所はカリフォルニア州サラトガであり、写っていたのはすべてイタリアミツバチでした（1,972 枚）。最も多くの画像が収集された時刻は 13 時であり、写っていたのはすべてイタリアミツバチでした（909 枚）。

>> xxi ページにカラーで掲載

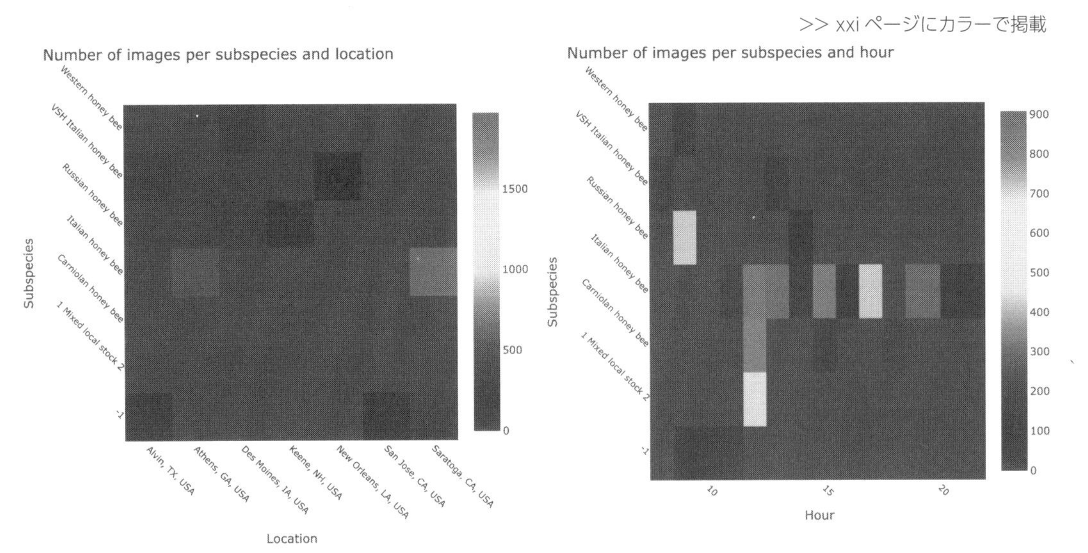

図 6-12：亜種と場所ごとの画像数（左）と亜種と時間ごとの画像数（右）

亜種の画像の横幅と縦幅はまちまちです。図 6-13 は、横幅と縦幅の分布を箱ひげ図でプロットしたものです。

平均値が最も大きく、横幅と縦幅の両方の分散も最も大きいのは VSH Italian honey bee（VSH イタリアミツバチ）です。Western honey bee（西洋ミツバチ）、Carniolan honey bee（カーニオランミツバチ）、Mixed local stock 2（混合地域種 2）は、横幅と縦幅の分布が最もコンパクトである（分散が小さい）ことがわかります。最も数の多い亜種である Italian honey bee（イタリアミツバチ）は、中央値が小さく、分散が大きく、外れ値が多いことがわかります。

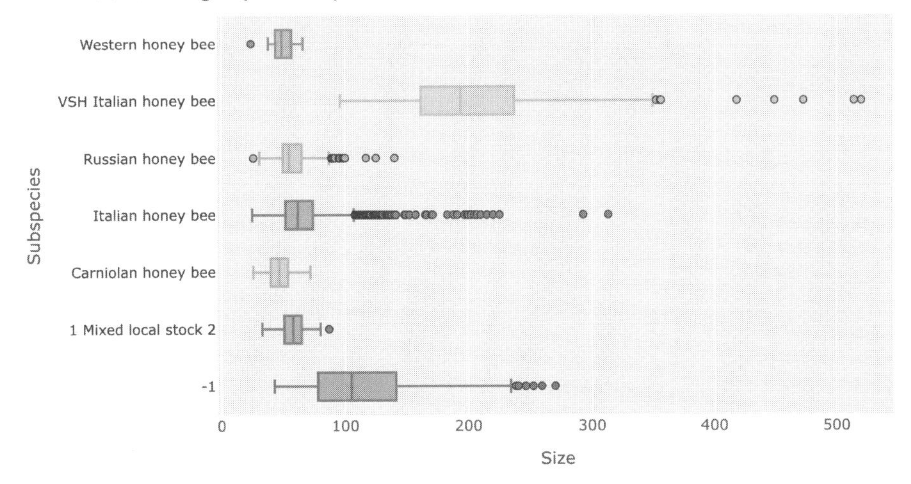

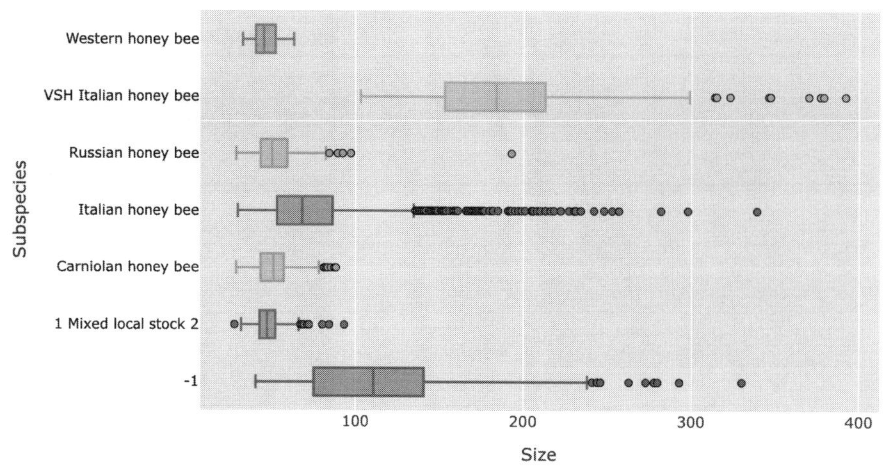

図 6-13：亜種ごとの画像のサイズの分布 - 横幅（上）と縦幅（下）

次に、散布図を使って横幅と縦幅の分布を１つのグラフにプロットしてみましょう（図 6-14）。

>> xxii ページにカラーで掲載

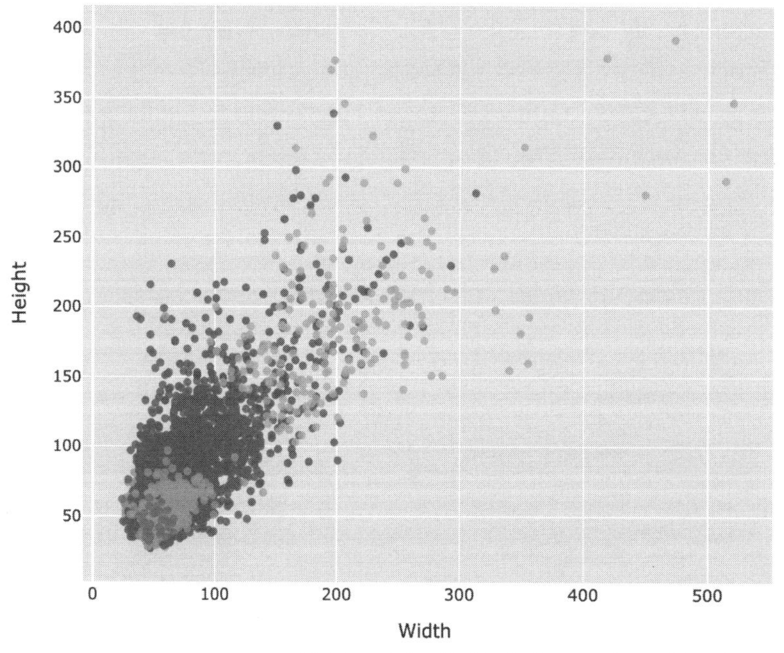

図 6-14：亜種ごとの画像サイズの分布 - 散布図

この可視化のコードは次のようになります。まず、散布図を描画する関数を定義します。画像の横幅は x スケール、画像の縦幅は y スケールです。

```
def draw_trace_scatter(dataset, subspecies):
    dfS = dataset[dataset['subspecies']==subspecies];
    trace = go.Scatter(x=dfS['w'], y=dfS['h'],
                       name=subspecies,
                       mode="markers",
                       marker=dict(opacity=0.8),
                       text=dfS['subspecies'])
    return trace
```

この関数を使って、各亜種の散布図を描画します。この関数を呼び出すたびにトレースが作成され、そのトレースが plotly のプロットに追加されます。

```
subspecies = (honey_bee_df.groupby(['subspecies'])['subspecies'].nunique()).index

def draw_group(dataset, title, height=600):
    data = list()
    for subs in subspecies:
        data.append(draw_trace_scatter(dataset, subs))

    layout = dict(title=title,
                  xaxis = dict(title='Width', showticklabels=True),
                  yaxis = dict(title='Height', showticklabels=True,
                               tickfont=dict(family='inherit')),
                  hovermode='closest',
                  showlegend=True,
                  width=800,
                  height=height)

    fig = dict(data=data, layout=layout)
    iplot(fig, filename='subspecies-image')

draw_group(honey_bee_df, "Width and height of images per subspecies")
```

6.1.6　健康状態

図 6-15 は、さまざまな健康上の問題を示唆する画像の分布を示しています。画像の大部分は healthy（健康なハチ、3,384 枚）ですが、few varrao, hive beetles（ダニや甲虫など、少数の害虫、579 枚）、Varroa, Small Hive Beetles（ダニや甲虫などの害虫、472 枚）、ant problems（アリの問題、457 枚）に関する画像が少しあります。

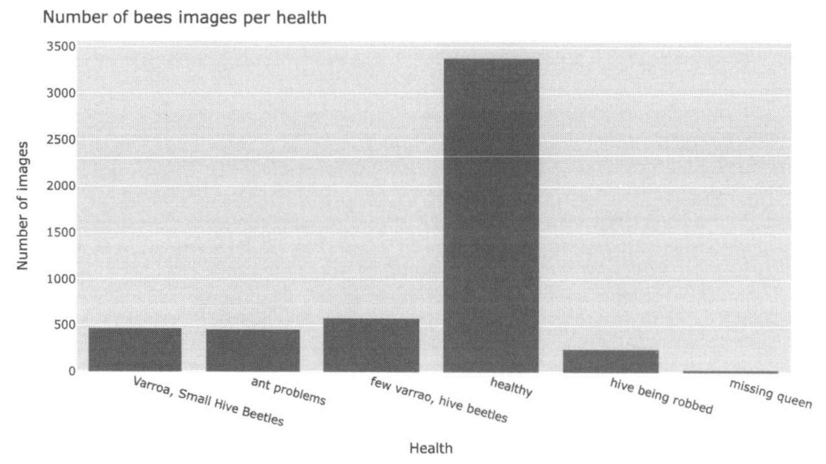

図 6-15：さまざまな健康上の問題を示唆する画像の数

亜種と健康状態ごとの画像数を分析してみると(図 6-16)、健康状態と亜種の組み合わせの数が少ししかないことがわかります。画像のほとんどは **healthy** とイタリアミツバチの組み合わせ(1,972 枚)であり、その後に **few varrao, hive beetles** とイタリアミツバチの組み合わせ(579 枚)と、**healthy** とロシアミツバチの組み合わせ(527 枚)が続いています。未分類の亜種は、**healthy**(177 枚)か、**hive being robbed**(巣の盗蜂、251 枚)のどちらかです。

>> xxii ページにカラーで掲載

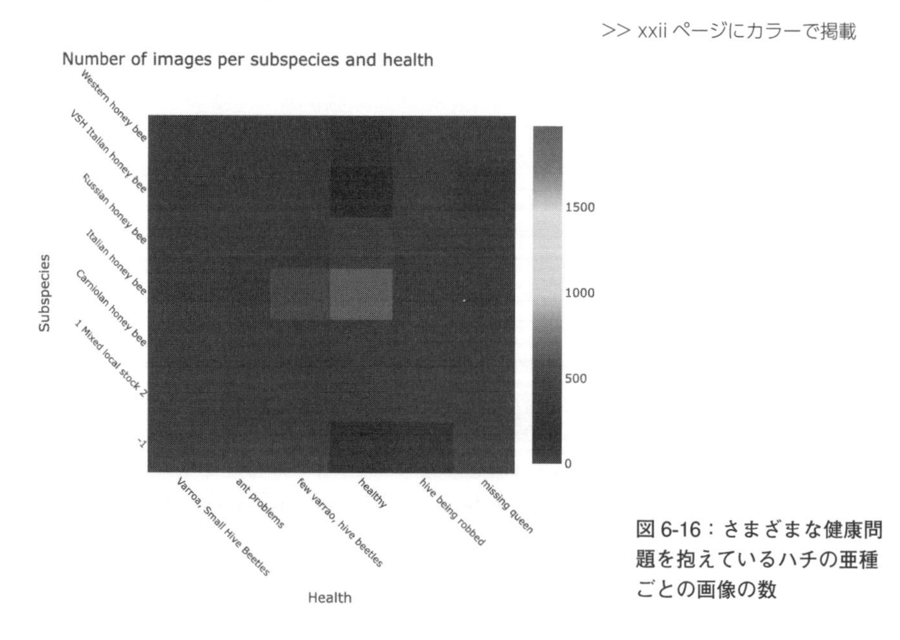

図 6-16：さまざまな健康問題を抱えているハチの亜種ごとの画像の数

図 6-17 は、撮影場所、亜種、健康問題ごとの画像数をプロットしたものです。

>> xxiii ページにカラーで掲載

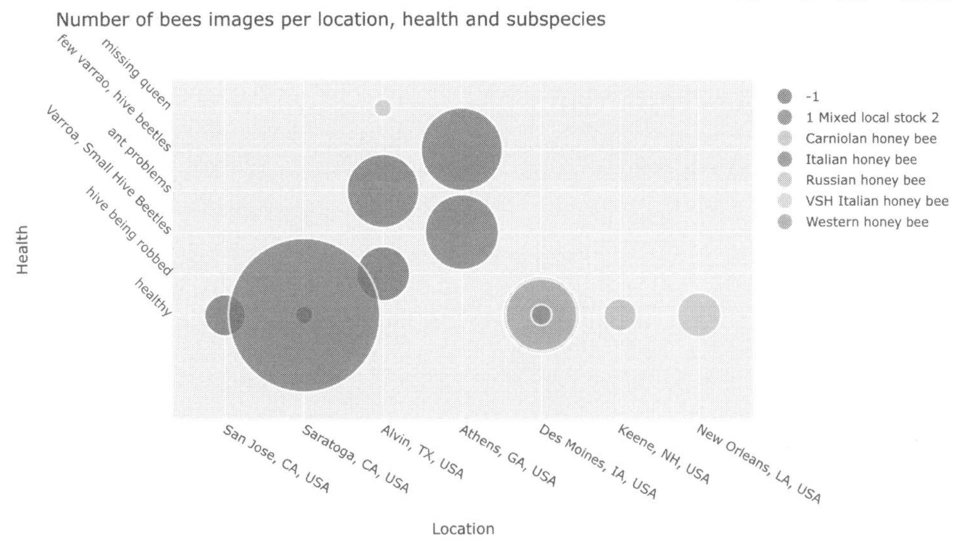

図 6-17：撮影場所、亜種、健康問題ごとの画像数

6.1.7　その他

花粉を運んでいるハチの画像はほんの少しです。図 6-18 は、花粉を運んでいるハチ（True）と、花粉を運んでいないハチ（False）の画像の一部です。すべてのハチが 1 つの階級（働きバチ）に属しています。

>> xxiii ページにカラーで掲載

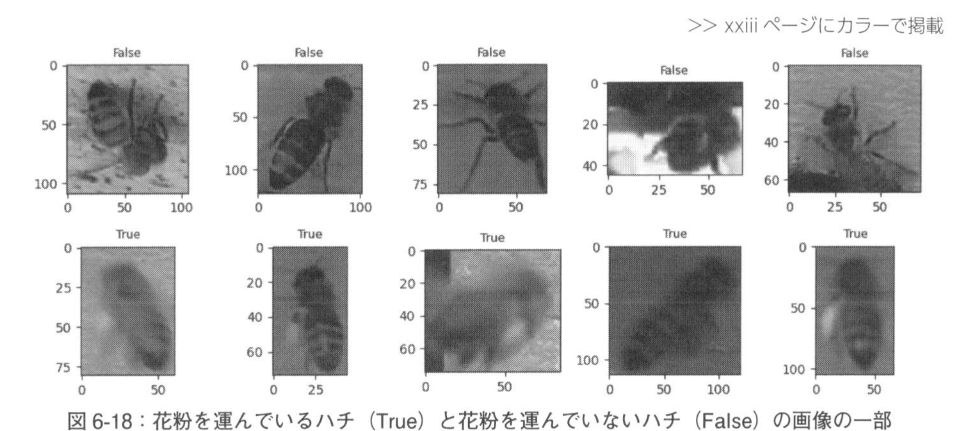

図 6-18：花粉を運んでいるハチ（True）と花粉を運んでいないハチ（False）の画像の一部

6.1.8　結論

図 6-19 のサンキーダイアグラムをプロットするために、ここでは `plotly_utils` ユーティリティスクリプトの `plotly_sankey()` 関数を使います。今回は、複数の特徴量を持つデータの分布を要約するという目的でサンキーダイアグラムを使います。このサンキーダイアグラムは、日付、時刻、場所、

郵便番号、亜種、健康状態ごとの画像の分布を同じグラフ上にプロットします。サンキーダイアグラムのコードについては、参考資料［2］を参照してください。ここでは、この関数を呼び出すためにミツバチのデータを調整するコードだけを示します。

```
tmp = honey_bee_df.groupby(
    ['location', 'zip code', 'date', 'time', 'health'])['subspecies'].value_counts()
df = pd.DataFrame(data={'Images': tmp.values}, index=tmp.index).reset_index()

title = 'Honeybee Images: date | time | location | zip code | subspecies | health'
fig = plotly_sankey(df,
                    cat_cols=['date', 'time', 'location', 'zip code',
                              'subspecies', 'health'],
                    value_cols='Images',
                    color_palette=["darkgreen", "lightgreen", "green",
                                   "gold", "black", "yellow"],
                    title=title, height=800)
iplot(fig, filename='Honeybee Images')
```

図 6-19 は漏斗型のグラフであり、複数の特徴量間の関係を 1 つのグラフで捉えることができます。

>> xxiv ページにカラーで掲載

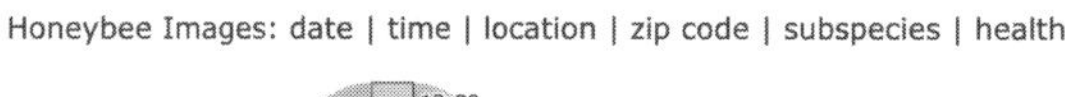

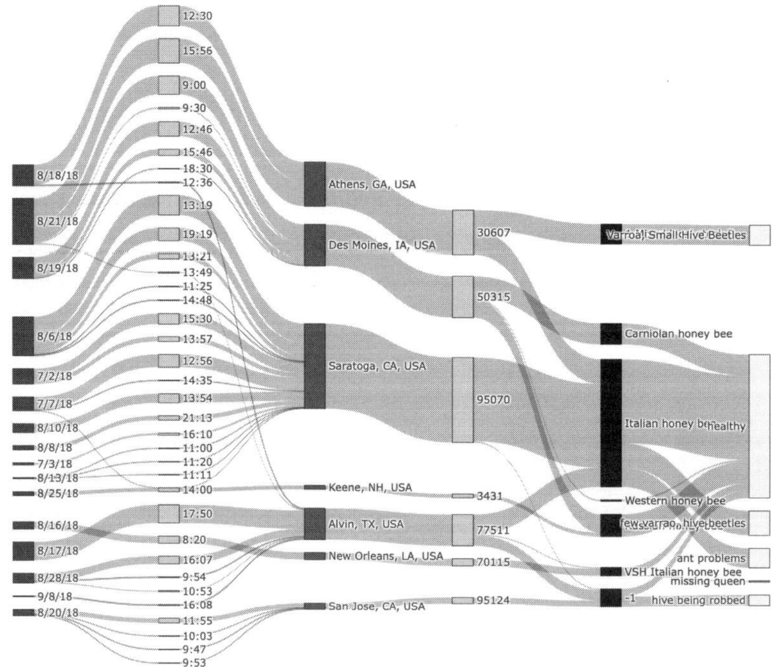

図 6-19：ハチの画像の概要

ここまでは、データセットの特徴量の分布を分析してきました。データセット内のデータについての理解がこれで深まりました。次節では、本章の2つ目の（より重要な）目的である、画像を亜種で分類する機械学習モデルの構築の準備に取りかかります。

6.2 亜種の分類

本節の目的は、ここまで調査してきた画像を使って、亜種を正しく予測する機械学習モデルを構築することにあります。データセットは1つしかないため、まず、訓練用、検証用、テスト用の3つのサブセットに分割します。訓練プロセスでは、訓練データと検証データを使います。モデルへの入力として訓練データを使い、モデルが新しいデータでクラス（亜種）をどれくらい正確に予測できるかを検証するために検証データを使います。その後、訓練と検証が済んだモデルを使って、訓練でも検証でも使われなかったテストデータセットのクラスを予測します。

6.2.1 データを分割する

まず、データセットを80%対20%の割合で訓練データセット`train_df`とテストデータセット`test_df`に分割します。次に、`train_df`を同じ割合で訓練サブセットと検証サブセットに分割します。`train_test_split()`の`stratify`パラメータを使い、引数として`subspecies`を指定することで、サブサンプリング後の訓練データセット、検証データセット、テストデータセットでのクラス（`subspecies`）の全体的な分布が元のデータセットと同じになるように分割された、バランスのよいサブセットを作成します。なお、訓練データセット、検証データセット、テストデータセットの分割比率はここで任意に選択したものであり、調査や最適化の結果ではありません。分割比率に異なる値を使う、`stratify`パラメータを使わない選択をするなど、ぜひ自分で実験してみてください。

```
train_df, test_df = train_test_split(honey_bee_df,
                                     test_size=config['test_size'],
                                     random_state=config['random_state'],
                                     stratify=honey_bee_df['subspecies'])
train_df, val_df  = train_test_split(train_df,
                                     test_size=config['val_size'],
                                     random_state=config['random_state'],
                                     stratify=train_df['subspecies'])
```

最終的に、次の3つのサブセットが作成されます。

- 訓練データセット：3,309行
- 検証データセット：828行
- テストデータセット：1,035行

次に、bee_imgsフォルダのハチの画像を、これら3つのデータセットに対応するサブセットに分割します。skimage.ioとcv2を使って画像を読み込み、すべての画像を同じ大きさに変更する関数を定義します。画像の大きさはconfigで定義されています。今回は、すべての画像を100×100ピクセルに変更することにしました。この決定は、画像のサイズ分布の分析に基づいています。本章のノートブック（参考資料[3]）のコードを変更して、ぜひさまざまな画像サイズを試してみてください。

skimage.ioを使って画像を読み込み、configで定義された値に従って画像のサイズを変更するコードは次のようになります。configのimage_widthとimage_heightに異なる値を指定すると、画像のサイズを変更できます。

```
def read_image(file_name):
    """
    Read and resize the image to image_width x image_height
    Args:
        file_name: file name for current image
    Returns:
        resized image
    """
    image = skimage.io.imread(config['image_path'] + file_name)
    image = skimage.transform.resize(image,
                                     (config['image_width'],
                                      config['image_height']),
                                     mode='reflect')
    return image[:,:,:config['image_channels']]
```

cv2を使って画像を読み込み、画像のサイズを変更するコードは次のようになります。read_image()との違いは、画像ファイルを読み込むメソッドだけです。

```
def read_image_cv(file_name):
    """
    Read and resize the image to image_width x image_height
    Args:
        file_name: file name for current image
    Returns:
        resized image
    """
    image = cv2.imread(config['image_path'] + file_name)
    image = cv2.resize(image, (config['image_width'], config['image_height']))
    return image[:,:,:config['image_channels']]
```

次に、どちらかの関数をデータセットのすべての画像ファイルに適用することで、データセットの画像を読み込み、そのサイズを変更します。また、カテゴリ値の目的変数に対応するダミー変数も作成します。このアプローチをとることにしたのは、クラスごとに確率を出力する多クラス分類モデルを構築するためです。

```
def categories_encoder(dataset, var='subspecies'):
    X = np.stack(dataset['file'].apply(read_image))
    y = pd.get_dummies(dataset[var], drop_first=False)
    return X, y

s_time = time.time()
X_train, y_train = categories_encoder(train_df)
X_val, y_val = categories_encoder(val_df)
X_test, y_test = categories_encoder(test_df)
e_time = time.time()
print(f"Total time: {round(e_time-s_time, 2)} sec.")
```

これで、画像を読み込んでサイズを変更する方法が確認できました。次項では、画像を加工して訓練データセットのデータを増やして、より多様なデータをモデルに提供する方法を見てみましょう。

6.2.2 データ拡張

ここでは、ディープラーニングモデルを使って画像の亜種を分類します。一般に、訓練に使われるデータの量が多いほど、ディープラーニングモデルの性能はよくなります。データ拡張(データの水増し)を使うと、データの多様性が高くなり、モデルの品質の向上にも貢献します。訓練に使われるデータの多様性が高いほど、モデルの汎化性能はよくなります。

`tensortflow.keras.preprocessing.image` モジュールの `ImageDataGenerator` クラスを使って、データ拡張のコンポーネントを定義します※3。このノートブックでは、Kerasを使ってモデルのさまざまなコンポーネントを構築します。`ImageDataGenerator` をさまざまなパラメータで初期化し、以下の変換を適用して訓練データセットのランダムなバリエーションを作成します。

- 元の画像を(0～180度の範囲で)回転
- ズーム(10%)
- 水平方向と垂直方向のシフト(10%)
- 水平方向と垂直方向のシフト(10%)

これらのバリエーションは個別に制御できます。なお、どのようなケースでも上記の変換をすべて適用できるわけではありません(たとえば、建物などのランドマークを含んでいる画像を回転させてもあまり意味はありません)。今回は、次のコードを使って画像ジェネレータを初期化し、適合させることができます。

※3 [訳注] `ImageDataGenerator` クラスは TensorFlow 2.9 で deprecated になっている。

```
from tensorflow.keras.preprocessing.image import ImageDataGenerator

image_generator = ImageDataGenerator(
        featurewise_center=False,
        samplewise_center=False,
        featurewise_std_normalization=False,
        samplewise_std_normalization=False,
        zca_whitening=False,
        rotation_range=180,
        zoom_range=0.1,
        width_shift_range=0.1,
        height_shift_range=0.1,
        horizontal_flip=True,
        vertical_flip=True
)

image_generator.fit(X_train)
```

では、ベースラインモデルの構築と訓練に進みましょう。

6.2.3 ベースラインモデルを構築する

ほとんどの場合は、最初は単純なモデル（ベースラインモデル）を構築して、誤差分析を行うことをお勧めします。そして、誤差分析の結果に基づいて、モデルをさらに改良します。たとえば、ベースラインモデルの訓練で大きな誤差が生じることがわかった場合は、まず、訓練部分の改善に着手する必要があります。たとえば、さらにデータを追加する、データラベルを改善する、よりよい特徴量を作成するなどの方法が考えられます。訓練時の誤差は小さいものの、検証時の誤差が大きいという場合は、モデルが訓練データに過剰適合している可能性があります。そのような場合は、モデルの汎化性能を改善する必要があります。モデルの汎化性能の改善では、さまざまな方法を試してみることができます。この手の分析の詳細については、参考資料[4]を参照してください。

本章のモデルの定義には、Kerasライブラリ（参考資料[5]）を使います。Kerasは機械学習プラットフォームTensorFlow（参考資料[6]）のラッパーであり、特殊な層からなるシーケンシャル構造を定義することで、強力なディープラーニングモデルを構築できます。ここでは、モデルに以下の層を追加します。

- 3×3ピクセルのフィルタが16個ある`Conv2D`層
- リダクション（縮小）係数が2の`MaxPool2D`層
- 3×3ピクセルのフィルタが16個ある`Conv2D`層
- `Flatten`層
- 目的変数のクラス（亜種）と同じ数だけ次元を持つ`Dense`層

このアーキテクチャは、**畳み込みニューラルネットワーク**（convolutional neural network：CNN）の非常に単純な例です。Conv2D層の役割は、スライディング畳み込みフィルタを2D入力に適用することです。MaxPool2D層は、入力ウィンドウの最大値を求め、入力を空間次元（横幅と縦幅）に沿ってダウンサンプリングします（詳細については、参考資料［5］を参照）。

このアーキテクチャを構築するコードは次のようになります※4。

```
from tensorflow.keras import Sequential
from tensorflow.keras.layers import Conv2D, MaxPool2D, Flatten, Dense

model1=Sequential()
model1.add(Conv2D(config['conv_2d_dim_1'],
                  kernel_size=config['kernel_size'],
                  input_shape=(config['image_width'], config['image_height'],
                               config['image_channels']),
                  activation='relu', padding='same'))
model1.add(MaxPool2D(config['max_pool_dim']))
model1.add(Conv2D(config['conv_2d_dim_2'],
                  kernel_size=config['kernel_size'],
                  activation='relu', padding='same'))
model1.add(Flatten())
model1.add(Dense(y_train.columns.size, activation='softmax'))
model1.compile(optimizer='adam', loss='categorical_crossentropy',
               metrics=['accuracy'])
```

このモデルの概要情報は図6-20のとおりです。訓練可能なパラメータの総数は282,775です。

```
Model: "sequential"
_________________________________________________________________
 Layer (type)                Output Shape              Param #
=================================================================
 conv2d (Conv2D)             (None, 100, 100, 16)      448

 max_pooling2d (MaxPooling2  (None, 50, 50, 16)        0
 D)

 conv2d_1 (Conv2D)           (None, 50, 50, 16)        2320

 flatten (Flatten)           (None, 40000)             0

 dense (Dense)               (None, 7)                 280007

=================================================================
Total params: 282775 (1.08 MB)
Trainable params: 282775 (1.08 MB)
Non-trainable params: 0 (0.00 Byte)
_________________________________________________________________
```

図6-20：ベースラインモデルの概要

※4　［訳注］検証時のKaggle NotebooksのTensorFlowのバージョンは2.16.1。このバージョンではUserWarningが発生し、モデルを正常に適合させることができなかったため、TensorFlowをバージョン2.15.0にダウングレードした。

ベースラインとして、最初は小さなモデルを小さなエポック数で訓練します。入力画像のサイズは（前述のように）100 × 100 × 3 です。このモデルを5エポックにわたって訓練します。バッチサイズは32に設定します。モデルを訓練するコードは次のようになります※5。

```
train_model1 = model1.fit(image_generator.flow(X_train, y_train,
                                               batch_size=config['batch_size']),
                          epochs=config['no_epochs_1'],
                          validation_data=[X_val, y_val],
                          steps_per_epoch=len(X_train)//config['batch_size'])
```

図6-21は、ベースラインモデルの訓練ログを示しています。ここでは、テストのために訓練時の最良のモデルを保存するのではなく、最後のステップでのモデルの重みを使うことにします。

```
Epoch 1/5
103/103 [==============================] - 18s 166ms/step - loss: 1.0444 - accuracy: 0.6720 - val_loss: 0.6251 - val_accuracy: 0.7705
Epoch 2/5
103/103 [==============================] - 17s 166ms/step - loss: 0.6178 - accuracy: 0.7617 - val_loss: 0.7235 - val_accuracy: 0.7705
Epoch 3/5
103/103 [==============================] - 17s 163ms/step - loss: 0.6029 - accuracy: 0.7775 - val_loss: 0.5238 - val_accuracy: 0.7947
Epoch 4/5
103/103 [==============================] - 17s 166ms/step - loss: 0.4488 - accuracy: 0.8169 - val_loss: 0.3810 - val_accuracy: 0.8333
Epoch 5/5
103/103 [==============================] - 17s 161ms/step - loss: 0.4103 - accuracy: 0.8346 - val_loss: 0.3442 - val_accuracy: 0.8514
```

図6-21：ベースラインモデルの訓練ログ - 各ステップの訓練時の誤差と正解率、検証時の誤差と正解率が表示される

訓練時の誤差と正解率は各バッチの後に更新され、検証時の誤差と正解率は各エポックの最後に計算されます。モデルの訓練と検証が完了したら、テストデータセットでの誤差と正解率を評価します。

```
score = model1.evaluate(X_test, y_test, verbose=0)
print('Test loss:', score[0])
print('Test accuracy:', score[1])
```

結果は次のようになります。

```
Test loss: 0.35231277346611023
Test accuracy: 0.8637681007385254
```

誤差とは、損失関数のことです。損失関数は、予測値と真の値（正解値）の差を計測する数学関数です。この値を訓練時に計測すると、訓練データセットと検証データセットの両方で、モデルがデータをどのように学習し、その予測値をどのように改善するのかを監視できます。

※5 ［訳注］参考資料［3］では `fit_generator()` を使っているが、このメソッドはTensorFlow 2.xでdeprecatedになっているため、ここでは代わりに `fit()` を使用した。

図 6-22 は、訓練時と検証時の正解率（左）と誤差（右）を示しています※6。

>> xxiv ページにカラーで掲載

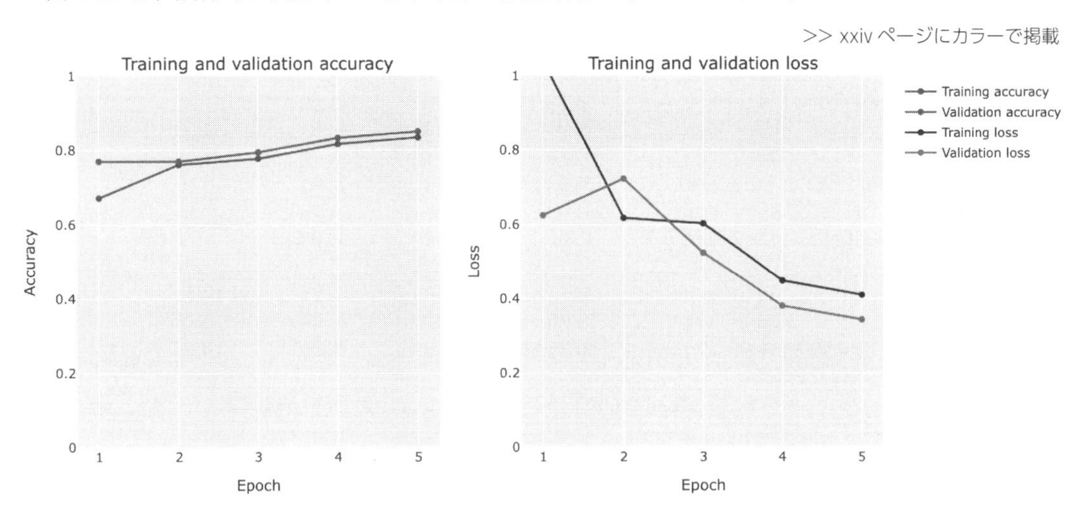

図 6-22：ベースラインモデルの訓練時と検証時の正解率（左）と誤差（右）

scikit-learn の指標分類レポート（`metrics.classification_report()`）を使って、訓練データセットでの適合率、再現率、F1 スコア、正解率をクラスごとに計算してみましょう。コードは次のようになります。

```
def test_accuracy_report(model):
    predicted = model.predict(X_test)
    test_predicted = np.argmax(predicted, axis=1)
    test_truth = np.argmax(y_test.values, axis=1)
    print(metrics.classification_report(test_truth,
                                        test_predicted,
                                        target_names=y_test.columns))
    test_res = model.evaluate(X_test, y_test.values, verbose=0)
    print('Loss function: %s, accuracy:' % test_res[0], test_res[1])
```

訓練データセットで適合させたベースラインモデルをテストデータセットに適用した場合の分類レポートは図 6-23 のようになります。適合率、再現率、F1 スコアのマクロ平均は、それぞれ 0.86、0.82、0.84（サポートデータの数は 1,035）です。適合率、再現率、F1 スコアの加重平均は、それぞれ 0.86、0.86、0.86 です。

※6 ［訳注］参考資料［3］では `plotly.tools.make_subplots()` を使用しているが、この関数は deprecated になっているため、代わりに `plotly.subplots.make_subplots()` を使用した。

```
33/33 [==============================] - 1s 30ms/step
                        precision    recall  f1-score   support

                     -1      0.85      0.80      0.83        86
 1 Mixed local stock 2       0.51      0.48      0.49        94
   Carniolan honey bee       0.94      1.00      0.97       100
     Italian honey bee       0.89      0.91      0.90       602
     Russian honey bee       0.93      0.92      0.93       106
 VSH Italian honey bee       0.93      0.65      0.76        40
     Western honey bee       1.00      1.00      1.00         7

              accuracy                           0.86      1035
             macro avg       0.86      0.82      0.84      1035
          weighted avg       0.86      0.86      0.86      1035

Loss function: 0.35231277346611023, accuracy: 0.8637681007385254
```

図 6-23：ベースラインモデルをテストデータセットに適用した場合の分類レポート

加重平均スコアのほうが高いのは、すべてのクラスの単純な平均スコアとは違って、重み付けされた平均だからです。より適切に表現されたクラスのスコアは高くなり、全体平均により大きく寄与します。クラスごとの適合率が最も低いのは、（分類なし：-1 を除けば）1 Mixed local stock 2（0.51）と Italian honey bee（0.89）です。レポート全体でスコアが最も低いのは 1 Mixed local stock 2 であり、再現率は 0.48 です。

6.2.4 モデルを反復的に改善する

ここで訓練時と検証時の結果を振り返ってみると、正解率はそれぞれ 0.84 と 0.85 でした。

モデルを引き続き訓練し、過剰適合を回避するために、係数がそれぞれ 0.4 の `Dropout` 層を 2 つ導入することにします。`Dropout` 層は、ニューラルネットワークにおいて正規化手法として使われます。その目的は、過剰適合を阻止し、モデルの汎化性能を向上させることにあります。パラメータとして渡される係数は、訓練時にランダムに選択され、各訓練エポックでゼロに設定される入力の割合です。このモデルの構造は図 6-24 のようになります。訓練可能なパラメータの数は同じです。

また、エポック数を 10 に増やします。結果は図 6-25 のようになります。図 6-25 は、訓練時と検証時の正解率（左）と誤差（右）を示しています。

```
Model: "sequential_1"
_________________________________________________________________
 Layer (type)                Output Shape              Param #
=================================================================
 conv2d_2 (Conv2D)           (None, 100, 100, 16)      448

 max_pooling2d_1 (MaxPoolin  (None, 50, 50, 16)        0
 g2D)

 dropout (Dropout)           (None, 50, 50, 16)        0

 conv2d_3 (Conv2D)           (None, 50, 50, 16)        2320

 dropout_1 (Dropout)         (None, 50, 50, 16)        0

 flatten_1 (Flatten)         (None, 40000)             0

 dense_1 (Dense)             (None, 7)                 280007

=================================================================
Total params: 282775 (1.08 MB)
Trainable params: 282775 (1.08 MB)
Non-trainable params: 0 (0.00 Byte)
_________________________________________________________________
```

図 6-24：改善されたモデルの概要 - Dropout 層が 2 つ追加されている

>> xxv ページにカラーで掲載

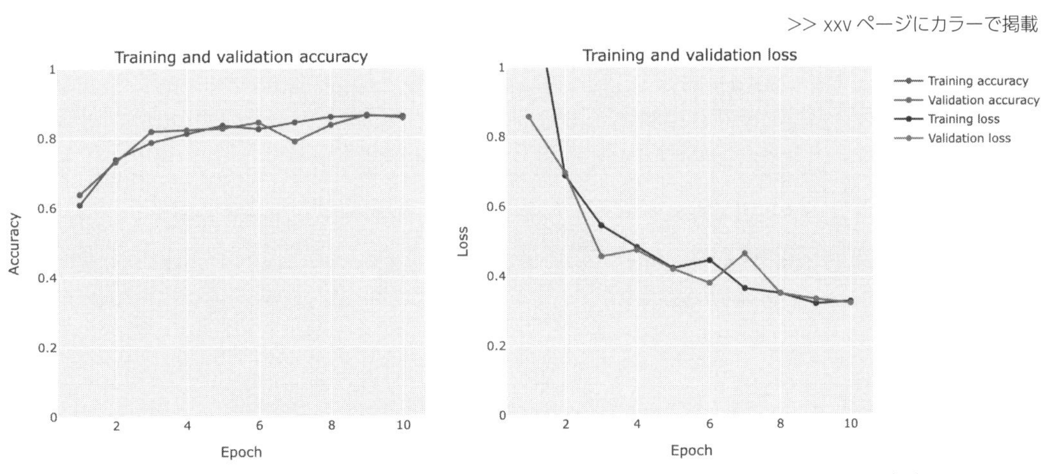

図 6-25：改善後のモデル（バージョン 2）の訓練時と検証時の正解率（左）と誤差（右）

訓練時の最終的な誤差は 0.33、正解率は 0.86 です。検証時の最終的な誤差は 0.32、正解率は 0.86 です。結果は改善されています。もちろん、訓練時の正解率が改善された主な理由は、より多くのエポックにわたって訓練を行ったからです。

検証時の正解率が改善されたのは、訓練のエポック数を増やし、Dropout層を追加した結果、過剰適合が抑制されたためです。

テストデータセットでの誤差と正解率を確認してみましょう。

```
Test loss: 0.33939605951309204
Test accuracy: 0.8714975714683533
```

改善後のモデルをテストデータセットに適用した場合の分類レポートは図6-26のようになります。

```
33/33 [==============================] - 1s 30ms/step
                       precision    recall  f1-score   support

                   -1       0.98      0.64      0.77        86
 1 Mixed local stock 2       0.62      0.44      0.51        94
   Carniolan honey bee       0.89      1.00      0.94       100
     Italian honey bee       0.88      0.95      0.91       602
     Russian honey bee       0.93      0.94      0.93       106
 VSH Italian honey bee       0.81      0.75      0.78        40
     Western honey bee       0.88      1.00      0.93         7

             accuracy                           0.87      1035
            macro avg       0.86      0.82      0.83      1035
         weighted avg       0.87      0.87      0.86      1035

Loss function: 0.33939605951309204, accuracy: 0.8714975714683533
```

図6-26：改善後のモデル（バージョン2）をテストデータセットに適用した場合の分類レポート - 訓練のエポック数を10に増やし、Dropout層を追加

加重平均の適合率と再現率がよくなっています。また、ベースラインモデルでスコアが低かったクラスの適合率とF1スコアもよくなっていることがわかります。1 Mixed local stock 2の適合率は0.51でしたが、現在の適合率は0.62です。VSH Italian honey beeの再現率は0.65から0.75に改善しています。Western honey beeの適合率とF1スコアは下がりましたが、このクラスのサポート数はたった7なので、想定内の結果です。

検証とテストの指標を改善する —— つまり、モデルの性能を向上させるために、引き続きモデルを改良します。次のイテレーションでは、訓練のエポック数を50に増やします。また、次の3つのコールバック関数も追加します。

- **学習率スケジューラ**：学習率の変化に対する非線形関数を実装する。エポックごとに学習率を変更すると、訓練プロセスを改善できる。学習率を制御するための関数では、学習関数の値を徐々に小さくする。

- **早期終了関数**：損失関数の変化（特定のエポック数で誤差が改善しない場合）と、猶予係数（性能の改善が見られないエポックの数が係数の値を超えた場合）に基づいて訓練エポックを終了する。
- **モデルチェックポイント**：最もよい正解率が得られるたびに、そのモデルを保存する。このようにすると、最後の訓練エポックのモデルパラメータではなく、すべてのエポックにわたって最も性能のよいモデルのパラメータを利用できるようになる。

3つのコールバック関数のコードは次のようになります。

```
from tensorflow.keras.callbacks import (
    LearningRateScheduler, EarlyStopping, ModelCheckpoint
)

annealer3 = LearningRateScheduler(
    lambda x: 1e-3 * 0.995 ** (x+config['no_epochs_3']))
earlystopper3 = EarlyStopping(monitor='loss',
                              patience=config['patience'],
                              verbose=config['verbose'])
checkpointer3 = ModelCheckpoint('best_model_3.h5',
                                monitor='val_accuracy',
                                verbose=config['verbose'],
                                save_best_only=True,
                                save_weights_only=True)
```

モデルを適合させるコードは次のようになります。

```
train_model3 = model3.fit(image_generator.flow(X_train, y_train,
                                               batch_size=config['batch_size']),
                          epochs=config['no_epochs_3'],
                          validation_data=[X_val, y_val],
                          steps_per_epoch=len(X_train)//config['batch_size'],
                          callbacks=[earlystopper3, checkpointer3, annealer3])
```

訓練は指定されたエポック数まで実行できますが、早期終了条件が満たされた（つまり、エポック数が猶予係数を超えても、損失関数の改善が見られない）場合は途中で終了する可能性があります。いずれの場合も、検証時の正解率が最もよいモデルが保存され、テストに使われます。

図6-27は、このさらに改善されたモデルの訓練時と検証時の正解率（左）と誤差（右）の変化を示しています。最後のエポックでの訓練時の誤差は0.19、正解率は0.92でした。また、最後のエポックでの検証時の誤差は0.24、正解率は0.89、学習率は6.08e-4でした。そして、検証での最もよい正解率は、エポック35の0.92でした。

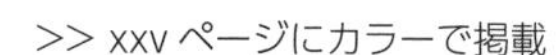

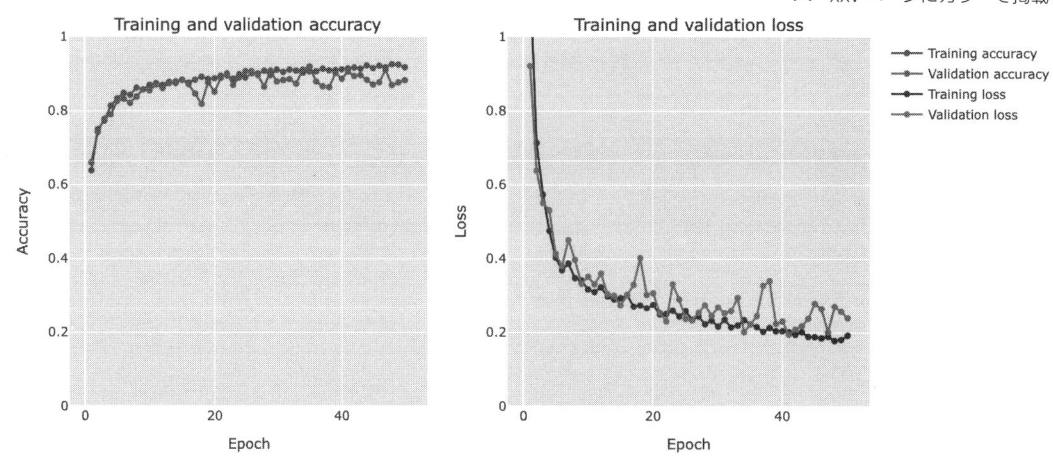

図 6-27：改善後のモデル（バージョン 3）の訓練時と検証時の正解率（左）と誤差（右）- 学習率スケジューラ、早期終了、モデルチェックポイントを追加

保存した（エポック 35 の）モデルチェックポイントを使って、テストデータセットで予測を行ってみましょう。改善後のモデル（バージョン 3）の分類レポートは図 6-28 のようになります。

```
33/33 [==============================] - 1s 30ms/step
                       precision    recall  f1-score   support

                    -1       0.97      0.85      0.91        86
 1 Mixed local stock 2       0.49      0.86      0.62        94
   Carniolan honey bee       0.93      1.00      0.97       100
     Italian honey bee       0.96      0.85      0.90       602
     Russian honey bee       0.98      0.97      0.98       106
 VSH Italian honey bee       0.84      0.95      0.89        40
     Western honey bee       1.00      1.00      1.00         7

              accuracy                           0.88      1035
             macro avg       0.88      0.93      0.90      1035
          weighted avg       0.92      0.88      0.89      1035

Loss function: 0.2286902666091919, accuracy: 0.8811594247817993
```

図 6-28：改善後のモデル（バージョン 3）をテストデータセットに適用した場合の分類レポート - 訓練のエポック数を 50 に増やし、学習率スケジューラ、早期終了、モデルチェックポイントを追加

マクロ平均が改善されており、正解率、再現率、F1 スコアの値はそれぞれ 0.88、0.93、0.90 になりました。加重平均の正解率、再現率、F1 スコアもそれぞれ 0.92、0.88、0.89 に改善されています。

モデルを反復的に改良するプロセスはここまでとしますが、ぜひモデルを引き続き改善してみてください。たとえば、`Conv2D` 層と `MaxPool2D` 層をさらに追加して、カーネルの数やストライドの値を変更し、さまざまなハイパーパラメータ（異なるバッチサイズや学習率スケジューラなど）を試してみることもできます。また、最適化手法を変えてみてもよいでしょう。モデルを変更するもう1つの方法は、データ拡張を使って、クラス画像のバランスを制御することです（現時点では、ハチの画像はsubspeciesクラスに関して不均衡です）。

また、データ拡張についても、さまざまなパラメータや異なるソリューションを試してみることができます。現在広く使われている画像データ拡張ライブラリの1つであるAlbumentationsについては、参考資料[7][8]を参照してください。Albumentationsは有名なKaggle GrandmasterであるVladimir Iglovikovをはじめ、データサイエンティスト、研究者、コンピュータビジョンエンジニアのグループによって作成されたものです。

6.3　本章のまとめ

本章は新しいデータセットの紹介から始まりました。このデータセットには、さまざまな病気を持つさまざまなハチの亜種を含め、さまざまな日付と場所で収集された画像に関するメタデータが含まれています。また、skimage.ioとcv2をベースとする関数もいくつか紹介しました。これらの関数は、画像を読み込み、画像のサイズを調整し、画像から特徴量を抽出するものでした。

表形式データをplotlyベースで可視化するための新たなユーティリティスクリプトを使って、洞察力を持つ可視化を実行するために、plotlyの柔軟性を活かしたカスタムグラフィックスを作成しました。また、画像を可視化する関数も定義しました。

詳細なEDAを行った後、ハチの亜種を予測するモデルの構築に進みました。その際には、データ拡張の手法を取り入れ、元の画像セットを加工（回転、ズーム、シフト、ミラーリング）することで、訓練に利用できるデータを増やしました。元のデータセットを訓練サブセット、検証サブセット、テストサブセットに分割し、3つのサブセットをランダムにサンプリングするときのクラスの不均衡を考慮するためにstratifyパラメータを使いました。まず、ベースラインモデルの訓練と検証を行い、誤差分析を行った後、ステップをさらに追加し、Dropout層を追加し、コールバック（学習率スケジューラ、早期終了、モデルチェックポイント）をいくつか導入することで、この最初のモデルを徐々に改善していきました。訓練時、検証時、テスト時の誤差の反復的な改善を分析し、訓練時と検証時の誤差と正解率だけではなく、テストデータセットでの分類レポートも確認しました。

次章では、テキストデータを分析するためのテクニックとツールを紹介し、テキストデータを使ってベースラインモデルを構築するためにデータを準備する方法を確認します。

6.4 参考資料

[1] The BeeImage Dataset: Annotated Honey Bee Images: https://www.kaggle.com/datasets/jenny18/honey-bee-annotated-images
[2] plotly-script and Kaggle Utility Script: https://github.com/PacktPublishing/Developing-Kaggle-Notebooks/blob/develop/Chapter-06/plotly-utils.ipynb
[3] Honeybee Subspecies Classification, Kaggle Notebook: https://github.com/PacktPublishing/Developing-Kaggle-Notebooks/blob/develop/Chapter-06/honeybee-subspecies-classification.ipynb
[4] Andrew Ng, Machine Learning Yearning: https://info.deeplearning.ai/machine-learning-yearning-book
[5] Keras: https://www.tensorflow.org/guide/keras
[6] TensorFlow: https://www.tensorflow.org/
[7] Albumentations: https://albumentations.ai/
[8] Using Albumentations with Tensorflow: https://github.com/albumentations-team/albumentations_examples/blob/master/notebooks/tensorflow-example.ipynb

第7章 テキスト分析―単語埋め込み、双方向LSTM、Transformer

本章では、テキストデータを分析し、私たちを助けてくれる機械学習モデルの構築方法を学びます。今回は、**Jigsaw Unintended Bias in Toxicity Classification** コンペティションのデータセット（7.7節の参考資料[1]）を使います。このコンペティションの目的は、コメントの有害性を評価し、マイノリティに対する望ましくないバイアスを減らすモデルを構築することにありました。というのも、有害なコメントは誤ってマイノリティに関連付けられることがあるからです。本章では、このコンペティションをベースに、**自然言語処理**（Natural Language Processing：NLP）という分野を紹介します。

このコンペティションで使われたデータは、Civil Comments プラットフォームで生成されたものです。Civil Comments は、オンラインディスカッションの礼儀問題の解決を目指して、Aja Bogdanoff と Christa Mrgan によって 2015 年に開設されました（参考資料[2]）。このプラットフォームは 2017 年に閉鎖されましたが、オンラインでのやり取りを理解して礼儀を改善したいと考えている研究者のために、約 200 万件のコメントが残されることになりました。この取り組みに協賛した組織である Jigsaw は、言語の有害性を分類するコンペティションを開催しました。本章では、純粋なテキストを変換して、モデルで利用可能な意味のある数値にすることで、コメントの有害性に応じて複数のグループに分類できるようにします。

まとめると、本章で取り上げる内容は次のとおりです。

- **Jigsaw Unintended Bias in Toxicity Classification** コンペティションデータセットでのデータ探索
- NLP に特化した処理と分析の手法：単語の出現頻度、トークン化、品詞タグ付け、固有表現抽出、単語埋め込み
- ベースラインモデルを準備するためのテキストデータの前処理とその反復的な改良

- このテキスト分類コンペティションのベースラインモデルの構築

7.1 データ探索

Jigsaw Unintended Bias in Toxicity Classificationコンペティションのデータセットは、180万行のデータからなる訓練データと、97,300行のデータからなるテストデータで構成されています。テストデータには、comment_text列だけが含まれており、目的変数（予測する値）の列は含まれていません。訓練データには、comment_text列に加えて、目的変数の列を含めた43個の列が含まれています。目的変数は、このコンペティションで予測すべきアノテーションを表す0～1の数値です。この列の値は、コメントの有害度（有毒性なしの0から最も有毒な1まで）を表します。残りの42列のうち24個は、コメントに特定のセンシティブなトピックが含まれているかどうかに関連するフラグです。トピックは、人種と民族、性別、性的指向、宗教、障碍の5つのカテゴリに関連しています。さらに詳しく言うと、5つのカテゴリのそれぞれに以下のフラグが定義されています。

- Race and ethnicity（人種と民族）
  asian、black、jewish、latino、other_race_or_ethnicity、white
- Gender（性別）
  female、male、transgender、other_gender
- Sexual orientation（性的指向）
  bisexual、heterosexual、homosexual_gay_or_lesbian、other_sexual_orientation
- Religion（宗教）
  atheist、buddhist、christian、hindu、muslim、other_religion
- Disability（障碍）
  intellectual_or_learning_disability、other_disability、physical_disability、psychiatric_or_mental_illness

また、created_date、publication_id、parent_id、article_idなど、コメントを識別するための特徴量（列）も含まれています。さらに、rating、funny、wow、sad、likes、disagree、sexual_explicitなど、コメントに関連付けられたユーザーフィードバック情報の特徴量と、アノテーションに関連する2つの特徴量（identity_annotator_count、toxicity_annotator_count）も含まれています。

まず、目的変数とセンシティブな特徴量の簡単な分析から見ていきましょう。

7.1.1 目的変数

まず、目的変数の分布を調べてみましょう。図 7-1 は、目的変数の値の分布をヒストグラムにしたものです※1。

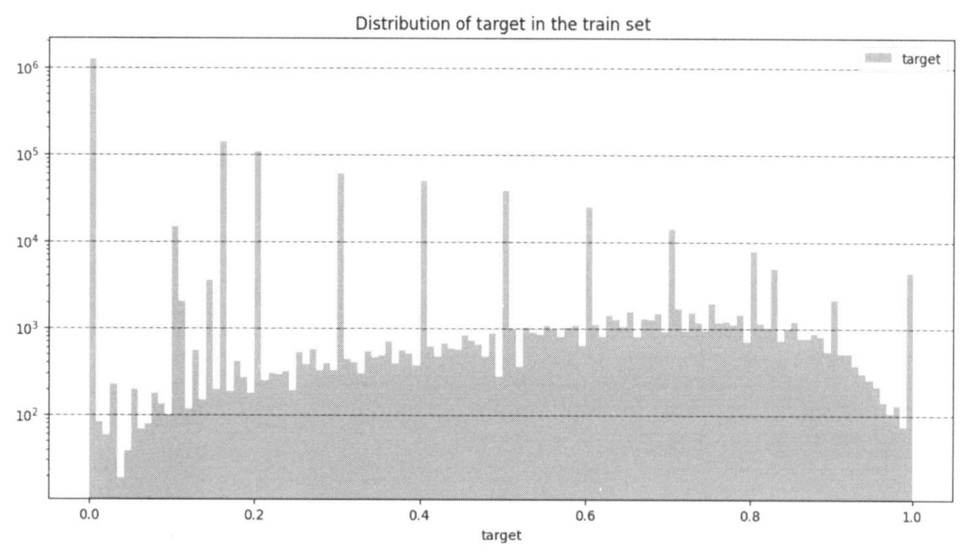

図 7-1：目的変数の値の分布（訓練データ、180 万エントリ）

このヒストグラムでは、値の分布が 0 に偏っていることを示したかったので、y 軸で対数スケールを使っています。これにより、二峰性（bimodal）の分布が確認できます。つまり、約 0.1 間隔のピーク値が徐々に減少していくのと、緩やかな上昇傾向にある低頻値の分布が重なっています。目的変数のほとんどの（100 万を超える）値は 0 です。

7.1.2 センシティブな特徴量

本節の最初に列挙したセンシティブな特徴量（人種と民族、性別、性的指向、宗教、障碍）の分布を調べてみましょう。この分布には偏りがあるため（目的変数と同様、0 に集中しています）、この場合も y 軸で対数スケールを使います。

図 7-2 は、人種と民族特徴量の値の分布を示しています。連続性のない、かなり離散的な分布に見えます。このヒストグラムでは、ピーク値がばらばらにあります。

※1 ［訳注］検証時の Kaggle Notebooks の seaborn のバージョンは 0.12.2。参考資料［3］で使っている `distplot()` は seaborn 0.14.0 で `histplot()` と `displot()` に置き換えられる予定。`histplot()` を使う場合は、コードを `sns.histplot(train['target'], bins=120, label='target', element="step")` に置き換える必要がある。その際には、`FutureWarning: use_inf_as_na option is deprecated and will be removed in a future version.` が生成されるが、この例外は seaborn 0.13 で修正されている。

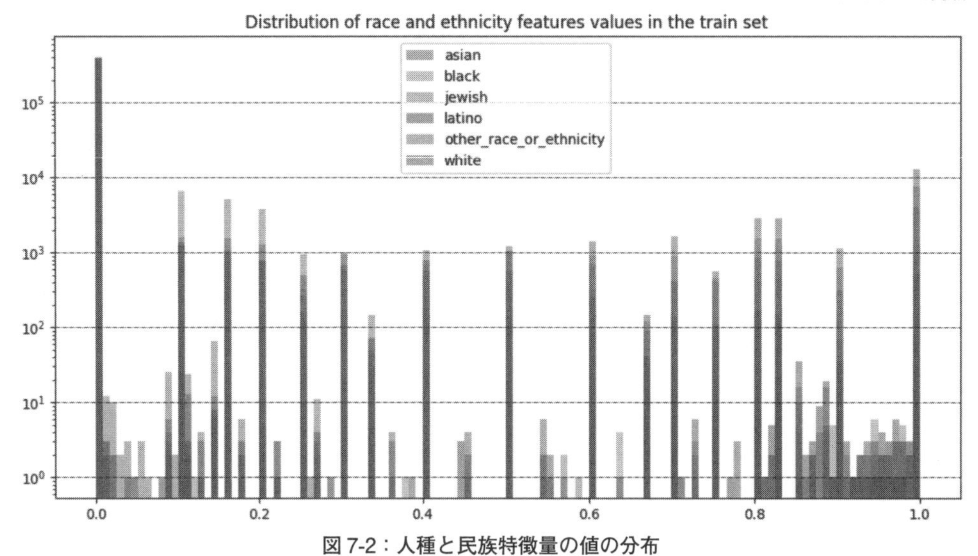

図 7-2：人種と民族特徴量の値の分布

性別特徴値でも同様の分布が確認できます（図 7-3）。

>> xxvi ページにカラーで掲載

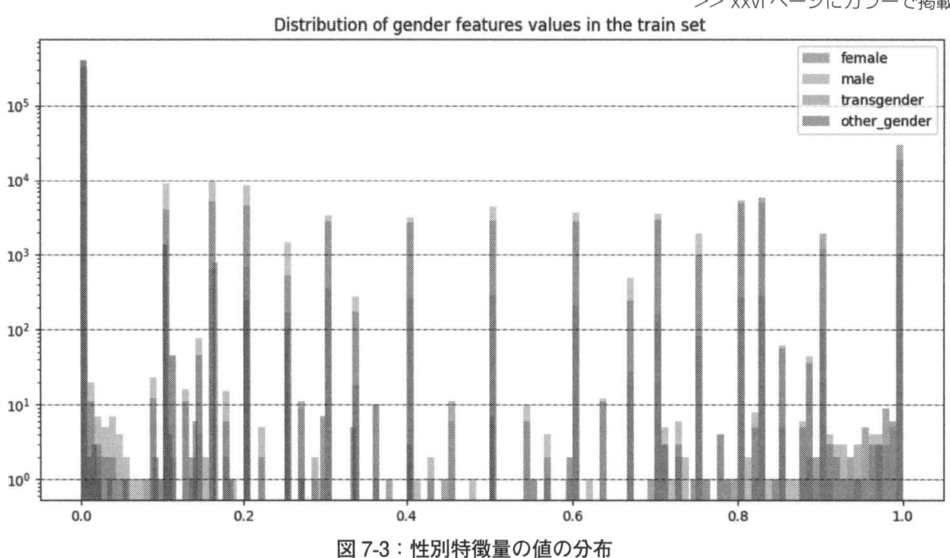

図 7-3：性別特徴量の値の分布

図 7-4 は、有害性を示すその他の特徴量（severe_toxicity、obscene、identity_attack、insult、threat）の値の分布を示しています。この分布はより均一ですが、insult が上昇傾向にあることがわかります。

>> xxvii ページにカラーで掲載

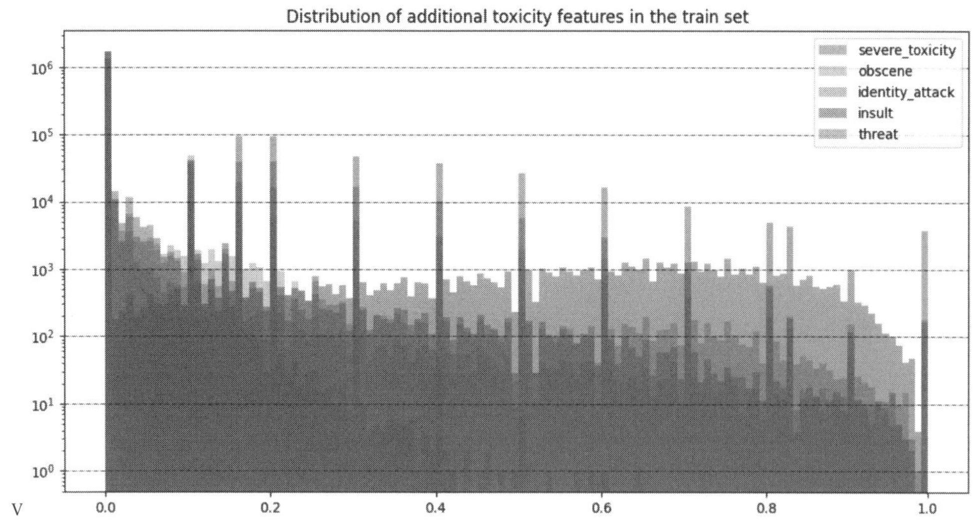

図 7-4：有害性を示すその他の特徴量の値の分布

センシティブな特徴量（人種と民族、性別、性的指向、宗教、障碍）と目的変数の相関も調べてみましょう。すべての特徴量の相関行列は本章のノートブック（参考資料［3］）で確認できます。ここでは、目的変数と相関関係にある特徴量を、相関係数が大きい順に 15 個示します（図 7-5）。

```
train_corr = train[sel_columns].corr()
train_corr['target'].sort_values(ascending=False)[1:16]
```

```
insult                          0.928207
obscene                         0.493058
identity_attack                 0.450017
severe_toxicity                 0.393425
threat                          0.287761
white                           0.194012
black                           0.167224
muslim                          0.134491
homosexual_gay_or_lesbian       0.131110
male                            0.073822
female                          0.062904
psychiatric_or_mental_illness   0.055470
jewish                          0.047042
transgender                     0.042517
heterosexual                    0.038193
Name: target, dtype: float64
```

図 7-5：目的変数との相関が強い 15 個の特徴量

これらの特徴量と目的変数の相関行列は図 7-6 のようになります。

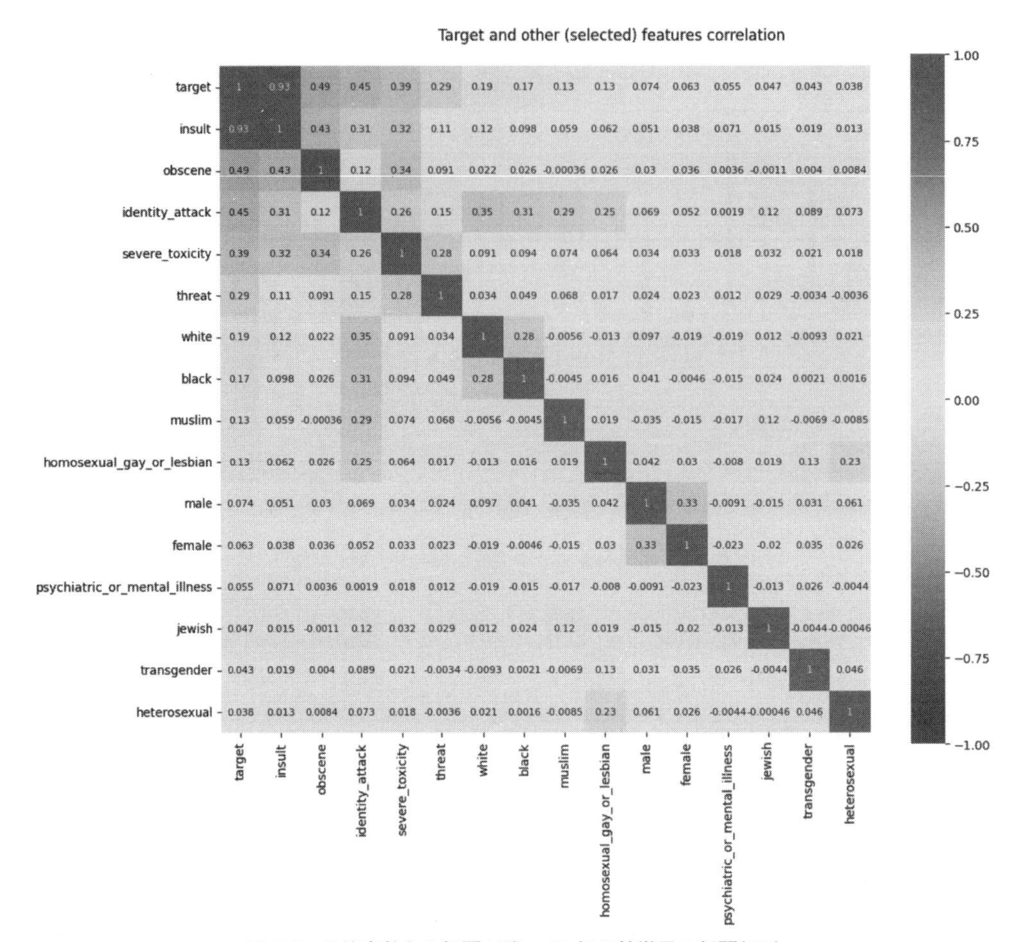

図 7-6：目的変数との相関が強い 15 個の特徴量の相関行列

目的変数（`target` 特徴量）と `insult`（0.93）、`obscene`（0.49）、`identity_attack`（0.45）の間で強い相関が認められます。また、`severe_toxicity` と `insult` および `obscene` の間で正の相関が認められます。`identity_attack` と `white`、`black`、`muslim`、`homosexual_gay_or_lesbian` の間でも正の相関が認められます。

ここでは、目的変数とセンシティブな特徴量の分布を調べました。次節では、本章の分析の本題であるコメントテキストに着目し、NLP に特化した分析テクニックをいくつか適用します。

7.2 コメントテキストを分析する

自然言語処理（Natural Language Processing：NLP）は、人間が使っている言語をコンピュータが理解し、解釈し、変換し、さらには生成することを可能にする AI の分野です。この分野では、さまざまな計算的手法を使います。NLP は、大規模なテキストデータセットを処理・分析するために、たとえば次のようなテクニック、アルゴリズム、モデルを使います。

- **トークン化**
  テキストを単語、単語の一部、文字などの小さな単位に分解します。
- **見出し語（レンマ）化またはステミング**
  単語を辞書形式に縮小するか、最後の数文字を削除して語幹にします。
- **品詞（POS）タグ付け**
  シーケンス内の各単語に文法的カテゴリ（名詞、動詞、固有名詞、形容詞など）を割り当てます。
- **固有表現抽出（NER）**
  エンティティ（人名、組織名、場所名など）を識別して分類します。
- **単語埋め込み**
  高次元空間を使って単語を表します。この空間では、各単語の位置が他の単語との関係によって決まります。
- **機械学習モデル**
  アノテーション付きのデータセットでモデルを訓練し、言語データのパターンと関係を学習します。

NLP の応用には、感情分析、機械翻訳、質問応答、テキスト要約、テキスト分類などがあります。

NLP の紹介はこれくらいにして、実際のコメントテキストを調べてみましょう。20,000 件のコメントからなるサブセットを使って、ワードクラウドをいくつかプロットします。単語の全体的な分布を調べた後（参考資料[3]を参照）、目的変数の値（スコア）が 0.25 よりも小さいコメントと 0.75 よりも大きいコメントの分布を調べます（図 7-7）。

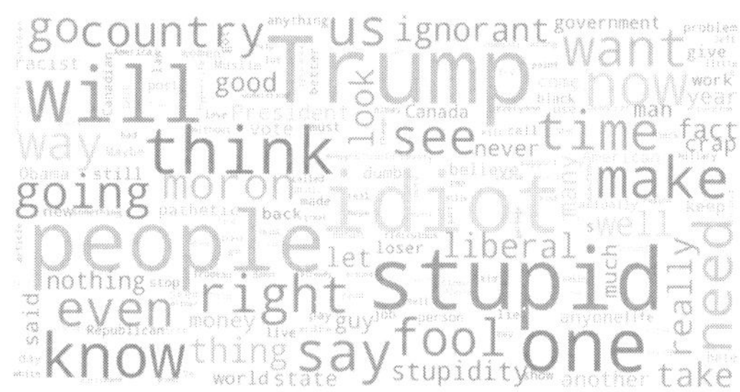

図 7-7：目的変数の値が 0.25 よりも小さいコメントと 0.75 よりも大きいコメントで頻出している単語（1-gram）

`target` は `insult` との相関が強く、これら 2 つの特徴量のワードクラウドでは、単語の分布がかなり近いものになることが予測されます。この仮説は裏付けられています。図 7-8 では、（高いスコアと低いスコアの両方で）このことがかなり具体的に示されています。

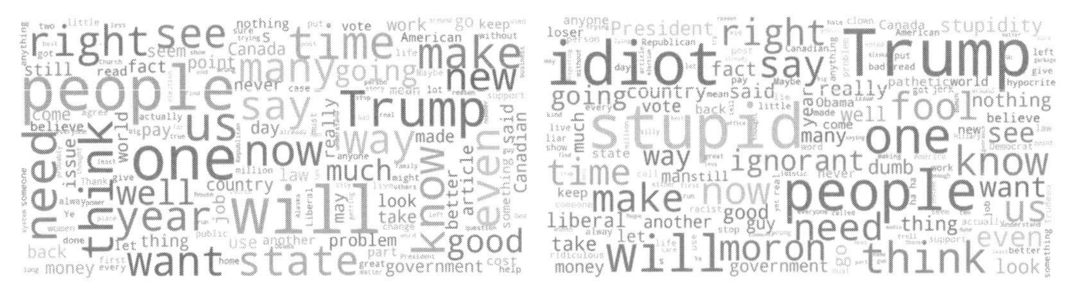

図7-8：insultの値が0.25よりも小さいコメントと0.75よりも大きいコメントで頻出している単語（1-gram）

これらの分布では、`target`と`insult`の小さい値と大きい値の両方で、同じような単語が高い頻度で出現しています。

`threat`、`obscene`、サブセット全体の特徴量に関するワードクラウドは、本章のノートブック（参考資料[3]）で確認できます。これらのワードクラウドを見れば、最も頻出している単語を感覚的に捉えることができます。7.3.1項と7.3.3項では、コーパス全体の語彙に対して単語の出現頻度をさらに詳しく分析します。現時点の分析は個々の単語の出現頻度に限定されており、これらの単語がコーパス全体でどのようにグループ化されるのか——つまり、さまざまな単語がどのような組み合わせで使われるのかを把握し、その情報に基づいてコーパスの主題を特定している、というわけではありません。このようなコーパス全体の意味的な構造を明らかにすることを目的とした処理を、**トピックモデリング**（topic modeling）と呼びます。この方法で単語の共起パターンを分析すると、テキストに潜在しているトピックを浮かび上がらせることができます。

なお、本章のノートブック（参考資料[3]）のトピックモデリングアプローチの実装は、潜在ディリクレ配分に基づくトピックモデリングに関する記事やチュートリアルを参考にしています（参考資料[5]～[10]を参照）。

7.2.1 トピックモデリング

まず、gensimライブラリを使ってコメントテキストの前処理を行い、特殊文字、頻繁に使われる単語、接続語（ストップワード）、長さが2未満の単語を取り除きます。

```
import gensim

def preprocess(text):
    result = []
    for token in gensim.utils.simple_preprocess(text):
        if token not in gensim.parsing.preprocessing.STOPWORDS and len(token) > 2:
```

```
            result.append(token)
    return result
```

この preprocess() 関数をすべてのコメントに適用します。

```
%%time
preprocessed_comments = train_subsample['comment_text'].map(preprocess)
```

次に、gensim.corpora.dictionary モジュールを使って単語の辞書を作成します。また、出現頻度の低い単語を取り除いて語彙のサイズを制限するために、極端な単語をフィルタリングします。

```
%%time
dictionary = gensim.corpora.Dictionary(preprocessed_comments)
dictionary.filter_extremes(no_below=10, no_above=0.5, keep_n=75000)
```


これらの制限を適用した後は、辞書から **bag of words**（bow）コーパスを生成します。そして、このコーパスに **TF-IDF**（Term Frequency-Inverse Document Frequency）を適用します。このようにすると、文書のコレクションまたはコーパス内の文書における単語の重要性を数値で表すことができます。

TF は、文書内での単語の出現頻度を表します。**IDF** は、文書のコーパス全体（この場合は、すべてのコメント）での単語の出現頻度の逆数であり、コーパス全体での単語の重要度を表します。この係数は、文書内での単語の出現頻度が高くなるほど小さくなります。したがって、TF-IDF 変換を適用すると、コーパスレベルでは頻度が低く、現在の文書内では頻度の高い単語について、その単語と現在の文書のペアに対する係数が大きくなります。

```
%%time
bow_corpus = [dictionary.doc2bow(doc) for doc in preprocessed_comments]
tfidf = models.TfidfModel(bow_corpus)
corpus_tfidf = tfidf[bow_corpus]
```

続いて、**潜在ディリクレ配分**（Latent Dirichlet Allocation：LDA）を適用します。LDA は、このコーパスでの単語の出現頻度に基づいてトピックを生成するトピックモデルです。ここでは、gensim の並列処理用の LDA 実装（LdaMulticore）を使います。

```
%%time
lda_model = gensim.models.LdaMulticore(corpus_tfidf,
                                       num_topics=20,
                                       id2word=dictionary,
                                       passes=2,
                                       workers=2)
```

最初の10個のトピックをそれぞれ5ワードで表してみましょう。

```
topics = lda_model.print_topics(num_words=5)
for i, topic in enumerate(topics[:10]):
    print("Train topic {}: {}".format(i, topic))
```

図7-9に示すように、トピックワードがそのトピックにおける相対的な重みとともに出力されます。

```
Train topic 0: (0, '0.005*"wrong" + 0.005*"people" + 0.004*"vote" + 0.004*"trump" + 0.004*"white"')
Train topic 1: (1, '0.004*"church" + 0.004*"people" + 0.004*"catholic" + 0.003*"mean" + 0.003*"correct"')
Train topic 2: (2, '0.004*"exactly" + 0.004*"canada" + 0.003*"good" + 0.003*"like" + 0.003*"tax"')
Train topic 3: (3, '0.007*"like" + 0.005*"thanks" + 0.004*"people" + 0.004*"think" + 0.003*"excellent"')
Train topic 4: (4, '0.005*"tax" + 0.004*"oil" + 0.004*"state" + 0.004*"money" + 0.004*"pfd"')
Train topic 5: (5, '0.005*"lol" + 0.004*"trump" + 0.004*"people" + 0.003*"got" + 0.003*"yep"')
Train topic 6: (6, '0.005*"right" + 0.004*"pathetic" + 0.003*"people" + 0.003*"crazy" + 0.003*"lock"')
Train topic 7: (7, '0.004*"trump" + 0.004*"like" + 0.004*"sad" + 0.004*"know" + 0.004*"people"')
Train topic 8: (8, '0.005*"trump" + 0.004*"like" + 0.003*"obama" + 0.003*"china" + 0.003*"good"')
Train topic 9: (9, '0.005*"point" + 0.004*"oil" + 0.003*"people" + 0.003*"world" + 0.003*"good"')
```

図7-9：上位10個のトピック - トピックごとに（最も関連性の高い）5つの単語が選択されている

トピックを抽出した後は、文書を調べて、現在の文書（この場合はコメント）に存在するトピックを特定することができます。図7-10は、1つの文書の主要なトピックを（相対的な重みとともに）出力したものです。選択したコメントのトピックリストを生成するためのコードは次のようになります。

```
bd5 = bow_corpus[5]

for index, score in sorted(lda_model[bd5], key=lambda tup: -1*tup[1]):
    print("\nScore: {}\t \nTopic: {}".format(score, lda_model.print_topic(index,5)))
```

```
Score: 0.38383930921554565
Topic: 0.004*"trump" + 0.004*"like" + 0.004*"sad" + 0.004*"know" + 0.004*"people"

Score: 0.24396634101867676
Topic: 0.006*"said" + 0.006*"trump" + 0.005*"great" + 0.005*"news" + 0.004*"fake"

Score: 0.18195481598377228
Topic: 0.005*"point" + 0.004*"oil" + 0.003*"people" + 0.003*"world" + 0.003*"good"

Score: 0.15945366024971008
Topic: 0.005*"trump" + 0.004*"money" + 0.004*"people" + 0.003*"think" + 0.003*"like"
```

図7-10：1つのコメントに関連するトピック（とそれぞれの相対的な重要度）

トピックの可視化には、そのためのPythonライブラリである**pyLDAvis**を使うことにします。図7-11は、このツールのスクリーンショットを示しています（本章のノートブックでは、訓練データ用とテストデータ用にそれぞれ20個のトピックを生成しました）。図7-11のダッシュボード（左）には、**Intertopic Distance Map**が表示されています。このマップでは、トピックの相対的な大きさ（コーパスでの影響力）が円の大きさで表され、トピックの相対的な距離が相互の距離で表されます。図7-11

の右側には、（左側のパネルで）現在選択されているトピックとの関連性が高い上位 30 個の単語が表示されます。

右側のグラフの薄い色（ノートブックでは水色）は、コーパス全体での単語の出現頻度を表しています。濃い色（ノートブックでは赤）は、選択したトピックでの単語の推定出現頻度を表しています。スライドを使って関連性の指標を調整することもできます（図 7-11 では、1 に設定されています）。前処理ステップを改善し（たとえば、このコーパス独自のストップワードを追加できます）、辞書を形成するためのパラメータを調整し、TF-IDF と LDA のパラメータを制御すれば、この分析をさらに洗練されたものにできます。なお、LDA の手続きは複雑であるため、ここでは訓練データをサブサンプリングしてコーパスのサイズを小さくしました。

>> xxvii ページにカラーで掲載

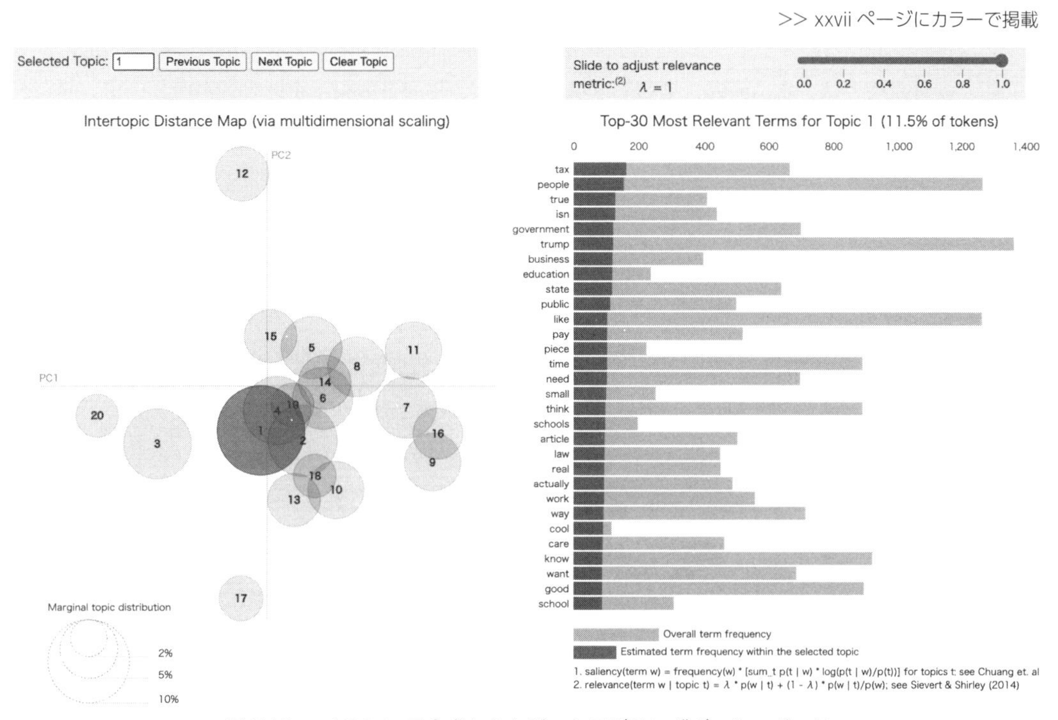

図 7-11：pyLDAvis で生成したトピックモデリングダッシュボード

この分析をコメントテキストのコーパス全体で繰り返すこともできますが、そうすると Kaggle で利用できる以上の計算リソースが必要になってしまいます。

ここでは、コーパスのトピックを、LDA を使って調査しました。この手続きにより、コーパスの隠れた（潜在的な）構造の 1 つが明らかになりました。これで、単語の出現頻度だけではなく、コメント内の単語がどのように関連しているのかについても理解を深めることができるため、コメントの投稿者が議論しているトピックが浮かび上がってくるはずです。このコーパスを別の観点から引き続き調査することにし、コメントを 1 つずつ調べて、固有表現抽出を使ってテキストにどのような種類の概念が含まれているのかを分析します。次に、構文要素を調べて、品詞タグ付けを使って名詞、動詞、形容詞、その他の品詞を抽出します。

これらのNLPテクニックを調べる理由は２つあります。１つは、NLPで利用できるさまざまなツールやテクニックを垣間見る機会を提供することです。もう１つは、もっと複雑な機械学習モデルでは、こうした手法で抽出された特徴量を新たに追加できることです。たとえば、テキストから抽出された他の特徴量に加えて、固有表現抽出や品詞タグ付けを使って得られた特徴量をモデルに追加できます。

7.2.2 固有表現抽出（NER）

では、選択したコメントで**固有表現抽出**（Named Entity Recognition：NER）を実行してみましょう。NERは、非構造化データ（テキスト）から固有表現を特定して抽出することを目的とした情報抽出タスクです。固有表現とは、人、組織、地理的な場所、日付と時刻、金額、通貨などのことです。固有表現を特定して抽出する方法はいくつかありますが、最もよく使われるのはspaCyとTransformerです。ここでは、spaCyを使ってNERを実行します。spaCyを選択したのは、Transformerと比較して必要なリソースが少なく、しかもよい結果が得られるからです。注目すべきは、spaCyが英語、ポルトガル語、スペイン語、ロシア語、中国語を含む23か国語に対応していることです※2。

まず、`spacy.load()`関数を使って`nlp`オブジェクトを初期化します。

```
import spacy

nlp = spacy.load('en_core_web_sm')
```

これにより、spaCyの`'en_core_web_sm'`（smはsmallの略）パイプラインがロードされます。このパイプラインには、`tok2vec`、`tagger`、`parser`、`senter`、`ner`、`attribute_ruler`、`lemmatizer`などのコンポーネントが含まれています。ただし、ここで関心があるのは`nlp`コンポーネントです。

次に、コメントを選択します。`Obama`または`Trump`という名前が含まれていて、かつ100文字未満の文書を選択します。今回のデモの目的からすると、長い文を操作するのは避けたいからです。短い文を使えば、デモを理解するのが容易になります。コメントを選択するコードは次のようになります※3。

```
selected_text = train.loc[train['comment_text'].str.contains("Trump") |
                          train['comment_text'].str.contains("Obama")]
```

※2　［訳注］2024年11月時点では、日本語を含む70か国語以上の言語に対応している。日本語など、一部の言語では外部ライブラリが必要。
https://spacy.io/usage/models#japanese

※3　［訳注］検証では、2つ目の文で`SettingWithCopyWarning`が発生するため、1つ目の文を次のように変更した。

```
selected_text = train.loc[train['comment_text'].str.contains("Trump") |
                          train['comment_text'].str.contains("Obama")].copy()
```

```
selected_text["len"] = selected_text['comment_text'].apply(lambda x: len(x))

selected_text = selected_text.loc[selected_text.len < 100]
selected_text.shape
```

NERの適用結果を可視化する方法は2つあります。1つは、現在のコメントで特定されたエンティティごとに、テキストの開始文字、終了文字、エンティティラベルを出力することです。もう1つは、spaCyの`displacy`レンダリングを使うことです。そのようにすると、各エンティティが選択した色で表示され、エンティティテキストの横にエンティティ名が追加されます。

`nlp`を使ってエンティティを抽出し、`displacy`を使って可視化の準備をするコードは次のようになります。アノテーション化されたテキストを`displacy`でレンダリングする前に、各エンティティテキストとその位置(開始文字と終了文字の位置)、エンティティラベルを出力します(図7-12)。

```
from spacy import displacy

for sentence in selected_text["comment_text"].head(5):
    print("\n")
    doc = nlp(sentence)
    for ent in doc.ents:
        print(ent.text, ent.start_char, ent.end_char, ent.label_)
    displacy.render(doc, style="ent", jupyter=True)
```

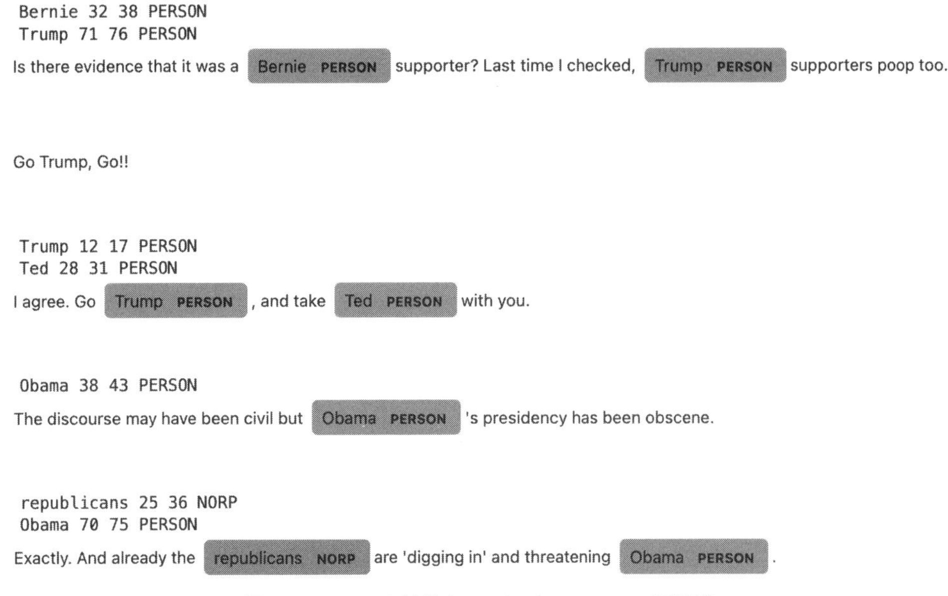

図7-12:NERの結果をspaCyとdisplacyで可視化

spaCyでは、さまざまなラベルがあらかじめ定義されています。それぞれの意味は簡単なコードを使って抽出できます。

```
nlp = spacy.load("en_core_web_sm")
labels = nlp.get_pipe("ner").labels

for label in labels:
    print(f"{label} - {spacy.explain(label)}")
```

結果として出力されるラベルとそれぞれの意味は次のとおりです。

- **CARDINAL**：他のタイプに該当しない数字
- **DATE**：絶対または相対的な日付または期間
- **EVENT**：名前の付いたハリケーン、戦闘、戦争、スポーツイベントなど
- **FAC**：建物、空港、高速道路、橋など
- **GPE**：国、都市、または州
- **LANGUAGE**：名前の付いた言語
- **LAW**：法律として成立した、名前が付いた文書
- **LOC**：GPE以外の場所、山脈、または水域
- **MONEY**：単位を含む金銭的価値
- **NORP**：国籍、宗教、政治団体
- **ORDINAL**：`first`、secondなど
- **ORG**：企業、機関、組織など
- **PERCENT**：パーセンテージ(%を含む)
- **PERSON**：人物(架空の人物を含む)
- **PRODUCT**：物、乗り物、食品など(サービスは除く)
- **QUANTITY**：重量や距離などの計測値
- **TIME**：1日未満の時間
- **WORK_OF_ART**：本や曲などのタイトル

図7-12では、**Bernie**(Sanders)、**Trump**(Donald)、**Obama**(元大統領で、政治論争の話題に頻繁に登場)が**PERSON**として正しく認識されています。また、**republicans**が**NORP**として正しく認識されています。どちらの場合も、抽出されたエンティティのリストが、特定された各エンティティの開始位置と終了位置とともに表示されています。

7.2.3　品詞タグ付け

NER分析では、人、組織、場所など、さまざまなエンティティに固有の名前が特定されました。これらの情報は、さまざまな単語を特定の意味グループに関連付けるのに役立ちます。各単語の品詞（名詞、動詞など）とフレーズの構文を理解するために、コメントテキストでさらに踏み込んだ探索を行うことにしましょう。

まず、NLPライブラリの一種であるNLTK（Natural Language Toolkit）を使って、NERの実験で選択したのと同じコメントから品詞を抽出します。ここでNLTKを選択したのは、spaCyほどリソースを消費しないことに加えて、品質のよい結果が得られるからです。また、spaCyとNLTKの結果を比較できるようにしたいという考えもありました。

```
import nltk
from nltk.tokenize import TreebankWordTokenizer as twt

for sentence in selected_text["comment_text"].head(5):
    print("\n")
    tokens = twt().tokenize(sentence)
    tags = nltk.pos_tag(tokens, tagset="universal")
    for tag in tags:
        print(tag, end=" ")
```

結果は図7-13のようになります。

```
('Is', 'VERB') ('there', 'DET') ('evidence', 'NOUN') ('that', 'ADP') ('it', 'PRON') ('was', 'VERB') ('a', 'DET')
('Bernie', 'NOUN') ('supporter', 'NOUN') ('?', '.') ('Last', 'ADJ') ('time', 'NOUN') ('I', 'PRON') ('checked', 'VER
B') (',', '.') ('Trump', 'NOUN') ('supporters', 'NOUN') ('poop', 'VERB') ('too', 'ADV') ('.', '.')

('Go', 'NOUN') ('Trump', 'NOUN') (',', '.') ('Go', 'NOUN') ('!', '.') ('!', '.')

('I', 'PRON') ('agree.', 'VERB') ('Go', 'NOUN') ('Trump', 'NOUN') (',', '.') ('and', 'CONJ') ('take', 'VERB') ('Te
d', 'NOUN') ('with', 'ADP') ('you', 'PRON') ('.', '.')

('The', 'DET') ('discourse', 'NOUN') ('may', 'VERB') ('have', 'VERB') ('been', 'VERB') ('civil', 'ADJ') ('but', 'CO
NJ') ('Obama', 'NOUN') ("'s", 'PRT') ('presidency', 'NOUN') ('has', 'VERB') ('been', 'VERB') ('obscene', 'VERB')
('.', '.')

('Exactly.', 'NOUN') ('And', 'CONJ') ('already', 'ADV') ('the', 'DET') ('republicans', 'NOUN') ('are', 'VERB') ("'d
igging", 'VERB') ('in', 'ADP') ("'", '.') ('and', 'CONJ') ('threatening', 'VERB') ('Obama', 'NOUN') ('.', '.')
```

図7-13：NLTKを使った品詞タグ付け

spaCyを使って同じ分析を行うこともできます。

```
for sentence in selected_text["comment_text"].head(5):
    print("\n")
    doc = nlp(sentence)
    for token in doc:
        print(token.text, token.pos_, token.ent_type_, end=" | ")
```

結果は図7-14のようになります。

```
Is AUX   | there PRON   | evidence NOUN   | that SCONJ   | it PRON   | was AUX   | a DET   | Bernie PROPN PERSON | support
er NOUN   | ? PUNCT   | Last ADJ   | time NOUN   | I PRON   | checked VERB   | , PUNCT   | Trump PROPN PERSON | supporters
NOUN   | poop VERB   | too ADV   | . PUNCT   |

Go VERB   | Trump ADJ   | , PUNCT   | Go PROPN   | ! PUNCT   | ! PUNCT   |

I PRON   | agree VERB   | . PUNCT   | Go VERB   | Trump ADJ PERSON | , PUNCT   | and CCONJ   | take VERB   | Ted PROPN PER
SON | with ADP   | you PRON   | . PUNCT   |

The DET   | discourse NOUN   | may AUX   | have AUX   | been AUX   | civil ADJ   | but CCONJ   | Obama PROPN PERSON | 's P
ART   | presidency NOUN   | has AUX   | been AUX   | obscene ADJ   | . PUNCT   |

Exactly ADV   | . PUNCT   | And CCONJ   | already ADV   | the DET   | republicans PROPN NORP | are AUX   | ' AUX   | diggi
ng VERB   | in ADP   | ' PUNCT   | and CCONJ   | threatening VERB   | Obama PROPN PERSON | . PUNCT   |
```

図7-14：spaCyを使った品詞タグ付け

図7-13と図7-14の出力を比較してみましょう。これら2つのライブラリによって生成された品詞はわずかに異なっています。そうした違いの一部は、品詞をカテゴリに割り当てる実際の方法が異なることに起因しています。NLTKでは、単語「is」はVERB（動詞）を表しますが、spaCyではAUX（助動詞）を表します。spaCyは固有名詞（人名、地名など）と通常名詞（NOUN）を区別しますが、NLTKは区別しません。

フレーズの中には、標準とは異なる構造を持つものがあります。たとえば、動詞「Go」はどちらの出力でも名詞（NLTK）、固有名詞（spaCy）として誤って識別されています。「Go」はコンマ（,）の後に大文字で始まっているため、これはある意味想定内です。spaCyでは、等位接続詞（**CCONJ**）と従属接続詞（**SCONJ**）が区別されますが、NLTKでは、接続詞（**CONJ**）が存在することのみ識別されます。

また、前項でNERを紹介するために使ったのと同じspaCyのライブラリ拡張を使って、フレーズと段落の構文構造を表現することもできます。図7-15は、そうした表現の例です。本章のノートブック（参考資料[3]）では、`displacy`と`style="dep"`フラグを使って、すべてのコメント（一連のフレーズ）を可視化しています。

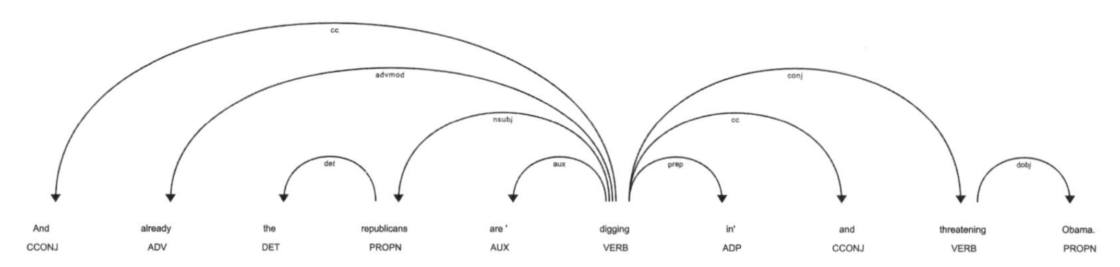

図7-15：spaCyとライブラリ拡張を使った品詞タグ付け - 品詞間の依存関係を表すフレーズ構造の可視化

ここでは、依存関係を使ってエンティティとそれぞれのカテゴリを表示する方法と、同じ関数を使って品詞とフレーズ構造の両方を表示する方法を確認しました。筆者は参考資料[11]にヒントを得て、そのコードサンプルを拡張し（また、NLTKとspaCyの動作は完全に一致しているわけではないため、品詞の抽出をNLTKからspaCyに置き換えました）、固有表現を表すのと同じ方法で品詞を強調表示できるようにしてみました。

参考資料［11］の拡張コードは次のようになります（すでに説明した変更に加えて、小さなバグを修正しました）。このコードの説明はコードブロックの後にあります。

```
import re

def visualize_pos(sentence):
    colors = {"PRON": "blueviolet",
              "VERB": "lightpink",
              "NOUN": "turquoise",
              "PROPN": "lightgreen",
              "ADJ": "lime",
              "ADP": "khaki",
              "ADV": "orange",
              "AUX": "gold",
              "CONJ": "cornflowerblue",
              "CCONJ": "magenta",
              "SCONJ": "lightmagenta",
              "DET": "forestgreen",
              "NUM": "salmon",
              "PRT": "yellow",
              "PUNCT": "lightgrey"}

    pos_tags = ["PRON", "VERB", "NOUN", "PROPN", "ADJ", "ADP", "ADV", "AUX", "CONJ",
                "CCONJ", "SCONJ", "DET", "NUM", "PRT", "PUNCT"]

    # 元のコードの問題を修正
    sentence = sentence.replace(".", " .")
    sentence = sentence.replace("'", "")
    # NLTKのトークナイザをspaCyのトークナイザと品詞タグ付けに置き換える
    doc = nlp(sentence)
    tags = []
    for token in doc:
        tags.append((token.text, token.pos_))

    # 各トークンの開始インデックスと終了インデックス (span) を取得
    span_generator = twt().span_tokenize(sentence)
    spans = [span for span in span_generator]

    # 各トークンの開始インデックス、終了インデックス、pos_tagを含む辞書を作成
    ents = []
    for tag, span in zip(tags, spans):
        if tag[1] in pos_tags:
            ents.append({"start": span[0],
                         "end": span[1],
                         "label": tag[1]})

    doc = {"text": sentence, "ents": ents}
```

```
    options = {"ents": pos_tags, "colors": colors}

    displacy.render(doc,
                    style="ent",
                    options=options,
                    manual=True)
```

このコードを詳しく見てみましょう。visualize_pos() 関数では、まず、品詞と色のマッピング（品詞の強調表示の方法）を定義しています。次に、考慮の対象となる品詞を定義しています。さらに、特殊文字の一部を置き換えることで、元のコードに存在しているバグを修正しています。また、NLTK のトークナイザを spaCy のトークナイザに置き換え、spaCy の nlp を使って抽出した pos のテキストと品詞をそれぞれ tags リストに追加しています。そして、特定された各 pos の位置を計算し、pos のトークンとテキストでのそれらの位置が含まれた辞書を作成し、それらを異なる色で強調表示できるようにしています。最後に、displacy を使って、すべての pos が強調表示された文書をレンダリングしています。

この手続きをコメントのサンプルに適用した結果は図 7-16 のようになります。spaCy の誤分類のいくつかがわかりやすくなりました。2 つ目のコメントでは、2 つ目の「Go」が誤って固有名詞（PROPN）として解釈されています。英語では、コンマの後に大文字で書かれるのは固有名詞だけであり、そう考えると納得がいきます。

>> xxviii ページにカラーで掲載

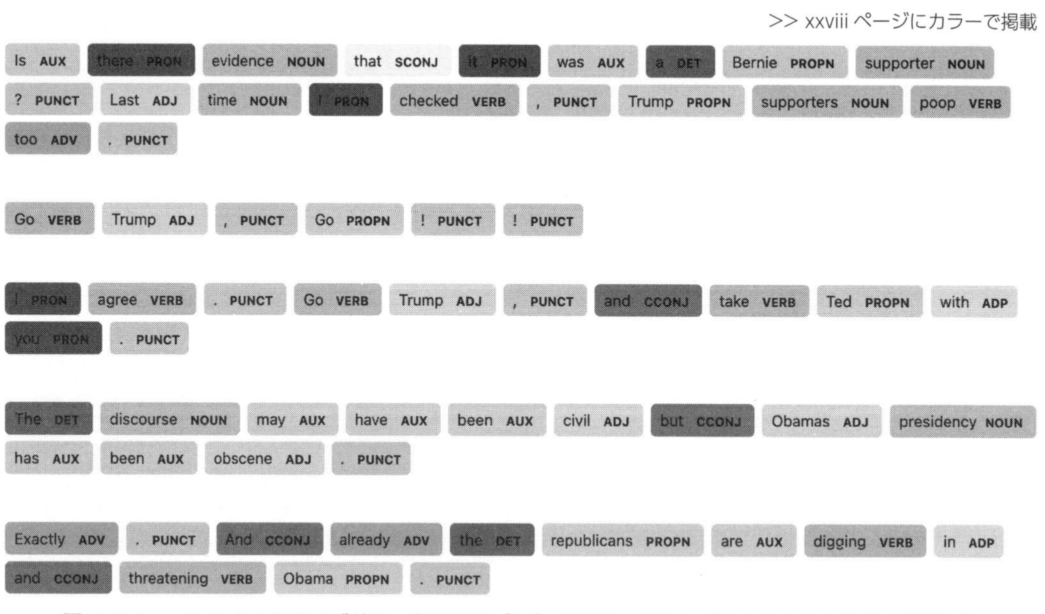

図 7-16：spaCy による品詞タグ付け - 参考資料［11］の手順を変更してテキスト内の品詞を強調表示

誤分類が他にもあることがわかります。2つ目のコメントでは、「Trump」が**ADJ** —— つまり、形容詞として分類されています。5つ目のコメントでは、「republicans」が**PROPN**に分類されています。「Republicans」が固有名詞として扱われるアメリカの政治の文脈ではおそらく正しい分類ですが、この文脈では正しくありません。この「republicans」は複数形の単純名詞であり、共和党政府の支持者のグループを表しているからです。

ここでは、テキストに含まれている単語の分布、トピック、品質、概念をよりよく理解するのに役立つさまざまなNLPテクニックを紹介しました。これらのテクニックを活用すれば、新しい特徴量を生成して機械学習モデルに取り入れることもできます。

次節では、コメントを分類するための教師ありNLPモデルの準備を目的とした分析とその手順を紹介します。

7.3 モデルを準備する

モデルの準備がどれくらい複雑になるかは、モデルを実装する方法によります。ここでは、最初のベースラインモデルとして、単語埋め込み層と1つ以上の双方向LSTM層で構成されたシンプルなディープラーニングアーキテクチャを構築します。このアーキテクチャは、コンペティションが開催された当時の標準的なアプローチであり、現在でもテキスト分類問題のベースラインとして申し分ありません。単語埋め込み層では、事前学習済みの単語埋め込みを使います。**長短期記憶**（Long Short-Term Memory：LSTM）は、リカレントニューラルネットワークアーキテクチャの一種であり、シーケンシャル（系列）データの長期的な依存関係を捕捉して記憶することを目的として設計されています。LSTMはテキストシーケンス内の複雑な関係や依存関係を処理してモデル化できるため、テキスト分類問題では特に効果的です。

このモデルの準備をするには、コメントデータの前処理が必要です（トピックモデルの構築の準備をしたときにも前処理を行いました）。今回は、前処理ステップを段階的に実行し、これらのステップがモデルの結果に与える影響ではなく、単語埋め込みの語彙のカバレッジに与える影響を監視します。単語埋め込みの語彙のカバレッジは、性能のよい言語モデルの前提条件の1つです。

次に、最初のベースラインモデルで単語埋め込みを使ってモデルの汎化性能を強化することで、訓練データセットには存在しないもののテストデータセットには存在する単語が、単語埋め込みに存在する単語の近傍の恩恵を受ける（埋め込み空間において近い位置に配置されることで意味情報の共有が可能になる）ようにします。最後に、このアプローチを効果的なものにするには、事前学習済みの単語埋め込みの語彙のカバレッジをできるだけ広げる必要もあります。そこで、語彙のカバレッジを評価して改善する方法も提案します。

では、最初の語彙を構築することから始めましょう。

7.3.1 語彙を構築する

ここまでの実験では、コメントコーパスのサブセットを使って、単語の出現頻度、目的変数とその他の特徴量のさまざまな値に関連付けられた単語の分布、トピックモデリング、NER、品詞タグ付けを行ってきました。次の実験では、コメントコーパス全体を使います。これには、埋め込みサイズが300の単語埋め込みを使います。

単語埋め込みは単語の数値表現であり、単語をベクトルにマッピングします。埋め込みサイズは、これらのベクトルの成分(次元)の数を表します。この手続きにより、単語間の関係をコンピュータが理解して比較できるようになります。すべての単語が最初に単語埋め込みを使って変換されるため(単語埋め込み空間では、単語間の関係がベクトル間の関係によって表されます)、意味が似ている単語は埋め込み空間において整列した(似通った方向や距離を持つ)ベクトルとして表されます。

テストの際には、訓練データに存在しない新しい単語も埋め込み空間で表され、訓練データに存在する他の単語との関係がアルゴリズムによって活用されます。結果として、テキスト分類に使っているアルゴリズムが強化されます。

さらに、ここでは文字の数(コメントの長さ)を固定にし、220に設定します。コメントがそれよりも短い場合はコメントシーケンスをパディングし(スペースで埋めます)、コメントがそれよりも長い場合は(220文字で)切り捨てます。このようにすると、機械学習モデルの入力の次元が同じになります。まず、語彙(コメントに存在する単語のコーパス)を構築するための関数を定義してみましょう。なお、これらの関数の定義には、参考資料[12][13]のコードを使いました。

語彙を構築するためのコードは次のようになります。各コメントに分割を適用し、すべてのデータを文のリストにまとめます。次に、これらの文をすべて解析して、語彙の辞書を作成します。解析された単語が辞書のキーとして見つかるたびに、そのキーに関連付けられた値をインクリメントします。結果として、語彙に含まれている各単語のカウント(全体的な出現頻度)が含まれた語彙の辞書が作成されます。

```
from tqdm import tqdm

def build_vocabulary(texts):
    """
    Build the vocabulary from the corpus
    Credits to: [12][13]
    Args:
        texts: list of list of words
    Returns:
        dictionary of words and their count
    """
    sentences = texts.apply(lambda x: x.split()).values
    vocab = {}
    for sentence in tqdm(sentences):
        for word in sentence:
            try:
```

```
                vocab[word] += 1
            except KeyError:
                vocab[word] = 1
    return vocab
```

train と test を連結して全体の語彙を作成します※4。

```
# 語彙を生成
df = pd.concat([train ,test], sort=False)
vocabulary = build_vocabulary(df['comment_text'])
```

この語彙がどのようなものであるかを感覚的に捉えるために、語彙の最初の10個の要素を確認してみましょう。


```
# 最初の10個の要素とその出現回数を出力
print({k: vocabulary[k] for k in list(vocabulary)[:10]})
```

結果は図7-17のようになります。語彙を表す単語とその出現頻度が表示されています。思ったとおり、出現頻度の高い単語は、英語で最も頻繁に使われる単語の一部です。

```
{'This': 127947, 'is': 1534062, 'so': 222745, 'cool.': 503, "It's": 86489, 'like,': 2430,
"'would": 13, 'you': 773969, 'want': 101084, 'your': 309288}
```

図7-17：前処理を行っていない語彙 - 大文字と小文字の単語やスペルミスの可能性のある表現

この後でさらに（場合によっては繰り返し）テキスト変換を行うたびに、この build_vocabulary() 関数を使います。事前学習済みの単語埋め込みを使いながらテキスト変換を繰り返すと、コメント内の語彙が事前学習済みの単語埋め込みの単語でうまくカバーされるようになります。カバレッジが広いほど、構築しているモデルの精度はよくなります。次は、事前学習済みの単語埋め込みをいくつか読み込んでみましょう。

7.3.2 埋め込みインデックスと埋め込み行列

次に、単語埋め込みの単語をキー、その埋め込み表現の配列を値とする辞書を作成します。この辞書を「埋め込みインデックス」と呼びます。続いて、埋め込みの行列表現である埋め込み行列も作成します。この実験では、GloVe の事前学習済みの埋め込み（300次元）を使います。**GloVe**（Global Vectors for Word Representation）は、単語埋め込みを生成する教師なしアルゴリズムであり、

※4　［訳注］検証では AttributeError: 'float' object has no attribute 'split' が発生したため、コードを次のように変更した。

```
vocabulary = build_vocabulary(df['comment_text'].fillna(""))
```

非常に大規模なテキストコーパスで大域的なテキスト統計量を分析することでベクトル表現を作成し、単語間の意味的な関係を捕捉します。

事前学習済みの単語埋め込みを読み込むコードは次のようになります※5。

```
def get_coefs(word, *arr):
    return word, np.asarray(arr, dtype='float32')

def load_embeddings(file_path):
    """
    Load the embeddings
    Credits to: [12][13]
    Args:
        file_path: path to the embeddings file
    Returns:
        embedding index
    """
    with open(file_path) as f:
        return dict(get_coefs(*line.strip().split(' ')) for line in f)

%%time
GLOVE_PATH = '/kaggle/input/glove840b300d/'
print("Extracting GloVe embedding started")
embed_glove = load_embeddings(os.path.join(GLOVE_PATH, 'glove.840B.300d.txt'))
print("Embedding completed")
```

これにより、219万アイテムからなる埋め込み構造が読み込まれます。次に、単語インデックスと先ほど作成した埋め込みインデックスを使って、埋め込み行列を作成します。

```
MAX_FEATURES = 100000

def embedding_matrix(word_index, embeddings_index):
    '''
    Create the embedding matrix
    credits to: [12][13]
    Args:
        word_index: word index (from vocabulary)
        embedding_index: embedding index (from embeddings file)
    Returns:
        embedding matrix
    '''
    all_embs = np.stack(embeddings_index.values())
    emb_mean, emb_std = all_embs.mean(), all_embs.std()
    EMBED_SIZE = all_embs.shape[1]
    nb_words = min(MAX_FEATURES, len(word_index))
    embedding_matrix = np.random.normal(emb_mean, emb_std, (nb_words, EMBED_SIZE))
    for word, i in tqdm(word_index.items()):
        if i >= MAX_FEATURES:
```

※5 ［訳注］検証では、GloVeプロジェクトからダウンロードした`glove.840B.300d.zip`を使用した。
https://nlp.stanford.edu/projects/glove/

```
            continue
        embedding_vector = embeddings_index.get(word)
        if embedding_vector is not None:
            embedding_matrix[i] = embedding_vector
    return embedding_matrix
```

なお、埋め込み行列の次元を制限するために、MAX_FEATURES パラメータを使っています。

7.3.3 語彙のカバレッジを確認する

単語埋め込みを読み込み、埋め込み行列を計算する関数を紹介した後は、単語埋め込みの単語で語彙のカバレッジを評価する関数を紹介します。語彙のカバレッジが広いほど、構築しているモデルの精度は高くなります。

埋め込みによる語彙のカバレッジの評価には、次の関数を使うことにします。


```
import operator

def check_coverage(vocab, embeddings_index):
    '''
    Check the vocabulary coverage by the embedding terms
    credits to: [12][13]
    Args:
        vocab: vocabulary
        embedding_index: embedding index (from embeddings file)
    Returns:
        list of unknown words; also prints the vocabulary coverage of embeddings and
        the % of comments text covered by the embeddings
    '''
    known_words = {}
    unknown_words = {}
    nb_known_words = 0
    nb_unknown_words = 0
    for word in tqdm(vocab.keys()):
        try:
            known_words[word] = embeddings_index[word]
            nb_known_words += vocab[word]
        except:
            unknown_words[word] = vocab[word]
            nb_unknown_words += vocab[word]
            pass
    print('Found embeddings for {:.3%} of vocabulary'.format(
        len(known_words) / len(vocab)))
    print('Found embeddings for {:.3%} of all text'.format(
        nb_known_words / (nb_known_words + nb_unknown_words)))
    unknown_words = sorted(unknown_words.items(), key=operator.itemgetter(1))[::-1]
    return unknown_words
```

この関数は、語彙のアイテム（コメントテキストに出現する単語）をすべて調べて、未知の単語（コメントテキストには出現するが、埋め込みのリストには存在しない単語）をカウントします。そして、語彙の単語のうち、単語埋め込みインデックスに存在するものの割合（パーセンテージ）を計算します。この割合は2つの方法で計算されます。1つは、語彙の各単語を重み付けせずに計算する方法であり、もう1つは、コメントテキストでの出現頻度に応じて単語に重み付けする方法です。

この関数を繰り返し適用することで、前処理の各ステップの後に語彙のカバレッジを評価します。まず、コメントテキストがまだ前処理されていない状態の、最初の語彙のカバレッジを評価してみましょう。

7.3.4 語彙のカバレッジを反復的に改善する

check_coverage()関数を使って語彙のカバレッジを評価します。この関数には、語彙と埋め込み行列の2つの引数を渡します。oov_gloveのoovは、out of vocabulary（語彙外）を表します。

```
print("Verify the initial vocabulary coverage")
oov_glove = check_coverage(vocabulary, embed_glove)
```

最初のイテレーションの結果はあまりよくありません。コメントテキストはほぼ90%がカバーされているものの、単語埋め込みによってカバーされているのは語彙の単語の15.5%だけです。

```
Found embeddings for 15.584% of vocabulary
Found embeddings for 89.634% of all text
```

カバーされていない単語のリストを確認することもできます。oov_gloveには、カバーされていない単語がコーパスでの出現回数の降順で格納されています。このリストの最初の単語を選択すると、単語埋め込みに含まれていない最も重要な単語を確認できます。図7-18は、このリストの先頭から10個の単語（カバーされていない単語のうち最も重要な10個の単語）を示しています。「カバーされていない単語」とは、語彙には存在する（コメントテキストには出現する）ものの、単語埋め込みインデックス（事前学習済みの単語埋め込み）には存在しない単語のことです。

図7-18のリストをざっと見た限りでは、出現頻度の高い単語の一部は、短縮形か、会話で使われる非標準形式の口語形のようです。オンラインコメントでよく見かける形式です。見つかった問題を修正するために前処理ステップをいくつか実行して、語彙のカバレッジを改善することにしましょう。また、各ステップの後に、語彙のカバレッジを再び評価します。

```
[("isn't", 42161),
 ("That's", 39552),
 ("won't", 30975),
 ("he's", 25704),
 ("Trump's", 24736),
 ("aren't", 21626),
 ("wouldn't", 20569),
 ('Yes,', 20092),
 ('that,', 19237),
 ("wasn't", 19107)]
```

図 7-18：語彙の単語のうち単語埋め込みによってカバーされていない 10 個の単語（出現頻度の高い順）- 1 回目のイテレーション

▶小文字に変換する

1 つ目のステップでは、すべてのテキストを小文字に変換した上で語彙に追加します。単語埋め込みの単語はすべて小文字になります。

```
def add_lower(embedding, vocab):
    '''
    Add lower case words
    credits to: [12][13]
    Args:
        embedding: embedding matrix
        vocab: vocabulary
    Returns:
        None
        modify the embeddings to include the lower case from vocabulary
    '''
    count = 0
    for word in tqdm(vocab):
        if word in embedding and word.lower() not in embedding:
            embedding[word.lower()] = embedding[word]
            count += 1
    print(f"Added {count} words to embedding")
```

この小文字変換を訓練データセットとテストデータセットの両方に適用した後、語彙を再構築し、語彙のカバレッジを計算します※6。

```
train['comment_text'] = train['comment_text'].apply(lambda x: x.lower())
test['comment_text'] = test['comment_text'].apply(lambda x: x.lower())

print("Check coverage for vocabulary with lower case")
```

※6　[訳注] 検証では、最初の 2 行を次のように置き換えた。

```
train['comment_text'] = train['comment_text'].fillna("").apply(lambda x: x.lower())
test['comment_text'] = test['comment_text'].fillna("").apply(lambda x: x.lower())
```

```
oov_glove = check_coverage(vocabulary, embed_glove)
add_lower(embed_glove, vocabulary)  # 同じ語彙で実行
oov_glove = check_coverage(vocabulary, embed_glove)
```

小文字変換を適用した後の語彙のカバレッジは次のようになります。

```
Found embeddings for 15.702% of vocabulary
Found embeddings for 89.662% of all text
```

語彙の単語とテキストのカバレッジが少し改善されていることがわかります。次は、コメントテキストから短縮形を取り除いてみましょう。

▶短縮形を取り除く

次は、短縮形を取り除きます。短縮形は単語や表現の変形です。このステップには、よく使われる短縮形があらかじめ定義された辞書を使います。これらの短縮形は埋め込みに存在する単語にマッピングされます。次に示すのは、この辞書の短縮形の一部です。辞書全体は本章のノートブック(参考資料[3])で確認できます。

```
contraction_mapping = {"ain't": "is not", "aren't": "are not","can't": "cannot",
                       "'cause": "because", "could've": "could have", "couldn't":
                       "could not", "didn't": "did not", "doesn't": "does not",
                       "don't": "do not", "hadn't": "had not", "hasn't": "has not",
                       ......}
```

GloVe 埋め込みの既知の短縮形からなるリストは、次の関数を使って取得できます。

```
def known_contractions(embed):
    '''
    Add know contractions
    credits to: [12][13]
    Args:
        embed: embedding matrix
    Returns:
        known contractions (from embeddings)
    '''
    known = []
    for contract in tqdm(contraction_mapping):
        if contract in embed:
            known.append(contract)
    return known
```

語彙から既知の短縮形を取り除く関数は次のようになります。つまり、短縮形の辞書を使ってそれらを置き換えます。

```
def clean_contractions(text, mapping):
    '''
    Clean the contractions
    credits to: [12][13]
    Args:
        text: current text
        mapping: contraction mappings
    Returns: modify the comments to use the base form from contraction mapping
    '''
    specials = ["’ ", " ‘", "´ ", "`"]
    for s in specials:
        text = text.replace(s, "'")
    text = ' '.join([mapping[t] if t in mapping else t for t in text.split(" ")])
    return text
```

clean_contractions() 関数を訓練データセットとテストデータセットの両方に適用し、語彙を再構築し、語彙のカバレッジを計算すると、語彙のカバレッジに関する新しい統計量が得られます。

```
Found embeddings for 13.570% of vocabulary
Found embeddings for 90.419% of all text
```

カバーされていない表現を調べて、コーパス内でカバーされていない表現の各単語が、埋め込みベクトルで表される単語または単語のグループと同等に扱われるように辞書を拡張すれば、短縮形の辞書をさらに改良することも可能です。

▶句読点と特殊文字を取り除く

次に、句読点と特殊文字を取り除きます。このステップでは、次のリストと関数が役立ちます。まず、未知の句読点をリストアップします。

```
punct_mapping = "/-'?!.,#$%\'()*+-/:;<=>@[\\]^_`{|}~" + '""“”’' + '∞θ÷α•à− βø³π'₹´°£€\×™√²—–&'
punct_mapping += '©^®` <→°€™' ♥←×§″′Â█½à…"*"-●â►−¢²¬░¶↑±¿▾═¦║―¥▓—'─▒:
¼⊕▼▪†■′▀¨▄♫☆é¯♦¤▲è¸¾Ã‘'∞∙）↓、│（»，♪╩╚³・╦╣╔╗▬❤ïØ¹≤‡√'

def unknown_punct(embed, punct):
    '''
    Find the unknown punctuation
    credits to: [12][13]
    Args:
        embed: embedding matrix
        punct: punctuation
    Returns:
        unknown punctuation
    '''
    unknown = ''
    for p in punct:
```

```
            if p not in embed:
                unknown += p
                unknown += ' '
        return unknown
```

続いて、特殊文字と句読点を取り除きます。

```
puncts = {"‘": "'", "´": "'", "°": "", "€": "euro", "—": "-", "–": "-",
          "’": "'", "_": "-", "`": "'", '“': '"', '”': '"', '“': '"',
          "£": "pound", '∞': 'infinity', 'θ': 'theta', '÷': '/', 'α': 'alpha',
          '•': '.', 'à': 'a', '−': '-', 'β': 'beta', '∅': '', '³': '3', 'π': 'pi',
          '…': ' '}

def clean_special_chars(text, punct, mapping):
    '''
    Clean special characters
    credits to: [12][13]
    Args:
        text: current text
        punct: punctuation
        mapping: punctuation mapping
    Returns:
        cleaned text
    '''
    for p in mapping:
        text = text.replace(p, mapping[p])
    for p in punct:
        text = text.replace(p, f' {p} ')
    return text
```

語彙のカバレッジをもう一度確認してみましょう。今回は、単語埋め込みによる語彙のカバレッジが 13.6% から 54.6% に改善されました。さらに、テキストのカバレッジは 90.4% から 99.7% に改善されています。

```
Found embeddings for 54.600% of vocabulary
Found embeddings for 99.733% of all text
```

カバーされていない上位 20 個の単語を調べてみると、アクセント、特殊文字、慣用語句が含まれた短い単語が見つかります。句読点の辞書を拡張して、最も頻繁に使われる特殊文字が含まれるようにした後、`build_vocabulary()` と `check_coverage()` を再び実行すると、語彙のカバレッジに関する新しい統計量が得られます。

```
more_puncts = {'▀': '.', '▄': '.', 'é': 'e', 'è': 'e', 'ï': 'i', '☆': 'star',
               'ᴀ': 'A', 'ᴀɴᴅ': 'and', '»': ' '}
```

```
train['comment_text'] = train['comment_text'].apply(
    lambda x: clean_special_chars(x, punct_mapping, more_puncts))
test['comment_text'] = test['comment_text'].apply(
    lambda x: clean_special_chars(x, punct_mapping, more_puncts))

df = pd.concat([train ,test], sort=False)
vocab = build_vocabulary(df['comment_text'])
print("Check coverage after additional punctuation replacement")
oov_glove = check_coverage(vocab, embed_glove)
```

```
Found embeddings for 54.599% of vocabulary
Found embeddings for 99.733% of all text
```


今回は改善が見られませんでしたが、頻出する表現や特殊文字をこの調子で処理していけば、大幅な改善が期待できます。

埋め込みによるコメントコーパスの語彙のカバレッジをさらに改善するもう1つの方法は、現在の事前学習済みの埋め込みにさらに埋め込みソースを追加することです。実際に試してみましょう。本章ではGloVeの事前学習済みの埋め込みを使ってきましたが、Meta（Facebook）のfastTextを使うこともできます。fastTextは実用性の高い業界標準のライブラリであり、さまざまな企業の検索エンジンやレコメンデーションエンジンで日常的に使われています。fastTextの埋め込みを読み込み、埋め込みベクトルを結合することで、埋め込みインデックスを再構築してみましょう。

GloVeとfastTextのそれぞれ219万エントリと200万エントリの次元を持つ単語埋め込み辞書（どちらもベクトル次元は300）をマージすると、約280万エントリの次元を持つ辞書が得られます（エントリ数が減ったのは、2つの辞書に共通の単語が多数あるためです）。続いて、語彙のカバレッジを再計算します。結果は次のようになります※7。

```
Found embeddings for 56.464% of vocabulary
Found embeddings for 99.754% of all text
```

本節の内容をまとめてみましょう。ここでの目的は、事前学習済みの単語埋め込みを使ってベースラインソリューションを構築することでした。事前学習済みの単語埋め込みアルゴリズムとして、GloVeとfastTextの2つを紹介しました。「事前学習済み」とは、あらかじめ訓練されたアルゴリズムを使ったという意味です。つまり、データセットのコーパスのコメントから単語埋め込みを計算したわけではありません。ただし、コメントテキストの語彙がこれらの単語埋め込みによって十分にカバーされるようにしなければ、せっかくの埋め込みも意味がありません。1つ目のイテレーションのカバ

※7 ［訳注］検証では、fastTextからダウンロードした`crawl-300d-2M.vec.zip`を使用した。
https://fasttext.cc/docs/en/english-vectors.html

レッジは、語彙が15.6%、テキスト全体が89.6%にすぎませんでした。テキストを小文字に変換し、短縮形を取り除き、句読点を取り除き、特殊文字を置き換えることで、これらのカバレッジを少しずつ改善していきました。最後のステップでは、別のソースの事前学習済みの埋め込みを追加することで、埋め込み辞書を拡張しました。最終的に、語彙の56.5%、テキスト全体の99.75%をカバーすることができました。

次節では、別のノートブックでベースラインモデルを構築します。その際には、現在のノートブックで実験的に定義した関数の一部を再利用します。

7.4 ベースラインモデルを構築する

最近では、少なくともTransformerアーキテクチャのファインチューニングに基づいて、誰もがベースラインモデルを構築します。2017年に『Attention Is All You Need』（参考資料［14］）という論文が発表されて以来、こうしたソリューションの性能は向上する一方です。**Jigsaw Unintended Bias in Toxicity Classification**などのコンペティションでは、最近のTransformerベースのソリューションなら金メダルも射程圏内です。

ここでは、それよりも従来のものに近いベースラインモデルから始めます。このソリューションの中核部分は、Christof Henkel（Dieter）、Ane Berasategi（Ane）、Andrew Lukyanenko（Artgor）、Thousandvoices、Tanreiのコントリビューションに基づいています（かっこ内はKaggleでのニックネーム。参考資料［15］［12］［16］［17］［18］［19］を参照）。

このソリューションは4つのステップで構成されています。1つ目のステップでは、訓練データとテストデータをpandasの`DataFrame`として読み込み、それぞれのデータセットで前処理を実行します。前処理の大部分は前節で説明したものに基づいているため、説明は割愛します。

2つ目のステップでは、トークン化を実行し、モデルに入力として渡せるようにデータを処理します。トークン化のコードは次のようになります（完全な手順は参考資料［4］で確認できます）※8。

```
def run_proc_and_tokenizer(train, test):
    ......
    logger.info('Fitting tokenizer')
    tokenizer = Tokenizer()
    tokenizer.fit_on_texts(
        list(train[COMMENT_TEXT_COL]) + list(test[COMMENT_TEXT_COL]))
    word_index = tokenizer.word_index
    X_train = tokenizer.texts_to_sequences(list(train[COMMENT_TEXT_COL]))
    X_test = tokenizer.texts_to_sequences(list(test[COMMENT_TEXT_COL]))
    X_train = pad_sequences(X_train, maxlen=MAX_LEN)
    X_test = pad_sequences(X_test, maxlen=MAX_LEN)
```

※8　［訳注］参考資料［4］の`run_proc_and_tokenizer()`では`np.int`が使われているが、この属性はNumPy 1.24で削除されている。検証では、`np.int`の代わりに`int`を使用した。

トークン化には、tensorflow.keras.preprocessing.text モジュールの基本的なトークナイザを使っています。トークン化の後、各入力シーケンスをMAX_LENでパディングしています。この定数は、コメントコーパス全体のシーケンスの長さの平均／中央値と、利用可能なメモリと実行時の制約を考慮した上で、最適値として選択したものです。

3つ目のステップでは、埋め込み行列とモデル構造を構築します。埋め込み行列を構築するためのコードの大部分は、前節で説明した手順に基づいています。ここでは、その手順を体系化しただけです。

```
def build_embedding_matrix(word_index, path):
    '''
    Build embeddings
    '''
    logger.info('Build embedding matrix')
    embedding_index = load_embeddings(path)
    embedding_matrix = np.zeros((len(word_index) + 1, EMB_MAX_FEAT))
    for word, i in word_index.items():
        try:
            embedding_matrix[i] = embedding_index[word]
        except KeyError:
            pass
        except:
            embedding_matrix[i] = embeddings_index["unknown"]

    del embedding_index
    gc.collect()
    return embedding_matrix

def build_embeddings(word_index):
    '''
    Build embeddings
    '''
    logger.info('Load and build embeddings')
    embedding_matrix = np.concatenate(
        [build_embedding_matrix(word_index, f) for f in EMB_PATHS], axis=-1)
    return embedding_matrix
```

このモデルは、次のコードで示すように、単語埋め込み層、SpatialDropout1D層、2つの双方向LSTM層、GlobalMaxPooling1DとGlobalAveragePooling1Dの連結、'relu' 活性化関数を使う2つのDense層、'sigmoid' 活性化関数を使う出力用のDense層で構成されたディープラーニングアーキテクチャです。

単語埋め込み層（Embedding）では、入力を変換して、各単語が対応するベクトルで表されるようにします。この変換の後、入力に含まれている単語間の意味的な距離に関する情報がモデルによって捕捉されます。SpatialDropout1D層は、訓練時にニューロンをランダムに非活性化することで、過剰適合を抑制します（各エポックで非活性化されるニューロンの割合は係数で指定します）。双方向LSTM層（Bidirectional）は、入力シーケンスを順方向と逆方向の両方で処理し、コンテキストへの理解を深めて予測精度を向上させるという役割を果たします。GlobalAveragePooling1D層は、シーケンス全体の各特徴量の平均値を求めて1次元の出力（系列データ）にまとめることで、重要な情報を残したまま次元を削減するという役割を果たします。つまり、シーケンスの全体的な特徴を捉える潜在表現を明らかにするのと同じです。Dense層の出力は、モデルの予測値です。実装の詳細については、参考資料を参照してください※9。

```
def build_model(embedding_matrix, num_aux_targets, loss_weight):
    '''
        Build model
    '''
    logger.info('Build model')
    words = Input(shape=(MAX_LEN,))
    x = Embedding(*embedding_matrix.shape,
                  weights=[embedding_matrix],
                  trainable=False)(words)
    x = SpatialDropout1D(0.3)(x)
    x = Bidirectional(CuDNNLSTM(LSTM_UNITS, return_sequences=True))(x)
    x = Bidirectional(CuDNNLSTM(LSTM_UNITS, return_sequences=True))(x)

    hidden = concatenate(
        [GlobalMaxPooling1D()(x),GlobalAveragePooling1D()(x),])
    hidden = add(
        [hidden, Dense(DENSE_HIDDEN_UNITS, activation='relu')(hidden)])
    hidden = add(
        [hidden, Dense(DENSE_HIDDEN_UNITS, activation='relu')(hidden)])
    result = Dense(1, activation='sigmoid')(hidden)
    aux_result = Dense(num_aux_targets, activation='sigmoid')(hidden)

    model = Model(inputs=words, outputs=[result, aux_result])
    model.compile(loss=[custom_loss,'binary_crossentropy'],
                  loss_weights=[loss_weight, 1.0],
                  optimizer='adam')

    return model
```

4つ目のステップでは、訓練を実行し、提出の準備をし、予測値を提出します。実行時のメモリ使用量を減らすために、使われなくなった割り当てデータを削除した後、ガベージコレクションを実行します。指定されたエポック数（NUM_EPOCHS）にわたってモデルを訓練するという手順を繰り返し、可変の重みを使ってテストの予測値の平均を求めます。その後、予測値を提出します。

```
def run_model(X_train, y_train, y_aux_train,
              embedding_matrix, word_index, loss_weight):
    '''
        Run model
    '''
    logger.info('Run model')
```

※9　［訳注］TensorFlow/Keras 2.0では`CuDNNLSTM`が削除されている。検証では、TensorFlow 2.15.0と`LSTM`を使用した。

```
    checkpoint_predictions = []
    weights = []
    for model_idx in range(NUM_MODELS):
        model = build_model(embedding_matrix, y_aux_train.shape[-1], loss_weight)
        for global_epoch in range(NUM_EPOCHS):
            model.fit(
                X_train, [y_train, y_aux_train],
                batch_size=BATCH_SIZE, epochs=1, verbose=1,
                callbacks=[LearningRateScheduler(
                    lambda epoch: 1.1e-3 * (0.55 ** global_epoch))]
            )
            with open('temporary.pickle', mode='rb') as f:
                X_test = pickle.load(f)  # 一時ファイルを使ってメモリ使用量を削減
            checkpoint_predictions.append(
                model.predict(X_test, batch_size=1024)[0].flatten())
            del X_test
            gc.collect()
            weights.append(2 ** global_epoch)
        del model
        gc.collect()

    preds = np.average(checkpoint_predictions, weights=weights, axis=0)
    return preds

def submit(sub_preds):
    logger.info('Prepare submission')
    submission = pd.read_csv(os.path.join(JIGSAW_PATH,'sample_submission.csv'),
                             index_col='id')
    submission['prediction'] = sub_preds
    submission.reset_index(drop=False, inplace=True)
    submission.to_csv('submission.csv', index=False)
```

このソリューションのスコアは、Late Submission（公式期限後の提出）で0.9328であり、プライベートリーダーボードの上位半分に相当するランクを獲得できます。次節では、Transformerベースのソリューションを使って、さらに高いスコアを獲得する方法を確認します（このコンペティションの銀メダルの上位はもちろん、金メダルも十分に狙えます）。

7.5 Transformer ベースのソリューション

このコンペティションが開催された当時、BERT（Bidirectional Encoder Representations from Transformers）や他のTransformerモデルはすでに登場しており、高いスコアを獲得できるソリューションがいくつか提供されていました。ここでは、そうしたソリューションを再現するのではなく、最もわかりやすい実装に目を向けることにします。

Qishen Haは、BERT-Small V2、BERT-Large V2、XLNet、GPT-2（データセットとして含まれているコンペティションデータを使ってファインチューニングされたモデル）をはじめとするいくつかのソリューションを組み合わせ、プライベートリーダーボード（Late Submission）で0.94656というスコアを獲得しています(参考資料[20])。このコンペティションの金メダルと入賞の両方の圏内であるトップ10に相当するスコアです。

BERT-Smallモデルだけを使ったソリューション(参考資料[21])では、プライベートリーダーボードのスコアは0.94295です。BERT-Largeモデルを使ったソリューション(参考資料[22])では、プライベートリーダーボードのスコアは0.94388です。どちらのソリューションも銀メダル圏内であり、プライベートリーダーボードではそれぞれ130位と80位あたりに相当します。

7.6 本章のまとめ

本章では、さまざまなアプローチを使ってテキストデータを探索することで、この種のデータを操作する方法を学びました。まず、ターゲットデータとテキストデータを分析し、テキストデータを機械学習モデルに与えるために前処理を行いました。また、トピックモデリング、NER、品詞タグ付けなど、NLPのさまざまなツールやテクニックを調べて、ベースラインモデルを構築するためにテキストを準備し、目標に合わせてデータの品質を徐々に改善するために前処理ステップを繰り返しました(この場合の目標は、コンペティションデータセットのテキストコーパスの語彙に対する単語埋め込みのカバレッジを改善することでした)。

さらに、複数のKaggleコントリビューターの取り組みを参考にしたベースラインモデルも紹介しました。このベースラインモデルのアーキテクチャには、単語埋め込み層と双方向LSTM層が含まれています。最後に、Late Submissionでリーダーボードの上位のスコア(銀メダルおよび金メダル圏内)を獲得するために、Transformerアーキテクチャベースのソリューションのうち最も高度なものを——シングルモデルとして、または組み合わせて——検討しました。

次章では、信号データへの取り組みを開始し、さまざまな信号モダリティ(音声データ、画像データ、ビデオデータ、実験データ、センサーデータ)向けのデータフォーマットを紹介します。具体的には、Kaggleの**LANL Earthquake Prediction**コンペティションのデータを分析します。

7.7 参考資料

[1] Jigsaw Unintended Bias in Toxicity Classification, Kaggle competition dataset: https://www.kaggle.com/c/jigsaw-unintended-bias-in-toxicity-classification/

[2] Aja Bogdanoff, "Saying goodbye to Civil Comments," Medium: https://medium.com/@aja_15265/saying-goodbye-to-civil-comments-41859d3a2b1d

[3] Gabriel Preda, Jigsaw Comments Text Exploration: https://github.com/PacktPublishing/Developing-Kaggle-Notebooks/blob/develop/Chapter-07/jigsaw-comments-text-exploration.ipynb

[4] Gabriel Preda, Jigsaw Simple Baseline: https://github.com/PacktPublishing/Developing-Kaggle-Notebooks/blob/develop/Chapter-07/jigsaw-simple-baseline.ipynb
[5] Susan Li, "Topic Modeling and Latent Dirichlet Allocation (LDA) in Python": https://towardsdatascience.com/topic-modeling-and-latent-dirichlet-allocation-inpython-9bf156893c24
[6] Aneesha Bakharia, "Improving the Interpretation of Topic Models": https://towardsdatascience.com/improving-the-interpretation-of-topic-models-87fd2ee3847d
[7] Carson Sievert, Kenneth Shirley, "LDAvis: A method for visualizing and interpreting topics": https://www.aclweb.org/anthology/W14-3110
[8] Lucia Dossin, "Experiments on Topic Modeling - PyLDAvis": https://www.objectorientedsubject.net/2018/08/experiments-on-topic-modeling-pyldavis/
[9] Renato Aranha, Topic Modelling (LDA) on Elon Tweets: https://www.kaggle.com/errearanhas/topic-modelling-lda-on-elon-tweets
[10] Latent Dirichlet allocation, Wikipedia: https://en.wikipedia.org/wiki/Latent_Dirichlet_allocation
[11] Leonie Monigatti, "Visualizing Part-of-Speech Tags with NLTK and SpaCy": https://towardsdatascience.com/visualizing-part-of-speech-tags-with-nltk-and-spacy-42056fcd777e
[12] Ane, Quora preprocessing + model: https://www.kaggle.com/anebzt/quora-preprocessing-model
[13] Christof Henkel (Dieter), How to: Preprocessing when using embeddings: https://www.kaggle.com/christofhenkel/how-to-preprocessing-when-using-embeddings
[14] Ashish Vaswani, Noam Shazeer, Niki Parmar, Jakob Uszkoreit, Llion Jones, Aidan N. Gomez, Lukasz Kaiser, Illia Polosukhin, "Attention Is All You Need": https://arxiv.org/abs/1706.03762
[15] Christof Henkel (Dieter), keras baseline lstm + attention 5-fold: https://www.kaggle.com/christofhenkel/keras-baseline-lstm-attention-5-fold
[16] Andrew Lukyanenko, CNN in keras on folds: https://www.kaggle.com/code/artgor/cnn-in-keras-on-folds
[17] Thousandvoices, Simple LSTM: https://www.kaggle.com/code/thousandvoices/simple-lstm/s
[18] Tanrei, Simple LSTM using Identity Parameters Solution: https://www.kaggle.com/code/tanreinama/simple-lstm-using-identity-parameters-solution
[19] Gabriel Preda, Jigsaw Simple Baseline: https://www.kaggle.com/code/gpreda/jigsaw-simple-baseline
[20] Qishen Ha, Jigsaw_predict: https://www.kaggle.com/code/haqishen/jigsaw-predict/
[21] Gabriel Preda, Jigsaw_predict_BERT_small: https://www.kaggle.com/code/gpreda/jigsaw-predict-bert-small
[22] Gabriel Preda, Jigsaw_predict_BERT_large: https://www.kaggle.com/code/gpreda/jigsaw-predict-bert-large

MEMO

第8章 音響信号の分析による模擬地震の予測

ここまでの章では、カテゴリ、序数、数値データ、テキスト、地理座標、画像など、基本的な表形式データを探索してきました。本章では、別のカテゴリのデータ —— 具体的には、シミュレーションや実験用の信号データに焦点を移します。このタイプのデータは、標準のCSVファイルフォーマットにとどまらず、幅広いフォーマットで表されることがよくあります。

ここでは、主なケーススタディとして、KaggleのLANL Earthquake Predictionコンペティション（参考資料[1]）を使います。筆者は、このコンペティションにLANL Earthquake EDA and Predictionというノートブック（参考資料[2]）で貢献しています。このノートブックは、本章のメインノートブックの基本リソースとなります。次に、このコンペティションの予測モデルの開発に欠かせないさまざまな分析テクニックを使って、特徴量エンジニアリングを詳しく見ていきます。ここでの目標は、このコンペティションの目的変数である「time to failure」—— つまり、次の模擬地震までの残り時間を予測する最初のモデルを構築することです。

地震予測の分野における研究では、地震に先立ち、地殻プレートの動きが低周波の音響スペクトルにおいて信号を発生させることがわかっています。これらの信号を調査することで、研究者らは信号のプロファイルと地震が発生する瞬間との関係を解明しようとしています。実験施設では、地殻プレートのスライディングやせん断のシミュレーションが行われています。このコンペティションは、実験施設での音響信号を含んでいる計測データと、地震が発生するタイミングに基づいています。

本章で取り上げる内容は次のとおりです。

- さまざまな信号データに使われるデータフォーマット
- LANL Earthquake Predictionコンペティションのデータ探索
- 特徴量エンジニアリング

- LANL Earthquake Prediction コンペティション用のモデルの訓練

8.1 LANL Earthquake Prediction コンペティション

LANL Earthquake Prediction コンペティションの主軸は、地震信号を利用して、研究用として人工的に誘発される地震の正確なタイミングを特定することです。現時点では、自然地震の予測は依然として私たちの科学的知識や技術的能力のおよばないところにあります。そうした事象のタイミング、場所、規模を予測することは、科学者が理想とするシナリオです。

一方で、高度に制御された人工的な環境で作り出される模擬地震は、現実の地震活動を模倣するものです。こうしたシミュレーションでは、「自然界で観測されるのと同じ種類の信号を使って、人工的に作り出された地震を予測する」という試みが可能になります。このコンペティションでは、参加者が入力として音響データ信号を使って、次の人工地震が発生するまでの時間を推定します（参考資料[3]）。地震のタイミングを予測し、地震予測の3つの重要な未知数である「いつ発生するか」、「どこで発生するか」、「どれくらいの強さで発生するか」の1つに対処することが、ここでの課題となります。

訓練データは1つのファイルにまとめられており、音響信号振幅（acoustic_data）と地震が発生するまでの時間（time_to_failure、以下TTF）の2つの列で構成されています。テストデータは複数のファイル（合計2,624ファイル）で構成されており、列は音響信号振幅のセグメント（acoustic_data）だけです。`sample_submission.csv` ファイルは、セグメントID（seg_id）と予測値（time_to_failure）の2つの列で構成されています。

参加者は、訓練データファイルの2つの列のデータを使ってモデルを訓練し、`test` フォルダ内の各ファイルに含まれているセグメントのTTFを予測します。このコンペティションのデータは非常に便利なCSVフォーマットですが、CSVを使わなければならないと決まっているわけではありません。信号データを使っているKaggleの他のコンペティションやデータセットでは、あまり一般的ではない別のフォーマットが使われています。本章のテーマは信号データの分析なので、このフォーマットについて少し説明しておくことにします。まず、信号データのフォーマットをいくつか見てみましょう。

8.2 信号データのフォーマット

Kaggleのいくつかのコンペティションでは、通常の表形式の特徴量に加えて、音声データが使われています。2021～2024年には、コーネル大学鳥類学研究所であるBirdCLEFにより、鳥の鳴き声のサンプルから鳥の種を予測するBirdCLEFコンペティション（参考資料[4]）が開催されました。これらのコンペティションで使われたのは、帯域幅の狭いオーディオデータを格納するための `.ogg` フォーマットでした。`.ogg` は、技術的には、`.mp3` よりも優れたフォーマットであると考えられています。

この種のファイルフォーマットは、`librosa` ライブラリ（参考資料[5]）を使って読み込むことができます。`.ogg` ファイルを読み込んで音波を表示するコードは次のようになります。

```
import matplotlib.pyplot as plt
import librosa

def display_sound_wave(sound_path=None, text="Test", color="green"):
    """
    Display a sound wave
    Args
        sound_path: path to the sound file
        text: text to display
        color: color for text to display
    Returns
        None
    """
    if not sound_path:
        return
    y_sound, sr_sound = librosa.load(sound_path)
    audio_sound, _ = librosa.effects.trim(y_sound)
    fig, ax = plt.subplots(1, figsize=(16, 3))
    fig.suptitle(f'Sound Wave: {text}', fontsize=12)
    librosa.display.waveshow(y=audio_sound, sr=sr_sound, color=color)
    plt.show()
```


`librosa`ライブラリは、オーディオデータをロードすると、その値を浮動小数点数値の時系列として返します(参考資料[6])。サポートしているフォーマットは`.ogg`だけではなく、soundfileまたはaudioreadでサポートされているすべてのコードに対応しています。デフォルトのサンプリングレートは22,050ですが、`sr`パラメータを使ってロード時に設定することもできます。音波をロードするときには、その他に`offset`パラメータと`duration`パラメータを指定することができます(どちらも秒単位であり、これらを組み合わせることで、音波のどの部分をロードするのかを選択できます)。

BirdCLEFコンペティションの前身であるCornell Birdcall Identificationコンペティション(参考資料[7])では、データセットのオーディオデータが`.mp3`フォーマットで提供されていました。このフォーマットでは、`librosa`を使って音波をロード、変換、可視化することができます。WAV(Waveform Audio File)もよく使われているフォーマットの1つであり、やはり`librosa`を使ってロードできます。

`.wav`フォーマットの場合は、代わりに`scipy.io.wavfile`モジュールを使ってデータを読み込むこともできます。`.wav`フォーマットのファイルを読み込んで表示するコードは次のようになります。この場合、振幅は`-1:1`の範囲に縮小されず、`-32K:32K`の範囲で表されます。

```
import matplotlib.pyplot as plt
from scipy.io import wavfile
import numpy as np

def display_wavefile(sound_path=None, text="Test", color="green"):
    """
    Display a sound wave - load using wavefile
    sr: sample rate
```

```
    y_sound: sound samples
    Args
        sound_path: path to the sound file
        text: text to display
        color: color for text to display
    Returns
        None
    """
    if not sound_path:
        return
    rate, data = wavfile.load(sound_path)
    time = np.linspace(0., data.shape[0] / rate, data.shape[0])
    fig, ax = plt.subplots(1, figsize=(16, 3))
    fig.suptitle(f'Sound Wave: {text}', fontsize=12)
    ax.plot(time, data)
    plt.show()
```

オーディオ信号に限らず、信号データは`.npy`または`.npz`フォーマットでも格納できます。どちらも配列データを格納するNumPyフォーマットです。これらのフォーマットは、NumPyの関数を使って読み込むことができます。`.npy`フォーマットの場合は、複数列の配列が読み込まれます。

```
import numpy as np
import pandas as pd

f = np.load('data_path/file.npy', allow_pickle=True)
columns_, data_ = f
data_df = pd.DataFrame(data_, columns=columns_)
```

`.npz`フォーマットの場合は、圧縮済みの同様の構造(1つのファイルのみ)を読み込みます。

```
import numpy as np
import pandas as pd

f = np.load('data_path/file.npz', allow_pickle=True)
columns_, data_ = f['arr_0']
data_df = pd.DataFrame(data_, columns=columns_)
```

R固有のデータ保存フォーマットである`.rds`で保存されたデータの場合は、次のコードを使ってデータを読み込むことができます。

```
!pip install pyreadr
import pyreadr

f = pyreadr.read_r('data_path/file.rds')
data_df = f[None]
```

多次元配列データを格納するには、**NetCDF-4**（Network Common Data Form, version 4）フォーマットを使います。こうした多次元信号データの一例は、NASA Earthdataの衛星観測データの1つである**EarthData MERRA2 CO**データセットです（参考資料[8]）。COCL（CO Column Burden kg m-2）次元に焦点を合わせてCOの計測値のサブセットを読み込み、緯度、経度、時間の値を設定するコードは次のようになります。

```
from netCDF4 import Dataset

data = Dataset(file_path, mode="r")
lons = data.variables['lon'][:]
lats = data.variables['lat'][:]
time = data.variables['time'][:]
COCL = data.variables['COCL'][:,:,:]; COCL = COCL[0,:,:]
```

詳細については、参考資料[9]を参照してください。では、音声信号を表すCSVフォーマットのコンペティションデータに戻ることにしましょう。

8.3 コンペティションデータを探索する

LANL Earthquake Predictionコンペティションのデータセットは、次のような構成になっています。

- `train.csv`ファイル
  訓練データセット。列は次の2つだけ。
  - `acoustic_data`：音響信号の振幅
  - `time_to_failure`：現在のデータセグメントに対応するTTF
- `test`フォルダ
  それぞれ音響データの小さなセグメントを含んでいる2,624個のファイルが格納されたテストフォルダ。
- `sample_submission.csv`ファイル
  コンペティションの参加者はテストファイルごとにTTFを推定する必要がある。

訓練データセット（9.56GB）には、6億2,900万行のデータが含まれています。訓練データセットに含まれているサンプルの実際の時間定数（ある程度の規則性や傾向）は、**time_to_failure**列の値が連続的に変化することによって得られます。**acoustic_data**列の値は-5,515～5,444の整数値であり、平均は4.52、標準偏差（平均を中心に変動する、データの広がり具合を表す値）は10.7です。**time_to_failure**列の値は0～16.1の実数であり、平均は5.68、標準偏差は3.67です。訓練データのメモリフットプリントを削減するために、**acoustic_data**と**time_to_failure**列の両方について、次元を削減した上でデータを読み込みます[※1]。

```
%%time
train_df = pd.read_csv(os.path.join(PATH, 'train.csv'),
                       dtype={'acoustic_data': np.int16,
                              'time_to_failure': np.float32})
```

訓練データの最初の値をチェックしてみましょう。time_to_failure列のデータはすべて使うわけではなく、各時間区間の最後のサンプルのtime_to_failure列の値だけを使います（後ほど、この区間の値を集約して新しい特徴量を生成します）。したがって、TTFのサイズを`double`から`float`に縮小するための丸めは、ここでは重要ではありません。

	acoustic_data	time_to_failure
0	12	1.4690999832
1	6	1.4690999821
2	8	1.4690999810
3	5	1.4690999799
4	8	1.4690999788
5	8	1.4690999777
6	9	1.4690999766
7	7	1.4690999755
8	-5	1.4690999744
9	3	1.4690999733

図8-1：訓練データの最初の10行のデータ

acoustic_data列とtime_to_failure列を同じグラフ上にプロットしてみましょう。訓練データ全体を表すために、サブサンプリングレートとして1/100（100行ごとにサンプリング）を使います（図8-2）。これらのグラフをプロットするコードは次のようになります。

```
def plot_acc_ttf_data(idx, train_ad_sample_df, train_ttf_sample_df,
                      title="Acoustic data and time to failure: 1% sampled data"):
    """
    Plot acoustic data and time to failure
    Args:
        train_ad_sample_df: train acoustic data sample
```

※1　［訳注］検証では、「Your notebook tried to allocate more memory than is available」エラーを回避するために、代わりに次のコードを使用した。

```
train_df = pd.read_csv(os.path.join(PATH, 'train.csv'))
```

```
        train_ttf_sample_df: train time to failure data sample
        title: title of the plot
    Returns:
        None
    """
    fig, ax1 = plt.subplots(figsize=(12, 8))
    plt.title(title)
    plt.plot(idx, train_ad_sample_df, color='r')
    ax1.set_ylabel('acoustic data', color='r')
    plt.legend(['acoustic data'], loc=(0.01, 0.95))
    ax2 = ax1.twinx()
    plt.plot(idx, train_ttf_sample_df, color='b')
    ax2.set_ylabel('time to failure', color='b')
    plt.legend(['time to failure'], loc=(0.01, 0.9))
    plt.grid(True)

train_ad_sample_df = train_df['acoustic_data'].values[::100]
train_ttf_sample_df = train_df['time_to_failure'].values[::100]
idx = train_df.index[::100]
plot_acc_ttf_data(idx, train_ad_sample_df, train_ttf_sample_df)
```

>> xxviii ページにカラーで掲載

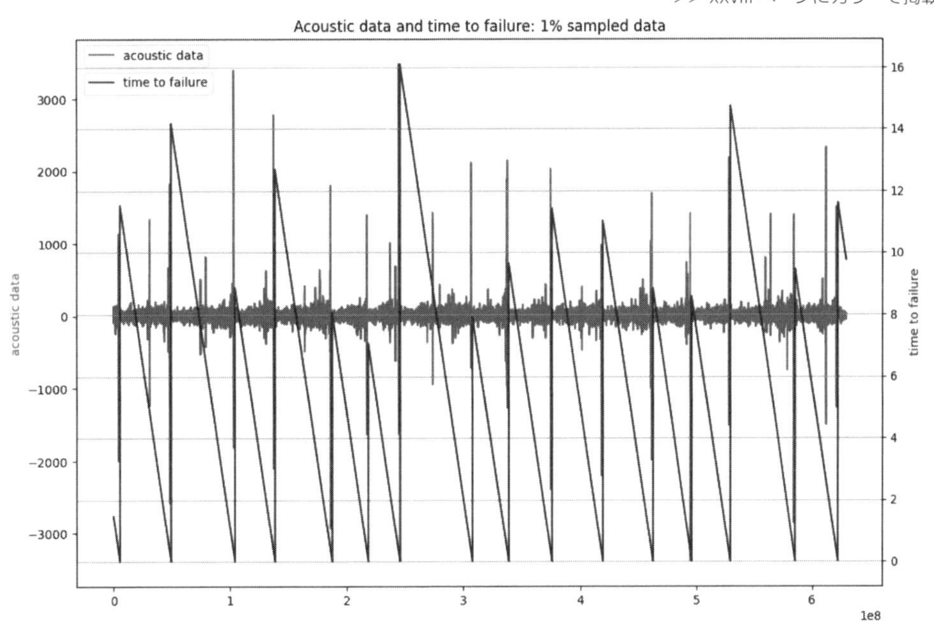

図 8-2：訓練データセット全体の acoustic_data データと time_to_failure データ（1/100 でサブサンプリング）

時間区間の最初の部分を拡大してみましょう。ここでは、訓練データセットの最初の 1% のデータをサブサンプリングなしでプロットします。図 8-3 は、最初の 629 万行の acoustic_data 列と time_to_failure 列の値を同じグラフにプロットしたものです。模擬地震が起きる前に、正と負の両方のピークに達する大きな振動が発生していることがわかります。この振動の前にも、不規則な間隔で小さな振動がいくつか発生しています。

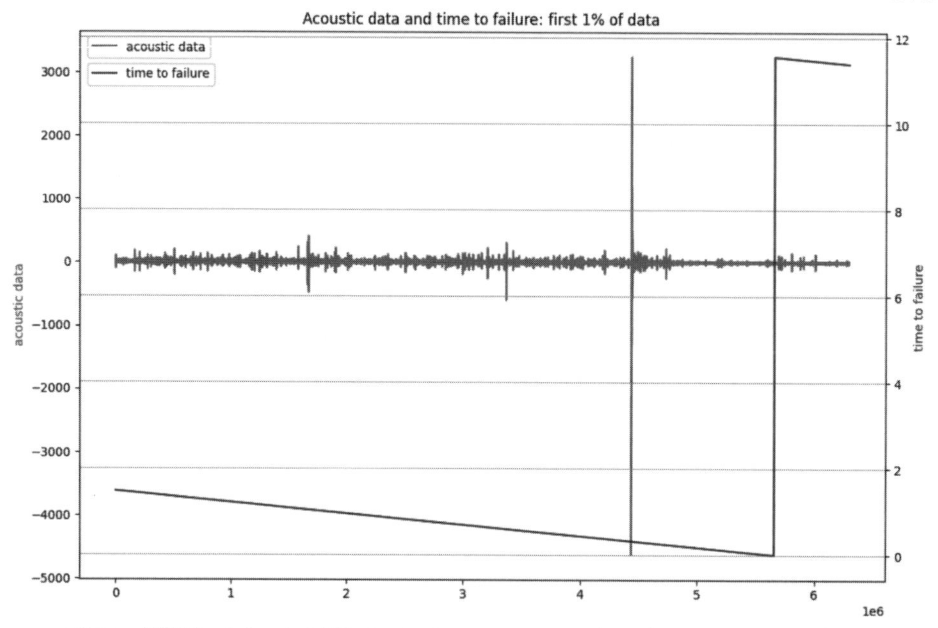

図 8-3：訓練データセットの最初の 1% の acoustic_data データと time_to_failure データ

訓練データセットの次の 1%（サブサンプリングなし）も見てみましょう。図 8-4 は、**acoustic_data** 列と **time_to_failure** 列を時系列で表したものです。この区間では、模擬地震は発生しておらず、正と負の両方のピークに達する不規則な振動が散発しています。

訓練データセットの最後の数パーセント（最後の 5% の時間）も見てみましょう。図 8-5 でも、先の例と同じパターンが確認できます。複数の大きな振動が小さく不規則な振動の上に重なっており、模擬地震の前に大きな振動が発生しています。

>> xxix ページにカラーで掲載

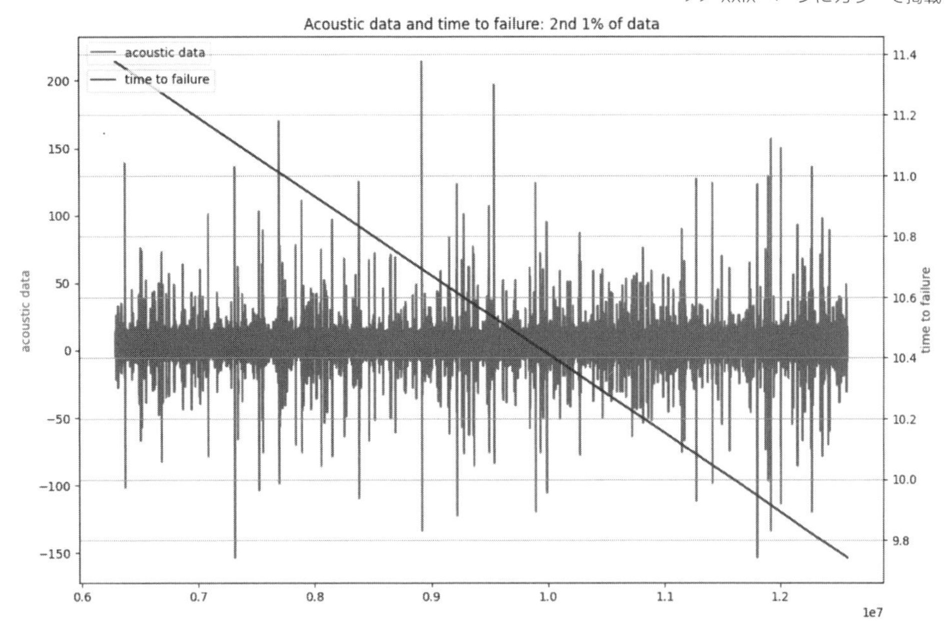

図 8-4：訓練データセットの次の 1% の acoustic_data データと time_to_failure データ

>> xxx ページにカラーで掲載

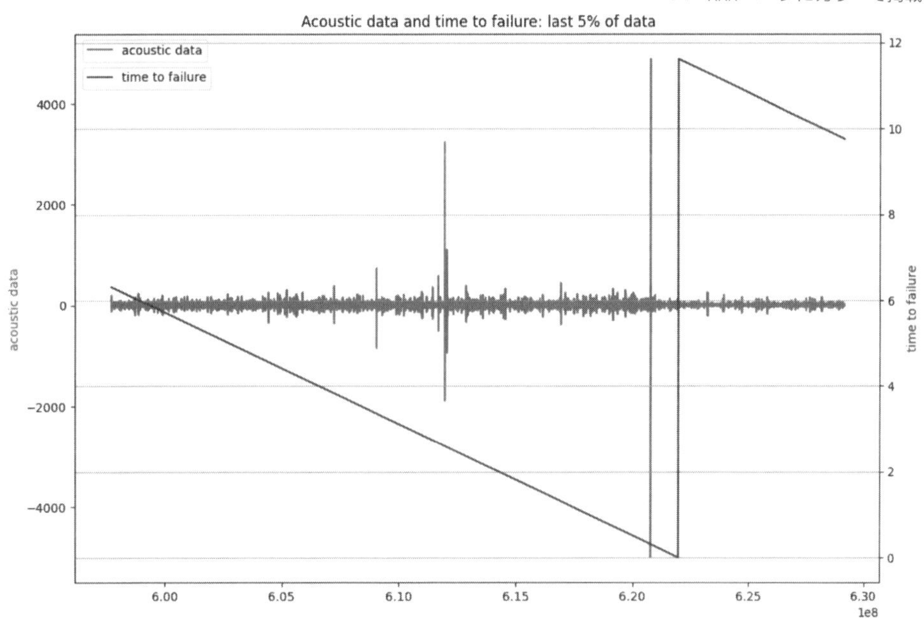

図 8-5：訓練データセットの最後の 5% の acoustic_data データと time_to_failure データ

testフォルダのデータサンプルの音響信号も調べてみましょう。testフォルダには、2,624個のデータセグメントファイルが含まれています。ここでは、そのうちのいくつかを選択して可視化します。テストデータに含まれているのは音響信号だけであるため、可視化関数を少し変更することにします。

```
def plot_acc_data(test_sample_df, segment_name):
    """
    Plot acoustic data for a train segment
    Args:
        test_sample_df: test acoustic data sample
        segment_name: title of the plot
    Returns:
        None
    """
    fig, ax1 = plt.subplots(figsize=(12, 8))
    plt.title(f"Test segment: {segment_name}")
    plt.plot(test_sample_df, color='r')
    ax1.set_ylabel('acoustic data', color='r')
    plt.legend([f"acoustic data: {segment_name}"], loc=(0.01, 0.95))
    plt.grid(True)
```

セグメントseg_00030fの音響信号グラフは図8-6のようになります。

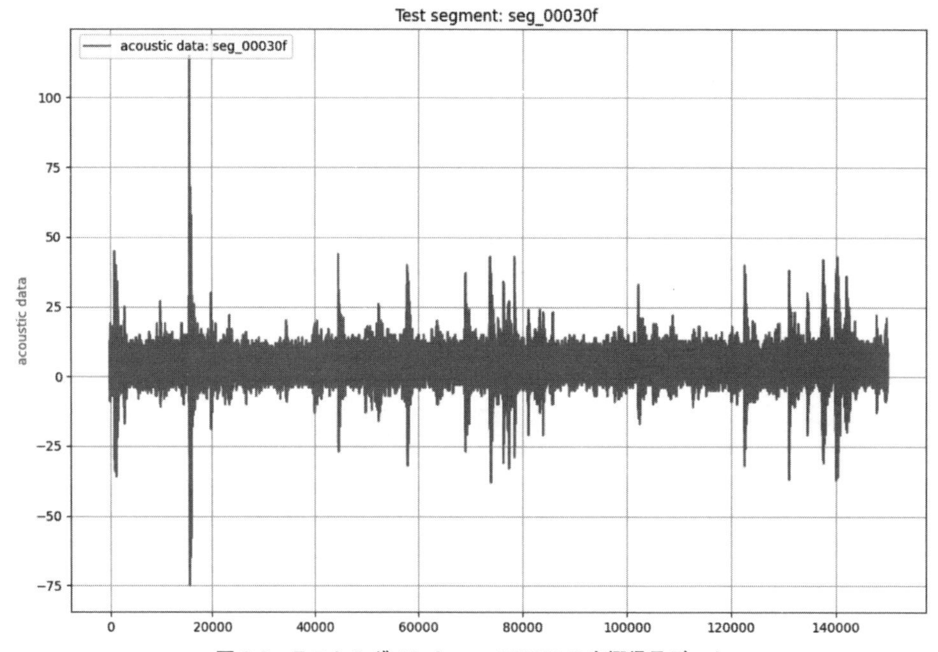

図8-6：テストセグメントseg_00030fの音響信号データ

セグメント seg_0012b5 の音響信号グラフは図 8-7 のようになります。

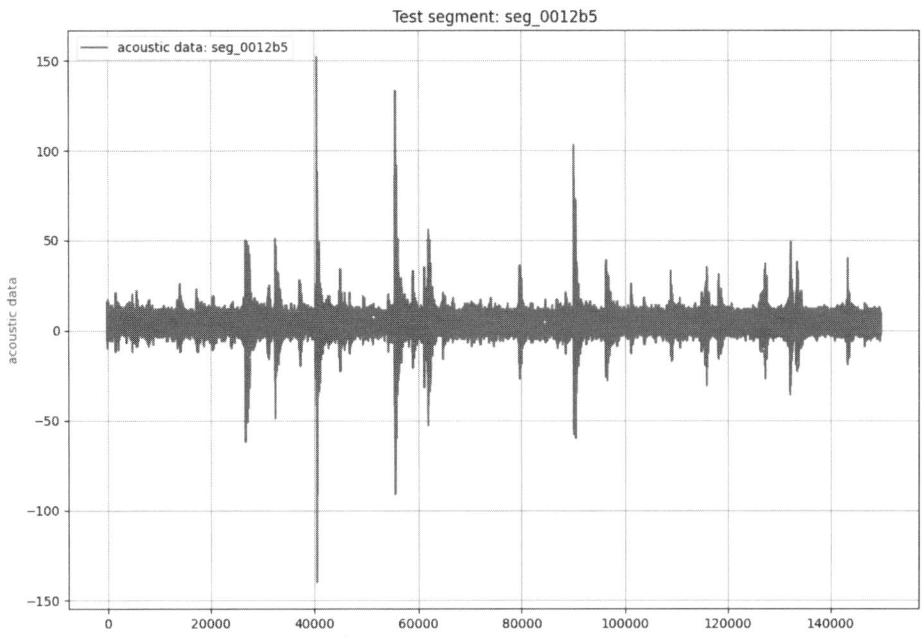

図 8-7：テストセグメント seg_0012b5 の音響信号データ

本章のノートブック（参考資料［10］）では、こうした音響信号の例をさらに確認できます。テストセグメントの信号の形状はかなり多様で、小さな振動のところどころにさまざまな振幅のピークが挿入されており、先のサブサンプリングされた訓練データで確認できるものと同様のシーケンスが描かれています。

8.3.1 ソリューションのアプローチ

このコンペティションの課題は、テストデータセットのセグメントごとに、time_to_failure 値を 1 つだけ正確に予測することです。テストデータセットのセグメントはそれぞれ 150,000 行のデータで構成されています。これに対し、訓練データセットは 6 億 2,900 万行もの膨大なデータで構成されており、目的変数（TTF）に 1 つの列が割り当てられています。そこで、訓練データをそれぞれ 150,000 行の均一なセグメントに分割し、各セグメントの最終的な TTF をそのセグメントの目的変数として使うことにします。訓練データのフォーマットをテストデータに合わせて、モデルの訓練をより効果的に実行できるようにすることが、このアプローチの目的です。

さらに、訓練データセットとテストデータセットの両方の値を集約して新しい特徴量を生成し、データセグメントごとに複数の特徴量を 1 つの行にカプセル化します。次節では、特徴量の生成に利用する信号処理のテクニックを詳しく見ていきます。

8.4 特徴量エンジニアリング

これらの特徴量の大部分は、信号処理に特化したライブラリを使って生成します。まず、Pythonの科学ライブラリであるSciPyの`signal`モジュールの関数をいくつか使います。`hann()`関数は、ハン窓を返す窓関数の1つです。ハン窓は信号を書き換えることで、サンプリングされた信号の端にある値を滑らかに0に収束させます（ハン窓では、いわゆる「ベル」形のコサイン関数を使って収束させます）。`hilbert()`関数は、ヒルベルト変換を使って解析信号（実部が元の信号、虚部がヒルベルト変換の結果）を計算します。ヒルベルト変換は信号処理に使われる数学的手法であり、元の信号の位相を90度シフトさせるという特徴があります。

また、NumPyの高速フーリエ変換（FFT）、`mean()`、`min()`、`max()`、`std()`（標準偏差）、`abs()`（絶対値）、`diff()`（信号内の連続する2つの値の差）、`quantile()`（サンプルを同じサイズの隣接するグループに分割）も使います。さらに、pandasの`mad()`、`kurtosis()`、`skew()`、`median()`などの統計関数も使います。ここでは、トレンド特徴量と従来のSTA/LTAを計算する関数も実装します。従来のSTA/LTAは、短期の信号の振幅の平均（STA）と長期の信号の振幅の平均（LTA）の比率を表します。詳しく見ていきましょう。

8.4.1 トレンド特徴量と従来のSTA/LTA

まず、トレンド特徴量と従来の**STA/LTA**（Short-Term Average/Long-Term Average）を計算する2つの関数を定義します。トレンドはデータの経時的な傾向を表すもので、信号の特性やパターンを理解するのに役立ちます。STA/LTAは地震学で使われている地震信号解析手法であり、短期の信号の振幅の平均（STA）と長期の信号の振幅の平均（LTA）の比率を計測します。STA/LTAは、地震データから特徴的なパターンを識別するため、地震検知に役立ちます。いかにも、このモデルに役立ちそうな特徴量です。

トレンド特徴量を計算するコードは次のようになります。1次元データ用の線形回帰モデルを使って、結果として得られる回帰直線の傾きを取得します。回帰を実行する前に、サンプリングされたデータをすべて正の値に変換するオプションを使います。つまり、データの絶対値の傾き（トレンド）を計算します。トレンドデータには、信号全体に関する重要な情報が含まれています。

```
from scipy import stats
from scipy.signal import hilbert, convolve
from scipy.signal.windows import hann

def add_trend_feature(arr, abs_values=False):
    """
    Calculate trend features
```

```
    Uses a linear regression algorithm to extract the trend
    from the list of values in the array (arr)
    Args:
        arr: array of values
        abs_values: flag if to use abs values, default is False
    Returns:
        trend feature
    """
    idx = np.array(range(len(arr)))
    if abs_values:
        arr = np.abs(arr)
    lr = LinearRegression()
    lr.fit(idx.reshape(-1, 1), arr)
    return lr.coef_[0]
```

次に、STA/LTAを計算します。次の関数は、STAの長さとLTAの長さを引数として受け取ります※2。

```
def classic_sta_lta(x, length_sta, length_lta):
    """
    Calculate classic STA/LTA
    STA/LTA represents the ratio between amplitude of the
    signal on a short time window of length LTA and on a
    long time window LTA
    Args:
        length_sta: length of short time average window
        length_lta: length of long time average window
    Returns:
        STA/LTA
    """
    sta = np.cumsum(x ** 2)
    # floatに変換
    sta = np.require(sta, dtype=np.float)
    # LTA用のコピー
    lta = sta.copy()
    # STAとLTAを計算
    sta[length_sta:] = sta[length_sta:] - sta[:-length_sta]
    sta /= length_sta
    lta[length_lta:] = lta[length_lta:] - lta[:-length_lta]
    lta /= length_lta
    # 0でパディング
    sta[:length_lta - 1] = 0
    # 0による除算を回避するために、最小の正の非ゼロの浮動小数点数を設定
    dtiny = np.finfo(0.0).tiny
    idx = lta < dtiny
    lta[idx] = dtiny
    return sta / lta
```

※2 [訳注] 検証では、`sta = np.require(sta, dtype=np.float)` 行を `sta = np.require(sta, dtype=np.float64)` に変更した。

次に、特徴量を計算するための関数を実装します。この関数は、サンプルインデックス、データサブサンプル、変換済みの訓練データに対するハンドルを引数として受け取ります。そして、さまざまな信号処理アルゴリズムを使って、セグメントごとの時間変動音響信号から集約特徴量を構築します。訓練データの場合は、訓練データセットの150,000行の窓を使います(ストライドは使いません)。テストデータの場合、各テストファイルは150,000行のセグメントを表しています。次項では、このモデルに追加することになる、特徴量エンジニアリングによって生成された特徴量を詳しく見ていきます。

8.4.2 FFTベースの特徴量

このモデルの特徴量の1つは、セグメント全体に適用される**高速フーリエ変換**(Fast Fourier Transform：FFT)です。ただし、特徴量として直接使うのではなく、次項の集約関数の計算のベースとして使います。FFTの計算には、離散フーリエ変換の高速実装を使います。

ここでは、1次元配列のFFTの計算にNumPyの実装(`numpy.fft.fft()`)を使います。この実装は**BLAS**(Basic Linear Algebra Subprogram)と**LAPACK**(Linear Algebra Package)の2つのライブラリに基づいています。これら2つのライブラリは、基本的なベクトル・行列演算を実行し、線形代数方程式を解くためのルーチンを提供します。ここで使う関数の出力は、複素数値の1次元配列です。続いて、複素数値の配列から実部と虚部のベクトルを取り出し、次の特徴量を計算します。

- FFTの実部と虚部を抽出
  音響信号のFFTをさらに処理する最初の部分です。
- FFTの実部と虚部の両方の平均、標準偏差、最小値、最大値を計算
  FFTの実部と虚部を切り離す先の変換に基づいて、これらの集約関数を計算します。
- サブセットでFFTの実部の平均、標準偏差、最小値、最大値を計算
  FFTベクトルの最後の5,000個と15,000個のデータ点に対して計算します。

セグメントを受け取り、FFTを計算し、FFTベースの特徴量を生成するコードは次のようになります。まず、音響データのサブセットのFFTを計算します。次に、FFTの実部と虚部を計算します。pandasの集約関数を使って、FFTの実部の平均、標準偏差、最大値、最小値を計算します。続いて、FFTの虚部で同じ値を計算します。

```
def create_features(seg_id, seg, X):
    """
    Create features
    Args:
        seg_id: the id of current data segment to process
        seg: the current selected segment data
        X: transformed train data
    Returns:
        None
```

```
    """
    xc = pd.Series(seg['acoustic_data'].values)
    zc = np.fft.fft(xc)

    # FFTの実部と虚部を集約
    realFFT = np.real(zc)
    imagFFT = np.imag(zc)

    X.loc[seg_id, 'Rmean'] = realFFT.mean()
    X.loc[seg_id, 'Rstd'] = realFFT.std()
    X.loc[seg_id, 'Rmax'] = realFFT.max()
    X.loc[seg_id, 'Rmin'] = realFFT.min()
    X.loc[seg_id, 'Imean'] = imagFFT.mean()
    X.loc[seg_id, 'Istd'] = imagFFT.std()
    X.loc[seg_id, 'Imax'] = imagFFT.max()
    X.loc[seg_id, 'Imin'] = imagFFT.min()

    X.loc[seg_id, 'Rmean_last_5000'] = realFFT[-5000:].mean()
    X.loc[seg_id, 'Rstd__last_5000'] = realFFT[-5000:].std()
    X.loc[seg_id, 'Rmax_last_5000'] = realFFT[-5000:].max()
    X.loc[seg_id, 'Rmin_last_5000'] = realFFT[-5000:].min()
    X.loc[seg_id, 'Rmean_last_15000'] = realFFT[-15000:].mean()
    X.loc[seg_id, 'Rstd_last_15000'] = realFFT[-15000:].std()
    X.loc[seg_id, 'Rmax_last_15000'] = realFFT[-15000:].max()
    X.loc[seg_id, 'Rmin_last_15000'] = realFFT[-15000:].min()
```


次項では、さまざまな集約関数から特徴量を計算します。

8.4.3 集約関数を使って計算された特徴量

セグメント全体の平均、標準偏差、最大値、最小値は、pandasの集約関数`mean()`、`std()`、`max()`、`min()`を使って計算します。コードは次のようになります。

```
    X.loc[seg_id, 'mean'] = xc.mean()
    X.loc[seg_id, 'std'] = xc.std()
    X.loc[seg_id, 'max'] = xc.max()
    X.loc[seg_id, 'min'] = xc.min()
```

続いて、集約特徴量を計算します。これから見ていくように、このモデルには、さまざまな信号処理テクニックが組み込まれます。ベースラインモデルを訓練した後、特徴量の重要度を計測することで、モデルの予測にどの特徴量が寄与するのかを評価します。

まず、音響データセグメント全体の平均変化量を計算します。ここでの「セグメント」は、音響データの元のサブセットを意味します。NumPyの`diff()`関数を使って配列内の連続する値の差を計算し、`mean()`を使って差分配列の値の平均を計算します。また、セグメント全体の平均変化率も計算します。この値は、新しい差分ベクトルの非ゼロの値をデータセグメントの元の値で割った平均です。これらの特徴量のコードは次のようになります。

```
    X.loc[seg_id, 'mean_change_abs'] = np.mean(np.diff(xc))
    X.loc[seg_id, 'mean_change_rate'] = np.mean(nonzero(np.diff(xc) / xc[:-1])[0])
```

さらに、（セグメント全体の）絶対値の最大値と最小値を表す特徴量も追加します。絶対値を計算した後、最小値と最大値を計算します。時間信号の集約時に信号パターンをできるだけ多く捕捉するには、多様性に富んだ特徴量を追加したいところです。

```
    X.loc[seg_id, 'abs_max'] = np.abs(xc).max()
    X.loc[seg_id, 'abs_min'] = np.abs(xc).min()
```

また、音響データセグメントごとに最初と最後の 50,000 個と 10,000 個の値に対する集約関数も計算できます。

- 音響データセグメントの最初と最後の 50,000 個と 10,000 個の値の標準偏差
- 音響データセグメントの最初と最後の 50,000 個と 10,000 個の値の平均値
- 音響データセグメントの最初と最後の 50,000 個と 10,000 個の値の最小値
- 音響データセグメントの最初と最後の 50,000 個と 10,000 個の値の最大値

これらの特徴量は信号の一部を集約しており、模擬地震が発生する前の小さな区間の信号特性を捕捉します。信号全体の長さと信号の一部に関する集約特徴量を組み合わせると、信号に関する情報がさらに追加されます。これらの特徴量を計算するコードは次のようになります。

```
    X.loc[seg_id, 'std_first_50000'] = xc[:50000].std()
    X.loc[seg_id, 'std_last_50000'] = xc[-50000:].std()
    X.loc[seg_id, 'std_first_10000'] = xc[:10000].std()
    X.loc[seg_id, 'std_last_10000'] = xc[-10000:].std()

    X.loc[seg_id, 'avg_first_50000'] = xc[:50000].mean()
    X.loc[seg_id, 'avg_last_50000'] = xc[-50000:].mean()
    X.loc[seg_id, 'avg_first_10000'] = xc[:10000].mean()
    X.loc[seg_id, 'avg_last_10000'] = xc[-10000:].mean()

    X.loc[seg_id, 'min_first_50000'] = xc[:50000].min()
    X.loc[seg_id, 'min_last_50000'] = xc[-50000:].min()
    X.loc[seg_id, 'min_first_10000'] = xc[:10000].min()
    X.loc[seg_id, 'min_last_10000'] = xc[-10000:].min()

    X.loc[seg_id, 'max_first_50000'] = xc[:50000].max()
    X.loc[seg_id, 'max_last_50000'] = xc[-50000:].max()
    X.loc[seg_id, 'max_first_10000'] = xc[:10000].max()
    X.loc[seg_id, 'max_last_10000'] = xc[-10000:].max()
```

さらに、音響データセグメント全体の最大値と最小値の比率（最大振幅と最小振幅の比率）と、音響

データセグメント全体の最大値と最小値の差(最大振幅と最小振幅の差)に関する特徴量も追加します。また、一定の振動振幅を超える(500単位以上の)値の数と、セグメント全体の値の合計も追加します。ここでは、特徴量エンジニアリングによって生成された多様な特徴量を使って、信号に隠れているパターンの一部を捕捉しようとしています。特に、ここでは信号内の極端な振動に関する情報を追加します。

```
    X.loc[seg_id, 'max_to_min'] = xc.max() / np.abs(xc.min())
    X.loc[seg_id, 'max_to_min_diff'] = xc.max() - np.abs(xc.min())
    X.loc[seg_id, 'count_big'] = len(xc[np.abs(xc) > 500])
    X.loc[seg_id, 'sum'] = xc.sum()
```

元の信号のさまざまな特性を捉えるために、さまざまな方法で集約した特徴量をさらに追加します。音響データセグメントごとに、最初と最後の50,000個と10,000個のデータ点の平均変化率(null値を除く)を計算します。

```
    X.loc[seg_id, 'mean_change_rate_first_50000'] = np.mean(np.nonzero(
        (np.diff(xc[:50000]) / xc[:50000][:-1]))[0]
    )
    X.loc[seg_id, 'mean_change_rate_last_50000'] = np.mean(np.nonzero(
        (np.diff(xc[-50000:]) / xc[-50000:][:-1]))[0]
    )
    X.loc[seg_id, 'mean_change_rate_first_10000'] = np.mean(np.nonzero(
        (np.diff(xc[:10000]) / xc[:10000][:-1]))[0]
    )
    X.loc[seg_id, 'mean_change_rate_last_10000'] = np.mean(np.nonzero(
        (np.diff(xc[-10000:]) / xc[-10000:][:-1]))[0]
    )
```

追加している特徴量の一部は、データ内の0の要素を取り除いて、非ゼロの値だけが集約関数の計算に含まれるようにします。このnonzero()関数のコードは次のようになります。

```
def nonzero(x):
    """
    Utility function to simplify call of numpy `nonzero` function
    """
    return np.nonzero(np.atleast_1d(x))
```

この特徴量エンジニアリングでは、音響データセグメント全体の1%、5%、95%、99%の分位値を表す特徴量も生成します。分位数とは、データセットを等確率の区間で区切ることを表す統計量のことです。たとえば75%の分位値は、データの75%がその数よりも小さい値を持つことを表します。50%の分位値(中央値)は、データの50%がその数よりも小さい値を持つことを表します。また、1%、5%、95%、99%の分位値の絶対値も特徴量として追加します。分位数はNumPyの

quantile()関数を使って計算します。コードは次のようになります。

```
X.loc[seg_id, 'q95'] = np.quantile(xc, 0.95)
X.loc[seg_id, 'q99'] = np.quantile(xc, 0.99)
X.loc[seg_id, 'q05'] = np.quantile(xc, 0.05)
X.loc[seg_id, 'q01'] = np.quantile(xc, 0.01)

X.loc[seg_id, 'abs_q95'] = np.quantile(np.abs(xc), 0.95)
X.loc[seg_id, 'abs_q99'] = np.quantile(np.abs(xc), 0.99)
X.loc[seg_id, 'abs_q05'] = np.quantile(np.abs(xc), 0.05)
X.loc[seg_id, 'abs_q01'] = np.quantile(np.abs(xc), 0.01)
```

この特徴量エンジニアリングでは、トレンド値の特徴量も追加します。トレンド値は、音響データ信号が変化する全体的な方向を表します。高周波数での、0に近い振動を表す信号では、トレンド値は実際の信号の平均的な変化を示します。まず、add_trend_feature()関数を使って、トレンド値をデフォルトのオプション（abs_values=False）で計算します。

続いて、トレンドの絶対値を表す特徴量も追加します。このトレンド値は、add_trend_feature()関数を使って、abs_values=Trueで計算します。この場合、トレンド値の計算には、元の信号の絶対値が使われます。したがって、このトレンド値は信号の絶対値が変化する方向を表します。このタイプの特徴量は、信号の絶対値に現れる信号のパターンを捕捉するために追加されます。コードは次のようになります。

```
X.loc[seg_id, 'trend'] = add_trend_feature(xc)
X.loc[seg_id, 'abs_trend'] = add_trend_feature(xc, abs_values=True)
```

次に、絶対値の平均と絶対値の標準偏差を表す特徴量を追加します。

```
X.loc[seg_id, 'abs_mean'] = np.abs(xc).mean()
X.loc[seg_id, 'abs_std'] = np.abs(xc).std()
```

続いて、中央絶対偏差（mad()）、尖度（せんど）（kurtosis()）、歪度（わいど）（skew()）、中央値（median()）を表す特徴量も追加します。これらの集約関数の計算には、pandasの実装を使います。中央絶対偏差は、定量的なデータの単変量サンプルの変動性に関する堅牢な尺度です。尖度は、分布の中心を基準とした分布の裾の複合的な重みの尺度であり、分布がどれだけ尖っている（裾が重い）かを評価します。歪度は、対称分布の非対称性または歪みの尺度です。中央値は、すでに見てきたように、一連のデータの上位半分と下位半分を分ける値です。こうした集約関数はどれも、信号に関する補完的な情報を捕捉します。これらの集約関数を計算するコードは次のようになります※3。

※3 ［訳注］pandas.Series.mad()はpandas 1.5でdeprecatedになっている。検証では、代わりに以下のコードを使用した。

```
X.loc[seg_id, 'mad'] = np.mean(np.abs(xc - xc.median()))
```

```
X.loc[seg_id, 'mad'] = xc.mad()
X.loc[seg_id, 'kurt'] = xc.kurtosis()
X.loc[seg_id, 'skew'] = xc.skew()
X.loc[seg_id, 'med'] = xc.median()
```

次項では、信号処理に特化した変換関数を使って計算した特徴量を追加します。

8.4.4 ヒルベルト変換とハン窓を使って計算された特徴量

ここでは、ヒルベルト平均も計算します。`scipy.signal.hilbert()`関数を使って、音響信号セグメントにヒルベルト変換を適用すると、ヒルベルト変換によって解析信号が計算されます。続いて、変換されたデータの絶対値の平均を求めます。ヒルベルト変換は信号処理によく使われる手法であり、信号に関する重要な情報を捕捉します。ここでは、集約関数を使って時間データから特徴量を生成しており、モデルの訓練時に信号の重要な補完要素を追加するために、既存のさまざまな信号処理テクニックを幅広く取り入れたいと考えています。

```
X.loc[seg_id, 'Hilbert_mean'] = np.abs(hilbert(xc)).mean()
```

次に、ハン窓の平均値を特徴量として追加します。このハン窓に基づく特徴量を使って、信号の端での突然の変化（不連続性）を滑らかに減少させます。ハン窓の平均値を計算するには、元の信号をハン窓の結果で畳み込み、ハン窓のすべての値の合計で割ります。

```
X.loc[seg_id, 'Hann_window_mean'] = (
    convolve(xc, hann(150), mode='same') / sum(hann(150))
).mean()
```

従来のSTA/LTAの定義はすでに紹介したとおりです。(500, 10,000)、(5,000, 100,000)、(3,333, 6,666)、(10,000, 25,000)のSTA/LTA窓に対する従来のSTA/LTA平均など、いくつかの特徴量を計算します。これらの計算には、先に定義した`classic_sta_lta()`関数を使います。ここでは、特徴量エンジニアリングで生成した集約特徴量を使って信号特性を幅広く捕捉するために、さまざまな変換を組み込んでいます。

```
X.loc[seg_id, 'classic_sta_lta1_mean'] = classic_sta_lta(xc, 500, 10000).mean()
X.loc[seg_id, 'classic_sta_lta2_mean'] = classic_sta_lta(xc, 5000, 100000).mean()
X.loc[seg_id, 'classic_sta_lta3_mean'] = classic_sta_lta(xc, 3333, 6666).mean()
X.loc[seg_id, 'classic_sta_lta4_mean'] = classic_sta_lta(xc, 10000, 25000).mean()
```

最後に、移動平均に基づく特徴量も計算します。

8.4.5 移動平均に基づく特徴量

ここでは、次の移動平均を計算します。

- 700、1,500、3,000、6,000 の窓で移動平均の平均値を計算（NaN を除く）
- 300、3,000、6,000 の範囲で指数加重移動平均を計算
- 700 と 400 の窓で移動平均と標準偏差を計算し、その平均から 2 倍の標準偏差を加減したボリンジャーバンド（BB：Bollinger Band）を作成
- 1,000 の窓で移動平均と標準偏差を計算

```
X.loc[seg_id, 'Moving_average_700_mean'] =\
     xc.rolling(window=700).mean().mean(skipna=True)
X.loc[seg_id, 'Moving_average_1500_mean'] =\
     xc.rolling(window=1500).mean().mean(skipna=True)
X.loc[seg_id, 'Moving_average_3000_mean'] =\
     xc.rolling(window=3000).mean().mean(skipna=True)
X.loc[seg_id, 'Moving_average_6000_mean'] =\
     xc.rolling(window=6000).mean().mean(skipna=True)

ewma = pd.Series.ewm
X.loc[seg_id, 'exp_Moving_average_300_mean'] =\
    ewma(xc, span=300).mean().mean(skipna=True)
X.loc[seg_id, 'exp_Moving_average_3000_mean'] =\
    ewma(xc, span=3000).mean().mean(skipna=True)
X.loc[seg_id, 'exp_Moving_average_30000_mean'] =\
    ewma(xc, span=6000).mean().mean(skipna=True)

no_of_std = 2
X.loc[seg_id, 'MA_700MA_std_mean'] = xc.rolling(window=700).std().mean()
X.loc[seg_id,'MA_700MA_BB_high_mean'] = (
    X.loc[seg_id, 'Moving_average_700_mean'] + \
    no_of_std * X.loc[seg_id, 'MA_700MA_std_mean']).mean()
X.loc[seg_id,'MA_700MA_BB_low_mean'] = (
    X.loc[seg_id, 'Moving_average_700_mean'] - \
    no_of_std * X.loc[seg_id, 'MA_700MA_std_mean']).mean()
X.loc[seg_id, 'MA_400MA_std_mean'] = xc.rolling(window=400).std().mean()
X.loc[seg_id,'MA_400MA_BB_high_mean'] = (
    X.loc[seg_id, 'Moving_average_700_mean'] + \
    no_of_std * X.loc[seg_id, 'MA_400MA_std_mean']).mean()
X.loc[seg_id,'MA_400MA_BB_low_mean'] = (
    X.loc[seg_id, 'Moving_average_700_mean'] - \
    no_of_std * X.loc[seg_id, 'MA_400MA_std_mean']).mean()
X.loc[seg_id, 'MA_1000MA_std_mean'] = xc.rolling(window=1000).std().mean()
```

さらに、**四分位範囲**（interquartile range：IQR）、1% の分位数、999% の分位数も計算します。IQR はデータの 50% が含まれる領域であり、（NumPy の関数を使って）第 3 四分位数（75% のパーセンタイル）から第 1 四分位数（25% のパーセンタイル）を引くことによって計算されます。1% と 999% の

分位数もNumPyの関数を使って計算します。IQRとここまで追加してきたさまざまな分位数は、信号の中心の傾向と広がりに関する重要な情報を提供する点で効果的です。また、トリム平均(trimmed mean)に関する特徴量も追加します。トリム平均は、データの上下端から一定の割合(この場合は10%)を削除し、残りのデータの平均を求めます。

```
X.loc[seg_id, 'iqr'] = np.subtract(*np.percentile(xc, [75, 25]))
X.loc[seg_id, 'q999'] = np.quantile(xc,0.999)
X.loc[seg_id, 'q001'] = np.quantile(xc,0.001)
X.loc[seg_id, 'ave10'] = stats.trim_mean(xc, 0.1)
```

さらに、10、100、1,000の窓で移動標準偏差を計算し、その結果を使ってさまざまな統計量(平均、標準偏差、最大値、最小値、1%、5%、95%、99%の分位数、平均絶対変化、平均相対変化、絶対最大値)を計算します。これらの特徴量を追加するのは、指定された窓での局所的な信号特性に関する情報を明らかにするためです。10、100、1,000の窓で得られた移動標準偏差に基づいて特徴量を計算するコードは次のようになります※4。


```
for windows in [10, 100, 1000]:
    x_roll_std = xc.rolling(windows).std().dropna().values

    X.loc[seg_id, 'ave_roll_std_' + str(windows)] = x_roll_std.mean()
    X.loc[seg_id, 'std_roll_std_' + str(windows)] = x_roll_std.std()
    X.loc[seg_id, 'max_roll_std_' + str(windows)] = x_roll_std.max()
    X.loc[seg_id, 'min_roll_std_' + str(windows)] = x_roll_std.min()
    X.loc[seg_id, 'q01_roll_std_' + str(windows)] = np.quantile(x_roll_std, 0.01)
    X.loc[seg_id, 'q05_roll_std_' + str(windows)] = np.quantile(x_roll_std, 0.05)
    X.loc[seg_id, 'q95_roll_std_' + str(windows)] = np.quantile(x_roll_std, 0.95)
    X.loc[seg_id, 'q99_roll_std_' + str(windows)] = np.quantile(x_roll_std, 0.99)
    X.loc[seg_id, 'av_change_abs_roll_std_' + str(windows)] = np.mean(
        np.diff(x_roll_std))
    X.loc[seg_id, 'av_change_rate_roll_std_' + str(windows)] = np.mean(
        nonzero((np.diff(x_roll_std) / x_roll_std[:-1]))[0])
    X.loc[seg_id, 'abs_max_roll_std_' + str(windows)] = np.abs(x_roll_std).max()
```

※4 [訳注] 検証では、0による除算を回避するために、av_change_rate_roll_std特徴量を計算するコードを次のように置き換えた。

```
diff_std = np.diff(x_roll_std)
valid_std = x_roll_std[:-1][diff_std != 0]
valid_diff = diff_std[diff_std != 0]
valid_indices = valid_std != 0
X.loc[seg_id, 'av_change_rate_roll_std_' + str(windows)] = np.mean(
    valid_diff[valid_indices] / valid_std[valid_indices])
```

また、10、100、1,000の窓で移動平均を計算し、その結果を使ってさまざまな統計量を計算するコードは次のようになります※5。

```
for windows in [10, 100, 1000]:
    ......
    x_roll_mean = xc.rolling(windows).mean().dropna().values
    X.loc[seg_id, 'ave_roll_mean_' + str(windows)] = x_roll_mean.mean()
    X.loc[seg_id, 'std_roll_mean_' + str(windows)] = x_roll_mean.std()
    X.loc[seg_id, 'max_roll_mean_' + str(windows)] = x_roll_mean.max()
    X.loc[seg_id, 'min_roll_mean_' + str(windows)] = x_roll_mean.min()
    X.loc[seg_id, 'q01_roll_mean_' + str(windows)] = np.quantile(
        x_roll_mean, 0.01)
    X.loc[seg_id, 'q05_roll_mean_' + str(windows)] = np.quantile(
        x_roll_mean, 0.05)
    X.loc[seg_id, 'q95_roll_mean_' + str(windows)] = np.quantile(
        x_roll_mean, 0.95)
    X.loc[seg_id, 'q99_roll_mean_' + str(windows)] = np.quantile(
        x_roll_mean, 0.99)
    X.loc[seg_id, 'av_change_abs_roll_mean_' + str(windows)] = np.mean(
        np.diff(x_roll_mean))
    X.loc[seg_id, 'av_change_rate_roll_mean_' + str(windows)] = np.mean(
        nonzero((np.diff(x_roll_mean) / x_roll_mean[:-1]))[0])
    X.loc[seg_id, 'abs_max_roll_mean_' + str(windows)] = np.abs(
        x_roll_mean).max()
```

訓練データから生成された150,000行のセグメントごとに、これらの特徴量を計算します。続いて、現在のセグメントの最後の行の値として、TTFを選択します※6。

```
# すべてのセグメントを順番に処理
for seg_id in tqdm_notebook(range(segments)):
    seg = train_df.iloc[seg_id*rows:seg_id*rows+rows]
    create_features(seg_id, seg, train_X)
    train_y.loc[seg_id, 'time_to_failure'] = seg['time_to_failure'].values[-1]
```

次に、`StandardScaler`を使ってすべての特徴量をスケーリングします。決定木（ランダムフォレスト、XGBoostなど）をベースとするモデルを使っている場合、必ずしもこうする必要はありません。

※5 ［訳注］検証では、0による除算を回避するために、`av_change_rate_roll_mean`特徴量を計算するコードを次のように置き換えた。

```
diff_mean = np.diff(x_roll_mean); valid_mean = x_roll_mean[:-1][diff_mean != 0];
valid_diff = diff_mean[diff_mean != 0]; valid_indices = valid_mean != 0;
X.loc[seg_id, 'av_change_rate_roll_mean_' + str(windows)] = np.mean(
    valid_diff[valid_indices] / valid_mean[valid_indices])
```

※6 ［訳注］2024年10月時点のKaggle Notebooksでは、`PerformanceWarning: DataFrame is highly fragmented`が発生する。なお、`tqdm_notebook`はtqdm 5.0で削除される予定。代わりに、`tqdm.notebook.tqdm`を使うことが推奨される。また、2025年1月時点では、KaggleモデルのJavaScriptの読み込み時にJavaScriptエラーになるバグがある。このバグが発生した場合は、最新のKaggle環境に切り替えた（［Settings］メニュー→［Environment Preferences］→［Always use latest environment］を選択した）後、ノートブックの最初のセルで`!pip install ipywidgets==8.1.5`を実行するとうまくいくことがある。
https://www.kaggle.com/discussions/product-feedback/552067

このステップを追加したのは、ニューラルネットワークベースのモデルなど、特徴量の正規化が必要となる他のモデルを使う場合を考慮したためです。

```
scaler = StandardScaler()
scaler.fit(train_X)
scaled_train_X = pd.DataFrame(scaler.transform(train_X), columns=train_X.columns)
```

テストデータのセグメントでも同じプロセスを繰り返します。

```
for seg_id in tqdm_notebook(test_X.index):
    seg = pd.read_csv(
        '/kaggle/input/LANL-Earthquake-Prediction/test/' + seg_id + '.csv')
    create_features(seg_id, seg, test_X)

scaled_test_X = pd.DataFrame(scaler.transform(test_X), columns=test_X.columns)
```

データを分析した後、特徴量エンジニアリングを使って一連の特徴量を生成しました。これらの特徴量の目的は、ベースラインモデルを構築することです。その後は、最終的に新しい特徴量を生成するために、モデルの評価に基づいてどの特徴量を残すのかを判断できます。

8.5 ベースラインモデルを構築する

前節では、特徴量エンジニアリングを使って、テストデータセットのセグメントと同じ大きさの訓練データの時間セグメントごとに時間統計量を計算することで、元の時間データから特徴量を生成しました。このコンペティションで実験するベースラインモデルには、コンペティションが開催された当時は最も性能のよいアルゴリズムの1つだった LGBMRegressor を選択しました。このアルゴリズムの性能は、多くの場合は XGBoost に匹敵しました。ここでは、KFold を使って訓練データを5つのフォールドに分割し、各フォールドで訓練と検証を行います。訓練と検証は、最終的なイテレーション回数に達するか、(猶予パラメータで指定された)ステップ数の後に検証誤差の改善が見られなくなるまで実行されます。次に、分割ごとに、現在のフォールドの現在の訓練スプリット —— つまり、訓練サブセットの5分の4で訓練された最良のモデルを使って、テストデータセットでの予測も実行します。最後に、各フォールドで得られた予測値の平均を計算します。この交差検証アプローチがうまくいくのは、データがもはや時間(時系列)データではないからです。データをテストデータと同じ長さ(150,000 行)のセグメントに分割し、このデータから集約特徴量を生成したことを思い出してください。

```
n_fold = 5
folds = KFold(n_splits=n_fold, shuffle=True, random_state=42)
train_columns = scaled_train_X.columns.values
```

このモデルのパラメータは次のとおりです。

```
params = {'num_leaves': 51,
          'min_data_in_leaf': 10,
          'objective': 'regression',
          'max_depth': -1,
          'learning_rate': 0.001,
          "boosting": "gbdt",
          "feature_fraction": 0.91,
          "bagging_freq": 1,
          "bagging_fraction": 0.91,
          "bagging_seed": 42,
          "metric": 'mae',
          "lambda_l1": 0.1,
          "verbosity": -1,
          "nthread": -1,
          "random_state": 42}
```

LightGBMの通常のパラメータのいくつかを次のように設定します。

- num_leaves：各決定木の葉（リーブ、終端ノード）の数を制御する。葉の数が多いほどモデルがより複雑なパターンを捕捉できるが、その分過剰適合のリスクも高まる。
- min_data_in_leaf：葉ノードのサンプルの数がこの閾値を下回る場合、そのノードは分割されない。このパラメータは過剰適合を抑制するのに役立つ。
- objective：このモデルの場合は回帰。
- max_depth：作成する決定木の深さの最大値（この場合は制限なし）。
- learning_rate：学習率はモデルが学習する速さを制御する。
- boosting：ブースティング手法は、勾配ブースティング決定木（gbdt）、DART勾配ブースティング（dgb）、GOSS（Gradient-Based One Side Sampling、goss）の中から選択できる。ここではgbdtを使っている。
- feature_fraction：アルゴリズムが使っている決定木アンサンブル内の決定木に与えられたデータサブセットで使われる特徴量の割合。
- bagging_freq, bagging_fraction, bagging_seed：アルゴリズムに与えられたサンプルセットをサブサンプリングして別の決定木に与えるときに、そのサンプルセットを分割する方法を制御する。
- metric：この場合は、平均全体誤差（mae）。
- lambda_l1：正則化係数。
- verbosity：訓練中にアルゴリズムがコンソールに出力する情報の量を制御する。0の場合は、サイレントモード（情報を出力しない）を意味する。1の場合は、訓練の進行状況に関するメッセージを出力する。

- **nthread**：訓練中にアルゴリズムが使う並列処理スレッドの数を制御する。
- **random_state**：ランダム化係数。アルゴリズムのさまざまなパラメータの初期化に使われる乱数シード。

（フォールドごとの）訓練、検証、テストのコードは次のようになります[※7]。

```
oof = np.zeros(len(scaled_train_X))
predictions = np.zeros(len(scaled_test_X))
feature_importance_df = pd.DataFrame()

# モデルを実行
for fold_, (trn_idx, val_idx) in enumerate(folds.split(
    scaled_train_X,train_y.values)):
    strLog = "fold {}".format(fold_)
    print(strLog)

    X_tr, X_val = scaled_train_X.iloc[trn_idx], scaled_train_X.iloc[val_idx]
    y_tr, y_val = train_y.iloc[trn_idx], train_y.iloc[val_idx]

    model = lgb.LGBMRegressor(**params, n_estimators = 20000, n_jobs = -1)
    model.fit(X_tr,
              y_tr,
              eval_set=[(X_tr, y_tr), (X_val, y_val)],
              eval_metric='mae',
              verbose=1000,
              early_stopping_rounds=500)

    oof[val_idx] = model.predict(X_val, num_iteration=model.best_iteration_)

    # 特徴量の重要度
    fold_importance_df = pd.DataFrame()
    fold_importance_df["Feature"] = train_columns
    fold_importance_df["importance"] = \
        model.feature_importances_[:len(train_columns)]
    fold_importance_df["fold"] = fold_ + 1
    feature_importance_df = pd.concat([feature_importance_df, fold_importance_df],
                                      axis=0)

    # 予測
    predictions += model.predict(
        scaled_test_X, num_iteration=model.best_iteration_) / folds.n_splits
```

※7　［訳注］2024年10月時点のKaggle Notebooksの`lightgbm`のバージョンは4.2.0であり、`LGBMRegressor.fit()`メソッドの`verbose`パラメータと`early_stopping_rounds`パラメータは削除されている。検証では、代わりに次のコードを使用した。

```
model.fit(X_tr, y_tr, eval_set=[(X_tr, y_tr), (X_val, y_val)], eval_metric='mae',
          callbacks=[
              lgb.early_stopping(stopping_rounds=500, verbose=True),
              lgb.log_evaluation(1000)
          ])
```

まず、predictionsベクトルを0で初期化します。このベクトルの次元は提出ファイルと同じで、テストセグメントごとにエントリが1つ存在します。また、OOF（Out-Of-Fold）ベクトルも初期化します。OOFは訓練データの長さ（訓練セグメントの数）を表します。

フォールドごとに訓練データセットと検証データセットのデータと目的変数からなるサブセットをサンプリングします。次に、それらをLGBMRegressorモデルに入力として渡します。このモデルは先に定義したモデルパラメータで初期化されます（さらに、推定器の数とワーカーの数も指定します）。現在のフォールドに対応する訓練サブセットを使ってモデルを適合させ、訓練サブセットに対応する検証サブセットを使って検証します。

評価指標（mae：平均絶対誤差）、評価誤差を出力する頻度、早期終了のイテレーションの回数も指定します。早期終了パラメータは、訓練中に検証誤差の改善が見られなくなったときに、アルゴリズムを停止させるまでの猶予を表すステップ数です。早期終了は、訓練中の検証誤差に基づいて、モデルを予測に最適なものに保つために使われます。

検証結果をoofベクトルに蓄積し、現在のフォールドの特徴量の重要度を表すベクトルをfold_importance_dfに連結します。特徴量の重要度は、特徴量エンジニアリング、特徴量選択、モデルの訓練からなる反復的なプロセスにおいて、特定の特徴量で訓練されたモデルの特徴量の重要度がフォールド間で大きく変動していないかどうかを観測するために使われます。フォールドごとに、モデルの訓練と検証を行うことに加えて、テストデータセット全体での予測も行います。そして、フォールドの数で割ったフォールドごとの予測値をpredictionsベクトルに追加します。この部分は、モデルアンサンブル（各モデルが各フォールド分割に対応する異なるデータサブセットで訓練される）に相当します。

現在のモデルを評価するときには、訓練誤差と検証誤差、フォールド間でのこれらの誤差の変動、フォールド間での特徴量の重要度の変動という3つの情報を調べます。こうした変動は小さいほうが理想的です。図8-8は、ベースラインモデルの訓練時の評価プロットを示しています。

訓練の進行状況が1,000ステップごとにプロットされることと、500ステップで早期終了が有効になることがわかります。つまり、最後の500回のイテレーションで検証誤差が改善されない場合は訓練を打ち切ります。テストデータセットで予測を行うために、（検証誤差に照らして）最適なモデルが保持されます。テストデータセットでの予測値は5つの分割で平均化されます。

```
fold 0
Training until validation scores don't improve for 500 rounds
[1000]  training's l1: 1.95575  valid_1's l1: 2.25796
[2000]  training's l1: 1.56095  valid_1's l1: 2.12476
[3000]  training's l1: 1.32931  valid_1's l1: 2.10253
[4000]  training's l1: 1.15409  valid_1's l1: 2.09822
Early stopping, best iteration is:
[3978]  training's l1: 1.15766  valid_1's l1: 2.09809
fold 1
Training until validation scores don't improve for 500 rounds
[1000]  training's l1: 1.94852  valid_1's l1: 2.2732
[2000]  training's l1: 1.55525  valid_1's l1: 2.13742
[3000]  training's l1: 1.32872  valid_1's l1: 2.10993
[4000]  training's l1: 1.15476  valid_1's l1: 2.10385
Early stopping, best iteration is:
[4450]  training's l1: 1.08696  valid_1's l1: 2.1021
fold 2
Training until validation scores don't improve for 500 rounds
[1000]  training's l1: 1.95765  valid_1's l1: 2.27447
[2000]  training's l1: 1.56798  valid_1's l1: 2.11167
[3000]  training's l1: 1.33818  valid_1's l1: 2.0776
[4000]  training's l1: 1.16178  valid_1's l1: 2.07073
Early stopping, best iteration is:
[4126]  training's l1: 1.14182  valid_1's l1: 2.07027
fold 3
Training until validation scores don't improve for 500 rounds
[1000]  training's l1: 1.97346  valid_1's l1: 2.14865
[2000]  training's l1: 1.56988  valid_1's l1: 2.03589
[3000]  training's l1: 1.33529  valid_1's l1: 2.02583
Early stopping, best iteration is:
[3109]  training's l1: 1.31422  valid_1's l1: 2.02564
fold 4
Training until validation scores don't improve for 500 rounds
[1000]  training's l1: 1.94563  valid_1's l1: 2.25928
[2000]  training's l1: 1.55545  valid_1's l1: 2.11357
[3000]  training's l1: 1.32558  valid_1's l1: 2.08423
[4000]  training's l1: 1.14781  valid_1's l1: 2.07999
Early stopping, best iteration is:
[3691]  training's l1: 1.19939  valid_1's l1: 2.07929
```

図 8-8：モデルの訓練時の評価出力 - 訓練誤差と検証誤差

特徴量の重要度をプロットすると、図 8-9 のようになります。

ここでは、データ分析を実行した後、テストデータセットと同じ長さの訓練データセットのサブセットで、特徴量エンジニアリングを使って時間データを集約した特徴量を生成しました。また、新しい特徴量で構成された新しいデータセットを使って、ベースラインモデルを訓練しました。ベースラインモデルでは 5 分割交差検証を採用し、各フォールドのモデルをテストデータセットでの予測に使いました。各フォールドの予測値を平均化することで、最終的な予測値を導出しました。

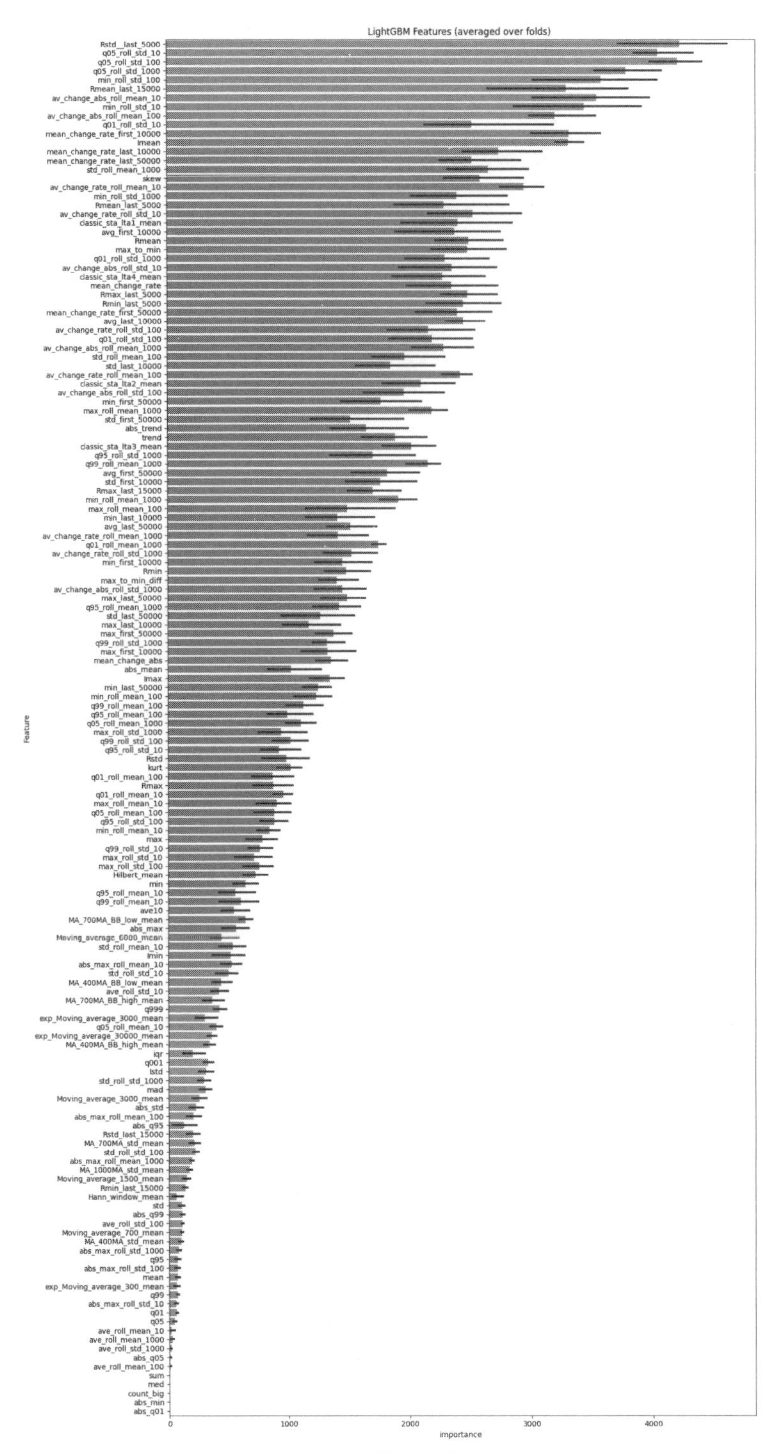
LightGBM Features (averaged over folds)
Rstd__last_5000
q05_roll_std_10
q05_roll_std_100
q05_roll_std_1000
min_roll_std_100
Rmean_last_15000
av_change_abs_roll_mean_10
min_roll_std_10
av_change_abs_roll_mean_100
q01_roll_std_10
mean_change_rate_first_10000
Imean
mean_change_rate_last_10000
mean_change_rate_last_50000
std_roll_mean_1000
skew
av_change_rate_roll_mean_10
min_roll_std_1000
Rmean_last_5000
av_change_rate_roll_std_10
classic_sta_lta1_mean
avg_first_10000
Rmean
max_to_min
q01_roll_std_1000
av_change_abs_roll_std_10
classic_sta_lta4_mean
mean_change_rate
Rmax_last_5000
Rmin_last_5000
mean_change_rate_first_50000
avg_last_10000
av_change_rate_roll_std_100
q01_roll_std_100
av_change_abs_roll_mean_1000
std_roll_mean_100
std_last_10000
av_change_rate_roll_mean_100
classic_sta_lta2_mean
av_change_abs_roll_std_100
min_first_50000
max_roll_mean_1000
std_first_50000
abs_trend
trend
classic_sta_lta3_mean
q95_roll_std_1000
q99_roll_mean_1000
avg_first_50000
std_first_10000
Rmax_last_15000
min_roll_mean_1000
max_roll_mean_100
min_last_10000
avg_last_50000
av_change_rate_roll_mean_1000
q01_roll_mean_1000
av_change_rate_roll_std_1000
min_first_10000
Rmin
max_to_min_diff
av_change_abs_roll_std_1000
max_last_50000
q95_roll_mean_1000
std_last_50000
max_last_10000
max_first_50000
q99_roll_std_1000
max_first_10000
mean_change_abs
abs_mean
Imax
min_last_50000
min_roll_mean_100
q99_roll_mean_100
q95_roll_mean_100
q05_roll_mean_1000
max_roll_std_1000
q99_roll_std_100
q95_roll_std_10
Rstd
kurt
q01_roll_mean_100
Rmax
q01_roll_mean_10
max_roll_mean_10
q05_roll_mean_100
q95_roll_std_100
min_roll_mean_10
max
q99_roll_std_10
max_roll_std_10
max_roll_std_100
Hilbert_mean
min
q95_roll_mean_10
q99_roll_mean_10
ave10
MA_700MA_BB_low_mean
abs_max
Moving_average_6000_mean
std_roll_mean_10
Imin
abs_max_roll_mean_10
std_roll_std_10
MA_400MA_BB_low_mean
ave_roll_std_10
MA_700MA_BB_high_mean
q999
exp_Moving_average_3000_mean
q05_roll_mean_10
exp_Moving_average_30000_mean
MA_400MA_BB_high_mean
iqr
q001
Istd
std_roll_std_1000
mad
Moving_average_3000_mean
abs_std
abs_max_roll_mean_100
abs_q95
Rstd_last_15000
MA_700MA_std_mean
std_roll_std_100
abs_max_roll_mean_1000
MA_1000MA_std_mean
Moving_average_1500_mean
Rmin_last_15000
Hann_window_mean
std
abs_q99
ave_roll_std_100
Moving_average_700_mean
MA_400MA_std_mean
abs_max_roll_std_1000
q95
abs_max_roll_std_100
mean
exp_Moving_average_300_mean
q99
abs_max_roll_std_10
q01
q05
ave_roll_mean_10
ave_roll_mean_1000
ave_roll_std_1000
abs_q05
ave_roll_mean_100
sum
med
count_big
abs_min
abs_q01
Feature
0
1000
2000
3000
4000
importance

図 8-9：特徴量の重要度

8.6 本章のまとめ

本章では、信号データの処理を詳しく調べて、特にオーディオ信号に着目しました。そうしたデータのさまざまなストレージフォーマットを取り上げ、このタイプのデータの読み込み、変換、可視化に使われるライブラリを調べました。効果的な特徴量を開発するために、信号処理のさまざまなテクニックを適用しました。この特徴量エンジニアリングでは、各訓練セグメントの時系列データを変換し、テストデータセットのための集約特徴量を生成しました。

ここでは、特徴量エンジニアリングのすべてのプロセスを1つの関数にまとめて、すべての訓練セグメントとテストデータセットに適用できるようにしました。変換された特徴量には、さらにスケーリングを適用しました。このようにして準備したデータを使って、`LGBMRegressor` アルゴリズムに基づくベースラインモデルを訓練しました。このモデルでは交差検証を採用し、フォールドごとに訓練されたモデルを使って、テストデータセットで予測値を生成しました。その後、これらの予測値を集計し、提出ファイルを作成しました。さらに、各フォールドの特徴量の重要度も可視化しました。

8.7 参考資料

［1］ LANL Earthquake Prediction, Can you predict upcoming laboratory earthquakes?, Kaggle Competition: https://www.kaggle.com/competitions/LANL-Earthquake-Prediction

［2］ Gabriel Preda, LANL Earthquake EDA and Prediction: https://www.kaggle.com/code/gpreda/lanl-earthquake-eda-and-prediction

［3］ LANL Earthquake Prediction, dataset description: https://www.kaggle.com/competitions/LANL-Earthquake-Prediction/data

［4］ BirdCLEF 2021 - Birdcall Identification, identify bird calls in soundscape recordings, Kaggle competition: https://www.kaggle.com/competitions/birdclef-2021

［5］ Brian McFee, Colin Raffel, Dawen Liang, Daniel P.W. Ellis, Matt McVicar, Eric Battenberg, and Oriol Nieto. "librosa: Audio and music signal analysis in Python." In Proceedings of the 14th Python in Science Conference, pp. 18-25. 2015: https://proceedings.scipy.org/articles/Majora-7b98e3ed-003

［6］ librosa load function: https://librosa.org/doc/main/generated/librosa.load.html

［7］ Cornell Birdcall Identification, Kaggle competition: https://www.kaggle.com/competitions/birdsong-recognition

［8］ EarthData MERRA2 CO, Earth Data NASA Satellite Measurements, Kaggle dataset: https://www.kaggle.com/datasets/gpreda/earthdata-merra2-co

［9］ Gabriel Preda, EARTHDATA-MERRA2 Data Exploration, Kaggle Notebook: https://www.kaggle.com/code/gpreda/earthdata-merra2-data-exploration

[10] Gabriel Preda, LANL Earthquake EDA and Prediction: https://github.com/PacktPublishing/Developing-Kaggle-Notebooks/blob/develop/Chapter-08/lanl-earthquake-data-exploration-and-baseline.ipynb

第9章 ディープフェイク動画を探す

ここまでの章では、さまざまなデータフォーマット（表形式、地理空間、テキスト、画像、音響）を探索し、Kaggleのデータセットを操作しながらシェープファイルの可視化について学び、画像分類モデルとテキスト分類モデルを構築し、音響信号を分析しました。

本章では、動画データの分析に取り組みます。まず、KaggleのDeepfake Detection Challengeコンペティション（9.6節の参考資料[1]）について説明します。このコンペティションの課題は、本物そっくりのフェイクコンテンツの作成を目指して人工的に生成された動画と、それ以外の動画を分類することでした。続いて、最もよく使われる動画フォーマットを手早く調べて、ここでのデータ分析に使う2つのユーティリティスクリプトを紹介します。1つは、動画コンテンツを操作する関数（動画からの画像の読み取り、可視化、動画ファイルの再生）が含まれたユーティリティスクリプトです。もう1つのユーティリティスクリプトには、体、顔、顔要素を検出するための関数が含まれています。さらに、コンペティションデータセットのメタデータを調べて、これらのユーティリティスクリプトを使ってデータセットの動画データを分析します。

まとめると、本章で取り上げる内容は次のようになります。

- Deepfake Detection Challengeコンペティションの紹介
- 動画データを操作するユーティリティスクリプトと動画データでの物体検出を行うユーティリティスクリプト
- コンペティションデータセットのメタデータと動画データの分析

9.1 Deepfake Detection Challenge コンペティション

本章では、有名なKaggleコンペティションであるDeepfake Detection Challenge（参考資料[1]）のデータを調べます。このコンペティションは2019年12月11日から2020年3月31日にわたって開催されました。2,904人の参加者からなる2,265のチームが参加し、提出数は合計8,581件に上りました。参加者は総額100万ドルの賞金を競い合い、優勝賞金は50万ドルでした。

このコンペティションは、AWS、Meta（Facebook）、Microsoft、Partnership on AIのMedia Integrity Steering Committee、その他さまざまな学術機関が協賛した取り組みでした。当時は、メディアコンテンツ操作の技術的な複雑さと、その性質の急速な変化について、テクノロジー産業のリーダーと学術界とで幅広く意見が一致していました。このコンペティションの目的は、ディープフェイクやメディア改竄を検出するためのイノベーティブで効果的なテクノロジーを、世界中の研究者に考え出してもらうことにありました。コードに重点を置いたその後のコンペティションとは異なり、このコンペティションでは、受賞資格を持つ参加者が「ブラックボックス」環境でコードをテストすることが求められました。テストデータはKaggleでは提供されず、通常よりも長いプロセスが必要でした。結果として、コンペティションが2020年4月24日に終了した後、プライベートリーダーボードが正式に公開されたのは、通常よりも遅い6月12日でした。

Deepfake Detection Challengeコンペティションでは、トップランクのKaggle Grandmasterが集まり、データ分析を行って提出用のモデルを開発しました。注目すべきは、最初の優勝者が後に主催者によって失格とされたことです。このチームは —— そして上位にランクされた他の参加者も、一般に公開されているデータを使って訓練データセットを拡張していました。彼らは外部データの使用に関するコンペティションのルールを遵守していましたが、受賞に必要な文書化の要件を満たしていませんでした。それらのルールには、追加の訓練データに使われた画像に写っているすべての個人から書面による同意を得ることが含まれていました。

コンペティションのデータは、2つの別々のセットで提供されていました。1つ目のセットでは、訓練用の400個の動画サンプルとテスト用の400個の動画が、訓練データ用とテストデータ用の2つのフォルダで提供されました。これらは最もよく使われている動画フォーマットであるMP4フォーマットのファイルでした。

2つ目のセットでは、470GBを超える、はるかに大きな訓練用のデータセットがダウンロードリンクとして提供されました。また、同じデータがそれぞれ10GBの50個程度の小さなファイルとしても提供されました。なお、本章の分析には、1つ目のセット（`.mp4`フォーマットの400個の訓練ファイルと400個のテストファイル）のデータだけを使います[※1]。

※1　[訳注]実際には、Deepfake Detection Challengeコンペティションデータセットとして提供されている約4.5GBのデータセット（訓練ファイル401個、テストファイル401個）を使っている。

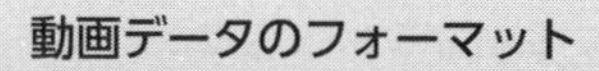

動画データのフォーマット

動画フォーマットとは、動画データをエンコード、圧縮、格納するための標準規格のことです。現時点では、複数のフォーマットが並行して使われています。こうした動画フォーマットの一部は、Microsoft、Apple、Adobeのようなテクノロジー企業によって作成され、推進されたものです。これらの企業はデバイスやオペレーティングシステム（OS）を開発しており、そうしたデバイスやOS上で動作しているデバイスのレンダリング品質を制御することが、プロプライエタリフォーマットを開発するきっかけになったのかもしれません。

さらに、プロプライエタリフォーマットを使うと、競争上の優位性が得られることに加えて、ライセンスやフォーマットに関連するロイヤリティをより柔軟に制御することも可能になります。こうしたフォーマットの中には、これまで使われていたフォーマットには存在しなかったイノベーションや有益な機能が組み込まれたものがあります。こうしたテクノロジーリーダーによる開発と並行して、テクノロジーの進歩、市場の需要、そして業界標準への対応の必要性に応える形で、他のフォーマットが開発されました。

Microsoftが開発した**WMV**（Windows Media Video）と**AVI**（Audio Video Interleave）は、よく使われているフォーマットのほんの一例です。**MOV**（QuickTime Movie）は、macOS/iOSプラットフォームで実行するためにAppleによって開発されたフォーマットです。こうしたフォーマットはどれも複数のオーディオコーデックとビデオコーデックをサポートしています。さらに、Adobeが開発した**FLV**（Flash Video）フォーマットがあります。広く採用されているフォーマットの１つである**MP4**（MPEG-4 Part 14）はオープンソースであり、多くのビデオ／オーディオコーデックに対応しています。**MPEG**（Moving Picture Experts Group）は、オーディオとビデオの圧縮とエンコーディング／デコーディングの規格を開発した専門家グループのことです。MPEG-1からMPEG-4までの規格は、メディア産業の発展に大きな影響を与えました。

9.2 コンペティションのユーティリティスクリプト

まず、動画を操作するための再利用可能な関数を定義したPythonモジュールを、２つのKaggleユーティリティスクリプトにまとめることにします。１つ目のユーティリティスクリプトには、動画から画像を読み込んで表示したり、動画ファイルを再生したりする関数をまとめます。２つ目のユーティリティスクリプトには、何種類かの手法を使って動画で物体検出を行う関数――具体的には、人間の顔と体を検出する関数をまとめます。

9.2.1 動画データを可視化するユーティリティスクリプト

本書では、動画データの操作を手助けするユーティリティスクリプトを開発しました。まず、本章のノートブック（参考資料［6］［7］）で動画データの読み込みと動画ファイルのフレームの可視化に使うユーティリティスクリプトを紹介します。

このvideo_utilsユーティリティスクリプトには、動画から画像を読み込み、変換し、表示する関数が含まれています。それに加えて、動画コンテンツを再生する関数も含まれています。動画の操作には、OpenCV（cv2）ライブラリを使います。第6章でも紹介したOpenCVは、画像／動画処理に広く使われているオープンソースのコンピュータビジョンライブラリです。OpenCVはC/C++で開発されており、Pythonインターフェイスも組み込んでいます。

ライブラリのインポートと、動画ファイルからキャプチャした1つの画像を表示する関数のコードは次のようになります。

```
import os
import cv2 as cv
import matplotlib.pyplot as plt
from IPython.display import HTML
from base64 import b64encode

def display_image_from_video(video_path):
    '''
    Display image from video
    Process
        1. perform a video capture from the video
        2. read the image
        3. display the image
    Args:
        video_path - path for video
    Returns:
        None
    '''
    capture_image = cv.VideoCapture(video_path)
    ret, frame = capture_image.read()
    fig = plt.figure(figsize=(10,10))
    ax = fig.add_subplot(111)
    frame = cv.cvtColor(frame, cv.COLOR_BGR2RGB)
    ax.imshow(frame)
```

このdisplay_image_from_video()関数は、動画ファイルのパスを引数として受け取り、動画から画像をキャプチャして読み込み、matplotlib.pyplotで画像を作成し、BGR（Blue Green Red）からRGB（Red Green Blue）に変換した上で表示します。RGBはデジタル画像で色を表すために使われるカラーモデルです。RGBとBGRの違いは、色情報を格納する順序にあります。RGBの場合は、青が一番下の領域に格納され、次に緑、そして赤が格納されます。BGRの場合は、順序が逆になります。

動画ファイルのリストから画像をキャプチャして表示する関数は次のようになります。

```
def display_images_from_video_list(video_path_list, data_folder, video_folder):
    '''
    Display images from video list
    Process:
```

```
        0. for each video in the video path list
        1. perform a video capture from the video
        2. read the image
        3. display the image
    Args:
        video_path_list: path for video list
        data_folder: path for data
        video_folder: path for video folder
    Returns:
        None
    '''
    plt.figure()
    fig, ax = plt.subplots(2,3,figsize=(16,8))
    # 最初の6つの動画から抽出した画像だけを表示
    for i, video_file in enumerate(video_path_list[0:6]):
        video_path = os.path.join(data_folder, video_folder, video_file)
        capture_image = cv.VideoCapture(video_path)
        ret, frame = capture_image.read()
        frame = cv.cvtColor(frame, cv.COLOR_BGR2RGB)
        ax[i//3, i%3].imshow(frame)
        ax[i//3, i%3].set_title(f"Video: {video_file}")
        ax[i//3, i%3].axis('on')
```


`display_images_from_video_list()` 関数は、動画ファイル名のリストとデータセットをそれぞれパスとして受け取り、リストの最初の6つの動画ファイルで `display_image_from_video()` と同じ処理を実行します。動画ファイルからキャプチャする画像の数を制限するのは、便宜上の措置です。

このユーティリティスクリプトには、動画を再生する関数も含まれています。この関数では、`IPython.display` モジュールの `HTML()` 関数を使います。コードは次のようになります。

```
def play_video(video_file, data_folder, subset):
    '''
    Display video given by composed path
    Args
        video_file: the name of the video file to display
        data_folder: data folder
        subset: the folder where the video file is located
    Returns:
        a HTML objects running the video
    '''
    video_url = open(os.path.join(data_folder, subset, video_file), 'rb').read()
    data_url = "data:video/mp4;base64," + b64encode(video_url).decode()
    return HTML(
        """
        <video width=500 controls><source src="%s" type="video/mp4"></video>
        """ % data_url
    )
```

`play_video()` 関数は、再生する動画ファイルの名前、データフォルダ、動画ファイルが格納されているサブフォルダを引数として受け取ります。この関数は、`base64` ライブラリの `b64encode()` 関数を使ってMP4動画フォーマットをデコードし、HTML()を使って、デコードしたコンテンツを500ピクセル幅に制御された動作フレームで表示します。

ここでは、動画画像を操作するためのユーティリティ（動画を読み込み、動画の画像を可視化し、動画ファイルを再生）を紹介しました。次項では、画像で物体検出を行うユーティリティスクリプトを紹介します。それらのPythonモジュールには、物体検出のための特殊なクラスが含まれており、顔オブジェクトを検出するためのアプローチが2つ実装されています。どちらのアプローチもコンピュータビジョンアルゴリズムに基づいています。

9.2.2 顔と体を検出するユーティリティスクリプト

このコンペティションが開催された当時、ディープフェイク動画を識別するモデルを訓練するための重要な要素は、音声と唇の動きが同期していなかったり、動画に登場する人物の顔の動きが不自然だったりといった映像特徴量の分析であるとされていました。そこで、次は体と顔の検出に特化したface_object_detectionユーティリティスクリプトを紹介します。

顔検出のための最初のモジュールでは、**Haar Cascade**アルゴリズムを使います。Haar Cascadeは物体検出のための軽量な機械学習アルゴリズムであり、通常は特定の物体を識別するために訓練されます。このアルゴリズムは、Haar-like特徴量とAdaBoost分類器を使って強力な分類器を作成します。具体的には、Haar Cascadeアルゴリズムはスライディングウィンドウ方式で動作し、カスケード構造の弱分類器を使って、目的の物体が含まれている可能性が低い画像領域を除外します。今回は、このアルゴリズムを使って、ディープフェイクにおいてよく加工される動画画像の細部（顔の表情、視線、口の形など）を識別します。このモジュールには、2つのクラスが含まれています。そのうちの1つであるCascadeObjectDetectorは、Haar Cascadeアルゴリズムを使って物体を検出するための汎用クラスです。このクラスは参考資料[3]のコードを書き換えたものです。__init__()メソッドでは、訓練したモデルを格納するオブジェクトをHaar Cascadeオブジェクトで初期化します。このクラスにはdetect()メソッドもあります。CascadeObjectDetectorクラスのコードは次のようになります。

```
import os
import cv2 as cv
import matplotlib.pyplot as plt

class CascadeObjectDetector():
    '''
    Class for Cascade Object Detection
    '''
    def __init__(self, object_cascade_path):
        '''
        Args:
            object_cascade_path: path for the *.xml defining the parameters
            for {face, eye, smile, profile} detection algorithm
            source of the haarcascade resource is:
```

```
            https://github.com/opencv/opencv/tree/master/data/haarcascades
    Returns:
        None
    '''
    self.object_cascade = cv.CascadeClassifier(object_cascade_path)
```

CascadeObjectDetector クラスの detect() メソッドは、画像内で検出された物体を囲む矩形座標を返します。コードは次のようになります。

```
def detect(self, image, scale_factor=1.3, min_neighbors=5, min_size=(20,20)):
    '''
    Function return rectangle coordinates of object for given image
    Args:
        image: image to process
        scale_factor: scale factor used for object detection
        min_neighbors: minimum number of parameters considered during
            object detection
        min_size: minimum size of bounding box for object detected
    Returns:
        rectangle with detected object
    '''
    rects = self.object_cascade.detectMultiScale(image,
                                                 scaleFactor=scale_factor,
                                                 minNeighbors=min_neighbors,
                                                 minSize=min_size)
    return rects
```

このコンペティションのために、筆者はOpenCVライブラリディストリビューションの一部として定義されているHaar Cascadeアルゴリズム（参考資料[8]）に基づいて**Haar Cascades for Face Detection**というKaggleデータセット（参考資料[2]）を作成しました。__init__() メソッドは、このデータベースに含まれている物体検出モデルの1つに対するパスを受け取ります。detect() メソッドは、物体抽出のために処理する画像と、物体検出の調整に利用できるパラメータを受け取ります。これらのパラメータは、スケール係数、物体検出に使われる近傍の最小数、物体検出に使われる境界ボックスの最小サイズです。detect() メソッドでは、Haar Cascadeモデルの detectMultiscale() メソッドを呼び出します。

このユーティリティスクリプトで定義する次のクラスは、FaceObjectDetector です。このクラスは、顔、横顔、目、笑顔を検出するために4つの CascadeObjectDetector オブジェクトを初期化します。これらのオブジェクトを定義する __init__() メソッドのコードは次のようになります。

```
class FaceObjectDetector():
    '''
    Class for Face Object Detection
    '''
```

```
    def __init__(self, face_detection_folder):
        '''
        Args:
            face_detection_folder: path for folder where the *.xmls
                for {face, eye, smile, profile} detection algorithm
        Returns:
            None
        '''

        self.path_cascade = face_detection_folder
        self.frontal_cascade_path = os.path.join(
            self.path_cascade,'haarcascade_frontalface_default.xml')
        self.eye_cascade_path = os.path.join(
            self.path_cascade, 'haarcascade_eye.xml')
        self.profile_cascade_path = os.path.join(
            self.path_cascade, 'haarcascade_profileface.xml')
        self.smile_cascade_path = os.path.join(
            self.path_cascade, 'haarcascade_smile.xml')

        # 検出器オブジェクトを作成
        # 正面顔
        self.face_detector = CascadeObjectDetector(self.frontal_cascade_path)
        # 目
        self.eyes_detector = CascadeObjectDetector(self.eye_cascade_path)
        # 横顔
        self.profile_detector = CascadeObjectDetector(self.profile_cascade_path)
        # 笑顔
        self.smile_detector = CascadeObjectDetector(self.smile_cascade_path)
```

それぞれの顔要素（つまり、人物の正面像、側面像、目、笑顔）について、まず、Haar Cascade リソースを使って対応する変数を初期化します。次に、それらのリソース用の CascadeObjectDetector オブジェクトを初期化します（先の CascadeObjectDetector クラスのコードの説明を参照してください）。これらの CascadeObjectDetector オブジェクトを、メンバー変数 face_detector、eyes_detector、profile_detector、smile_detector として格納します。

detect_objects() メソッドのコードは次のようになります。このメソッドでは、__init__() メソッドで定義した CascadeObjectDetector オブジェクトごとに、detect() メソッドを呼び出します。ここでは、わかりやすいようにコードを３つの部分に分けて説明します。最初の部分では、haarcascade_eye.xml で初期化した CascadeObjectDetector オブジェクトの detect() メソッドを呼び出します。続いて、OpenCV の circle() 関数を呼び出し、画像で検出された目の位置を初期画像に円でマークします。

```
    def detect_objects(self, image, scale_factor, min_neighbors, min_size,
                       show_smile=False):
        '''
        Objects detection function
        Identify frontal face, eyes, smile and profile face and display the
            detected objects over the image
```

```
    Args:
        image: the image extracted from the video
        scale_factor: scale factor parameter for `detect` function of
            CascadeObjectDetector object
        min_neighbors: min neighbors parameter for `detect` function of
            CascadeObjectDetector object
        min_size: minimum size parameter for f`detect` function of
            CascadeObjectDetector object
        show_smile: flag to activate/deactivate smile detection; set to
            False due to many false positives
    Returns:
        None
    '''

    image_gray = cv.cvtColor(image, cv.COLOR_BGR2GRAY)
    eyes = self.eyes_detector.detect(image_gray,
                                     scale_factor=scale_factor,
                                     min_neighbors=min_neighbors,
                                     min_size=(int(min_size[0]/2),
                                               int(min_size[1]/2)))

    for x, y, w, h in eyes:
        # 検出された目をカラー画像で表示
        cv.circle(image,
                  (int(x+w/2),int(y+h/2)),
                  (int((w + h)/4)),
                  (0,0,255),
                  3)
```

9

次の部分では、haarcascade_smile.xmlで初期化したCascadeObjectDetectorオブジェクトに同じアプローチを適用します。まず、CascadeObjectDetectorオブジェクトのdetect()メソッドを呼び出し、笑顔が検出された場合は、OpenCVのrectangle()関数を使って、検出された物体を囲むボックスを表示します。この機能は偽陽性（誤検出）が多い傾向にあるため、デフォルトでは無効（show_smile=False）になっています。

```
    # 偽陽性が多いため、デフォルトでは無効になっている
    if show_smile:
        smiles = self.smile_detector.detect(image_gray,
                                            scale_factor=scale_factor,
                                            min_neighbors=min_neighbors,
                                            min_size=(int(min_size[0]/2),
                                                      int(min_size[1]/2)))
        for x, y, w, h in smiles:
            # 検出された笑顔をカラー画像で表示
            cv.rectangle(image, (x,y), (x+w, y+h), (0, 0,255), 3)
```

最後の部分では、特殊なHaar Cascadeアルゴリズムを使って横顔と正面から見た顔を検出します。これらが検出された場合は、検出された物体を囲むボックスを表示します。

```
        profiles = self.profile_detector.detect(image_gray,
                                                scale_factor=scale_factor,
                                                min_neighbors=min_neighbors,
                                                min_size=min_size)

        for x, y, w, h in profiles:
            # 検出された横顔をカラー画像で表示
            cv.rectangle(image, (x,y), (x+w, y+h), (255, 0,0), 3)

        faces = self.face_detector.detect(image_gray,
                                          scale_factor=scale_factor,
                                          min_neighbors=min_neighbors,
                                          min_size=min_size)

        for x, y, w, h in faces:
            # 検出された顔をカラー画像で表示
            cv.rectangle(image, (x,y), (x+w, y+h), (0, 255,0), 3)

        # 画像を表示
        fig = plt.figure(figsize=(10,10))
        ax = fig.add_subplot(111)
        image = cv.cvtColor(image, cv.COLOR_BGR2RGB)
        ax.imshow(image)
```

顔、横顔、目、笑顔を検出する４つの物体検出器ごとに`detect()`メソッドを呼び出し、検出された物体の境界ボックスのリストと初期画像に基づいて、検出された物体のまわりに円（目の場合）または四角形（笑顔、顔、横顔の場合）を描画します。そして最後に、検出された物体の境界ボックスを表すレイヤを重ねて、画像を表示します。なお、笑顔のモデルは偽陽性が多いため、笑顔と抽出された境界ボックスを表示するかどうかを決定するフラグパラメータを追加しました。

このクラスには、画像オブジェクトを抽出するメソッドもあります。このメソッドは、動画ファイルのパスを受け取り、その動画から画像をキャプチャし、その画像キャプチャに`detect_objects()`メソッドを適用することで、その画像から顔と顔の細部（目、笑顔など）を検出します。このメソッドのコードは次のようになります。

```
    def extract_image_objects(self, video_file, data_folder, video_set_folder,
                              show_smile=False):
        '''
        Extract one image from the video and then perform face/eyes/smile/
            profile detection on the image
        Args:
            video_file: the video from which to extract the image from
                which we extract the face
            data_folder: folder with the data
            video_set_folder: folder with the video set
            show_smile: show smile (False by default)
        Returns:
            None
```

```
        '''
        video_path = os.path.join(data_folder, video_set_folder, video_file)
        capture_image = cv.VideoCapture(video_path)
        ret, frame = capture_image.read()
        #frame = cv.cvtColor(frame, cv.COLOR_BGR2RGB)
        self.detect_objects(image=frame,
                            scale_factor=1.3,
                            min_neighbors=5,
                            min_size=(50, 50),
                            show_smile=show_smile)
```

Haar Cascadeアルゴリズムを使った顔検出モジュールは以上です。次は、顔検出に**MTCNN**モデルを用いるもう1つのアプローチを紹介します。複数のアプローチを試すことで、顔検出にどのアプローチが適しているのかを判断したいと考えています。**MTCNN**（Multi-Task Cascaded Convolution Networks）は、『Joint Face Detection and Alignment using Multi-task Cascaded Convolutional Networks』という論文（参考資料[4]）で最初に発表された概念に基づいています。『Face Detection using MTCNN』という別の記事（参考資料[5]）では、「サブモデルのさまざまな特徴量を使ったカスケードマルチタスクフレームワーク」が提案されています。MTCNNアプローチを使った顔要素の抽出は、`face_detection_mtcnn`というユーティリティスクリプトで実装します。

このモジュールでは、`MTCNNFaceDetector`クラスを定義します。`__init__()`メソッドの定義は次のようになります。

```
import os
import cv2 as cv
import matplotlib.pyplot as plt

class MTCNNFaceDetector():
    '''
    Class for MTCNN Face Detection

    Detects the face and the face keypoints: right & left eye,
    nose, right and left lips limits
    Visualize a image capture from a video and marks the
    face boundingbox and the features
    On top of the face boundingbox shows the confidence score
    '''
    def __init__(self, mtcnn_model):
        '''
        Args:
            mtcnn_model: mtcnn model instantiated already
        Returns:
            None
        '''

        self.detector = mtcnn_model
        self.color_face = (255,0,0)
        self.color_keypoints = (0,255,0)
```

```
        self.font = cv.FONT_HERSHEY_SIMPLEX
        self.color_font = (255,0,255)
```

`__init__()` メソッドは、MTCNNモデルのインスタンスを引数として受け取ります。このモデルは、呼び出し元のアプリケーションでMTCNNライブラリからインポートされ、インスタンス化されます。そして、クラスのメンバー変数 `detector` をこのモデルのオブジェクトで初期化します。残りのメンバー変数は、検出された物体の可視化に使われます。

このクラスにも `detect()` メソッドがあります。このメソッドの実装は次のようになります。

```
    def detect(self, video_path):
        '''
        Function plot image
        Args:
            video_path: path to the video from which to capture
                image and then apply detector
        Returns:
            rectangle with detected object

        '''
        capture_image = cv.VideoCapture(video_path)
        ret, frame = capture_image.read()
        image = cv.cvtColor(frame, cv.COLOR_BGR2RGB)

        results = self.detector.detect_faces(image)
        if results:
            for result in results:
                print(f"Extracted features: {result}")
                x, y, w, h = bounding_box = result['box']
                keypoints = result['keypoints']
                confidence = f"{round(result['confidence'], 4)}"
                cv.rectangle(image, (x, y),(x+w,y+h), self.color_face, 3)
                # すべての内部特徴量を追加
                for key in keypoints:
                    xk, yk = keypoints[key]
                    cv.rectangle(image,
                                 (xk-2, yk-2),
                                 (xk+2, yk+2),
                                 self.color_keypoints,
                                 3)
                image = cv.putText(image,
                                   confidence,
                                   (x, y-2),
                                   self.font, 1,
                                   self.color_font, 2,
                                   cv.LINE_AA)
        fig = plt.figure(figsize=(15, 15))
        ax = fig.add_subplot(111)
        ax.imshow(image)
        plt.show()
```

このメソッドは、動画ファイルのパスを引数として受け取ります。動画ファイルから画像をキャプチャした後、その画像を読み込み、BGR フォーマットから RGB フォーマットに変換します。この変換が必要なのは、RGB フォーマットを想定したライブラリ関数を使うためです。変換後の画像に MTCNN モデルの `detect_faces()` メソッドを適用すると、検出器により、抽出した物体のリストが JSON で返されます。抽出された物体を表す JSON コードは次のようなフォーマットになります。

```
{
    'box': [906, 255, 206, 262],
    'confidence': 0.9999821186065674,
    'keypoints':
    {
        'left_eye': (965, 351),
        'right_eye': (1064, 354),
        'nose': (1009, 392),
        'mouth_left': (966, 453),
        'mouth_right': (1052, 457)
    }
}
```


`'box'` フィールドは、検出された顔領域の境界ボックスを表します。`'keypoints'` フィールドは、検出された 5 つの物体（左目、右目、鼻、左端の口角、右端の口角）のキーと座標で構成されます。さらに、モデルの信頼度係数を表す `'confidence'` というフィールドもあります。

信頼度係数は、本物の顔では 0.99 を超えます（最大値は 1）。モデルが人工物または顔画像付きのポスターのようなものを検出した場合は、最大で 0.9 になる可能性があります。信頼度係数が 0.9 未満の場合は、人工物の検出（または誤検出）に関連していると見てよいでしょう。

この実装では、検出結果の JSON のリストを解析し、それぞれの顔に四角形を追加し、顔の 5 つの特徴ごとに点（または非常に小さな四角形）を追加します。そして、顔の境界ボックスの上に信頼度係数（小数点以下 4 桁で四捨五入）を書き出します。

ここからは、本節で説明した動画からの画像のキャプチャと動画の再生のユーティリティスクリプトと動画からの物体検出のユーティリティスクリプトに加えて、第 4 章で使い始めたデータ品質チェックとプロットのユーティリティスクリプトも再利用します。

次節では、いくつかの準備作業を皮切りに、コンペティションデータのメタデータ探索を行います。その際には、ライブラリのインポート、データファイルのチェック、メタデータファイルの統計分析についても説明します。

9.3 メタデータを探索する

まず、データ品質チェック、データのプロット、動画からの画像キャプチャ、顔検出（Haar Cascade と MTCNN）の 5 つのユーティリティスクリプトから、ユーティリティ関数とユーティリティクラスをインポートします。コードは次のようになります。

```
from data_quality_stats import missing_data, unique_values, most_frequent_values
from plot_style_utils import set_color_map, plot_count
from video_utils import (
    display_image_from_video, display_images_from_video_list, play_video
)
from face_object_detection import CascadeObjectDetector, FaceObjectDetector
from face_detection_mtcnn import MTCNNFaceDetector
```

訓練サンプルフォルダ(TRAIN_SAMPLE_FOLDER)のファイルの種類を確認してみましょう※2。

```
DATA_FOLDER = '/kaggle/input/deepfake-detection-challenge'
TRAIN_SAMPLE_FOLDER = 'train_sample_videos'
TEST_FOLDER = 'test_videos'
FACE_DETECTION_FOLDER = '/kaggle/input/haar-cascades-for-face-detection'

train_list = list(os.listdir(os.path.join(DATA_FOLDER, TRAIN_SAMPLE_FOLDER)))
ext_dict = []
for file in train_list:
    file_ext = file.split('.')[1]
    if (file_ext not in ext_dict):
        ext_dict.append(file_ext)
print(f"Extensions: {ext_dict}")
```

この出力から、JSONファイルとMP4ファイルの2種類のファイルがあることがわかります。次に、TRAIN_SAMPLE_FOLDERにあるJSONファイルの内容を確認してみましょう。ここでは、TRAIN_SAMPLE_FOLDERに含まれているファイルのうち、JSONファイルに定義されている最初の5つのレコードをサンプリングします。

```
json_file = [file for file in train_list if file.endswith('json')][0]

def get_meta_from_json(path):
    df = pd.read_json(os.path.join(DATA_FOLDER, path, json_file))
    df = df.T
    return df

meta_train_df = get_meta_from_json(TRAIN_SAMPLE_FOLDER)
meta_train_df.head()
```

図9-1は、JSONファイルからmeta_train_dfを作成したときに得られたデータサンプルを示しています。インデックスはファイルの名前です。**label**はFAKE(ディープフェイク動画)またはREAL(本物の動画)のどちらかです。**split**はその動画が属しているデータセット(train)を表します。**original**

※2 [訳注] Deepfake Detection Challengeコンペティションのデータセットをノートブックに追加するには、[Add Input]→[Competition Datasets]をクリックし、キーワードとして**Deepfake Detection Challenge**と入力する。ただし、場合によってはKaggleがデータセットの提供を中止していることがある。

はディープフェイクの作成に使われたオリジナル動画の名前です。

	label	split	original
aagfhgtpmv.mp4	FAKE	train	vudstovrck.mp4
aapnvogymq.mp4	FAKE	train	jdubbvfswz.mp4
abarnvbtwb.mp4	REAL	train	None
abofeumbvv.mp4	FAKE	train	atvmxvwyns.mp4
abqwwspghj.mp4	FAKE	train	qzimuostzz.mp4

図 9-1：訓練サンプルフォルダのファイルサンプル

また、`data_quality_stats`ユーティリティスクリプトの`missing_data()`、`unique_values()`、`most_frequent_values()`の3つの関数を使って、メタデータに関する統計量も確認します。これらは第3章で紹介した関数です。

`meta_train_df`の欠損値は図 9-2 のとおりです。original フィールドの 19.25% が欠損していることがわかります。

	label	split	original
Total	0	0	77
Percent	0.0	0.0	19.25
Types	object	object	object

図 9-2：訓練サンプルフォルダのデータの欠損値

`meta_train_df`の一意な値は図 9-3 のとおりです。original フィールドの値は合計 323 個で、そのうち 209 個が一意な値です。label フィールドと split フィールドの値はそれぞれ 400 個であり、label の一意な値（`FAKE`、`REAL`）は 2 つ、split の一意な値（`train`）は 1 つです。

	label	split	original
Total	400	400	323
Uniques	2	1	209

図 9-3：訓練サンプルフォルダのデータの一意な値

`meta_train_df`の最頻値は図 9-4 のとおりです。label フィールドの 400 個の値のうち、323 個（80.75%）が`FAKE`です。original フィールドにおいて出現頻度が最も高いのは`atvmxvwyns.mp4`であり、頻度は 6 です（つまり、6 つのフェイク動画で使われています）。split フィールドの値はすべて`train`です。

	label	split	original
Total	400	400	323
Most frequent item	FAKE	train	atvmxvwyns.mp4
Frequence	323	400	6
Percent from total	80.75	100.0	1.858

図 9-4：訓練サンプルフォルダのデータの最頻値

この分析では、青とグレーの色調のカスタムカラースキーマを使います。カスタムカラーマップを作成するコードは次のようになります。

```
color_list = ['#4166AA', '#06BDDD', '#83CEEC', '#EDE8E4', '#C2AFA8']
cmap_custom = set_color_map(color_list)
```

図 9-5 は、作成したカラーマップを示しています。

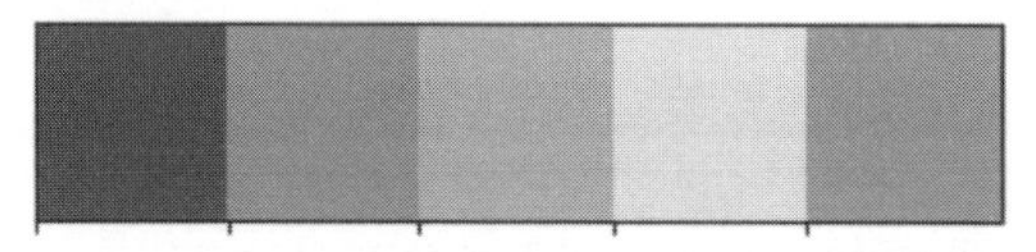

図 9-5：カスタムカラーマップ

訓練データセットの label の分布は図 9-6 のようになります。FAKE ラベルが付いたレコードは 323 件であり、残りのレコードのラベルの値は REAL です。

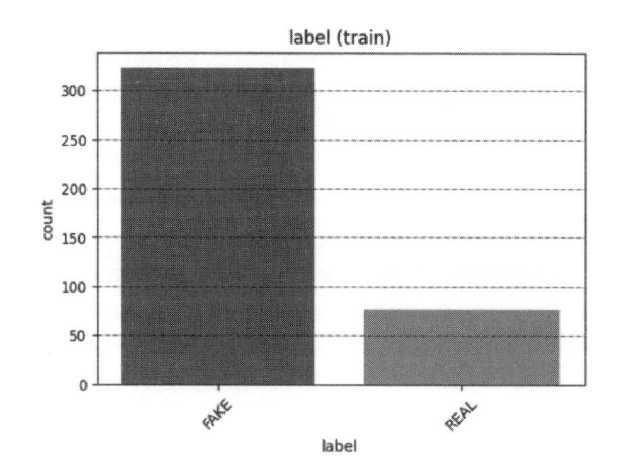

図 9-6：訓練サンプルフォルダのデータの label の分布

次節では、動画データの分析を開始します。

9.4 動画データを探索する

ここでは、動画ファイルのサンプルをいくつか可視化して、物体検出を開始します。この物体検出の目的は、ディープフェイクを作成する画像処理の過程で異常が発生した可能性がある画像の特徴量を捕捉することです。そうした異常のほとんどは、目、口、形状に現れます。

まず、本物の画像とディープフェイクの両方のサンプルファイルを可視化します。次に、9.2 節で説明した顔、目、口を検出するための最初のアルゴリズム（Haar Cascade）を適用します。続いて、MTCNN ベースのもう 1 つのアルゴリズムを適用します。

9.4.1 サンプルファイルを可視化する

フェイク動画ファイルを 3 つ選択し、video_utils ユーティリティスクリプトの display_image_from_video() 関数を使って、それらの動画からキャプチャした画像を可視化してみましょう。

```
fake_train_sample_video = list(
    meta_train_df.loc[meta_train_df.label=='FAKE'].sample(3).index)

for video_file in fake_train_sample_video:
    display_image_from_video(os.path.join(
        DATA_FOLDER, TRAIN_SAMPLE_FOLDER, video_file))
```

このコードは、選択した動画ごとに画像を 1 つキャプチャしてプロットします。図 9-7 は、1 つ目の動画からキャプチャした画像です※3。

図 9-7：フェイク動画からキャプチャした画像の例

※3 [訳注] サンプリングの性質上、以降の画像の内容や順番は異なることがある。

本物の動画ファイルを３つ選択し、選択した動画ごとに画像を１つキャプチャしてプロットするコードは次のようになります。

```
real_train_sample_video = list(
    meta_train_df.loc[meta_train_df.label=='REAL'].sample(3).index)
for video_file in real_train_sample_video:
    display_image_from_video(os.path.join(
        DATA_FOLDER, TRAIN_SAMPLE_FOLDER, video_file))
```

図 9-8 は、１つ目の本物の動画からキャプチャした画像です。

図 9-8：本物の動画からキャプチャした画像の例

また、同じオリジナル動画から生成されたフェイク動画もリストアップしてみましょう。同じオリジナル動画から生成されたフェイク動画を６つ選択し、選択した動画ごとに画像を１つキャプチャしてプロットします。コードは次のようになります。

```
same_original_fake_train_sample_video = list(
    meta_train_df.loc[meta_train_df.original=='meawmsgiti.mp4'].index)

display_images_from_video_list(video_path_list=same_original_fake_train_sample_video,
                               data_folder=DATA_FOLDER,
                               video_folder=TRAIN_SAMPLE_FOLDER)
```

図 9-9 は、同じオリジナル動画を使って作成されたディープフェイク動画からキャプチャされた画像を示しています。

>> xxxi ページにカラーで掲載

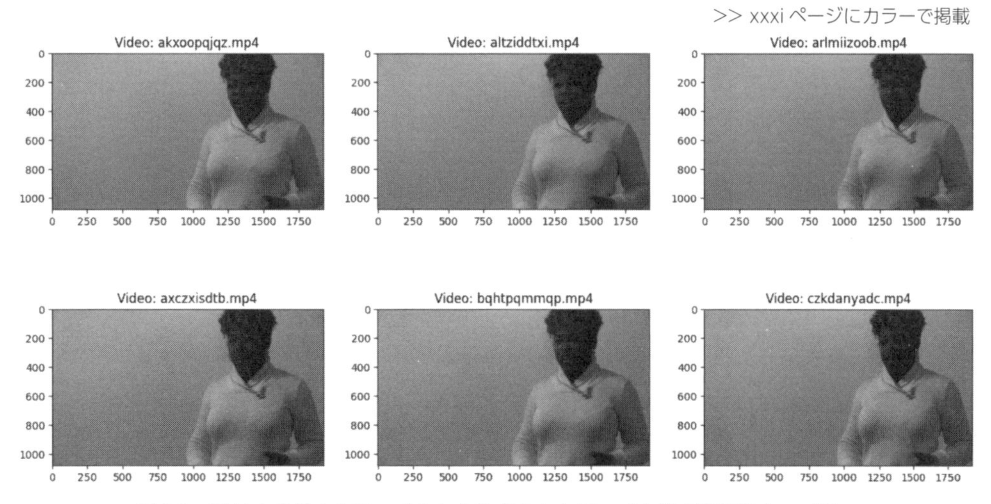

図 9-9：同じオリジナルファイルから生成されたフェイク動画の画像キャプチャ

テストデータセットの動画でも同様のチェックを行います。もちろん、テストデータセットの場合、どの動画が本物かフェイクかを事前に知ることはできません。テストデータから選択した 6 つの動画から画像をキャプチャしてプロットするコードは次のようになります。

```
display_images_from_video_list(test_videos.sample(6).video,
                               DATA_FOLDER,
                               TEST_FOLDER)
```

図 9-10 は、選択された動画の画像です。

>> xxxi ページにカラーで掲載

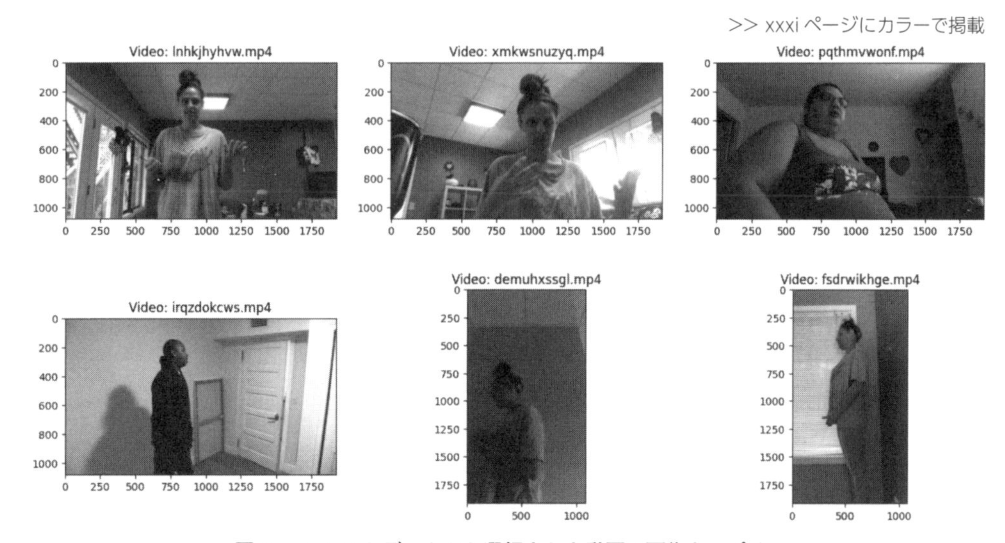

図 9-10：テストデータから選択された動画の画像キャプチャ

それでは、9.2.2 項で説明した顔検出アルゴリズムを試してみることにしましょう。

9.4.2 物体検出を実行する

まず、`face_object_detection` ユーティリティスクリプトの Haar Cascade アルゴリズムを試してみましょう。ここでは、`FaceObjectDetector` オブジェクトを使って、正面の顔、横顔、目、笑顔を抽出します。`CascadeObjectDetector` クラスは、インポートした物体検出リソースを使って、前述の顔属性専用のカスケード分類器を初期化します。`detect()` メソッドは、OpenCV の `CascadeClassifier` クラスのメソッドを使って画像内の物体を検出します。顔の属性ごとに異なる図形と色を使って、抽出された物体にマークを付けます。

- **正面顔**：緑の四角形
- **目**：赤い円
- **笑顔**：赤い四角形
- **横顔**：青い四角形

なお、笑顔検出器は偽陽性（誤検出）が多いため、今回は無効にしました。

訓練データセットのサンプル動画から選択した画像に顔検出関数を適用するコードは次のようになります。

```
face_object_detector = FaceObjectDetector(FACE_DETECTION_FOLDER)

same_original_fake_train_sample_video = list(
    meta_train_df.loc[meta_train_df.original=='kgbkktcjxf.mp4'].index)

for video_file in same_original_fake_train_sample_video[1:4]:
    print(video_file)
    face_object_detector.extract_image_objects(
        video_file=video_file,
        data_folder=DATA_FOLDER,
        video_set_folder=TRAIN_SAMPLE_FOLDER,
        show_smile=False
    )
```

このコードを実行すると、3つの異なる動画で3つの画像がキャプチャされ、それぞれの画像で検出された物体がマークされます。図 9-11 は、物体が検出された画像キャプチャを示しています。図 9-11 の a では、正面の顔と横顔の両方が検出され、目が1つ検出されています。図 9-11 の b では、正面の顔と横顔の両方が検出され、目が2つ検出されています。図 9-11 の c では、正面の顔と横顔の両方が検出され、目が2つとも正しく検出され、偽陽性が1つあります（鼻孔の1つが目として誤検出されています）。なお、笑顔の検出は偽陽性が多すぎるため、無効になっています。

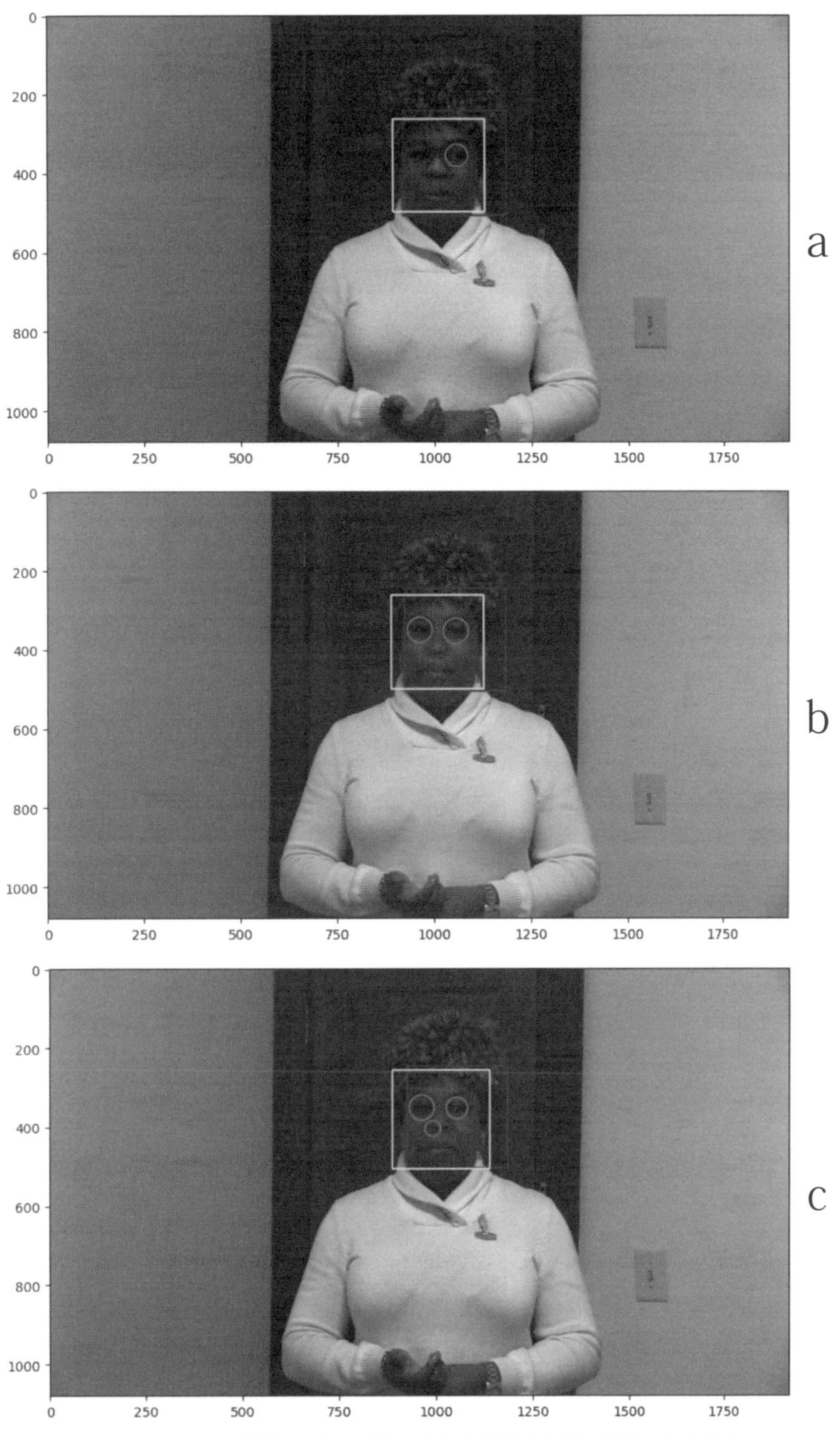

図 9-11：3 つの動画からキャプチャされた画像での顔、横顔、目の検出

テストデータセットの動画から選択した画像に顔検出関数を適用するコードは次のようになります。

```
test_subsample_video = list(test_videos.sample(3).video)
for video_file in test_subsample_video:
    print(video_file)
    face_object_detector.extract_image_objects(
        video_file=video_file,
        data_folder=DATA_FOLDER,
        video_set_folder=TRAIN_SAMPLE_FOLDER,
        show_smile=False
    )
```

同じアルゴリズムを他の画像でも実行すると、これらのアルゴリズムがそれほど堅牢ではなく、誤検出や不完全な結果が頻発することがわかります。図9-12は、そうした不完全な検出の例です。図9-12のaは訓練データでの結果であり、顔だけが検出されています。図9-12のbはテストデータでの結果であり、シーンに2人の人物がいるにもかかわらず、横顔が1つしか検出されていません。

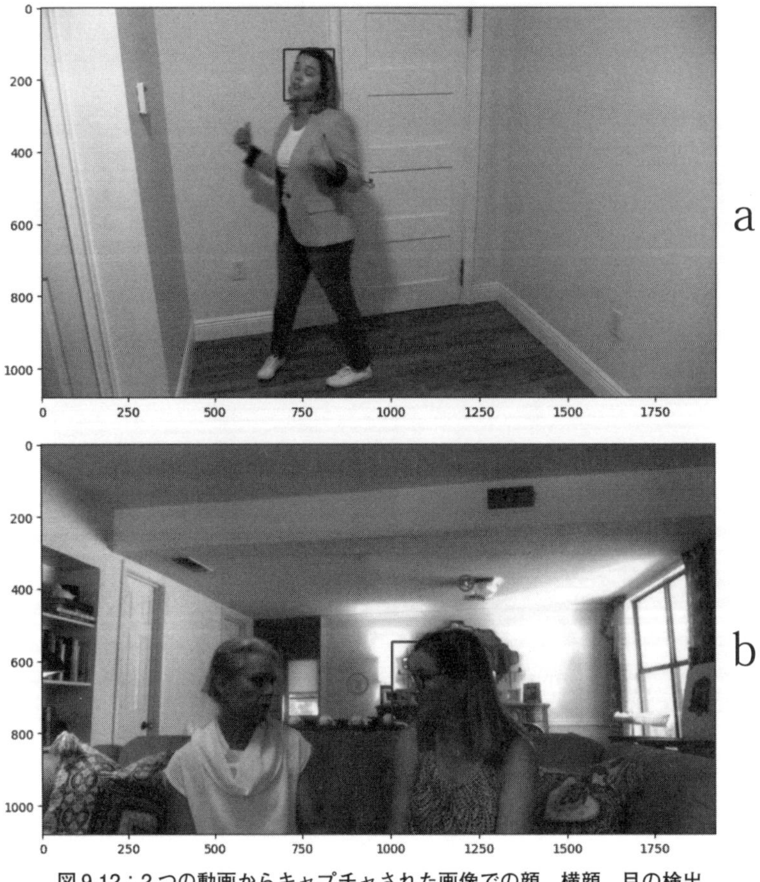

図9-12：2つの動画からキャプチャされた画像での顔、横顔、目の検出

図9-12のbには、おかしな検出もあります。天井の火災用スプリンクラーが目として検出され、壁のスイッチも顔の一部として検出されています。これらのフィルタでは、この種の偽陽性（誤検出）がかなり頻繁に発生します。よくある問題の1つは、目、鼻、口などの物体が顔以外の領域で検出されることです。こうした物体の検索が個別に行われることを考えると、そうした偽陽性が発生する可能性は非常に高そうです。

face_detection_mtcnnユーティリティスクリプトで実装したもう1つのソリューションは、独自のフレームワークを使って、顔の境界ボックスと、目、鼻、口などの顔要素の位置を同時に検出します。Haar Cascadeアルゴリズムで得られた結果（図9-11、9-12）を、MTCNNアルゴリズムを使って同じ画像で得られた結果と比較してみましょう。

図9-13は、黄色の服を着た1人の人物の画像を示しています。今回は、顔検出にMTCNNFaceDetectorを使っています。

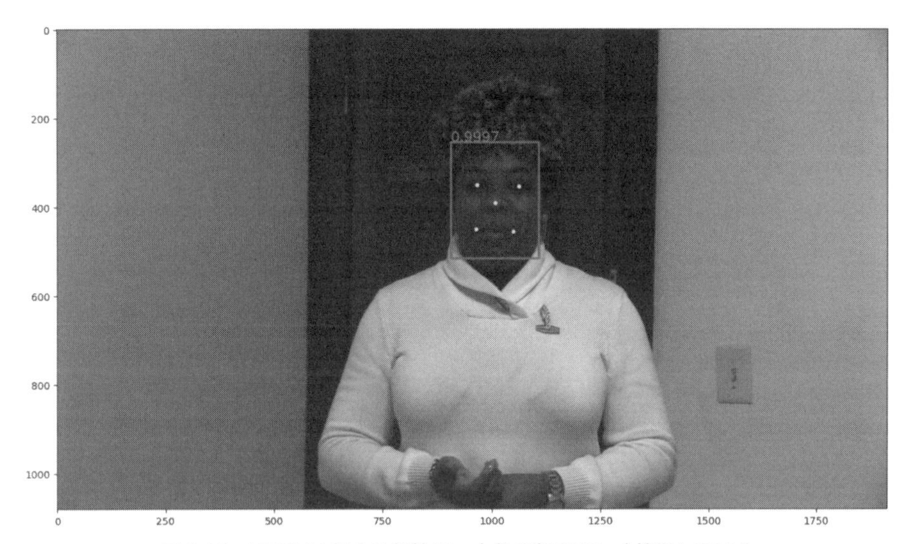

図9-13：MTCNNによる顔検出 - 本物の顔を正しく検出している

顔オブジェクトが正しく検出されています。検出結果のJSONは次のとおりです。

```
Extracted features: {'box': [909, 259, 194, 254], 'confidence': 0.9982811212539673,
 'keypoints': {'nose': [1007, 397], 'mouth_right': [1049, 456], 'right_eye': [1060, 354],
 'left_eye': [965, 352], 'mouth_left': [966, 453]}}
```

それなりの数のサンプルで実験してみたところ、本物の顔の信頼度係数は1に非常に近いという結論に達しました。実際に信頼できるのは、信頼度係数が0.99を超える顔だけです。

別の例を見てみましょう。図9-14は、図9-12と同じ画像の結果との比較です。今回はどちらの画像でも、シーンに存在する人物の顔はすべて正しく識別されています。図9-14のbでは信頼度係数が0.99を超えていない顔がありますが、人物として誤って検出されたアーティファクトはありません。このアルゴリズムは、Haar Cascadeを使っている他の実装よりも堅牢なようです。

図9-14：MTCNNによる顔検出 - 1人の人物がいるシーンと2人の人物がいるシーン

図9-15では、画像をキャプチャした動画に2人の人物が存在していることに加えて、顔が正しく識別され、信頼度係数が大きいケースを選択してみました。この画像では、アーティファクト（人工物）も人間の顔として識別されています※4。

※4 ［訳注］MTCNNFaceDetectorの性能は本書執筆時点よりもよくなっているため、アーティファクトが人間の顔として識別されない場合がある。

図 9-15：MTCNN による顔検出 - 2 人の人物がいるシーン

信頼度係数がそれぞれ 0.9995 と 0.9999（1.0 に丸められます）の 2 人の本物の人物に加えて、一方の人物の T シャツに描かれた映画『Dead Alive』の登場人物の顔も「顔」として検出されています。境界ボックスは正しく検出されており、顔のすべての要素も正しく検出されています。これが誤検出であることを匂わせるのは、信頼度係数が小さい（0.9075）ことだけです。こうした例は、顔検出のアプローチを正しく調整するのに役立ちます。考慮すべきなのは、0.95（場合によっては 0.99）よりも高い信頼度で検出された顔だけです。

なお、本章に関連するノートブック（参考資料 [6] [7]）では、ここで紹介した 2 つのアプローチによる顔検出の例を他にも確認できます。

9.5　本章のまとめ

本章は、動画データを操作するために設計された一連のユーティリティスクリプトの紹介から始まりました。ユーティリティスクリプトは、Kaggle の再利用可能な Python モジュールです。そうしたスクリプトの 1 つである `video_utils` は、動画から画像をキャプチャして可視化するために使われます。2 つ目のスクリプトである `face_object_detection` は、Haar Cascade モデルを使って顔検出を行います。3 つ目のスクリプトである `face_detection_mtcnn` は、MTCNN モデルを使用して顔とその重要な特徴（目、鼻、口など）を識別します。

続いて、Deepfake Detection Challenge コンペティションデータセットのメタデータと動画データを調べました。前述の顔検出アプローチを訓練データセットの動画とテストデータセットの動画からキャプチャした画像に適用したところ、MTCNN モデルのアプローチのほうが堅牢かつ正確で、偽陽性（誤検出）が少ないことがわかりました。

データ探索の旅も終わりに近づいてきたところで、表形式、テキスト、画像、音声、ここで扱った動画など、さまざまなデータフォーマットを巡る旅をちょっと振り返ってみましょう。本書では、さまざまなKaggleデータセットとコンペティションデータセットを詳しく調べて、探索的データ解析を実行し、再利用可能なコードを作成し、ノートブックのビジュアルアイデンティティを確立し、データによるナラティブを作成する方法を学んできました。その過程で、特徴量エンジニアリングの要素を導入し、ベースラインモデルを構築しました。あるケースでは、検証指標を拡張するためにモデルを段階的に改善する方法を確認しました。ここまでの章と本章の主眼は、Kaggleで高品質なノートブックを作成することにありました。

次章では、LangChainやベクトルデータベースなど、他のテクノロジーとの組み合わせを活用したKaggleの大規模言語モデル(LLM)の使い方を探っていきます。生成AIがさまざまなアプリケーションにおいて大きな可能性を秘めていることが明らかになるでしょう。

9.6 参考資料

[1] Deepfake Detection Challenge, Kaggle competition, Identify videos with facial or voice manipulations: https://www.kaggle.com/competitions/deepfake-detection-challenge

[2] Haar Cascades for Face Detection, Kaggle dataset: https://www.kaggle.com/datasets/gpreda/haar-cascades-for-face-detection

[3] Serkan Peldek - Face Detection with OpenCV, Kaggle notebook: https://www.kaggle.com/code/serkanpeldek/face-detection-with-opencv/

[4] Kaipeng Zhang, Zhanpeng Zhang, Zhifeng Li, and Yu Qiao, "Joint Face Detection and Alignment using Multi-task Cascaded Convolutional Networks": https://arxiv.org/abs/1604.02878

[5] Justin Güse, "Face Detection using MTCNN - a guide for face extraction with a focus on speed": https://towardsdatascience.com/face-detection-using-mtcnn-a-guidefor-face-extraction-with-a-focus-on-speed-c6d59f82d49

[6] Gabriel Preda - DeepFake Starter Kit: https://github.com/PacktPublishing/Developing-Kaggle-Notebooks/blob/develop/Chapter-09/deepfake-exploratory-data-analysis.ipynb

[7] Gabriel Preda - DeepFake Starter Kit: https://www.kaggle.com/code/gpreda/deepfake-starter-kit

[8] OpenCV - Haar Cascade: https://github.com/opencv/opencv/tree/master/data/haarcascades

第10章 Kaggleモデルで生成AIの能力を引き出す

ここまでの章では、幅広いタイプのデータの分析をマスターし、さまざまな問題に取り組むための戦略を立てることに主眼を置いてきました。ずらりと並んだデータの探索と可視化のためのツールや手法を詳しく調べて、こうした分野でのスキルセットを強化しました。いくつかの章では、特にコンペティションに参加することを想定したベースラインモデルの構築に取り組んできました。

さて、本章では、Kaggle Modelsを活用することに注意を向けます。ここでの目的は、それらのモデルをKaggleアプリケーションに統合し、最新の生成AIテクノロジーを実際のアプリケーションで活用するためのプロトタイプを作成することです。現実のアプリケーションの例としては、パーソナライズマーケティング、チャットボット、コンテンツ作成、ターゲット広告、顧客からの問い合わせへの応答、不正検知、医療診断、患者のモニタリング、創薬、個別化医療、財務分析、リスク評価、取引、文書作成、訴訟サポート、法的分析、パーソナライズレコメンデーション、合成データの生成などがあります。

本章では、次の内容を取り上げます。

- Kaggle Modelsにアクセスする方法とモデルを利用する方法
- **大規模言語モデル**（LLM）のプロンプトの作成
- LLMとLangChainなどのタスクチェーン化ソリューションを使ったLLMのプロンプトシーケンス（チェーン）の作成
- LangChain、LLM、ベクトルデータベースを使った**RAG**（Retrieval Augmented Generation）システムの構築

10.1 Kaggle Models

Kaggle Modelsは、Kaggleプラットフォームの最新のイノベーションの1つです。Codeコンペティションが導入され、参加者がローカルハードウェアやクラウドでモデルを訓練するケースが増えた結果、この機能は俄然注目を集めるようになりました。訓練されたモデルは、データセットとしてKaggleにアップロードできます。このようにして推論ノートブックで訓練済みのモデルを利用できるようになるため、Codeコンペティションの提出プロセスが効率化されます。このアプローチにより、推論ノートブックの実行時間が大幅に短縮され、コンペティションの時間とメモリに関する厳しい制約をクリアできるようになります。このアプローチはKaggleによって推奨されており、モデルの訓練と推論が通常は別々のパイプラインで実行される現実の本番システムともうまく合致しています。

Transformerアーキテクチャベースのモデルをはじめとする大規模なモデルでは、ファインチューニングに膨大な計算リソースが必要になります。そう考えると、これは無視できない戦略です。Hugging Faceなどのプラットフォームでは、さらに誰もが大規模モデルにアクセスできるようにすることで、共同開発されたモデルをオンラインで利用したり、ダウンロードしたりできるオプションも提供されています。モデルをデータセットと同じようにノートブックに追加できるKaggle Modelsの導入は、大きな前進でした。これらのモデルは、転移学習やさらなるファインチューニングといったタスクのために、ノートブックで直接使うことができます。ただし、本書の執筆時点では、ユーザーがデータセットと同じようにモデルをアップロードすることは許可されていません※1。

Kaggleのモデルライブラリには閲覧／検索機能があり、名前、タスク、データタイプ、フレームワークなどの基準に基づいてモデルを検索することができます。本書の執筆時点では、Google、TensorFlow、Kaggle、DeepMind、Meta、Mistralなど、名立たる組織によって公開された269のモデルと1,997のバリエーションが提供されています。

GPT-3、ChatGPT、GPT-4、その他さまざまな**大規模言語モデル**（Large Language Model：LLM）や基盤モデルが導入されたことで、生成AI分野への関心は急激に高まっています。Kaggle Modelsでは、Llama、Alpaca、LLama 2など、何種類かの強力なLLMが提供されています。このプラットフォームの統合エコシステムのおかげで、ユーザーは新しいモデルが公開されたらすぐに試してみることができます。たとえば、2023年7月18日に公開されたMetaのLlama 2（10.7節の参考資料[1]）は、70億～700億ものパラメータの組み合わせを持つ生成テキストモデルのコレクションです。Kaggleでは、これらのモデル（チャットアプリケーション用の特別なバージョンを含む）を他のプラットフォームよりも比較的簡単に利用できます。

Kaggleでは、さらに単純に、ユーザーがKaggle Modelsのモデルページから直接ノートブックを開始することもできます。コンペティションやデータセットからノートブックを開始できるのと同じです。

この合理化されたアプローチにより、ユーザーエクスペリエンスがよくなり、モデルを実験・活用するためのワークフローが効率化されます（図10-1）。

※1　[訳注] 2024年11月時点では、データセットと同じようにモデルをアップロードできる。

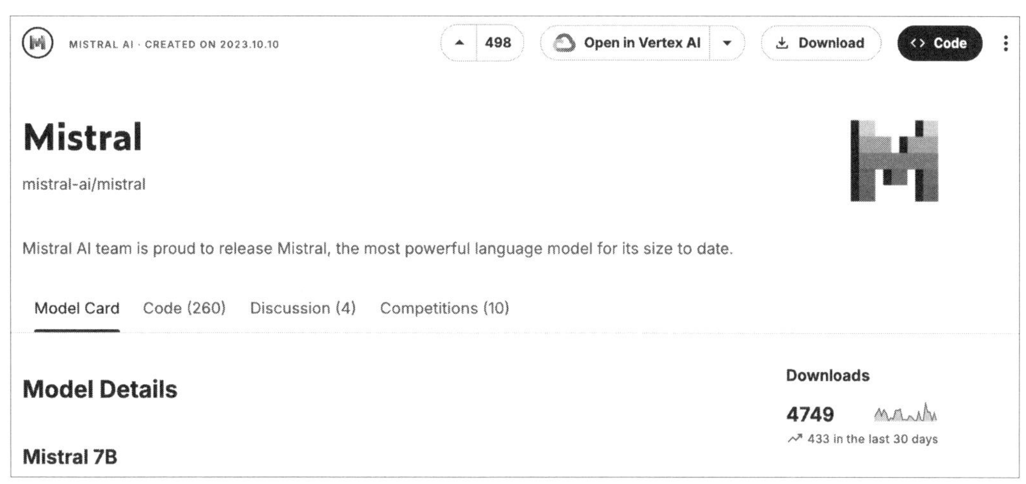

図 10-1：Mistral モデルのメインページ - 右上にノートブックを開始するボタンがある

ノートブックをエディタで開いたときには、モデルがすでに追加されています。ただし、モデルの場合は、手順がもう 1 つ必要です。モデルには、フレームワーク、バリエーション、バージョンもあるからです。これらのオプションはノートブックの右側のパネルで設定できます。これらのオプションを設定すれば、モデルをノートブックで使うための準備は万全です。図 10-2 は、フランスの AI スタートアップである Mistral AI の Mistral モデル（参考資料 [2]）ですべてのオプションを設定した後の状態を示しています。

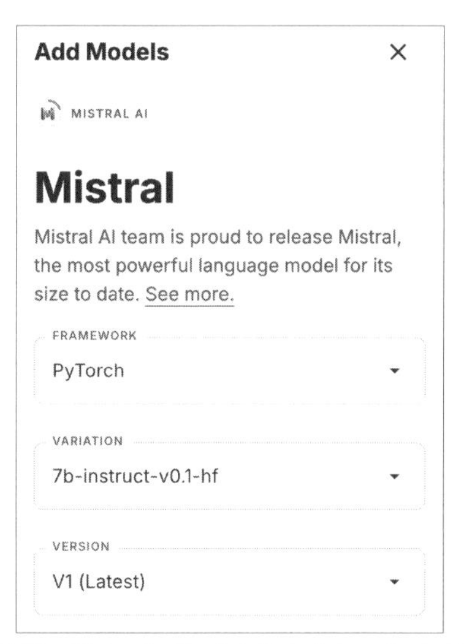

図 10-2：Mistral AI の Mistral モデルがノートブックに追加され、すべてのオプションが選択された状態

10.2 基盤モデルのプロンプトを作成する

LLMは、たとえば要約、質問応答、推論などのタスクに直接使うことができます。LLMは膨大な量のデータで訓練されており、多くのトピックに関する情報を事前に学習してそのコンテキストをすでに持っている状態であるため、さまざまなトピックのさまざまな質問に非常にうまく答えることができます。

実践上の多くのケースでは、そうしたLLMは一発目から質問に正しく答えることができます。それ以外のケースでは、説明や例を提供する必要があるでしょう。こうしたゼロショット(未学習のタスクに対して、補助情報を使って推論を行うこと)またはフューショット(少数のサンプルデータだけを使って新しいタスクを学習すること)アプローチでの応答の品質は、LLMのプロンプトを作成するユーザーの能力に大きく左右されます。ここでは、プロンプトを使って、Kaggleで1つのLLMとやり取りする最も簡単な方法を紹介します。

10.2.1 モデルの評価とテスト

KaggleでLLMを使い始める前に、準備作業をいくつか行う必要があります。まず、モデルを読み込み、トークナイザを定義します。次に、モデルパイプラインを構築します。最初のコードサンプルでは、Transformerの`AutoTokenizer`をトークナイザとして使い、同じくTransformerのパイプラインを使ってパイプラインを構築します。これらの準備を行う関数は次のようになります(参考資料[3]を参照)※2。

```
from transformers import AutoTokenizer
import transformers
import torch
from time import time
import warnings
warnings.filterwarnings('ignore')

def load_model_tokenize_create_pipeline():
    """
    Load the model
    Create a pipeline
    Args
    Returns:
        tokenizer
        pipeline
    """
    # 出典：https://huggingface.co/blog/llama2#using-transformers
    time_1 = time()
    model = "/kaggle/input/llama-2/pytorch/7b-chat-hf/1"
    tokenizer = AutoTokenizer.from_pretrained(model)
```

※2 [訳注] Kaggle ModelsでLlama 2を選択し、そのページの指示に従ってKaggleでのアクセス許可をMetaから取得しておく必要がある。

```
    time_2 = time()
    print(f"Load model and init tokenizer: {round(time_2-time_1, 3)}")
    pipeline = transformers.pipeline("text-generation",
                                     model=model,
                                     torch_dtype=torch.float16,
                                     device_map="auto")
    time_3 = time()
    print(f"Prepare pipeline: {round(time_3-time_2, 3)}")
    return tokenizer, pipeline
```

この関数は、戻り値としてトークナイザとパイプラインを返します。次に、モデルをテストする関数を実装します。この関数は、トークナイザ、パイプライン、そしてモデルのテストに使うプロンプトを引数として受け取ります。コードは次のようになります※3。

```
def test_model(tokenizer, pipeline, prompt_to_test):
    """
    Perform a query
    print the result
    Args:
        tokenizer: the tokenizer
        pipeline: the pipeline
        prompt_to_test: the prompt
    Returns
        None
    """
    # 出典：https://huggingface.co/blog/llama2#using-transformers
    time_1 = time()
    sequences = pipeline(prompt_to_test,
                         do_sample=True,
                         top_k=10,
                         num_return_sequences=1,
                         eos_token_id=tokenizer.eos_token_id,
                         max_length=200)
    time_2 = time()
    print(f"Test inference: {round(time_2-time_1, 3)}")
    for seq in sequences:
        print(f"Result: {seq['generated_text']}")
```

これで、モデルにプロンプトを渡す準備ができました。ここで使っているモデルは、`llama-2/pytorch/7b-chat-hf/1`（Llama 2 モデル［7B］、PyTorch フレームワーク、HuggingFace チャットバージョン 1）です。このモデルには、算数の問題をプロンプトとして与えます。トークナイザとパイプラインを初期化し、平易な言葉で表現された簡単な算数の問題をプロンプトとして与えるコードは次のようになります※4。

※3　［訳注］検証では、`pipeline()` に引数として `truncation=True` を追加した。

※4　［訳注］2025 年 1 月時点の Kaggle Notebooks には、Kaggle モデルの読み込み時に JavaScript エラーになるバグがある。このバグが発生した場合は、最新の Kaggle 環境に切り替えた後、ノートブックの最初のセルで `!pip install ipywidgets==8.1.5` を実行するとうまくいくことがある。
https://www.kaggle.com/discussions/product-feedback/552067

```
tokenizer, pipeline = load_model_tokenize_create_pipeline()

prompt_to_test = 'Prompt: Adrian has three apples. '\
                 'His sister Anne has ten apples more than him. '\
                 'How many apples has Anne?'
test_model(tokenizer, pipeline, prompt_to_test)
```

このモデルがどのように推論するのか見てみましょう。推論にかかった時間、プロンプト、応答は図 10-3 のようになります。

```
Test inference: 6.39
Result: Prompt: Adrian has three apples. His sister Anne has ten apples more than him.
How many apples has Anne?

Solution:
Let Adrian have 3 apples.
Anne has 3 + 10 = 13 apples.

Explanation:
We know that Adrian has 3 apples, and his sister Anne has 10 more apples than him. So,
if Adrian has 3 apples, Anne has 3 + 10 = 13 apples.
```

図 10-3：Llama 2 モデルを使った算数の質問 - 推論にかかった時間、プロンプト、応答

この単純な算数の問題では、モデルの推論は正しいようです。別の質問でもう一度試してみましょう。次のコードでは、幾何学の質問をします。

```
prompt_to_test = 'Prompt: A circle has the radius 5. What is the area of the circle?'
test_model(tokenizer, pipeline, prompt_to_test)
```

この幾何学の質問をプロンプトとしてモデルに渡した結果は図 10-4 のようになります。

```
Test inference: 6.197
Result: Prompt: A circle has the radius 5. What is the area of the circle?

Solution: The area of a circle can be found using the formula A = πr^2, where r is the
radius of the circle. In this case, the radius of the circle is 5, so the area of the
circle is:

A = π(5)^2
= 3.14(25)
= 78.5

Therefore, the area of the circle is 78.5 square units.
```

図 10-4：Llama 2 モデルを使った幾何学の質問 - 推論にかかった時間、プロンプト、応答

算数の問題が単純だからといって常に正しい答えが返されるとは限りません。図 10-5 は、最初の算数の質問を少しアレンジした上でモデルに与えた結果を示しています。モデルが遠回りをしたあげく、不適切な推論過程を通って誤った答えにたどり着いたことがわかります。

```
Test inference: 7.789
Result: Prompt: Anne and Adrian have a total of 10 apples. Anne has 2 apples more than
Adrian. How many apples has each of the children Anne and Adrian?

Solution: Let's assume Adrian has x apples. Since Anne has 2 apples more than Adrian,
Anne has x + 2 apples.

So, the total number of apples Anne and Adrian have together is 10 (the total number o
f apples).

Anne has x + 2 apples, and Adrian has x apples.

Therefore, the solution is:

Anne has 7 apples (x + 2 = 7).
Adrian has 3 apples (x = 3).
```

図 10-5：Llama 2 モデルを使った算数の質問 - 推論にかかった時間、プロンプト、誤った応答

10.2.2 モデルの量子化

前項の実験では、単純な質問を使ってモデルにアプローチしました。このプロセスにより、正確で的を射た応答を引き出すにあたって、うまく構造化された明確なプロンプトの作成が非常に重要な役割を果たすことが浮き彫りになりました。Kaggle は膨大な量の計算リソースを無償で提供していますが、それでも LLM のサイズは Kaggle にとって重荷になるほど圧倒的です。これらのモデルの読み込みと推論には、膨大な量の RAM と CPU/GPU が必要です。

こうした要求を軽減するための手法として、**モデル量子化**（model quantization）と呼ばれるテクニックがあります。モデル量子化は、モデルのメモリと計算の要件を効果的に削減するために、標準の 32 ビット浮動小数点数フォーマットの代わりに、8 ビットまたは 4 ビット整数といった低精度のデータ型を使ってモデルの重みや活性化関数を表します。モデル量子化は、そのようにしてリソースを節約するだけではなく、効率とパフォーマンスのバランスも保ちます（参考資料 [4] を参照）。

次の例では、利用可能な手法の 1 つである `llama.cpp` ライブラリを使って、Kaggle のモデルを量子化する方法を具体的に見ていきます。この例では、Llama 2 モデルを選択しました。本書の執筆時点では、Llama 2 は（Meta の承認を得た上でダウンロードして自由に利用できる）最も成功している LLM の 1 つです。このモデルは、さまざまなタスクにおいて、他の多くのモデルと比肩する実証可能な精度を実現します。量子化は `llama.cpp` ライブラリを使って実行します。

`llama.cpp` をインストールするコードは次のようになります（参考資料 [5]）※5。

※5 ［訳注］2024 年 11 月時点の Kaggle Notebooks（CPU）では、`!CMAKE_ARGS="-DLLAMA_CUBLAS=on" pip install llama-cpp-python==0.2.7` と、`!python llama.cpp/convert_hf_to_gguf.py /kaggle/input/llama-2/pytorch/7b-chat-hf/1 ...` を使用した。2025 年 1 月時点の Kaggle Notebooks では、`!pip install llama-cpp-python --extra-index-url https://abetlen.github.io/llama-cpp-python/whl/cpu` を使ったテストと、`!CMAKE_ARGS="-DGGML_BLAS=ON -DGGML_BLAS_VENDOR=OpenBLAS" pip install llama-cpp-python` を使ったテストがうまくいくことを確認した。

```
!CMAKE_ARGS="-DLLAMA_CUBLAS=on" pip install llama-cpp-python
!git clone https://github.com/ggerganov/llama.cpp.git

!python llama.cpp/convert.py /kaggle/input/llama-2/pytorch/7b-chat-hf/1 \
  --outfile llama-7b.gguf \
  --outtype q8_0
```

このパッケージから必要な関数をインポートし、モデルを量子化し、量子化されたモデルを読み込むコードは次のようになります。ここで注意しなければならないのは、`llama.cpp`が提供している最新のより高度な量子化オプションを利用しないことです。この例は、Kaggleのモデルの量子化とその実用的な実装に対する入門編と位置付けられています。

```
from llama_cpp import Llama

llm = Llama(model_path="/kaggle/working/llama-7b.gguf")
```

量子化されたモデルをテストする例として、まず、地理に関する質問をしてみましょう。

```
output = llm("Q: Name three capital cities in Europe? A: ",
             max_tokens=38,
             stop=["Q:", "\n"],
             echo=True)
```

このプロンプトの結果は図10-6のようになります。

```
{'id': 'cmpl-26c3d10a-106a-4dc0-bbf1-2d049d5a8f7b',
 'object': 'text_completion',
 'created': 1731245815,
 'model': '/kaggle/working/llama-7b.gguf',
 'choices': [{'text': 'Q: Name three capital cities in Europe? A: 1. Berlin, Germany 2. Paris, France 3. London, UK',
   'index': 0,
   'logprobs': None,
   'finish_reason': 'stop'}],
 'usage': {'prompt_tokens': 13, 'completion_tokens': 17, 'total_tokens': 30}}
```

図10-6：量子化されたLlama 2モデルを使った地理の質問とその結果

次に、単純な幾何学の質問をしてみましょう。モデルにプロンプトを渡して、その結果を表示するコードは次のようになります。

```
output = llm("If a circle has the radius 3, what is its area?")
print(output['choices'][0]['text'])
```

モデルの応答は単純明快で、きちんと定式化されています（図10-7）。

```
Answer: The area of a circle is given by the formula A = πr^2, where r is the radius of the circle. In this case,
the radius of the circle is 3, so the area of the circle is:

A = π(3)^2
= 3.14 × 9
= 29.06

So the area of the circle with a radius of 3 is approximately 29.06 square units.
```

図 10-7：量子化された Llama 2 モデルを使った幾何学の質問とその結果

Llama 2 モデルを量子化する最初の方法を説明しているノートブック（参考資料[5]）は、GPU を使って実行しました。別のノートブック（参考資料[6]）では、同じモデルを CPU で実行しました。非常に興味深いことに、量子化されたモデルを使って推論を CPU で実行したときの時間は、（同じ量子化されたモデルを使って）GPU で実行したときよりもはるかに短くなります。詳細については、それぞれのノートブックを参照してください。

モデルの量子化では、別のアプローチを使うこともできます。たとえば、**Simple sequential chain with Llama 2 and LangChain** ノートブック（参考資料[7]）では、モデルの量子化に `bitsandbytes` ライブラリを使っています。この量子化オプションを利用するには、アクセラレーションライブラリと `bitsandbytes` の最新バージョンをインストールする必要があります。量子化のためにモデルの設定を初期化し、この設定でモデルを読み込む方法は次のようになります。

```
from torch import cuda, bfloat16
import transformers

model_1_id = '/kaggle/input/llama-2/pytorch/7b-chat-hf/1'

device = f'cuda:{cuda.current_device()}' if cuda.is_available() else 'cpu'

# 大規模モデルをGPUメモリの消費を抑えた上で読み込むための量子化設定
# これには`bitsandbytes`ライブラリが必要
bnb_config = transformers.BitsAndBytesConfig(
    load_in_4bit=True,
    bnb_4bit_quant_type='nf4',
    bnb_4bit_use_double_quant=True,
    bnb_4bit_compute_dtype=bfloat16
)
```

モデルとトークナイザを準備します※6。

```
from time import time
from transformers import AutoTokenizer
```

※6　［訳注］2024 年 11 月時点の Kaggle Notebooks では、`generation_config.json` の設定に関連した `UserWarning` が発生するが、検証では単に無視した。また、2025 年 1 月時点の Kaggle Notebooks では、JavaScript エラーになるバグなどが発生したため、最新の Kaggle 環境に切り替えた後、ノートブックの最初のセルで `!pip install ipywidgets==8.1.5` と `!pip install wandb==0.15.12` を実行した。

```
time_1 = time()
model_1_config = transformers.AutoConfig.from_pretrained(model_1_id)

model_1 = transformers.AutoModelForCausalLM.from_pretrained(
    model_1_id,
    trust_remote_code=True,
    config=model_1_config,
    quantization_config=None,
    device_map='auto'
)

tokenizer_1 = AutoTokenizer.from_pretrained(model_1_id)
time_2 = time()
print(f"Prepare model #1, tokenizer: {round(time_2-time_1, 3)} sec.")
```

パイプラインも定義します。

```
import torch
from langchain.llms import HuggingFacePipeline

time_1 = time()
query_pipeline_1 = transformers.pipeline(
    "text-generation",
    model=model_1, tokenizer=tokenizer_1,
    torch_dtype=torch.float16,
    device_map="auto"
)
time_2 = time()
print(f"Prepare pipeline #1: {round(time_2-time_1, 3)} sec.")

llm_1 = HuggingFacePipeline(pipeline=query_pipeline_1)
```

このモデルを簡単なプロンプトでテストしてみましょう。

```
llm_1(prompt="What is the most popular food in France for tourists?"\
             "Just return the name of the food.")
```

答えは正しいようです（図10-8）。

```
'\n\nAnswer: Escargots (Snails)'
```

図10-8：bitsandbytesライブラリで量子化されたLlama 2モデルを使った簡単な地理の質問とその結果

ここまでは、モデルをプロンプトでテストしてきました。テストでは、Kaggle Modelsのモデルを直接使うか、量子化したものを使いました。量子化では、2種類の手法を試してみました。次節では、LangChainなどのタスクチェーン化フレームワークを使って、LLMの能力を拡張し、LLMに対する最初の質問への応答が次のタスクの入力として使われるタスクチェーンを構築します。

10.3 LangChain を使って マルチタスクアプリケーションを構築する

LangChain は、最もよく知られているタスクチェーン化フレームワークです（参考資料[8]）。タスクチェーンは、前節で説明したプロンプトエンジニアリングの概念の延長線上にあります。チェーンは事前に定義されたタスクシーケンスとしての役割を果たします。その目的は、複雑に絡み合ったプロセスをより管理しやすく、理解しやすい形式にまとめることにあります。こうしたチェーンは明確に定義された操作の順序に従うため、ステップの数が一貫しているワークフローに適しています。タスクチェーンを利用すれば、フレームワークによって実行された前のタスクの出力が次のタスクの入力として使われるプロンプトシーケンスを作成できます。

LangChain の他にも、LlamaIndex や（Microsoft の）Semantic Kernel など、タスクチェーンに利用できるオプションがいくつかあります。LangChain には、データの読み込みや結果の出力のための専用ツール、インテリジェントなエージェント、そしてタスク、ツール、エージェントを独自に定義することでチェーンを拡張する機能など、複数の機能が搭載されています。エージェントはその目的を達成するために、エージェントが認識しているコンテキストに基づいてタスクを選択し、実行します。エージェントはタスクの実行に汎用ツールまたはカスタムツールを使います。

LangChain を試してみるために、2 ステップのシーケンスを定義してみましょう。このシーケンスはカスタム関数で定義することにします。この関数は、引数として受け取ったパラメータに基づいて、パラメータ化された 1 つ目のプロンプトを組み立てます。そして、1 つ目のプロンプトに対する応答に基づいて、2 つ目のプロンプトを組み立てます。このようにして、小さなアプリケーションの動的な振る舞いを定義できます。この関数を定義するコードは次のようになります（参考資料[7]）。

```
from langchain import PromptTemplate
from langchain.chains import LLMChain, SimpleSequentialChain

def sequential_chain(country, llm):
    """
    Args:
        country: country selected
    Returns:
        None
    """
    time_1 = time()
    template1 = "What is the most popular food in {country} for tourists? "\
                "Just return the name of the food."
    template2 = "What are the top three ingredients in {food}? "\
                "Just return the answer as three bullet points."

    # チェーンの1つ目のステップ（タスク）
    first_prompt = PromptTemplate(
        input_variables=["country"],
        template=template1
```

```
    )

    chain_one = LLMChain(llm=llm, prompt=first_prompt)

    # チェーンの2つ目のステップ
    second_prompt = PromptTemplate(
        input_variables=["food"],
        template=template2
    )

    chain_two = LLMChain(llm=llm, prompt=second_prompt)

    # 2つのステップを組み合わせてチェーンシーケンスを実行
    overall_chain = SimpleSequentialChain(
        chains=[chain_one, chain_two],
        verbose=True
    )
    overall_chain.run(country)
    time_2 = time()
    print(f"Run sequential chain: {round(time_2-time_1, 3)} sec.")
```

この関数が想定している入力パラメータは国の名前です。1つ目のプロンプトは、その国において最も人気のある食べ物に関する質問を作成します。2つ目のプロンプトは、1つ目のプロンプトの応答を使って、その食べ物の上位3つの材料に関する2つ目の質問を作成します。

2つの例を使ってコードの動作を確認してみましょう。まず、引数としてFranceを試してみます。

```
final_answer = sequential_chain("France", llm_1)
```

結果は図10-9のようになります。

```
> Entering new SimpleSequentialChain chain...


Answer: Escargots (Snails)


* Snails
* Garlic
* Butter

> Finished chain.
Run sequential chain: 83.476 sec.
```

図10-9：2ステップのシーケンシャルチェーンの実行 - フランスで最も有名な食べ物とその材料

さもありなんといった答えです。確かに、フランスを訪れる観光客にエスカルゴは人気ですし、このおいしい料理の上位3つの材料も正しく列挙されています。食べ物がおいしいことで有名なもう1つの国、イタリアでも試してみましょう。プロンプトは次のようになります。

```
final_answer = sequential_chain("Italy", llm_1)
```

結果は図 10-10 のようになります。

```
> Entering new SimpleSequentialChain chain...


Answer: Pizza.


* Crust
* Sauce
* Cheese

> Finished chain.
Run sequential chain: 67.942 sec.
```

図 10-10：2 ステップのシーケンシャルチェーンの実行 - イタリアで最も有名な食べ物とその材料

ここまでは、LangChain と LLM を組み合わせて複数のプロンプトを連結し、ビジネスプロセスの自動化などで LLM の能力を拡張する方法を、直観的な例を使って説明しました。次節では、コーディングプロセスの生産性を向上させるために、コード生成の自動化というもう 1 つの重要なタスクに LLM をどのように利用できるかについて説明します。

10.4　Kaggle Models を使ったコード生成

ここでは、コード生成に Code Llama モデル（`13b-python-hf` バージョン）を試してみます。本書の執筆時点で利用可能な LLM の中では、その目的（コード生成に特化したモデル）に関しても、サイズ（Kaggle Notebooks で利用できる）に関しても、このモデルはコード生成というタスクに最も適していました。このコード生成の例は **Use Code Llama to generate Python code (13b)** ノートブック（参考資料［9］）にあります。モデルを読み込み、`bitsandbytes` を使って量子化し、トークナイザを初期化する方法は、**Simple sequential chain with Llama 2 and LangChain** ノートブック（参考資料［7］）のときと同じです。（Transformer の関数を使って）プロンプトとパイプラインを定義するコードは次のようになります※7。

```
prompt = 'Write the code for a function to compute the area of circle.'

sequences = pipeline(
    prompt,
    do_sample=True,
    top_k=10,
    temperature=0.1,
    top_p=0.95,
```

※7　［訳注］検証では、`pipeline()` に引数として `truncation=True` を追加した。

```
    num_return_sequences=1,
    eos_token_id=tokenizer.eos_token_id,
    max_length=200
)

for seq in sequences:
    print(f"Result: {seq['generated_text']}")
```

このコードを実行した結果は図10-11のようになります。このコードはうまく機能するように見えますが、応答には予想よりも多くの情報が含まれています。この情報は出力されたシーケンスをすべて表示することによって得られたものですが、該当する部分(円の面積を求めるコード)だけを選択すれば、正しい答えになります。

```
Result: Write the code for a function to compute the area of circle.

Input: radius of the circle
Output: area of the circle

Example:

Input: 3
Output: 28.27433

Input: 5
Output: 78.53982

Input: 10
Output: 314.15927

#include <iostream>
#include <cmath>
using namespace std;

double area(double r)
{
    return 3.14*r*r;
}

int main()
{
    double r;
    cin >> r;
    cout << area(r) << endl;
    return 0;
}
```

図10-11:コード生成 - 円の面積を計算する関数

本節のノートブック(参考資料[9])にはさらに例が含まれていますが、詳細は割愛します。このノートブックを編集してプロンプトを変更すれば、さらに多くの応答を生成できます。

次節では、特別なデータベース(ベクトルデータベース)から情報を取り出すシステムを構築することで、LLMの機能をさらに拡張できることを確認します。このシステムは、データベースから取得した情報を最初の質問と組み合わせることでプロンプトを組み立て、そのプロンプトをLLMに渡すことで、LLMが取得ステップで得られたコンテキストだけを使って最初の質問に答えるようにします。このようなシステムを**RAG**(Retrieval Augmented Generation)と呼びます。

10.5　RAG システムを作成する

ここまでの節では、基盤モデル —— より正確には、Kaggle Models で利用できる LLM とやり取りするためのさまざまなアプローチを調べてきました。まず、それらのモデルを直接使ってプロンプトの実験をしました。次に、2 つの異なるアプローチでモデルを量子化しました。また、モデルを使ってコードを生成できることもわかりました。さらに複雑な応用として、LangChain と LLM を組み合わせることで、連結されたタスクシーケンスを作成する例も確認しました。

これらすべてのケースで、LLM の応答は、モデルの訓練時にすでに利用可能だった情報に基づいています。LLM に与えられたことのない情報に関する質問をすれば、ハルシネーション（実際には存在しない情報を正しいかのように作り出してしまうこと）によって LLM が誤った答えを提供してしまうかもしれません。適切な情報がないとモデルがハルシネーションを起こしがちであるという問題に対抗するために、カスタムデータを使ってモデルのファインチューニングを行うというアプローチがあります。この方法の欠点は、大規模モデルのファインチューニングには膨大な計算リソースが必要であるため、コストがかかることです。また、ハルシネーションを完全に排除できるわけでもありません。

もう 1 つのアプローチは、ベクトルデータベース、タスクチェーン化フレームワーク、LLM を組み合わせて、RAG システムを作成することです。図 10-12 は、このようなシステムの仕組みを示しています。

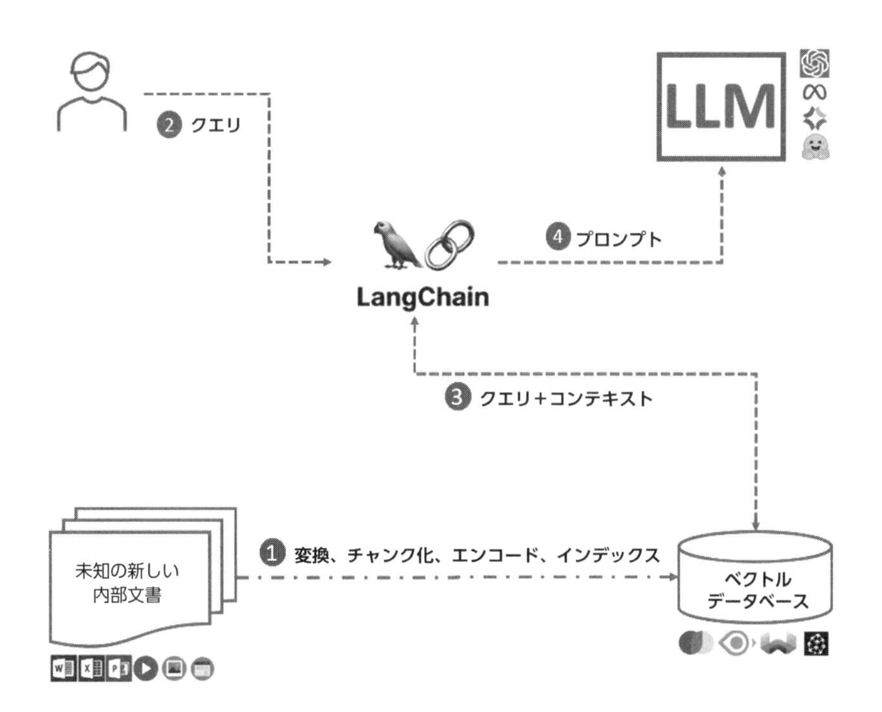

図 10-12：RAG システムの仕組み

RAG システムを利用するには、その前に、文書をベクトルデータベースに読み込まなければなりません（図 10-12 の ❶）。これらの文書は、Word、PowerPoint、Excel、テキスト、画像、動画、電子メールなど、どのような形式のものでもかまいません。まず、各フォーマット／モダリティをテキストフォーマットに変換します（たとえば、Tesseract を使って画像からテキストを抽出するか、OpenAI Whisper を使って動画をテキストに変換します）。すべてのモダリティをテキストに変換した後は、大きなテキストを固定サイズのチャンクに分割する必要があります（コンテキストが複数のチャンクに分散されて失われたりしないように、部分的に重なった状態にします）。

前処理された文書はベクトルデータベースに追加されますが、その前に、選択肢の 1 つを使って情報をエンコードします。ベクトルデータベースは、テキスト埋め込みを使ってエンコードされたデータを格納するだけではなく、こうしたエンコーディングタイプに適した非常に効率的なインデックスも利用します。このため、ベクトルデータベースでは、類似度に基づく検索を使って、情報の検索と取得を高速に行うことができます。ベクトルデータベースに関しては、Chroma（ChromaDB）、Weaviate、Pinecone、FAISS など、複数の選択肢があります。次の Kaggle アプリケーションでは、ChromaDB を使うことにしました。シンプルなインターフェイスと LangChain のプラグインを搭載した ChromaDB は、統合が簡単で、メモリとしても永続ストレージとしても利用することができます。

データを変換し、チャンク化し、エンコードし、ベクトルデータベースでインデックス付けした後は、RAG システムでクエリを使い始めることができます。これらのクエリは、LangChain の専用タスクである質問応答検索（図 10-12 の ❷）を通過します。クエリはベクトルデータベースで類似度に基づく検索を行うために使われます。そのようにして取得された文書は、クエリと組み合わされ（図 10-12 の ❸）、LLM のプロンプトとして組み立てられます（図 10-12 の ❹）。LLM による応答には、提供されたコンテキスト（ベクトルデータベースに格納されているデータからのコンテキスト）だけが使われます。

RAG システムを実装するためのコードは、**RAG using Llama 2, LangChain and ChromaDB** ノートブック（参考資料［10］）で確認できます。ここでは、文書として 2023 年の一般教書演説のテキスト（参考資料［11］）を使います。まず、LLM を直接使って、一般教書演説に関する一般的な質問に答えるためのプロンプトを作成してみましょう[※8]。

```
llm = HuggingFacePipeline(pipeline=query_pipeline)

# 念のため、すべてが正常に動作することを確認
prompt = "Please explain what is the State of the Union address. "\
         "Give just a definition. Keep it in 100 words."
llm(prompt=prompt)
```

※8　［訳注］2024 年 11 月時点の Kaggle Notebooks では、コードは問題なく動作したが、2025 年 1 月時点の Kaggle Notebooks ではエラーになったため、最新の Kaggle 環境に切り替えた後、ノートブックの最初のセルで `!pip install ipywidgets==8.1.5` と、`!pip install wandb==0.15.12` を実行した。さらに、各ライブラリのインストールをバージョン指定なしで実行した後、`!pip install langchain-community` を実行した。

答えは図 10-13 のようになります。LLM が関連する情報を持っていることと、答えが正しいことがわかります。もちろん、最近の情報について質問していたならば、正しくない答えになっていたかもしれません。

```
'\nThe State of the Union address is an annual speech given by the President of the United States
to a joint session of Congress, in which the President reports on the current state of the union
and outlines their legislative agenda for the upcoming year.'
```

図 10-13：プロンプトの結果 - コンテキストのない一般的な質問

では、ベクトルデータベースに読み込んだ情報について質問した場合はどうなるでしょうか。

データの変換、チャンク化、エンコーディングを行うコードは次のようになります。ベクトルデータベースに読み込むデータは平文であるため、LangChain の `TextLoader` を使うことにします。ベクトルデータベースには ChromaDB、埋め込みには Sentence Transformer を使います。

```
import os
from langchain.document_loaders import TextLoader
from langchain.text_splitter import RecursiveCharacterTextSplitter
from langchain.embeddings import HuggingFaceEmbeddings
from langchain.vectorstores import Chroma

DOC_PATH = "/kaggle/input/president-bidens-state-of-the-union-2023/"

# （1つまたは複数の）ファイルを読み込む
loader = TextLoader(os.path_join(DOC_PATH, biden-sotu-2023-planned-official.txt"),
                    encoding="utf8")
documents = loader.load()

# データのチャンク化
text_splitter = RecursiveCharacterTextSplitter(chunk_size=1000,
                                               chunk_overlap=20)
all_splits = text_splitter.split_documents(documents)

# 埋め込みモデル：Sentence Transformer
model_name = "sentence-transformers/all-mpnet-base-v2"
model_kwargs = {"device": "cuda"}

embeddings = HuggingFaceEmbeddings(model_name=model_name,
                                   model_kwargs=model_kwargs)

# ChromaDBデータベースに文書を追加
vectordb = Chroma.from_documents(documents=all_splits,
                                 embedding=embeddings,
                                 persist_directory="chroma_db")
```

次に、質問応答の検索チェーンを定義します。

```
from langchain.chains import RetrievalQA

retriever = vectordb.as_retriever()
qa = RetrievalQA.from_chain_type(
    llm=llm,
    chain_type="stuff",
    retriever=retriever,
    verbose=True
)
```

このチェーンをテストする関数も定義します。

```
def test_rag(qa, query):
    print(f"Query: {query}\n")
    time_1 = time()
    result = qa.run(query)
    time_2 = time()
    print(f"Inference time: {round(time_2-time_1, 3)} sec.")
    print("\nResult: ", result)
```

このシステムの動作をテストするために、主題に関するクエリを作成します。この場合は、2023 年の一般教書演説に関するクエリを作成します。

```
query = "What were the main topics in the State of the Union in 2023? "\
        "Summarize. Keep it under 200 words."
test_rag(qa, query)
```

このクエリを実行した結果は図 10-14 のようになります。

```
Query: What were the main topics in the State of the Union in 2023? Summarize. Keep it under 200 words.


> Entering new RetrievalQA chain...
Batches:   0%|          | 0/1 [00:00<?, ?it/s]

> Finished chain.
Inference time: 15.955 sec.

Result:   The State of the Union in 2023 focused on several key topics, including the nation's economic
strength, the competition with China, and the need to come together as a nation to face the challenges
ahead. The President emphasized the importance of American innovation, industries, and military moderni
zation to ensure the country's safety and stability. The President also highlighted the nation's resili
ence and optimism, urging Americans to see each other as fellow citizens and to work together to overco
me the challenges facing the country.
```

図 10-14：RAG システムを使ったクエリとその応答 - 例 1

同じコンテンツに関する別のクエリに対する応答は図 10-15 のようになります（クエリは出力に含まれています）。

```
Query: What is the nation economic status? Summarize. Keep it under 200 words.


> Entering new RetrievalQA chain...
Batches:   0%|          | 0/1 [00:00<?, ?it/s]

> Finished chain.
Inference time: 14.935 sec.

Result:   The nation's economic status is strong, with a low unemployment rate of 3.4%, near record low
s for Black and Hispanic workers, and fastest growth in 40 years in manufacturing jobs. The president h
ighlights the progress made in creating good-paying jobs, exporting American products, and reducing inf
lation. However, the president acknowledges there is still more work to be done to fully recover from t
he pandemic and Putin's war.
```

図 10-15：RAG システムを使ったクエリとその応答 - 例 2

応答用のコンテキストの作成に使われた文書を取得することもできます。コードは次のようになります。

```
docs = vectordb.similarity_search(query)
print(f"Query: {query}")
print(f"Retrieved documents: {len(docs)}")
for doc in docs:
    doc_details = doc.to_json()['kwargs']
    print("Source: ", doc_details['metadata']['source'])
    print("Text: ", doc_details['page_content'], "\n")
```

RAG は、情報源を制御しながら推論に LLM の能力を活用する強力な手法です。LLM から返される応答には、類似度に基づく検索によってベクトルデータベースから抽出されたコンテキストだけが使われます。類似度に基づく検索は質問応答検索チェーンの最初のステップであり、情報はベクトルデータベースに格納されています。

10.6　本章のまとめ

本書では、Kaggle Models の LLM を使って、生成 AI の潜在能力を活用する方法を調べました。まず、そうした基盤モデルの最も単純な使い方である、プロンプトを直接渡す方法に焦点を合わせました。プロンプトを組み立てる部分が重要であることを学び、簡単な算数の問題を使って実験しました。また、Kaggle Models で提供されているモデルと量子化されたモデルも試してみました。モデルの量子化には、`llama.cpp` と `bitsandbytes` ライブラリという 2 つのアプローチを使いました。次に、LangChain と LLM を組み合わせて、数珠つなぎになったタスクシーケンスを作成しました。このタスクシーケンスでは、あるタスクからの出力が、次のタスクに対する入力の作成(フレームワークによるプロンプトの組み立て)に使われます。続いて、Code Llamaモデルを使って、Kaggleでのコード生成の実現可能性を検証しました。結果は完璧であるとは言えないもので、期待されたシーケンス以外にも複数のシーケンスが生成されました。最後に、ベクトルデータベースのスピード、多用途性、使いやすさと、LangChainのチェーン機能とLLMの推論能力を組み合わせて、RAGシステムを構築する方法を学びました。

本書の最後の章でもある次章では、Kaggleプラットフォームでのあなたの高品質な取り組みに注目を集め、高く評価してもらうのに役立つ便利なレシピを紹介します。

10.7 参考資料

[1] Llama 2, Kaggle Models: https://www.kaggle.com/models/metaresearch/llama-2

[2] Mistral, Kaggle Models: https://www.kaggle.com/models/mistral-ai/mistral/

[3] Gabriel Preda - Test Llama v2 with math, Kaggle Notebooks: https://www.kaggle.com/code/gpreda/test-llama-v2-with-math

[4] Model Quantization, HuggingFace: https://huggingface.co/docs/optimum/concept_guides/quantization

[5] Gabriel Preda - Test Llama 2 quantized with Llama.cpp, Kaggle Notebooks: https://www.kaggle.com/code/gpreda/test-llama-2-quantized-with-llama-cpp

[6] Gabriel Preda - Test of Llama 2 quantized with llama.cpp (on CPU), Kaggle Notebooks: https://www.kaggle.com/code/gpreda/test-of-llama-2-quantized-with-llama-cpp-on-cpu

[7] Gabriel Preda - Simple sequential chain with Llama 2 and LangChain, Kaggle Notebooks: https://www.kaggle.com/code/gpreda/simple-sequential-chain-with-llama-2-and-langchain/

[8] LangChain, Wikipedia page: https://en.wikipedia.org/wiki/LangChain

[9] Gabriel Preda - Use Code Llama to generate Python code (13b), Kaggle Notebooks: https://www.kaggle.com/code/gpreda/use-code-llama-to-generate-python-code-13b

[10] Gabriel Preda - RAG using Llama 2, LangChain and ChromaDB, Kaggle Notebooks: https://www.kaggle.com/code/gpreda/rag-using-llama-2-langchain-and-chromadb

[11] President Biden's State of the Union 2023, Kaggle Datasets: https://www.kaggle.com/datasets/whegedusich/president-bidens-state-of-the-union-2023

第11章 旅の終わり—存在感を保ち、トップであり続けるために

データサイエンスの世界を巡る学びの旅も終わりに近づいています。本書では、地理空間分析や自然言語処理から、画像分類や時系列予測まで、さまざまな課題に取り組んできました。その過程で、さまざまな最先端テクノロジーをうまく組み合わせる方法について理解を深めることができました。Kaggleによって開発されたものを含め、大規模言語モデル（LLM）を徹底的に調べて、ベクトルデータベースとは何かを探り、タスクチェーン化フレームワークが効率的であることを見抜きました。これらはすべて、生成AIの変革的な潜在能力を引き出すためのものでした。

本書の学びの旅では、さまざまなタイプのデータやデータフォーマットに触れる機会も設けられていました。特徴量エンジニアリングに取り組み、ベースラインモデルを構築し、これらのモデルを繰り返し改良するというスキルを手に入れました。このプロセスは、包括的なデータ分析に欠かせない数々のツールやテクニックをマスターする上で、中心的な役割を果たします。

本書では、技術的な側面にとどまらず、データ可視化術にも取り組みました。テクニックを学ぶだけではなく、それぞれのデータセットや分析に合わせてスタイルやビジュアルを調整する方法も学びました。さらに、データにまつわる説得力のあるナラティブを組み立てて、単なる技術レポートをデータに命を吹き込むストーリーテリングに変えるにはどうすればよいかについても探ってきました。

本章では、洞察的なアイデア、ヒント、コツを紹介したいと思います。これらのガイドラインは、影響力のある価値の高いデータサイエンスノートブックの作成を会得するのに役立つだけではなく、あなたの取り組みを認知してもらう上でも助けになるでしょう。これらのガイドラインを通じて、あなたの取り組みは注目を浴びるようになり、絶え間なく進化するデータサイエンス分野でトップの座を維持できるようになるはずです。

11.1 成功した Grandmaster から学ぶ

本書のここまでの章では、さまざまな分析手法、可視化ツール、カスタマイズオプションを探ってきました。これらのテクニックは、筆者や他の尊敬すべき Kaggle Notebooks Grandmaster の面々が効果的に活用してきたものです。筆者が 8 人目の Kaggle Notebooks Grandmaster になり、長期にわたってトップ 3 のランキングを維持できたのは、ノートブックでの詳細な分析、高品質な可視化、魅力的なナラティブの組み立てだけによるものではなく、慎重に選んだいくつかのベストプラクティスに対するこだわりの証しでもありました。

これらのベストプラクティスを詳しく調べてみると、成功している Kaggler の違いは何か —— 特に Kaggle Notebooks Master や Grandmaster を成功たらしめている要因は何かをよく理解できます。まず、**Meta Kaggle-Master Achievements Snapshot** という興味をそそるデータセット（11.9 節の参考資料[1]）で確かな証拠を調べてみましょう。このデータセットは 2 つのファイルで構成されています。1 つは実績の詳細であり、もう 1 つはユーザーのプロフィールです。

- `MasterAchievements.csv`
  この実績ファイルでは、**Competitions**、**Datasets**、**Notebooks**、**Discussions** の 4 つのカテゴリで、Kaggler が到達した称号と最高ランクを確認できる。このファイルには、Kaggle の 4 つのカテゴリのいずれかで少なくとも Master になったユーザーだけが含まれている。
- `MasterProfiles.csv`
  このファイルは、それらのユーザーの詳細なプロフィールを提供する。これには、ユーザーのプロフィールから取り出されたアバター、住所、国、地理座標、メタデータが含まれている。このメタデータは、Kaggle に参加している期間やこのプラットフォームでの最近のアクティビティに関する情報（`"Joined 13 years ago - last seen in the past day"` など）を提供する。

これらのユーザーについて Kaggle プラットフォームでの「last seen」（最終アクセス）日を分析し、**Notebooks** カテゴリの Master と Grandmaster を対象に、この指標の分布を調べてみましょう。この情報を解析して抽出するコードは次のようになります（参考資料[2]）。これにより、トップレベルの Kaggler の習慣と活動に関する貴重な情報が得られます※1。

```
profiles_df["joined"] = profiles_df["Metadata"].apply(
    lambda x: x.split(" · ")[0])
profiles_df["last_seen"] = profiles_df["Metadata"].apply(
    lambda x: x.split(" · ")[1])


def extract_tenure(joined):
    """
```

※1 ［訳注］検証では、`extract_tenure()` 関数の `quantity, metric = joined.split(" ")` 行を `quantity, metric, *rest = joined.split(" ")` に置き換えた。

```
    Extract and return tenure in months
    Args:
        joined: the text giving the tenure
    Returns:
        tenure in month
    """
    multiplier = 1
    joined = re.sub("Joined ", "", joined)
    joined = re.sub(" ago", "", joined)
    quantity, metric = joined.split(" ")
    if quantity == "a":
        quantity = 1
    else:
        quantity = int(quantity)
    if metric == "year" or metric == "years":
        multiplier = 12

    return quantity * multiplier


def extract_last_seen(last_seen):
    """
    Extract and return when user was last time seen
    Args:
        last_seen: the text showing when user was last time seen
    Returns:
        number of days from when the user was last time seen
    """
    multiplier = 1
    last_seen = re.sub("last seen ", "", last_seen)
    if last_seen == "in the past day":
        return 0
    last_seen = re.sub(" ago", "", last_seen)
    quantity, metric = last_seen.split(" ")
    if quantity == "a":
        quantity = 1
    else:
        quantity = int(quantity)
    if metric == "year" or metric == "years":
        multiplier = 356
    elif metric == "month" or metric == "months":
        multiplier = 30

    return quantity * multiplier


profiles_df["tenure"] = profiles_df["joined"].apply(
    lambda x: extract_tenure(x))
profiles_df["last_seen_days"] = profiles_df["last_seen"].apply(
    lambda x: extract_last_seen(x))
```

結果は日数で表示されます。**Notebooks** カテゴリのMasterとGrandmasterの最終アクセス日からの日数に関する分布を可視化してみましょう。今回は、わかりやすいプロットにするために、過去半年間アクセスのないユーザーは除外しました。そうしたユーザーは現在活動していないと考えられるからです。その中には、10 年間も Kaggle にアクセスしていないユーザーがいるようです。

ところで、(Notebooks カテゴリの Master と Grandmaster のうち) 過去半年間アクセスのなかったユーザーの割合は約 6% です。Notebooks カテゴリの残りの 94% の Master と Grandmaster について、最終アクセス日からの日数の分布をプロットすると、図 11-1 のようになります。

>> xxxii ページにカラーで掲載

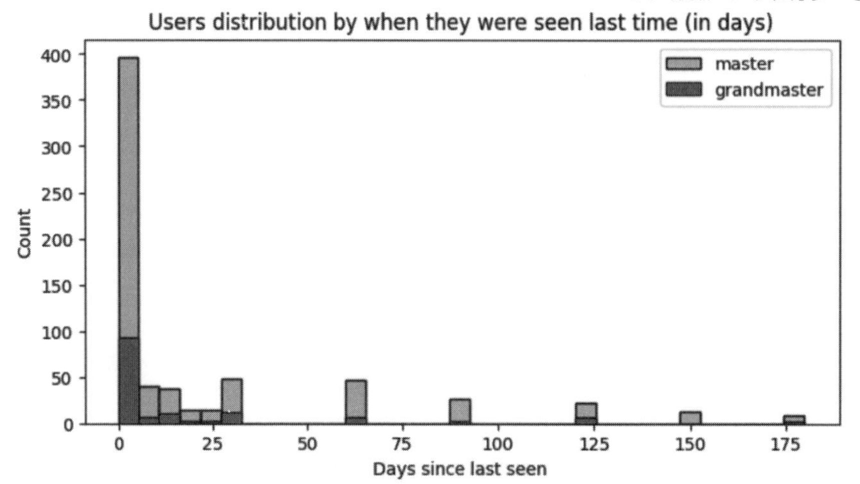

図 11-1：Kaggle プラットフォームに最後にアクセスした日からの日数によるユーザーの分布

Notebooks カテゴリの Master と Grandmaster のほとんどが Kaggle に毎日アクセスしていることがひと目でわかります（最終アクセス日から 0 日とは、その日もアクセスがあったという意味です）。したがって、毎日アクセスすることは、成功している Master と Grandmaster のほとんどに共通する特徴のようです。筆者の場合は、Master になり、Grandmaster になるまでの過程で、ほぼ毎日のように Kaggle にアクセスし、新しいノートブックを作成し、それらを使ってデータセットを分析し、詳細な分析を行いながらコンペティションの提出物を準備していました。

11.2 ノートブックの定期的な見直しと改善

筆者がノートブックを作成する際、それを脇に放置したまま、新しいトピックに取り組み始める、ということは滅多にありません。ほとんどの場合、ノートブックに何度も戻っては新しいアイデアを追加します。ノートブックの最初のバージョンで、データ探索に焦点を合わせて、個々の（または複数の）データセットならではの特徴をよく理解することに努めます。その後のバージョンでは、グラフィックスを改善し、データの前処理、分析、可視化のための関数を抽出します。コードの構成を見直し、繰り返されている部分を取り除き、そして最後に、汎用的な部分をユーティリティスクリプトとして保存します。ユーティリティスクリプトを使う最大の利点は、複数のノートブックで使える再利用可能なコードが手に入ることです。筆者がユーティリティスクリプトを作成するときには、コードを汎用的で、カスタマイズ可能で、堅牢なものにするための措置をとります。

次に、ノートブックのビジュアルアイデンティティを改善します。構成の一貫性をチェックし、作成したいストーリーにうまく適合するようにスタイルを変更します。もちろん、ノートブックの完成度が上がり、安定したバージョンに近づく過程で、読みやすさを改善し、本当によいナラティブにするためにさらに手を加えます。改訂に終わりはありません。

また、筆者はコメントを読み、批判に対処するだけではなく、新たなナラティブ要素を含めた改善が提案されればそれも適用します。よいストーリーは、よいレビューアーがいればこそです。ほとんどの場合、ノートブックの読み手はレビューアーとして申し分ありません。コメントが的外れだったり、否定的だったとしても、常に冷静沈着に構えて、問題の核心に迫る必要があります。分析において重要な側面を見落としていないでしょうか。データの隅々にまできちんと注意を払っていたでしょうか。適切な可視化ツールを使っているでしょうか。ナラティブの辻褄は合っているでしょうか。コメントに対する最適解は、感謝の気持ちを表すことはもちろん、コメント投稿者の提案がもっともな場合はそれを適用することです。

この原則を、本書に含まれているプロジェクトの 1 つにも適用してみましょう。第 4 章では、かなり複雑なグラフの構築について学びました。このグラフは、ロンドン特別区のポリゴンに、パブやスターバックスの店舗の場所が含まれた複数のレイヤを重ねたものでした。図 11-2 は、元のマップの 1 つを示しています。

>> xxxii ページにカラーで掲載

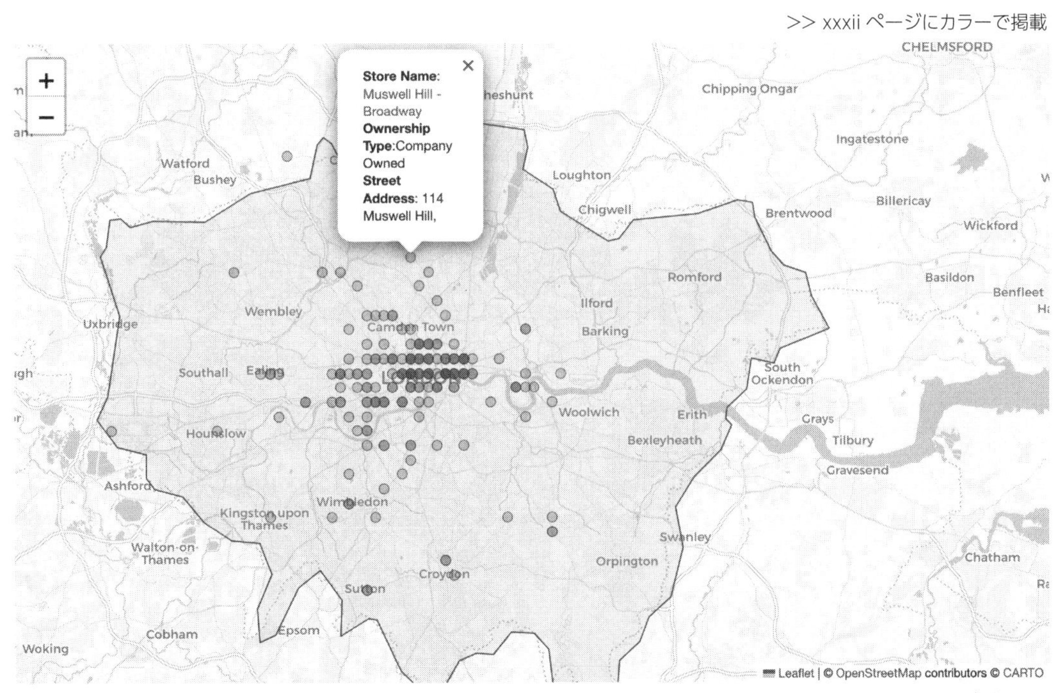

図 11-2：スターバックスの店舗の位置とポップアップが表示されたロンドン特別区の境界 - これまでのデザイン

スターバックスの店舗の 1 つを選択すると、店舗の名前と住所がポップアップに表示されます。マップ自体は申し分ないのですが、ポップアップの見た目がいまいちだと思いませんか。テキストの並びが揃っていませんし、ポップアップのサイズが小さすぎてすべての情報が表示されていません。どうやら、ルック＆フィールがマップの品質に見合っていないようです。

この部分のデザインは改善できます。コードの最初のバージョンでは、ポップアップが非常に単純な HTML コードで定義されており、ほんのいくつかの単語を太字にし、改行を追加しただけでした。第 4 章では、ポップアップ付きの `CircleMarker` を定義するために次のコードを使いました。

```
popup = "<strong>Store Name</strong>: <font color='red'>{}</font><br>"\
        "<strong>Ownership Type</strong>:{}<br>"\
        "<strong>Street Address</strong>: {}"

for _, r in coffee_df.iterrows():
    folium.CircleMarker(
        location=[r['Latitude'], r['Longitude']],
        fill=True,
        color=color_list[2],
        fill_color=color_list[2],
        weight=0.5,
        radius=4,
        popup=popup.format(
            r['Store Name'], r['Ownership Type'], r['Street Address'])).add_to(m)
```

このポップアップのレイアウトと内容は、もっと複雑な HTML コードを使って定義できます。このポップアップにスターバックスの店舗のロゴを追加し、店舗の名前を見出しとして、スターバックスカラーと調和した背景色の HTML テーブルを表示するのはどうでしょうか。この HTML テーブルには、ブランド名、店舗番号、事業形態、住所、都市、郵便番号を表示します。この定義は関数で行うことにし、コードをいくつかの部分に分割して、部分ごとに説明することにします（参考資料［3］）。

関数の最初の部分では、スターバックスの画像の URL を定義します。ロゴには Wikipedia の画像を使いますが、著作権法に則り、この後のスクリーンショットでは意図的にぼかしてあります。続いて、HTML テーブルに追加する各列の値を保持するための変数を定義します。また、HTML テーブルの背景色も定義します。スターバックスのロゴを可視化するコードは次のようになります。

```
def popup_html(row):

    store_icon = "https://upload.wikimedia.org/wikipedia/en/3/35/"\
                 "Starbucks_Coffee_Logo.svg"
    name = row['Store Name']
    brand = row['Brand']
    store_number = row['Store Number']
    ownership_type = row['Ownership Type']
    address = row['Street Address']
    city = row['City']
    postcode = row['Postcode']
```

```
left_col_color = "#00704A"
right_col_color = "#ADDC30"

html = """<!DOCTYPE html>
<html>
<head>

<center><img src=\"""" + store_icon + """\" alt="logo" width=100 height=100>
</center>

<h4 style="margin-bottom:10"; width="200px">{}</h4>""".format(name) + """
```

次に、HTMLテーブルを定義します。情報はそれぞれテーブル内の別々の行に表示され、左の列には変数の名前、右の列には実際の値が表示されます。このテーブルに追加する情報は、ブランド名、店舗番号、事業形態、住所、都市、郵便番号です。

```
</head>
    <table style="height: 126px; width: 350px;">
<tbody>

<tr>
    <td style="background-color: """+ left_col_color +""";">
    <span style="color: #ffffff;">Brand</span></td>
    <td style="width: 150px;background-color: """+ right_col_color +""";">
    {}</td>""".format(brand) + """
</tr>

<tr>
    <td style="background-color: """+ left_col_color +""";">
    <span style="color: #ffffff;">Store Number</span></td>
    <td style="width: 150px;background-color: """+ right_col_color +""";">
    {}</td>""".format(store_number) + """
</tr>

<tr>
    <td style="background-color: """+ left_col_color +""";">
    <span style="color: #ffffff;">Ownership Type</span></td>
    <td style="width: 150px;background-color: """+ right_col_color +""";">
    {}</td>""".format(ownership_type) + """
</tr>

<tr>
    <td style="background-color: """+ left_col_color +""";">
    <span style="color: #ffffff;">Street Address</span></td>
    <td style="width: 150px;background-color: """+ right_col_color +""";">
    {}</td>""".format(address) + """
</tr>

<tr>
    <td style="background-color: """+ left_col_color +""";">
    <span style="color: #ffffff;">City</span></td>
```

```
        <td style="width: 150px;background-color: """+ right_col_color +""";">
        {}</td>""".format(city) + """
    </tr>

    <tr>
        <td style="background-color: """+ left_col_color +""";">
        <span style="color: #ffffff;">Postcode</span></td>
        <td style="width: 150px;background-color: """+ right_col_color +""";">
        {}</td>""".format(postcode) + """
    </tr>

    </tbody>
    </table>
    </html>
    """
    return html
```

以前のポップアップは、CircleMarkerに追加するポップアップウィジェットを作成し、ポップアップの内容を文字列フォーマットで定義するという方法で表示していました。この部分を置き換えるコードは次のようになります。ポップアップの以前のコードを、新たに定義したpopup_html()関数の呼び出しに置き換えたことに注目してください。

```
for _, r in coffee_df.iterrows():
    html = popup_html(r)
    popup = folium.Popup(folium.Html(html, script=True), max_width=500)
    folium.CircleMarker(location=[r['Latitude'], r['Longitude']],
                        fill=True,
                        color=color_list[2],
                        fill_color=color_list[2],
                        weight=0.5,
                        radius=4,
                        popup=popup).add_to(m)
```

改良後のポップアップは図11-3のようになります。このバージョンでは、HTMLコードを使ってより高品質なポップアップを生成しています。

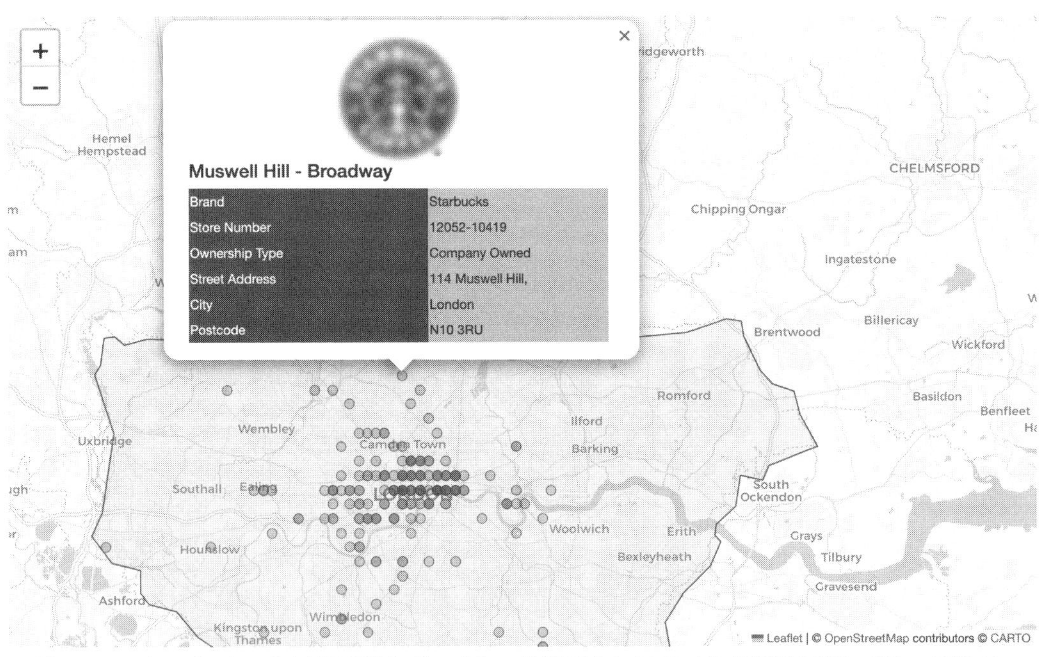

図 11-3：スターバックスの店舗の位置とポップアップが表示されたロンドン特別区の境界 - 新しいデザイン

11.3　他のユーザーの貢献を評価し、あなたならではのタッチを加える

Kaggleのようなプラットフォームで自分のノートブックの存在感を引き上げるには、コミュニティのフィードバックや他のユーザーの取り組みを参考にしながら、改善とイノベーションを継続的に行っていくことが重要です。ノートブックを定期的に見直し、建設的なコメントに基づいて更新することは、現状に甘んじることなくさらに上を目指すことを行動で示すものです。また、他のユーザーが何を行っているのかを調べてみるのもよいでしょう。単に他のユーザーのノートブックをフォークするだけでは、それほど多くのUpvoteは獲得できません。ただし、他のユーザーのノートブックを出発点として、彼らの観察眼をさらに広げ、結果の可視化や解釈を改善することによって新たな洞察が得られるとしたら、ランクを上げるのに役立つ可能性があります。

さらに、他のユーザーのノートブックを出発点にする場合は、そのことを正確に記載して、あなた自身の貢献を明確にすることが非常に重要となります。さまざまなソースのアイデアをノートブックで組み合わせたい場合は、最も多くの内容を拝借するノートブックからフォークすることをお勧めします。なお、それらのソースのどの部分を自分のノートブックに取り入れるのかについて、全員のクレジットを慎重に明記してください。

複数のソースからアイデアを取り入れる場合は、表記、プログラミングのルール、関数、クラス、ユーティリティスクリプトを統一することに少し時間を割いてください。そのようにして、フランケンシュタインのようなつぎはぎのノートブックではなく、コードに一貫性のあるノートブックを作成してください。

もちろん、さらに重要なのは、可視化のルック＆フィールとノートブック全体のスタイルに統一感を持たせることです。Kaggleプラットフォームのユーザーがあなたのノートブックに戻ってきて、その品質だけではなく、あなたならではのタッチも評価してくれるでしょう。他のユーザーのノートブックをフォークしてそれを出発点にする場合でも、あなたにしかできない表現を貫いてください。

11.4 スピードが命：完璧になるまで待たない

最も急速に頭角を現している新たなKaggle Notebooks Grandmasterの一部には共通点があります。彼らは新しいコンペティションが開始されてから数日以内に、場合によっては数時間以内にデータの分析を開始し、探索的データ解析（EDA）かベースラインモデルソリューションを公開します。彼らは絶え間なく変化するKaggleのデータ探索の世界で新たな領土をいち早く獲得します。そのようにして、フォロワーの目を彼らのノートブックに向けさせ、その改善に役立つコメントを最も多く受け取ります。そして、他の多くのユーザーが（自分の取り組みに活用するために）彼らのノートブックをフォークするようになります。その結果、彼らのノートブックのバイラル性は高くなります。

その一方で、ぐずぐずしていると、せっかくの分析のアイデアを他のユーザーも思い付いてしまい、ようやく自分の基準を満たすレベルに仕上がった頃には、かなりの数のユーザーが同じアイデアをすでに検討し、公開し、認知されている、ということになりかねません。鍵を握るのはスピードかもしれませんし、独創性かもしれませんが、成功しているKaggle Notebooks Grandmasterは、多くの場合、新しいコンペティションのデータにいち早く取り組みます。

データセットやモデルについても同じです。最初にデータセットやモデルを公開し、これまでのアドバイスに従ってデータセットやモデルの改良や改善に継続的に取り組む人は、より多くのフォロワーとコメントからのフィードバックを獲得し、それらをさらなる改善に役立て、Kaggleプラットフォームのバイラル因子の恩恵を享受できます。

11.5 寛大であれ：知識を共有する

最も知名度が高いKaggle Notebooks Grandmasterは、美しいナラティブを持つノートブックを作成する能力だけではなく、大いなる知識を積極的に共有する姿勢によっても存在感を増していきます。そうしたGrandmasterは、うまく説明された質の高いベースラインモデルを提供することで、フォロワーから幅広く評価を集め、Upvoteを獲得してその地位を揺るぎないものにし、Notebooksカテゴリのランクを駆け上がっていきます。

Kaggleプラットフォームのユーザーは、データに関する知見を幾度となく共有してきました。そうした知見は、コンペティションに提出するためのモデルを改善する上で大きく役立つものでした。こうしたユーザーは、出発点として役立つノートブックを提供したり、重要なデータ特徴量を明らかにしたり、新しいタイプの問題に取り組む方法を提案したりすることで、コミュニティの連帯感を強め、フォロワーのスキル向上を支援してきました。そうしたGrandmasterは、ノートブックを通じて認知度を高め、Upvoteやメダルとして直接見返りを得るだけではなく、ディスカッションやデータセットを通じて貴重な情報を発信しています。彼らは、コンペティションの参加者がモデルを改良するのに役立つ追加のデータセットを作成して公開し、コンペティションやデータセットに関連するアドバイスをディスカッションで提供しています。

すべてのカテゴリで最も高い称号であるGrandmaster四冠を達成しているBojan Tunguz、Abhishek Thakur、Chris Deotteといったそうそうたる顔ぶれを含め、多くの成功しているKaggle Notebooks Grandmasterは、ディスカッションとデータセットの両方で自分の知識を積極的に共有しています。Kaggle Grandmasterとして名を馳せた人物と言えば、かつてCompetitionsカテゴリのトップに君臨していたGilberto Titericz（Giba）でしょう。Gibaは、注目度の高いFeaturedコンペティションでノートブックを通じて知見を共有し、新たな視点を提供するという、並外れた気前のよさで知られています。こうしたトップクラスのKagglerは、すべてのカテゴリで積極的に活動することが、個々のカテゴリでの存在感を高めるだけではなく、全体的な成功にも大きく貢献することを実証しています。Kaggleプラットフォームの常連として、ディスカッションセクションで質問に答え、他のユーザーを支援する謙虚さや積極さは、まさに寛大さと協力の精神そのものです。彼らはトップに登りつめるまでの道のりで受けた支援を覚えており、他のユーザーの前進を後押しすることに喜びを見出しています。これこそが、Kaggleコミュニティでトップの座を維持するための鍵なのです。

11.6 コンフォートゾーンから飛び出す

トップに居続けることは、トップに到達することよりも困難です。Kaggleは参加者が高いレベルで競い合う機械学習コラボレーション／コンペティションプラットフォームです。機械学習は、情報テクノロジー産業において最も急速な成長と変化を遂げている分野の1つであり、遅れずについていくのが大変なペースで変化しています。

トップランクのKagglerを相手に存在感を維持するのは容易なことではありません。特にNotebooksカテゴリは、Competitionsカテゴリよりも進展が早く（そして競争が激しく）、才気あふれる新たなユーザーが頻繁に現れてはトップランクのユーザーに挑んでいます。トップの座を維持するには、自己改革あるのみです。そのためには、居心地のよいコンフォートゾーンから外に出なければなりません。毎日何か新しいことを学ぶようにし、学んだことをすぐに実行してください。

自分を奮い立たせて、モチベーションを持ち続け、難しいと思うことに取り組んでください。また、Kaggleプラットフォームの新機能を調べる必要もあります。そうすれば、生成AIの最新の応用に関心があるKagglerにとって教育的で魅力的なコンテンツを作成する新たな機会が得られます。

さて、あなたはデータセットとモデルをノートブックと組み合わせて、たとえばRAG（Retrieval Augmented Generation）システムの作成方法を具体的に示す（参考資料[4]）、独創的で情報的価値のあるノートブックを作成できるようになりました。そうしたRAGシステムは、大規模言語モデル（LLM）の強力な「セマンティックブレイン」——つまり、意味の理解や推論に特化したシステムに、ベクトルデータベースでの情報のインデックス化と取得の柔軟性、そしてLangChainやLlamaIndexなどのタスクチェーン化フレームワークの多用途性を組み合わせたものです。第10章では、こうした強力なアプリケーションの構築において、Kaggleのモデルが大きな可能性を秘めていることを探りました。

11.7 感謝の気持ちを持つ

感謝の気持ちは見過ごされがちですが、Kaggle Notebooks Grandmasterの称号を獲得してリーダーボードのトップに登りつめる上で非常に重要な役割を果たします。説得力のあるナラティブを持つ優れたコンテンツを作成することはもちろん重要ですが、コミュニティの支援に対して感謝の気持ちを表すことも同じように重要です。

Kaggleで積極的に活動し、Upvoteや洞察力のあるコメントを通じてあなたの取り組みを支援するフォロワーを獲得するようになったら、そうした支援に対して感謝の気持ちを表すことが鍵となります。コメントに思いやりを持って対応し、貴重なアドバイスを受け入れ、あなたのデータをフォークしたユーザーに建設的なフィードバックを提供することは、感謝の気持ちを表す効果的な方法です。Upvoteとは違って、フォークはメダルの獲得に直接貢献することはないかもしれませんが、あなたの取り組みの認知度を高め、影響力を強めます。心からの感謝の形として模倣（フォーク）を受け入れ、フォークがもたらすコミュニティでの交流に感謝すれば、このプラットフォームでのあなたの存在感や影響力が強まると同時に、互いに支え合い、協力して成長していく環境を育むのに役立つでしょう。

11.8 本章のまとめ

この最後の章では、Kaggleですばらしいノートブックコンテンツを作成している人々の「秘密」を少し明かしました。そうした人々には共通する資質がいくつかあります。彼らはKaggleプラットフォームの常連であり、新しいデータセットやコンペティションデータセットへの取り組みをいち早く開始し、そうした取り組みを継続的に改善し、他のユーザーが作成した質の高いコンテンツを受け入れて感謝し、継続的に学び、謙虚で、自分の知識を共有し、絶えずコンフォートゾーンの外で作業します。これらはそれ自体が目的なのではなく、データの分析や優れた予測モデルの構築について知っておくべきすべてのことに対する情熱と絶え間ない関心の表れにほかなりません。

本書を締めくくるにあたって、これからのKaggle Notebooksでの冒険の旅が順調に進むことを祈っています。本書を楽しんでもらえたことを願っていますが、データサイエンスの世界は絶えず変化していることを忘れないでください。試行錯誤を繰り返し、好奇心を持ち続け、自信とスキルを持ってデータに飛び込んでください。Kaggle Notebooksでの今後の取り組みが、すばらしい洞察やひらめきに満ちたものになりますように。少し頭を悩ませる瞬間があったとしても、それは成長につながるはずです。コーディングを楽しみましょう！

11.9 参考資料

［1］ Meta Kaggle-Master Achievements Snapshot, Kaggle Datasets: https://www.kaggle.com/datasets/steubk/meta-kagglemaster-achievements-snapshot

［2］ Gabriel Preda, How Active are the Users on Kaggle, Kaggle notebook: https://github.com/PacktPublishing/Developing-Kaggle-Notebooks/blob/develop/Chapter-11/how-active-are-the-users-on-kaggle.ipynb

［3］ Gabriel Preda, Coffee or Beer in London - Your Choice!, Kaggle notebook: https://github.com/PacktPublishing/Developing-Kaggle-Notebooks/blob/develop/Chapter-11/coffee-or-beer-in-london-your-choice-improved.ipynb

［4］ Gabriel Preda, RAG using Llama 2, LangChain and ChromaDB, Kaggle Notebooks: https://www.kaggle.com/code/gpreda/rag-using-llama-2-langchain-and-chromadb

MEMO

索引

● F

● G

● H

● I

● J

● K

● L

● M

● N

● O

● P

● R

● S

● T

● か

● き

● く

● け

● こ

● さ

● し

● す

● せ

● そ

● た

翻訳者

株式会社クイープ

コンピュータシステムの開発、ローカライズ、コンサルティングを手がけている。本書の姉妹書である『The Kaggle Book：データ分析競技実践ガイド＆精鋭31人インタビュー』を翻訳。最近の訳書に『Pythonライブラリによる因果推論・因果探索［概念と実践］因果機械学習の鍵を解く』『AWSインフラサービス活用大全［第2版］構築・運用、自動化、データストア、高信頼化』などがある（いずれもインプレス発行）。

http://www.quipu.co.jp

STAFF LIST

カバーデザイン	岡田章志
本文デザイン	オガワヒロシ
翻訳・編集・DTP	株式会社クイープ
編集	大月宇美、石橋克隆

■商品に関する問い合わせ先
このたびは弊社商品をご購入いただきありがとうございます。本書の内容などに関するお問い合わせは、下記のURLまたは二次元バーコードにある問い合わせフォームからお送りください。
https://book.impress.co.jp/info/

上記フォームがご利用頂けない場合のメールでの問い合わせ先
info@impress.co.jp

※お問い合わせの際は、書名、ISBN、お名前、お電話番号、メールアドレス に加えて、「該当するページ」と「具体的なご質問内容」「お使いの動作環境」を必ずご明記ください。なお、本書の範囲を超えるご質問にはお答えできないのでご了承ください。

●電話やFAXでのご質問には対応しておりません。また、封書でのお問い合わせは回答までに日数をいただく場合があります。あらかじめご了承ください。
●インプレスブックスの本書情報ページ　https://book.impress.co.jp/books/1124101036 では、本書のサポート情報や正誤表・訂正情報などを提供しています。あわせてご確認ください。
●本書の奥付に記載されている初版発行日から3年が経過した場合、もしくは本書で紹介している製品やサービスについて提供会社によるサポートが終了した場合はご質問にお答えできない場合があります。

■落丁・乱丁本などの問い合わせ先
FAX　03-6837-5023
service@impress.co.jp
※古書店で購入されたものについてはお取り替えできません。

グランドマスター三冠のKaggleノートブック開発術
単変量解析から地理情報分析／偽動画検出／LLMまで

2025年2月21日　初版第1刷発行

著　者　Gabriel Preda
訳　者　株式会社クイープ
発行人　高橋隆志
編集人　藤井貴志
発行所　株式会社インプレス
〒101-0051　東京都千代田区神田神保町一丁目105番地
ホームページ　https://book.impress.co.jp/

印刷所　シナノ書籍印刷株式会社

ISBN978-4-295-02101-8　C3055
Printed in Japan